普通高等教育"十三五"应用型人才培养规划教材

计算机网络

JISUANJI WANGLUO

主　编／朱晓姝
副主编／卢宏煦　董明刚　牛喜栓

西南交通大学出版社
·成都·

图书在版编目（CIP）数据

计算机网络 / 朱晓姝主编. —成都：西南交通大学出版社，2017.8
普通高等教育"十三五"应用型人才培养规划教材
ISBN 978-7-5643-5573-9

Ⅰ. ①计… Ⅱ. ①朱… Ⅲ. ①计算机网络 – 高等学校 – 教材 Ⅳ. ①TP393

中国版本图书馆 CIP 数据核字（2017）第 164478 号

普通高等教育"十三五"应用型人才培养规划教材
计算机网络

主　　编／朱晓姝	责任编辑／穆　丰
	封面设计／墨创文化

西南交通大学出版社出版发行
（四川省成都市二环路北一段 111 号西南交通大学创新大厦 21 楼　610031）
发行部电话：028-87600564
网址：http://www.xnjdcbs.com
印刷：四川五洲彩印有限责任公司

成品尺寸　185 mm×260 mm
印张　18　字数　446 千
版次　2017 年 8 月第 1 版　印次　2017 年 8 月第 1 次
书号　ISBN 978-7-5643-5573-9
定价　39.00 元

课件咨询电话：028-87600533
图书如有印装质量问题　本社负责退换
版权所有　盗版必究　举报电话：028-87600562

前　言

计算机技术与通信技术的发展及结合，促使了计算机网络的诞生。电子通信领域应用计算机技术以实现通信数字化，可以提升通信系统的性能，提高通信系统的可靠性与安全性。而通信技术在计算机领域的融入，为实现计算机之间快速、远程地传输信息提供了必要的支持。21世纪是信息时代，数字化、实时化、全球化及多媒体化的信息是当今人们极为关注与渴求的，它加强了人与人之间的交流，拓宽了人类对客观世界的认识，加速了人类社会文明向前发展的步伐。信息的数字化、实时化、全球化及多媒体化，所依托的技术基础正是计算机网络。计算机网络在信息的收集、处理、存储和传输等方面起到了非常重要的作用，其应用领域已涉及社会的各个方面，它为人类社会铺设了通达全球的信息高速公路。

我国自1994年对公众开通国际互联网的接入服务后，人们的工作、生活、交流等方面均发生了巨大的改变。基于网络技术的电子政务、电子商务、远程教育、远程医疗广泛地影响着国人生活中的方方面面。从最初的极少数的科学研究人员利用网络以方便交流，发展到了现在几乎人人通过网络进行购物、交流、分享生活。这无一不体现着网络技术的发展与应用成为了影响一个国家与地区政治、经济、科学与文化发展的重要因素。

在网络信息产业发展如此迅猛的时代，我国需要大量掌握计算机网络与通信技术的人才。因此计算机网络已经成为广大信息技术相关专业的一门十分必要的重要课程，也是从事计算机技术研究、应用的专业技术人员应该掌握的重要知识。

如何掌握好网络技术知识，一本良好的教材是关键。通过联合多个高校的在计算机网络教学中有着多年丰富的教学与实践指导经验的教师进行讨论和总结，编者对计算机网络课程教学中需要注意的两个方面总结为：（1）对课程知识体系的总体指引；（2）能及时地反映发展迅速的最新的网络技术。计算机网络自上世纪60年代发展到现在，已经有50多年的历史，其已形成了一个较为成型及完整的学科体系。然而其与各行业的结合使得自身又在不断地发展与拓宽，催生了更多新的网络相关技术。比如网络联结的对象，从计算机延伸到世界上的任何事物，诞生了"物联网"这一新的概念。因此，对于如此日新月异的领域来说，能让读者掌握网络技术的基本理论，掌握处理网络问题的基本方法，并能跟踪不断更新的技术趋势，是我们编写此书的根本出发点。本书的编者参考了近年来的最新文献资料及网络资源，力求做到层次分明、概念准确、陈述流畅、内容丰富、图文并茂，既便于读者系统地学习网络知识体系，又能使读者了解计算机网络技术最新的发展趋势。本书内容共分 9 章，从基本理论的讲解入手，辅以形象的案例，系统地介绍网络技术的基本知识，同时引出最新的网络发展趋势。本书每章后面附有丰富的练习题，可以帮助读者理解并加深掌握网络知识。本书内容编排如下：

第 1 章　计算机网络概论。主要叙述了计算机网络的形成与发展、基本概念及应用，并介绍了对计算机网络的研究与应用的发展趋势。目的是为让读者了解什么是计算机网络，让读者对计算机网络有基本的认识。

第 2 章　网络体系结构与网络协议。介绍建设计算机网络所需的"指导方案"——网络体系结构及网络协议的基本概念；对典型的 OSI 参考模型与 TCP/IP 参考模型进行了阐述和比较，从而引出"五层模型"作为后续章节的纲领。

第 3 章　物理层。该章主要对计算机网络所涉及的通信技术进行了阐述。主要介绍数据通信的基础知识与概念，对数据传输技术进行了较为详细的讲解。目的是为让读者理解通信技术是如何应用于计算机之间的数据交换过程的。

第 4 章　数据链路层。该章前半部分重点讨论了基于点对点的数据链路的基本概念与协议，包括 HDLC 协议及 PPP 协议；后半部分则介绍了一般用户经常接触的局域网中的介质访问控制方法——CSMA/CD，着重阐述了以太网的工作原理，并引出了局域网发展的相关内容。

第 5 章　网络层。该章系统地阐述了网络层的基本概念、IP 协议、IP 地址及相关技术、路由选择协议等。使读者通过该章可以了解 IP 协议是如何将遍布全球的计算机网络互联起来的。

第 6 章　传输层。该章阐述了传输层的基本概念，对网络环境中分布式进程通信进行了介绍。讨论了传输层的基本功能，以及典型的传输层协议——UDP 协议和 TCP 协议。该章可使读者明了网络应用程序与网络之间的互动关系。

第 7 章　应用层。介绍了应用层的基本概念和 Internet 应用层协议，如 DNS、POP3、SMTP 等。并以典型应用层协议 HTTP 协议的为例对网络程序的数据交换作了全过程分析，使读者了解人们经常使用的网络的总体工作原理与流程。通过对该章的学习，读者可以明了网络可以用来干什么。

第 8 章　网络安全技术。主要介绍了网络安全的基本概念，指出了网络信息安全的重要性，介绍了网络安全技术诸如加密与认证、防火墙、入侵检测与防攻击、网络防病毒等，让读者了解如何安全地利用网络。

第 9 章　新型网络技术。计算机网络是成熟却又不断进化的技术，随着网络与各行业的联系，产生了许多不同的新的网络技术。该章阐述了当前热门的新型网络技术，如软件定义网络、云计算、物联网等。正如前文所述，要让读者在对已有的网络作系统性的认识的同时，还能跟上时代发展的步伐，本章的目的正在于此。

　　本书由多个高校的多名具有丰富教学与实践指导经验的教师共同商定内容框架并完成编写。其中第 1 章由玉林师范学院的朱晓姝教授编写；第 2 章由玉林师范学院的覃娜老师编写；第 3 章由玉林师范学院的周国军老师编写；第 4 章由玉林师范学院的卢宏煦老师编写；第 5 章由卢宏煦老师及玉林师范学院的牛喜栓老师共同完成；第 6 章由牛喜栓老师编写；第 7 章的编者为桂林理工大学的董明刚副教授；第 8 章由牛喜栓老师与覃娜老师共同完成；第 9 章由钦州学院的李长彬副教授及李丹高级工程师共同完成。

　　本书编者多次会晤与讨论，力求编写出适合当今网络发展需要的教材，但由于水平有限，书中难免有错误或是不妥之处，在此恳请读者批评指正。

编者

2017 年 7 月

目 录

第1章 计算机网络概论 ... 1
- 1.1 计算机网络的形成与发展 ... 1
- 1.2 计算机网络的定义和组成 ... 7
- 1.3 计算机网络的分类 ... 12
- 1.4 计算机网络的拓扑结构 ... 15
- 1.5 数据交换技术 ... 18
- 1.6 现代计算机网络的特点 ... 24
- 1.7 小结 ... 25
- 1.8 实验 ... 26

第2章 网络体系结构与网络协议 ... 29
- 2.1 网络体系结构的基本概念 ... 29
- 2.2 OSI 参考模型 ... 32
- 2.3 TCP/IP 参考模型 ... 35
- 2.4 网络参考模型的建设 ... 37
- 2.5 网络标准化 ... 38
- 2.6 小结 ... 40
- 2.7 实验 ... 40

第3章 物理层 ... 41
- 3.1 物理层与物理层协议的基本概念 ... 41
- 3.2 数据通信的基本概念 ... 42
- 3.3 频带传输技术 ... 49
- 3.4 基带传输技术 ... 51
- 3.5 多路复用技术 ... 53
- 3.6 接入技术 ... 57
- 3.7 小结 ... 61
- 3.8 实验 ... 62

第4章 数据链路层 ... 65

- 4.1 数据链路层的基本概念 ... 65
- 4.2 差错与差错控制 ... 68
- 4.3 点对点线路的数据链路层协议 ... 75
- 4.4 局域网的数据链路层协议 ... 86
- 4.5 以太网 ... 91
- 4.6 局域网的发展 ... 101
- 4.7 无线局域网 ... 114
- 4.8 小结 ... 116
- 4.9 实验 ... 117

第5章 网络层 ... 120

- 5.1 网络层的基本概念 ... 120
- 5.2 IPv4 协议的基本内容 ... 122
- 5.3 IPv4 地址 ... 124
- 5.4 路由选择算法与分组转发 ... 137
- 5.5 Internet 控制报文协议——ICMP ... 157
- 5.6 地址解析协议 ARP ... 162
- 5.7 IP 多播与 IGMP 协议 ... 165
- 5.8 IPv6 协议 ... 169
- 5.9 小结 ... 175
- 5.10 实验 ... 175

第6章 传输层 ... 183

- 6.1 传输层基本概念 ... 183
- 6.2 用户数据报协议 UDP ... 188
- 6.3 传输控制协议 TCP ... 190
- 6.4 小结 ... 204
- 6.5 实验 ... 205

第7章 应用层 ... 208

- 7.1 Internet 应用与应用层协议的分类 ... 208
- 7.2 域名系统 DNS ... 210
- 7.3 远程登录服务与 TELNET 协议 ... 215
- 7.4 电子邮件服务与 SMTP 协议 ... 217
- 7.5 Web 与基于 Web 的网络应用 ... 221
- 7.6 主机配置与动态主机配置协议 DHCP ... 227
- 7.7 网络管理与简单网管协议 SNMP 协议 ... 231

7.8 典型应用层协议——HTTP 的分析 ... 233
7.9 小结 ... 238
7.10 实验 ... 238

第 8 章 网络安全 ... 240
8.1 网络安全的基本概念 ... 240
8.2 数据加密 ... 243
8.3 数字签名 ... 247
8.4 防火墙 ... 247
8.5 入侵检测 ... 249
8.6 小结 ... 252
8.7 实验 ... 253

第 9 章 新型网络技术 ... 254
9.1 物联网技术 ... 254
9.2 软件定义网络 ... 260
9.3 云计算 ... 261
9.4 小结 ... 264
9.5 实验 ... 264

参考文献 ... 265

附录 1 计算机相关词汇中英文对照表 ... 266

附录 2 ASCⅡ 码表 ... 274

第1章 计算机网络概论

本章旨在让读者对计算机网络有一个整体的认识,首先介绍计算机网络的形成和发展,接着讨论计算机网络的定义、组成和分类,计算机网络的拓扑结构,以及实现计算机网络通信的数据交换技术,最后介绍现代计算机网络的特点和网络标准化组织。

【本章重点】
(1)计算机网络的定义和组成、拓扑结构;
(2)数据交换技术。

【本章难点】
(1)数据交换技术。

【本章关键词】
计算机网络;拓扑结构;交换技术。

1.1 计算机网络的形成与发展

计算机网络的发展是与通信技术和计算机技术的发展密切关联的。计算机网络技术是计算机技术应用的一个重要领域,同时也是计算机技术和通信技术相互交叉融合而形成的一门新兴学科分支,当前得到了空前迅速的发展和应用。随着云计算平台的提出,计算机网络技术更广泛、便利地应用于人们的生活、工作、娱乐、休闲等方方面面,比如:电子政务——政府部门的各类政务工作和办公自动化;国防——国家军事指挥系统及其他科学实验;电子商务——淘宝、天猫等网上购物平台;信息服务业——旅游交通各种类型的 APP。同时,由于它是一门新兴学科分支,其理论、方法和实现仍处于不断发展和逐步完善之中。

1.1.1 计算机网络的形成

计算机网络的形成可以追溯到 20 世纪 50 年代,其形成过程如图 1-1 所示。

从 20 世纪 50 年代开始,通信技术发展日趋成熟,提出了分组交换技术。

20 世纪 60 年代,起源于军事通信,美国组建了 ARPANET 网络,这是首次实现的第一个计算机网络,在计算机网络技术发展过程中具有里程碑意义。

20 世纪 70 年代,国际标准化组织(International Organization for Standardization, ISO)提出网络协议标准化,这就是开放系统互联参考模型(Open System Interconnection Basic Reference Model, OSI)。同时,ARPANET 研究人员提出了传输控制协议(Transmission Control Protocol, TCP)与互联网络协议(Internet Protocol, IP),这就是后来得到广泛应用的 TCP/IP 网络协议模型。

20 世纪 80 年代,为了适应更多的科学研究工作需要,美国国家科学基金会(The National

Science Foundation，NSF）组建了计算机科学网（Computer Science NETwork，CSNET），让美国所有大学的计算机系可以接入并共享 ARPANET 的资源。1984 年，NSF 开始组建 NSFNET 网络，它连接了美国 6 个超级计算机中心，是第一个使用 TCP/IP 的广域网。随着接入 ARPANET 网络的主机数量急剧增加，使用简单的文本文件记录主机名和 IP 地址越来越不能满足需要，于是人们提出了域名系统技术（Domain Name System，DNS），DNS 将接入网络的主机划分成不同的域，使用分布式数据库来存储主机名的相关信息，这就是域名系统。设计有结构的域名空间，通过域名将物理结构"无序"的计算机网络变成逻辑结构上"有序"的可管理网络系统。1984 年，JEEVES 开始使用第一个 DNS 程序。1988 年，BSD UNIX4.3 推出它的 DNS 程序 BIND。

20 世纪 90 年代，是 Internet 发展的黄金时期，其用户数量以每年翻一番的速度增长。从 20 世纪 80 年代中期开始，空间物理网、高能物理网、IBM 的大型计算机网络与西欧的欧洲学术网等全球各大网络都接入了 ARPANET。Internet 最初主要用于科学研究和学术领域，从 90 年代开始发展商业活动应用，这极大地推动了 Internet 的迅猛发展，商业应用用户的数量很快超出学术研究用户的一倍。商业应用的扩张，用户量的不断增加，推动 Internet 网络技术不断更新，Internet 已经深入社会生活的各个领域，成为一种全新的学习与生活方式。

Internet 的主干网是由 ANS 公司建设的 ANSNET，其他主干网通过 ANSNET 接入 Internet。家庭或办公室个人用户再通过电话线接入 Internet 服务提供商（Internet Service Provider，ISP），单位或实验室的计算机通过局域网接入校园网或企业网，再接入宽带城域网，然后再接入国家级主干网，最终接入 Internet。

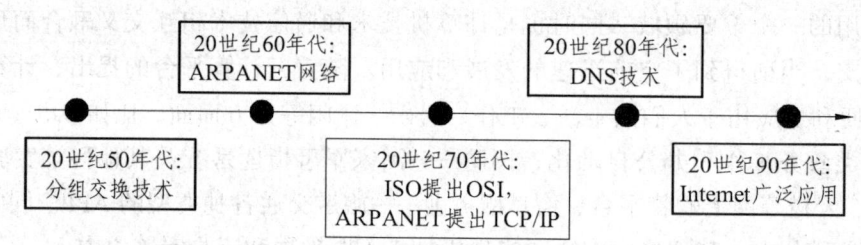

图 1-1 计算机网络形成过程

1.1.2 计算机网络的发展及趋势

随着计算机网络技术的蓬勃发展，它的演变可以概括地分成以下四个阶段：

1. **以单个计算机为中心的远程联机系统，构成面向终端的计算机网络阶段**

所谓远程联机系统，就是一台中央主计算机连接大量的在地理上处于分散位置的终端。20 世纪 50 年代初，美国为了自身的安全，在美国本土北部和加拿大境内，建立了半自动地面防空系统 SAGE，将地面的雷达和其他测量控制设备的信息通过通信线路汇集到一台中心计算机进行处理，进行了计算机技术和通信技术相结合的首次尝试。这类简单的"终端—通信线路—计算机"系统是计算机网络的雏形，严格地说，与以后发展成熟的计算机网络相比，存在着一个本质的区别：这样的系统除了一台中心计算机外，其余的终端设备都没有自主处理信息的功能。这一阶段研究的典型代表为美国的飞机订票系统 SABRE-1，它由一台计算机和遍布全美国范围的 2000 多个终端组成，终端只有显示器和键盘，而没有 CPU 和内存，随着远程终端的增加，在主机前又增加了前端机 FEP，如图 1-2 所示。

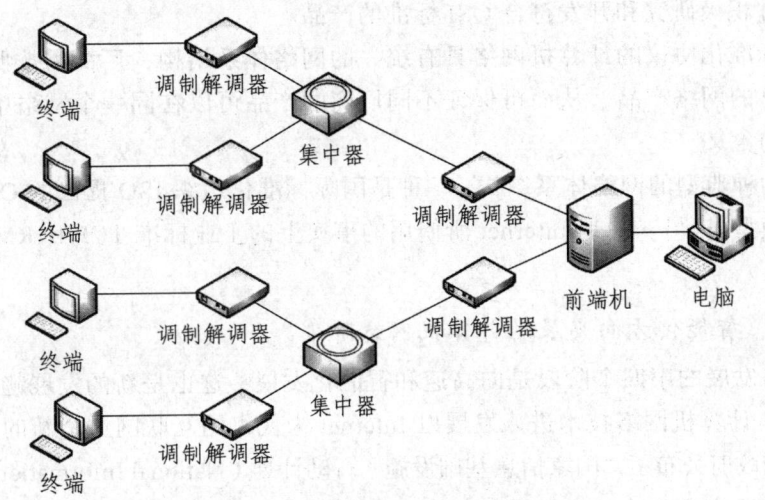

图 1-2 具有通信功能的多机系统

2. 多个自主功能的主机通过线路互联，形成资源共享的计算机网络阶段

20 世纪 60 年代中期至 70 年代，多个具有自主功能的主机由接口报文处理机（IMP）转接后互联，这个阶段的计算机网络由通信子网和资源子网构成，如图 1-3 所示。通信子网由 IMP 等各种通信设备和连接线路组成，承担各主机之间的数据传输、转接和变换等通信处理等工作。资源子网由主机、终端、终端控制器、外设和各种软件、数据资源组成，承担全网的数据处理和向网络用户（主机或终端）提供网络资源和服务等工作。这一阶段研究的典型代表为 ARPANET 网络。

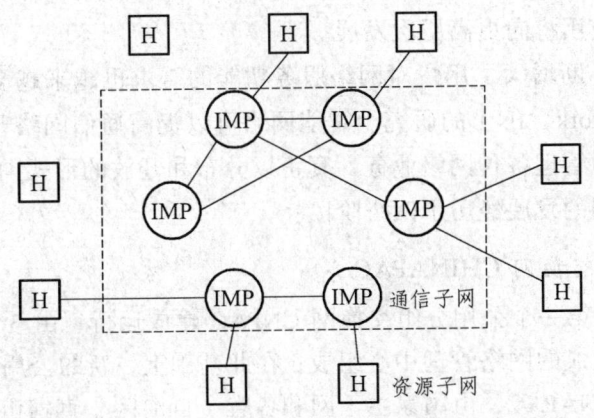

图 1-3 计算机互联网络的逻辑结构

3. 形成具有统一的网络体系结构、遵循国际标准化协议的计算机网络阶段

计算机网络发展的第三阶段是加速体系结构与协议国际标准化的研究与应用。20 世纪 70 年代末，国际标准化组织 ISO 的计算机与信息处理标准化技术委员会成立了一个专门机构，来研究和制定网络通信标准，以实现网络体系结构的国际标准化。1984 年 ISO 正式颁布了"开

放系统互联基本参考模型"的国际标准 ISO7498，简称 OSI RM，即著名的 OSI 七层模型。OSI RM 及标准协议的制定和完善大大加速了计算机网络的发展。很多大的计算机厂商相继宣布支持 OSI 标准，并积极研究和开发符合 OSI 标准的产品。

遵循国际标准化协议的计算机网络具有统一的网络体系结构，厂商需按照共同认可的国际标准开发自己的网络产品，从而可保证不同厂商的产品可以在同一个网络中进行通信。这就是"开放"的含义。

目前存在两种典型的网络体系结构：一种是国际标准化组织 ISO 提出的 OSI RM（开放式系统互联参考模型）；另一种是 Internet 所使用的事实上的工业标准 TCP/IP RM（TCP/IP 参考模型）。

4. 向高速、智能化方向发展的计算机网络阶段

计算机网络发展的第四个阶段是向高速和智能化发展，这也是新的发展趋势。从 20 世纪 80 年代末开始，计算机网络技术进入发展以 Internet 为代表的互联网这个新的发展阶段。

1993 年美国政府公布了"国家信息基础设施"行动计划（National Information Infrastructure，NII），就是信息高速公路计划。这里的"信息高速公路"是指数字化大容量光纤通信网络。美国政府又分别于 1996 年和 1997 年开始研究发展更加快速可靠的互联网 2（Internet 2）和下一代互联网（Next Generation Internet）。可以说，网络互联和高速计算机网络正成为最新一代计算机网络的发展方向。

1984 年美国已提出智能网的概念，它仅仅是一种"业务网"，目的是提高通信网络开发业务的能力。它的出现引起了世界各国电信部门的关注，国际电信联盟（ITU）在 1988 年开始将其列为研究课题。1992 年 ITU-T 正式定义了智能网，制订了一个能快速、方便、灵活、经济、有效地生成和实现各种新业务的体系。该体系的目标是应用于所有的通信网络，不仅可应用于现有的电话网、N-ISDN 网和分组网，同样适用于移动通信网和 B-ISDN 网。随着时间的推移，智能网络的应用将向更高层次发展。

随着网络规模的不断增大，用户对网络服务功能的需求也越来越多，各国正在开展智能网络（Intelligent Network，IN）的研究。智能网络可以提高通信网络开发业务和服务功能的能力，可以更加合理地管理各种网络业务，真正以分布和开放的形式向用户提供服务。

计算机网络在中国的发展经历了四个阶段：

1. 建立公用分组交换网 CHINAPAC

1989 年 11 月我国第一个公用分组交换网 CNPAC 建成运行，由 3 个分组节点交换机、8 个集中器和一个双机组成的网络管理中心组成；在此基础上，新的公用分组交换网于 1993 年 9 月建成，并改称 CHINAPAC，由国家主干网和各省（自治区、直辖市）的省内网组成。

2. "三金"工程

1993 年 3 月 12 日，国务院提出了建设"三金"工程，即金桥、金关、金卡工程。计算机网络正是"三金"工程中的一个非常重要的组成部分。

"金桥工程"是以建设我国重要信息化基础设施为目的的跨世纪重大工程，它与原邮电部的通信干线及各部门已有的专用通信网互联互通，成为国家公用经济信息通信的主干网，即

国家公用经济信息通信网。

"金关工程"是加快我国外贸业务信息化和管理自动化进程的一项重要工程,其目的是要推动海关报关业务的电子化,取代传统的报关方式以节省单据传送的时间和成本,为推广电子数据交换 EDI 业务和实现无纸贸易创造条件。

"金卡工程"建设的总体目标是要建立起一个现代化的、实用的、比较完整的电子货币系统,形成和完善符合我国国情,又能与国际接轨的金融卡业务管理体制。

3. 基于 Internet 技术的公用计算机网络

我国在 1996 年年底建成了四个基于 Internet 技术,并可以和 Internet 互联的全国性公用计算机网络,即:中国公用计算机互联网 CHINANET、中国金桥信息网 CHINAGBN、中国教育和科研计算机网 CERNET 和中国科学技术网 CSTNET。

根据 2004 年 1 月中国互联网络信息中心 CNNIC(http://www.cnnic.net.cn/)发布的第十三次《中国互联网络发展状况统计报告》,目前已经建成和正在建设中的基于 Internet 技术的公用计算机网络有:

中国科技网(CSTNET);
中国公用计算机互联网(CHINANET);
中国教育和科研计算机网(CERNET);
中国联通互联网(UNINET);
中国网通公用互联网(CNCNET)(网通控股);
宽带中国 CHINA169 网(网通集团);
中国国际经济贸易互联网(CIETNET);
中国移动互联网(CMNET);
中国长城互联网(CGWNET)(建设中);
中国卫星集团互联网(CSNET)(建设中)。

4. 三网融合、对等网络和物联网技术

1)三网融合

2001 年 3 月 15 日通过的国家"十五"计划纲要第一次明确提出"三网融合"的概念。所谓三网融合是指电信网、广播电视网和计算机网络分别在向宽带通信网、数字电视网、下一代互联网演进的过程中,相互渗透、相互兼容,并逐步整合成统一的信息通信网络,其中互联网是核心部分。三网融合从不同层次看,涉及技术融合、业务融合、行业融合、终端融合和网络融合,其竞争分析示意图如图 1-4 所示。三网融合应用广泛,遍及智能交通、环境保护、政府工作、公共安全、平安家居等多个领域。

2)对等网络

对等网络(Peer to Peer,P2P)技术被认为是 21 世纪计算机网络技术的热点,美国《财富》杂志这样描述 P2P 技术:P2P 技术是今后改变 Internet 发展的四大新技术之一,它有可能成为无线宽带互联网的未来技术。P2P 的定义是:一个用于资源共享的 peer 群体,每个 peer 既自治又相互依赖,独自决定其行为且不受集中授权机制控制,peer 群体之间通过相互协作获得信息内容、计算能力、存储空间和网络连接等资源。P2P 与 C/S 模型网结构对比如图 1-5 所示。

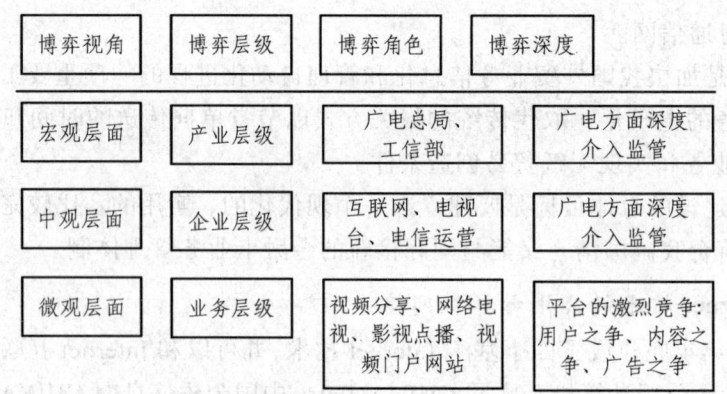

图 1-4 三网络融合竞争分析示意图

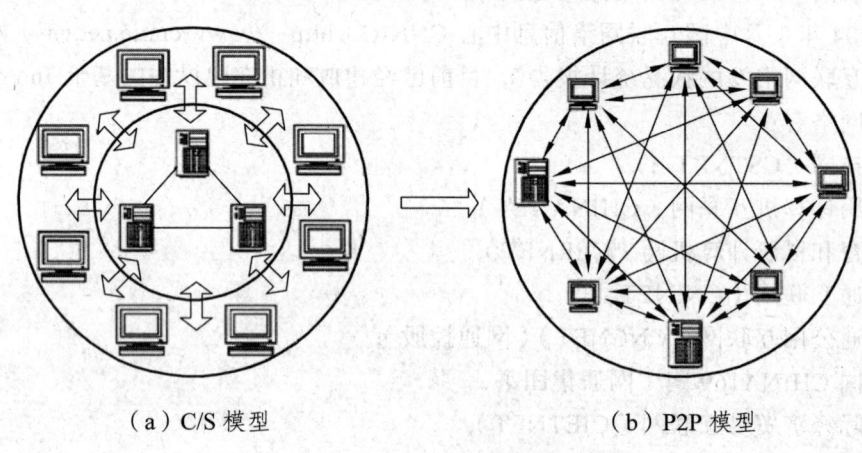

（a）C/S 模型　　　　　　　　　　　（b）P2P 模型

图 1-5　C/S 与 P2P 两种模型下的网络结构

3）物联网技术

物联网（Internet of Things）技术是互联网技术的延伸，用户端扩展到物与物之间，实现物物之间的信息交换，其核心和基础仍是"互联网技术"。物联网技术的定义是：通过射频标识符（RFID）、红外感应器、全球定位系统、激光扫描器等信息传感设备，按约定的协议，将物品与互联网相连接，进行信息交换和通信，以实现智能化识别、定位、追踪、监控和管理。

物联网典型的体系架构分为 3 层，自下而上分别是感知层、网络层和应用层。物联网体系主要由运营支撑系统、传感网络系统、业务应用系统、无线通信网系统等组成。

物联网指的是将无处不在的终端设备，包括具备"内在智能"的传感器、移动终端、工业系统、数控系统、家庭智能设施、视频监控系统等，和"外在使能"的，如贴上 RFID 的各种资产（Assets）、携带无线终端的个人与车辆等"智能化物件或动物"或"智能尘埃"（Mote），通过各种无线和/或有线的长距离和/或短距离通信网络实现互联互通（M2M）、应用大集成（Grand Integration）以及基于云计算的 SaaS 营运等模式，在内网（Intranet）、专网（Extranet）、和/或互联网（Internet）环境下，采用适当的信息安全保障机制，提供安全可控以及个性化的实时在线监测、定位追溯、报警联动、调度指挥、预案管理、远程控制、安全防范、远程维保、在线升级、统计报表、决策支持、领导桌面（集中展示的 Cockpit Dashboard）等管理和服务功能，实现对"万物"的"高效、节能、安全、环保"的"管、控、营"一体化，如图

1-6 所示。

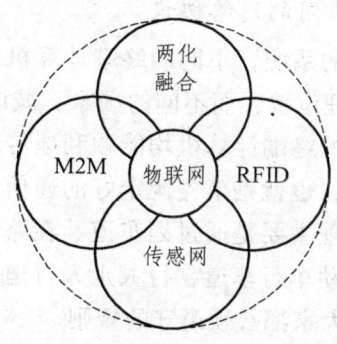

图 1-6　物联网支撑技术与产业群

1.2　计算机网络的定义和组成

1.2.1　计算机网络的定义

计算机网络的定义是：通过通信线路，将一些地理位置分散且具有独立自治功能的多台计算机及外设，按不同的形式相互连接，在网络协议的管理协调下，实现传输信息和共享资源的计算机的集合。计算机网络具有以下几个主要的特征：

1. **组建计算机网络的目的是传输信息和共享资源**

最初，计算机网络的提出和形成是为了解决单个主机存在"信息孤岛"的问题，单个主机相互之间不能通信，不能共享硬件、软件和数据等计算机资源。而网络中的主机互联起来，组建成计算机网络后，用户之间可以传输信息，使其不仅能使用本地计算机的资源，还可以通过网络将本地资源共享给其他计算机用户使用，或通过网络访问其他计算机的资源，也可以与网络中其他计算机一起协同完成一项任务。

2. **互联起来的计算机是分散在不同地理位置并具有独立自治功能的**

互联的计算机各自分布于全世界不同的地理位置，它们既可以独立工作，也可以联网协同工作。互联的计算机之间可以没有任何的逻辑关系，也可以存在一定的逻辑关系，比如：普通的家庭个人用户，它们之间可以没有任何的主从等逻辑关系；而单位局域网中的用户，它们之间则存在着一定的逻辑关系。

当前，随着云计算和云平台的广泛应用和飞速发展，计算机终端作为计算机网络的主要组成部分，其功能需求要越来越弱化，强大的资源和处理能力都放置于云端。因此，在不久的将来，计算机网络中连接的一些计算机终端可能不再需要强大的独立工作能力，而逐渐弱化为只需要输入、输出和联网功能。"终端"和"自治的计算机"逐渐失去严格的界限。

3. **互联的计算机可以按不同的形式连接**

由于互联的计算机之间也可以存在一定的逻辑关系，为了实现这些逻辑关系，可以通过在连接的时候采用不同的方式，利用一些网络软件来实现。这里提到的不同的连接方式，就是我们所说的计算机网络拓扑结构。不同的连接方式,对计算机网络的性能会产生不同的影响。

4. 互联的计算机必须遵守共同的网络协议

计算机网络是一个非常复杂的系统,不同的终端计算机可能使用不同的操作系统,且互联起来的计算机分散在不同的地理位置,而不同的国家、城市或 ISP 可能使用不同的网络操作系统。因此,为了实现网络中的终端计算机均能顺利地传输信息和共享资源,每个终端计算机都必须遵守相同的网络协议,也就是事先规定好的通信规则。这就和我们日常生活中的交通管理一样,公路上的交通管理主要是通过划车道、在路口设红绿信号灯来实现,在中国大家都遵守靠右行驶,汽车走机动车行车道,行人走人行道,红灯停,绿灯行等交通守则,这些交通守则就是事先规定好的大家都必须遵守的规则。

1.2.2 计算机网络的组成

1. 计算机网络的逻辑组成

根据计算机网络的定义,我们将计算机网络从逻辑上把数据处理功能和数据通信功能分开,因此将计算机网络的逻辑组成分为两个部分:资源子网和通信子网,如图 1-7 所示。

1)资源子网

资源子网:网络主机、终端及其附属资源(包括硬件、系统软件、应用软件和数据等),它们构成了组成网络的基本资源,主要负责数据处理任务,称为资源子网。

资源子网主要负责整个计算机网络的数据处理,为网络用户提供网络服务和资源共享功能等,包括网络的数据处理资源和数据存储资源。它包括网络中所有的主计算机、I/O 设备和终端、网络存储系统、各种网络协议、网络软件和数据库等。

2)通信子网

通信子网:网络中实现网络通信功能的设备及其软件的集合,是由用作信息交换的节点计算机和通信线路组成的独立的通信系统。

通信子网主要负责整个计算机网络的数据传输、转接、加工和交换等通信处理工作。通信子网的任务是在端节点之间传送报文,主要由中转节点和通信链路组成。它的硬件设备包括中继器、集线器、网桥、路由器、网关等。

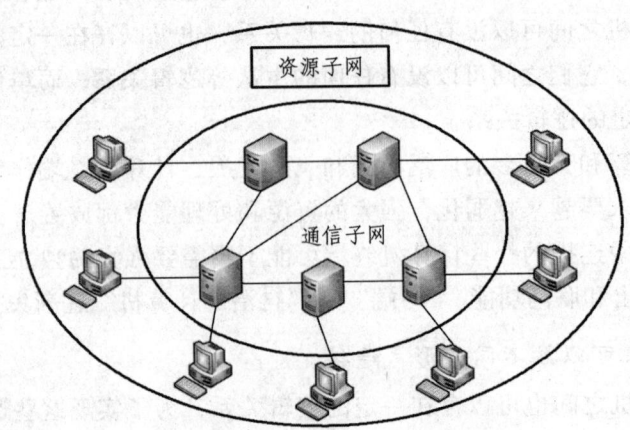

图 1-7 计算机网络的逻辑组成

2. 计算机网络的实现组成

从计算机网络实现的角度来看，计算机网络由网络硬件和网络软件构成。

1）网络硬件

网络硬件：实现网络连接、数据传输和处理的硬件设备。包括网络互联设备、联网部件、传输介质、服务器及客户机（工作站或个人计算机）等。

常用的网络互联设备包括网桥、交换机、路由器和网关等，处于网络互联的不同层次，则使用对应的网络互联设备。这些设备构成了网络的中间连接节点，实现网络节点之间数据的存储和转发。

联网部件主要包括网卡或适配器、调制解调器、连接器、收发器等。例如，通过局域网接入 Internet 必须使用网卡，通过电话线接入 Internet 必须使用调制解调器（Modem）。

传输介质主要有同轴电缆、双绞线、光纤及微波、无线电、红外线等。它们构成通信双方的通信介质，实现数据的传输。

服务器是为客户端（网络用户）计算机提供各种服务的高性能计算机。根据其用途不同，可以分为 WWW 服务器、邮件服务器、文件传输服务器等。

客户机是指网络用户使用的计算机，可以是工作站、个人计算机，甚至是终端。

2）网络软件

网络软件：网络协议、网络操作系统及其他应用软件的集合。

网络协议是网络中实体之间通信的规则和标准。大多数网络协议都是分层实现的，每一层的协议定义了该层通信双方的通信规则，并向它的上一层提供透明服务。常见的网络协议有 TCP/IP 协议族、IPX/SPX 等。

网络操作系统实现系统资源共享，管理用户的应用程序对不同资源进行访问。如 Windows 2000、Windows NT、NetWare、UNIX 等。

其他应用软件包括用于实现网络用户与网络接入的认证管理以及监控、审计、计费等的网络管理软件；用于保证网络系统不受恶意代码、行为和病毒破坏，实现入侵检测等的网络安全软件；为网络用户提供服务的网络应用软件。

1.2.3　计算机网络的特性

计算机网络有一些指标特性，可以用它来描述计算机网络的性能。除了这些重要的性能指标外，还有一些非性能特征也对计算机网络的性能有很大的影响。

1. 计算机网络的性能指标

计算机网络的性能指标可以从不同的方面来度量计算机网络的性能。常用的性能指标如下所示：

1）速率（data rate）

速率是计算机网络中最重要的一个性能指标，是指连接在计算机网络上的主机在数字信道上传输数据的速率，也称为数据率（data rate）或比特率（bit rate）。速率的单位是 b/s（比特每秒，即 bit per second）。现在一般常用简单而不严格的记法来描述网络的速率，比如 100 M 以太网，是指速率为 100 Mb/s 的以太网，其省略了单位中的 b/s。

2）带宽（bandwidth）

"带宽"有以下两种不同的含义。

（1）带宽本来是指某个信号具有的频带宽度。信号的带宽是指该信号所包含的各种不同频率成分所占据的频率范围。例如，在传统的通信线路上传送的电话信号的标准带宽是 3.1 kHz（从 300 Hz 到 3.4 kHz，即话音的主要成分的频率范围）。这种意义下的带宽的单位是"赫兹"（或千赫兹，兆赫兹，吉赫兹等）。

（2）在计算机网络中，带宽用来表示网络通信线路所能传送数据的能力，因此网络带宽表示在单位时间内从网络中某一节点到另一节点所能通过的"最高数据率"。计算机网络中一般说到的"带宽"就是指这个意思，这种意义下的带宽的单位是"比特每秒"，记为 b/s。

3）吞吐量（handling capacity）

吞吐量是指在单位时间内通过某个网络（或信道、接口）的数据量。吞吐量主要用于测量实际通过网络的数据量，显然，其会受网络带宽或网络速率的限制。例如，对于 100 M 的以太网，其速率是 100 Mb/s，那么这个数值也是该以太网吞吐量的绝对上限值。因此，对于 100 M 的以太网，其典型的吞吐量可能只有 70 Mb/s。有时吞吐量还可用每秒传送的字节数或帧数来表示。

4）时延（delay 或 latency）

时延是指数据从网络的一端传送到另一端所需的时间。它是个很重要的性能指标，有时也称为延迟或迟延。网络中的时延是由以下几个部分组成：

（1）发送时延。

发送时延是指主机或路由器发送数据帧所需要的时间，也就是从发送数据帧的第一个比特算起，到该帧的最后一个比特发送完毕所需的时间，其过程示意图如图 1-8 所示。发送时延的计算公式是：

发送时延=数据帧长度（bit）/信道带宽（b/s）

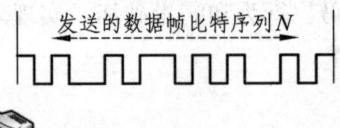

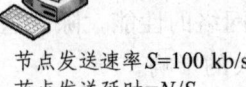

节点发送速率 S=100 kb/s
节点发送延时=N/S

目的节点

图 1-8 数据帧发送延时过程示意图

由此可见，发送时延并非固定不变，而是与发送数据的帧长成正比，与信道带宽成反比。

（2）传播时延。

传播时延是指电磁信号在信道中传播一定的距离需要花费的时间，其过程示意图如图 1-9 所示。传播时延的计算公式是：

传播时延=信道长度（m）/电磁信号在信道上的传播速率（m/s）

电磁波在自由空间的传播速率是光速，即 $3.0×10^5$ km/s，电磁波在网络传输媒体中的传播速率比在自由空间要略低一些。

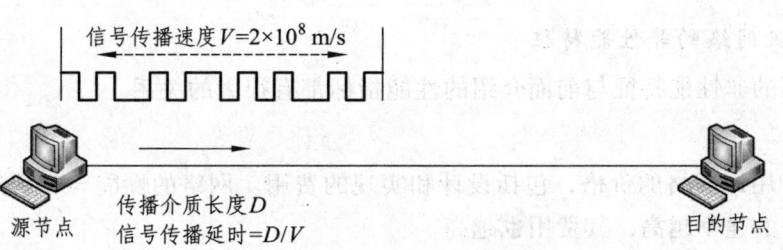

图 1-9 数据帧传播延时过程示意图

（3）处理时延。

处理时延是指主机或路由器在收到分组时进行处理所花费的时间。例如分析分组的首部，从分组中提取数据部分，进行差错检验或查找适当的路由等，这就产生了处理时延。

（4）排队时延。

排队时延是指分组在进入路由器后在输入队列中排队等待处理，以及在输出队列中排队等待转发所需的时间，其过程示意图如图 1-10 所示。

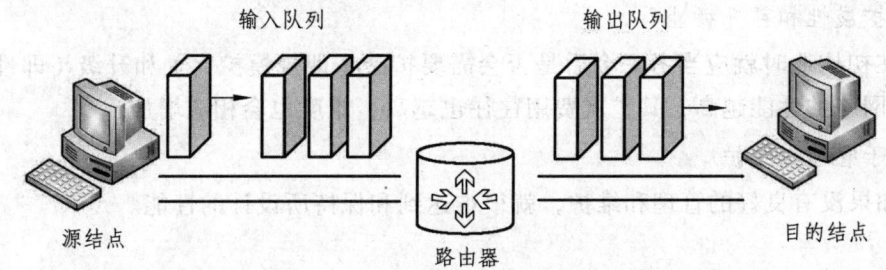

图 1-10 数据帧发送排队延时过程示意图

这样，数据在网络中传输的总时延就是以上四种时延之和：

总时延=发送时延+传播时延+处理时延+排队时延

5）时延带宽积（bandwidth-delay product）

将网络性能的两个度量——传播时延和带宽相乘，就得到另一个很有用的度量：传播时延带宽积，即时延带宽积=传播时延×带宽。

6）往返时间（RTT：round trip time）

往返时间是指从发送方发送数据开始，到发送方收到来自接收方的确认消息（接受方收到数据后便立即发送确认）所需要的时间。往返时间也是计算机网络的一个重要性能指标，当使用卫星通信时，往返时间相对较长。

7）利用率

利用率包括信道利用率和网络利用率两种。信道利用率指某信道有数据通过的时间比率，完全空闲的信道利用率是零。网络利用率是全网络所有信道利用率的加权平均值。

8）误码率（SER：symbol error rate）

误码率是在一定时间内收到的二进制数据中发生差错的比特数与所收到数字信号总比特数之比，也可以叫作"误比特率"（BER：bit error rate）。误码率是衡量在规定时间内数据传输精确性的指标，是最常用的数据通信传输质量指标。

2. 计算机网络的非性能特征

以下介绍的非性能特征与前面介绍的性能指标都有很大的关系。

1）费用

网络的费用即网络的价格,包括设计和实现的费用。网络的性能与其费用密切相关。一般说来,网络的速率越高,其费用也越高。

2）标准化

网络硬件和软件的设计既可以按照通用的国际标准,也可以遵循特定的专用网络标准。采用国际标准的设计,可以得到更好的互操作性,更易于升级换代和维修,也更容易得到技术上的支持。

3）可靠性

可靠性与网络的质量和性能都有密切关系。速率更高的网络,其可靠性不一定会更差。但速率更高的网络要可靠地运行,则往往更加困难,同时所需的费用也会较高。

4）可扩展性和可升级性

网络在初构造时就应当考虑今后是否会需要扩展(即规模扩大)和升级(即性能和版本的提高)。网络的性能越高,其扩展费用往往也越高,难度也会相应增加。

5）易于管理和维护

网络如果没有良好的管理和维护,就很难达到和保持所设计的性能。

1.3 计算机网络的分类

计算机网络实现了资源共享与数据通信的基本功能,由于计算机网络系统采用的技术不同,计算机网络的分类方法也有多种。计算机网络根据不同的标准,可以分为不同的类型。一般来说,主要可以按网络的地理覆盖范围、网络拓扑结构、交换方式等标准分类。按照网络的地理覆盖范围来分,计算机网络可以分为3类——广域网、城域网和局域网;按照网络拓扑结构划分,可分为总线型、星型、环型等网络;按照传输技术划分,可分为广播网络,点对点网络;按照网络的使用范围,可分为公用网和专用网;按照网络传输介质,可分为有线网络和无线网络。计算机网络分类的示意图如图1-11所示。

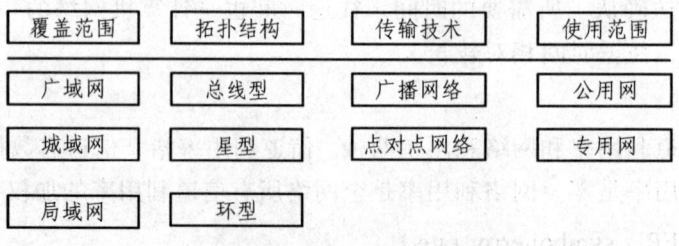

图 1-11 计算机网络分类示意图

本节主要讨论按网络的地理覆盖范围分类的知识,这也是目前常用的分类标准,可以很好地反映网络的技术特征。在本章后续节中将讨论按网络拓扑结构和交换方式分类的知识。

1.3.1 局域网

局域网（LAN，Local Area Network）的地理覆盖范围一般为 10 km，它使用双绞线、同轴电缆、光纤或红外线等传输介质实现部门、企业、校园范围内的组网，其示意图如图 1-12 所示。目前，常用的局域网类型有以太网（Ethernet）、令牌环网（Token Ring）、光纤分布式接口（FDDI）、ATM 局域网仿真（ATM LANE）等。市场占有率较大的是以太网，以太网为总线型网络，典型的有低速 10 BASE-T、10 BASE-2 等；高速的有 100 BASE-T、吉比特以太网即千兆位以太网（1000 BASE-CX、1000 BASE-T）。

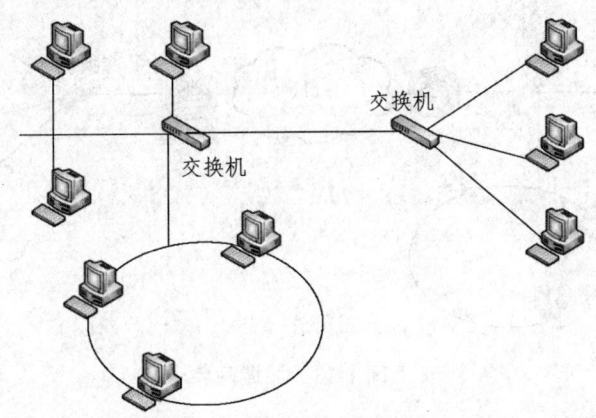

图 1-12　局域网示意图

1. 局域网的主要特点

（1）局域网覆盖有限的地理范围；

（2）局域网具有传输速率高（通常在 10～1 000 Mb/s 之间）、误码率低（通常低于 10^{-8}）的特点，因此，利用局域网进行的数据传输快速可靠；

（3）局域网通常由一个单位或组织建设和拥有，易于维护和管理；

（4）局域网的主要技术要素包括局域网的拓扑结构、传输介质、介质访问控制方法。

2. 以太网的相关标准

（1）以太网的传输介质：同轴电缆、双绞线、光缆等。

（2）以太网的网络速度：10 Mb/s、100 Mb/s 及 1 000 Mb/s。

（3）以太网的介质访问控制方法：CSMA/CD。

（4）以太网采用的主要技术包括 10BASE-5、10BASE-2、10BASE-T、100BASE-TX 和 100BASE-FX，其主要技术参数如表 1-1 所示。

表 1-1　以太网物理层标准的对比

标准	主要使用的传输介质	速率/（Mb/s）	物理拓扑
10BASE-5	粗同轴电缆	10	总线
10BASE-2	细同轴电缆	10	总线
10BASE-T	3 类、4 类、5 类或超 5 类非屏蔽双绞线	10	星型
100BASE-TX	5 类或超 5 类非屏蔽双绞线	100	星型
100BASE-FX	光缆	100	星型

1.3.2 城域网

城域网（MAN，Metropolitan Area Network）的地理覆盖范围达几十千米，通常作用一个地区或城市。其可以通过不同的硬件、软件及专门的线路或利用现有的电话线、电视电缆、光纤、微波等组建城市网络，示意图如图1-13所示。目前，各大城市都正在规划和建设宽带城域网。主要运用 IP 和 ATM 技术，采用已实现密集波分复用（DWDM）技术的光纤为主要传输介质，来实现宽带城域网。

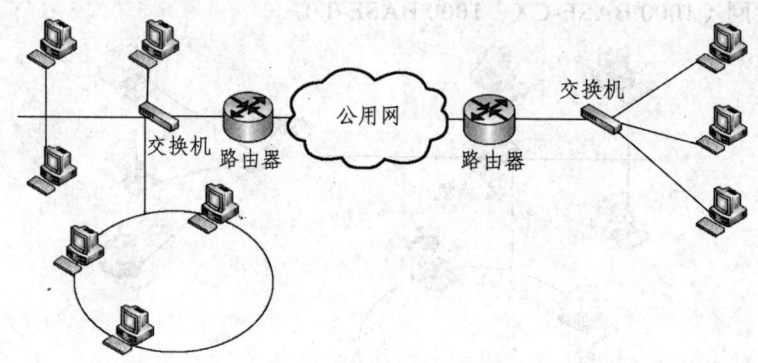

图1-13 城域网

1.3.3 广域网

广域网（WAN，Wide Area Network）的地理覆盖范围可达数千千米，通常是利用电信部门提供的各种公用交换网，把多个局域网及城域网连接起来，并与世界各地的网络进行互联，达到资源共享的目的，如图1-14所示。从某种意义上看，Internet 就是全球最大的广域网。常用的广域网技术有 X.25 网络、综合业务数字网（ISDN）、数字数据网（DDN）、帧中继（FR）、同步光纤网（SONET）、异步传输模式（ATM）等。

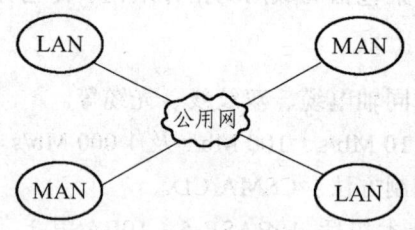

图1-14 广域网

1.3.4 其他分类

1. 有线网络和无线网络

有线网络是使用双绞线、同轴电缆以及光纤作为传输介质，有固定线路的计算机网络。

无线网络是使用电磁波、无线电、微波、红外线等作为传输介质的计算机网络。无线网络可以比较好地支持移动通信，但是其传输的信号会受到频段、建筑物、天气、距离等因素的限影响，导致信号质量下降。

2. 广播网络和点对点网络

广播（Broadcast）网络是指源节点发送数据，网络中其他所有节点都可以接收。根据比较待接收数据的目的节点地址和本节点地址信息，来决定是否接收该数据。如果节点地址信息相同，则接收该数据，否则丢弃。广播网络实现的基础是网络中所有节点都共享信道。

点对点（Peer to Peer）网络是指源节点发送数据，只有目的节点可以收到该数据。源节点和目的节点之间一般由多条连接构成，发送数据可以通过一个或多个中间节点达到目的节点，有多条路径可选择，因此如何选择源节点到达目的节点的最短路径成为一个重要问题。

一般来说，广播方式适用于规模小、地理上处于本地的网络，点对点方式则适用于规模更大的网络。

3. 公用网和专用网

公用网由中国电信组建，一般由政府或电信公司管理，电信部门向使用单位或个人提供网络内传输和交换设备的有偿租用，如公共电话交换网 PSTN、数字数据网 DDN 等。

专用网由某个单位和部门组建，一般不允许其他部门和单位使用。例如金融、铁路等行业都有自己的专用网。专用网的传输线路可以租用电信部门铺设的线路，也可以自行铺设。

1.4 计算机网络的拓扑结构

计算机网络的拓扑结构是指把网络中的计算机和通信设备抽象为点，把通信线路抽象为线，由这些点和线组成的几何形状，也即指网络中各节点连接的方式与方法。网络的拓扑结构反映网络中各实体的结构关系，是实现网络协议的基础，对网络性能、系统可靠性与通信费用都有重大影响。

拓扑学（Topology）是研究几何图形或空间在连续改变形状后还能保持一些性质不变的学科，它只考虑物体间的位置关系而不考虑它们的形状和大小。计算机网络就是引用拓扑学中研究与大小、形状无关的点、线关系的方法，把网络中的工作站和服务器等网络节点抽象为"点"，电缆等通信线路抽象为"线"。不同的连接方式形成不同的计算机网络拓扑结构，也决定了计算机网络可以使用不同的联网技术。

计算机网络中常用的拓扑结构有以下几种：

1. 总线型拓扑结构

总线型拓扑结构中，所有的节点都连接到一条总线上，共同使用这条公共信道作为传输数据的通道，一个节点发出的数据可以被其他所有节点接收。由于发送方共享信道，为了防止多个发送方同时发送数据导致冲突，必须采取一定的策略来分配信道，这将在后续章节中讨论。总线型拓扑结构示意图如图 1-15 所示。

总线型拓扑结构的特点：

（1）所有节点都通过相应的网络接口适配器直接连接到一条作为公共传输介质的总线上。为了防止信号反射，总线的两端采用终结器以吸收信号。

（2）数据的传输以"共享介质"方式进行。

（3）使用介质访问控制方法来解决多发送方同时发送数据而可能引进的冲突问题。

（4）结构简单、接入灵活、可扩展性好，可靠性高。

2. 环型拓扑结构

环型拓扑结构中，节点通过一条公共通信线路相互连接成一条首尾相接的闭合环，这种结构使公共通信线路组成环型连接。环型拓扑结构有单环结构（如令牌环 Token Ring）和双环结构（如光纤分布式数据接口 FDDI）两种。环型拓扑结构示意图如图 1-16 所示。

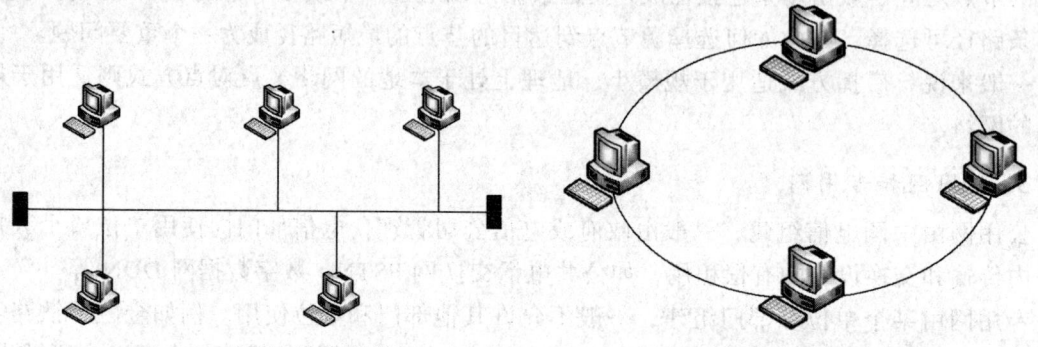

图 1-15　总线型拓扑结构　　　　图 1-16　环型拓扑结构

环型拓扑结构的特点：

（1）每个节点都与两个相邻的节点相连，节点之间的连接采用点到点的链路。

（2）网络中的所有节点构成一个闭合的环，环中数据的发送都是沿一个规定方向逐站传输。

（3）使用介质访问控制方法来解决多发送方同时发送数据而可能引进的冲突问题。

（4）各节点无主从关系，结构简单；数据传输延迟固定、实时性好，扩充性差。

（5）单环结构中，任何线路或节点的故障，都会引起整个网络的通信终止，存在单点失效问题。但双环结构可以自动解决这个问题。

双环拓扑结构及其工作过程如图 1-17 所示。

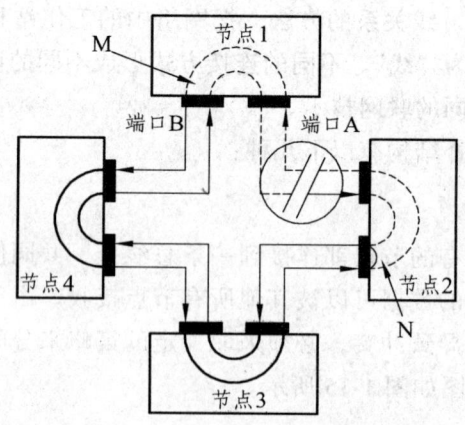

图 1-17　双环结构自恢复过程

环型拓扑结构网络最大的隐患之一是环上某处故障易导致整个网络瘫痪，FDDI 将它的令牌环网设计成双环结构，而且双环是逆向旋转的，具有自恢复功能。因此，FDDI 令牌环网络有时也叫做自恢复网络。

3. 星型拓扑结构

星型拓扑结构中，节点通过点到点的链路与中心节点相连，通过中心节点的存储转发实现各节点的信息通信。中心节点可以是中心交换设备、主机等。星型拓扑结构示意图如图1-18所示。

星型拓扑结构的特点：

（1）网络中存在中心节点，所有其他节点必须与中心节点相连，才能实现两两之间的通信，属于集中控制。

（2）数据的传输以"独占信道"方式进行。

（3）多发送方可以同时发送数据，不存在冲突问题。

（4）存在单点失效问题，一旦中心节点出现故障，会引起整个网络的瘫痪，同时中心节点也容易成为数据交换的瓶颈。

（5）结构简单，可扩展性好，便于维护和管理。

4. 树型拓扑结构

树型拓扑结构中，节点连接形成层次化的结构，形状如一棵倒置的树。处于不同层次的节点的功能不同：高层节点具有管理和协调功能；底层节点实现具体网络应用和数据处理功能。对于网络节点的添加、退出以及线路的维护和管理都比较复杂，需要从高层到底层逐层完成，而且分层不能过多，以免增加高层节点的负担和数据传输延迟。树型拓扑结构简单，传输延迟固定。树型拓扑结构示意图如图1-19所示。

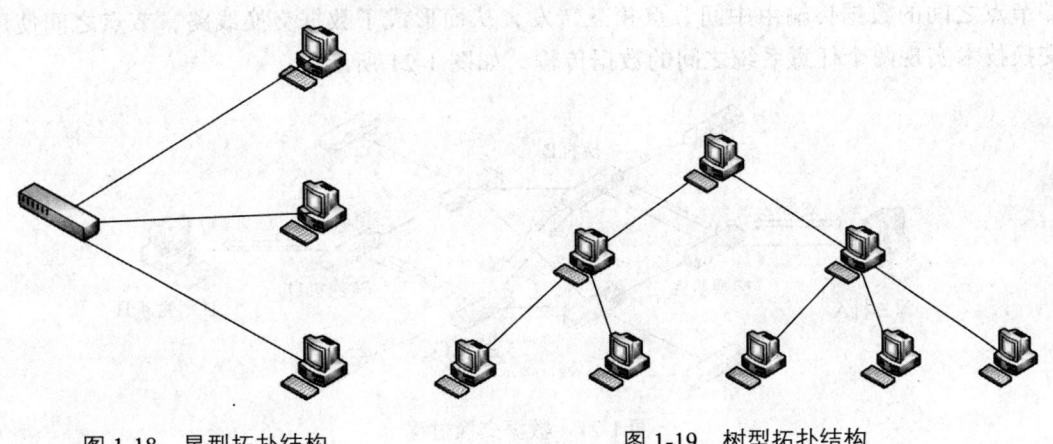

图1-18　星型拓扑结构　　　　　　图1-19　树型拓扑结构

5. 网状拓扑结构

网状拓扑结构中，节点之间的连接是任意的，而且可以是冗余的，从而提高了网络的可靠性。但是这种拓扑结构复杂，需要采用路由选择算法和流量控制策略，以保证数据流在网络节点间的有效传输。网状拓扑结构示意图如图1-20所示。

在以上所述五类网络拓扑结构中，总线型、星型和环形拓扑结构常被用于局域网中，网状拓扑结构适用于广域网。Internet主干网的拓扑结构也属于网状拓扑结构。

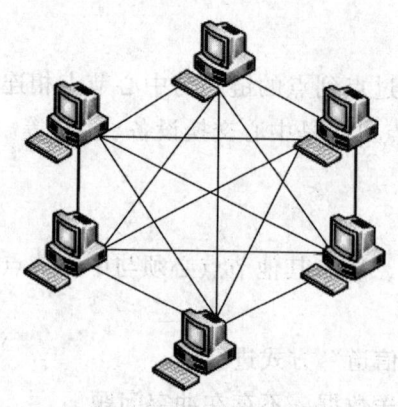

图 1-20 网状拓扑结构

1.5 数据交换技术

计算机网络实现数据传输的关键技术是数据交换技术,数据交换技术是在终端之间建立的数据传输的联系。下面从数据交换技术的基本概念开始,对数据交换技术的发展以及数据交换方式进行了解。

1.5.1 数据交换技术的概念

1. 概念

计算机终端连接入计算机网络后,通过通信系统来建立终端之间的数据联系。通信系统两端节点之间的数据传输由中间节点相互转发,从而形成了数据交换线路,节点之间使用数据交换技术实现两个任意系统之间的数据传输,如图 1-21 所示。

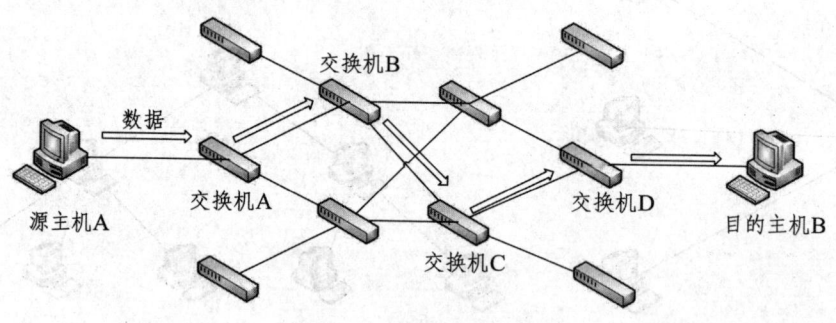

图 1-21 数据交换过程

2. 基本要求

数据交换技术的基本要求有以下几点:第一,能够适应计算机网络的不同速度,并且能够满足用户的需求;第二,数据传输速度比较快;第三,数据传输具有实时性,延时小;第四,数据传输要准确,并能够适应用户传输数据的特性变化。

3. 数据交换的基本方式

当节点之间需要进行数据通信时,最简单的办法就是在两个节点之间建立直达线路连接,也就是所说的全连通。当节点数量比较多时,全连通的线路大量增加,线路利用率降低。而节点利用数据交换技术进行数据传输时，不需要在通信双方之间建立直连线路，建立逻辑连接就可以实现数据传输，增加了线路利用率。

1.5.2 数据交换方式的分类

数据交换技术主要分为两大类：线路交换和存储转发交换。存储转发交换又分为两类：报文存储转发交换和分组交换。分组交换分为两类：数据报交换和虚电路交换。数据交换技术的分类图如图 1-22 所示。

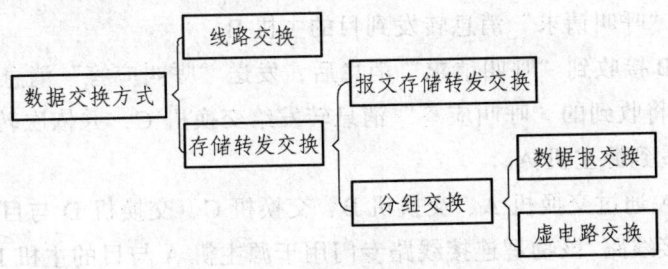

图 1-22 数据交换方式分类图

1.5.3 线路交换

线路交换（Circuit Exchanging）方式与电话交换方式的工作过程很类似。在线路交换中，两台计算机通过通信子网进行数据交换之前，首先要在通信子网中建立一个实际的物理线路连接。

1. 线路交换方式的工作过程

以线路交换方式进行通信的过程可以分为三个阶段，如图 1-23 所示。

1）线路建立阶段

在数据发送之前，必须先在发送节点与目的节点之间建立一条专用的物理连接线路，这条线路还包含中间节点构成，是一条端到端的物理连接线路。

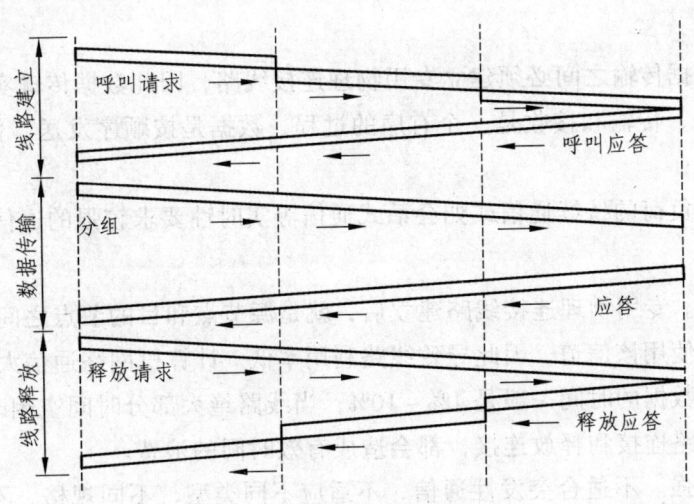

图 1-23 线路交换方式工作过程

如图 1-23 所示，如果主机 A 要向主机 B 传输数据，就要在主机 A 与主机 B 之间建立专门的物理连接线路。其过程如下：

（1）主机 A 向中间节点交换机 A 发送"呼叫请求"消息，该消息中包含源主机 A 和目的主机 B 的地址信息。

（2）交换机 A 收到"呼叫请求"消息后，根据路由选择算法进行路径选择，选择下一个交换机 B，将"呼叫请求"消息转发给交换机 B。交换 B 重复交换机 A 的步骤，根据路由选择算法进行路径选择，并将"呼叫请求"消息转发给下一个中间节点交换机 C，依此类推，直至中间节点 D 将"呼叫请求"消息转发到目的主机 B。

（3）目的主机 B 接收到"呼叫请求"消息后，发送"呼叫应答"消息给交换机 D。

（4）交换机 D 将收到的"呼叫应答"消息转发给交换机 C，并依次转发给交换机 B、交换 A，直至最终转发到源主机 A。

至此，源主机 A 通过交换机 A、交换机 B、交换机 C、交换机 D 与目的主机 B 之间就建立起了专用物理连接线路，该物理连接线路专门用于源主机 A 与目的主机 B 之间的数据传输。

2）数据传输阶段

当源主机 A 与目的主机 B 之间通过通信子网建立专用物理连接线路后，就可以通过该连接进入数据传输阶段，源主机 A 发送数据，各交换机依次转发，直到目的主机 B。目的主机 B 收到数据后，则发送应答，该应答消息在各交换机之间依次转发，直到源主机 A。源主机 A 收到应答后，又可以继续发送下一个数据，直至发送完所有需发送的数据。

3）线路释放阶段

当数据传输完成后，就进入线路释放阶段，以释放该连接所占用的专用资源。主机 A 向主机 B 发送"释放请求"消息，主机 B 收到后，同意结束传输并释放线路，向主机 A 通过交换机 D、交换机 C、交换机 B、交换机 A 依次发送"释放应答"消息，并依次释放建立的物理连接。

2. 线路交换方式的特点

1）优点

（1）由于在数据传输之间必须建立专用物理连接线路，因此数据传输实时性强，可靠；

（2）数据发送、传输和接收是一个有序的过程，数据是按顺序发送、传输和接收的，不会产生乱序的现象；

（3）适用于高负荷的持续通信或如会话式通信等实时性要求较强的通信。

2）缺点

（1）资源浪费。专用物理连接线路建立后，就是源节点和目的节点之间通信的专用信道，其他节点通信不能使用该信道，因此导致线路利用率低。计算机网络通信大多是突发性通信，线路真正用于传送数据的时间一般是 1%～10%，当线路绝大部分时间空闲时，信道被大量浪费。另外，建立线路连接和释放连接，都会造成有效时间的浪费。

（2）适应性不强。不适合突发性通信，不适应不同类型、不同规格、不同速率计算机之间的通信。不具备数据存储能力和差错控制能力，不能平滑通信量，无法发现和纠正传输差错。

（3）灵活性不足。只要通信双方建立的线路中任何一点出现故障，就必须重新拨号建立新的连接。

因此，在线路交换方式的基础上，人们提出了存储转发交换方式。

1.5.4 分组交换

存储转发交换（Store and Forward Switching）是一种传统的转发方式，是指交换机收到数据帧后，不直接转发，而是将收到的完整数据帧放入缓存，进行循环冗余码校验（CRC）计算和目的物理地址检测等处理，然后根据目的物理地址决定转发策略。

1. 存储转发交换的特点

下面通过与线路交换进行对比分析，得出存储转发交换具有以下几个主要的特点：

（1）不需要建立连接、传输数据、释放连接三个阶段，而是可以直接进行数据传输；

（2）每个发送的数据都增加"源地址、目的地址、控制信息"等信息，按照一定的格式组成一个数据单元（报文或报文分组）再发送出去，中间节点收到数据单元后先缓存下来，再选择传输的路径。每个数据单元的传输路径可以是不同的，以提高线路利用率；

（3）数据单元的发送和接收不是顺序的，是乱序的。数据单元在通过路由器时进行差错校验，提高数据传输可靠性；

（4）路由器可以对不同通信速率的线路进行速率转换，支持不同速率的线路协同传输数据。

2. 报文和分组

在存储转发方式中，所传输数据单元分为报文（message）和报文分组（packet）两种。

报文：如果将所需传输的数据块不做任何长度限制，直接封装成一个数据单元进行传输，那么封装后的数据单元叫报文。

报文长度和大小变化不一，将会导致报文传输效率低、传输出现差错、路由器存储空间利用率低等方面的问题，因此，将整个数据块封装成一个报文进行传输并不是一个最佳的方案，针对这些问题，人们提出了报文分组的概念。

分组：针对所需传输的数据块，设定一定的长度限制，如果数据块长度超过这个长度限制，则将数据块进行分块处理，将每个分块封装成一个数据单元进行传输，那么封装后的数据单元叫分组。每个数据块都遵循同样的长度限制，进行分组和封装处理。

封装：将数据块增加"源地址、目的地址、控制信息"等信息，按照一定的格式组成一个数据单元的过程，叫封装。

如图 1-24 所示是报文和分组的结构示意图。如果一个报文的数据部分长度为 3 500 字节，协议规定每个分组的数据字段长度最大为 1 000 字节，那么将 3 500 字节分为 4 个分组，前三个分组的数据字段长度为 1 000 字节，第 4 个分组的数据字段长度为 500 字节。按照协议规定的格式在每个数据字段的前面加上一个分组头，可以构成 4 个分组。

3. 报文交换和分组交换

报文交换和分组交换的过程如图 1-25 所示。

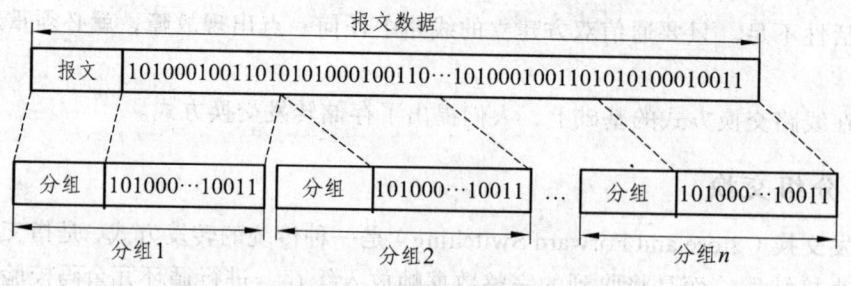

图 1-24 报文和分组结构图

分组交换方式具有以下几个主要优点:

(1) 报文的分组和重组会耗费一些时间,但它只发生在收发处,即在发送方分组,在接收方重组。同时分组的处理效率高,因此整体的传输效率也较高。

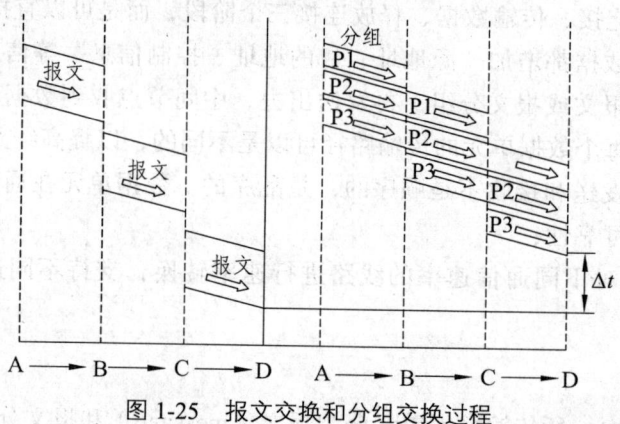

图 1-25 报文交换和分组交换过程

(2) 将报文划分成有固定格式和最大长度限制的分组进行传输,有利于提高路由器检测接收分组是否出错、出错重传处理过程的效率,有利于提高路由器存储空间的利用率。

(3) 路由选择算法可以根据链路通信状态、网络拓扑变化,动态地为不同的分组选择不同的传输路径,有利于减小分组传输延迟,提高数据传输的可靠性。

可是由于通信过程中要加入一些通信控制数据,因此会造成许多重复的额外开销;传输过程中分组有可能出现丢失、破坏、乱序等情形,还需采取一定的策略去解决这些问题。

1.5.5 数据报交换与虚电路交换

在实际应用中,分组交换根据实现机制不同分为:数据报交换和虚电路交换。

1. 数据报交换

数据报交换是报文分组交换的一种形式,如图 1-26 所示。如果主机 A 要向主机 B 传输数据,其过程如下:

(1) 源主机 A 将报文 M 封装成多个分组 P_1、P_2、⋯,并依次将分组 P_1、P_2、⋯发送给直接相连的路由器 A;

(2) 路由器 A 收到各分组 P_1、P_2、⋯后,分别进行差错检测和路径选择,由于网络是动态的,所以不同的分组可能选择不同的路径。路由器 A 检测分组 P_1 正确接收后,转发给中间路由器 C,同时向源主机 A 发送一个 ACK 确认报文,源主机 A 收到 ACK 确认报文后,即可

丢弃分组 P_1 的副本。中间路由器 E 重复上述工作,直至将分组 P_1 正确发送给目的主机 B。

(3)按照相同的工作原理,路由器 A 将其他分组依次转发出去,直至正确发送给目的主机 B。

(4)目的主机 B 在接收完所有分组后,进行重组以得到原报文。

由于分组 P_1、P_2、…在转发的过程中是根据网络的实时状态独立选择路径,因此最后目的主机 B 不再是顺序收到分组 P_1、P_2、…,而是乱序的。

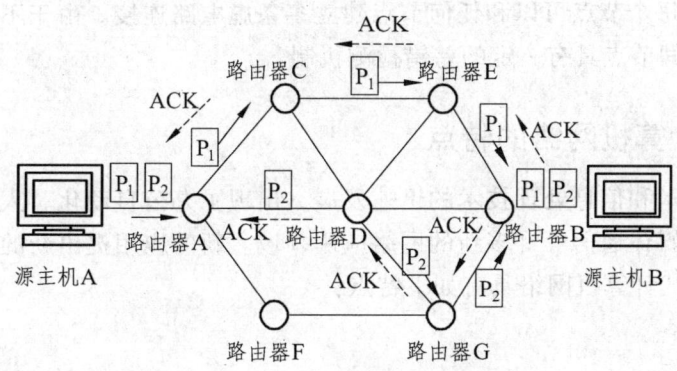

图 1-26 数据报交换过程

2. 虚电路交换

线路交换和分组交换这两种数据交换技术各有其优缺点,虚电路交换则可以看成是线路交换和分组交换两种技术的综合,其工作过程如图 1-27 所示。

1)虚电路交换与线路交换的区别

虚电路交换中,通信双方建立专门的动态逻辑线路,该逻辑线路并非独占使用,而是类似于信道复用技术复用中间节点的策略进行数据交换。线路交换中,通信双方建立专门的物理线路,该线路是独占使用的。

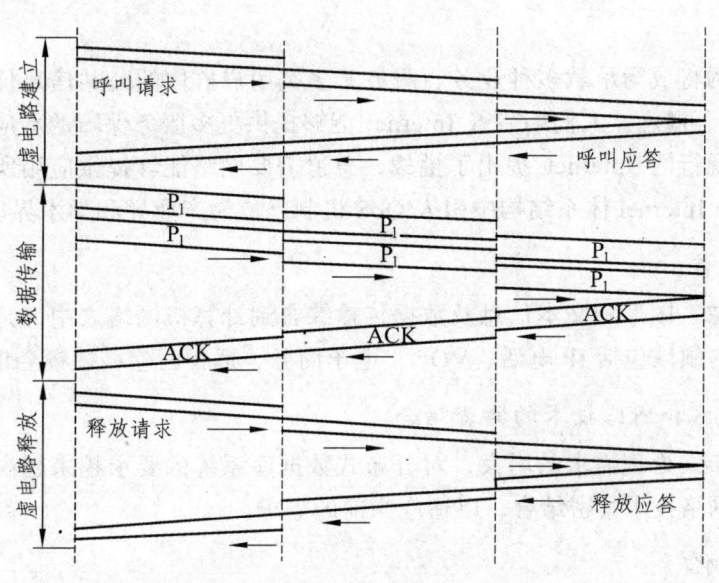

图 1-27 虚电路交换方式工作过程

2）虚电路交换与数据报交换的区别

数据报交换和虚电路交换中的分组都需根据一定的路由算法选择通信路径，但前者的每个分组都需要单独寻找路由，而后者的通信过程中所有分组只需进行一次路由选择即可。显然，按数据报交换方式的路由计算次数要比虚电路交换方式频繁，虚电路交换方式的分组通过建立的专用逻辑通道进行有序传输，每个分组中不再包含控制数据，从而降低了辅助开销。

因此，虚电路交换是一种可靠性较强，系统效率高的交换技术。其是在工作过程中建立专用的逻辑连接，每个节点可以和任何节点建立多条虚电路连接。由于不带辅助信息，系统的额外开销小，中间节点具有一定的差错检测机制。

1.6 现代计算机网络的特点

随着计算机技术和信息处理技术的迅速发展，出现了办公自动化、人工智能专家系统、工业自动控制和多媒体通信等许多新的网络应用领域。新的应用提出新的要求，不断地推动着网络的发展。现代计算机网络具有如下特点：

1. 高传输速率

传统计算机网络的数据传输速率一般在 1~10 Mb/s，新一代计算机网络的数据传输速率为 100~1 000 Mb/s，有的甚至达到了 10 Gb/s。

2. 分布式资源共享

随着网络规模的不断扩大，网络中的资源分布于更广的范围。网格技术和云计算的发展，使网络用户可以不受地理位置影响，透明地、无缝地、有效地使用地理位置分布广、网络系统异构、网络数据异构和动态以及各种高性能计算资源，包括远端计算设备、网络存储设备、科学仪器、可视及虚拟现实显示等资源的组合，以解决目前仅靠本地资源不可能解决的各种复杂问题。

3. 服务质量

今天的互联网将成为承载多种业务、服务于多类用户群体的公共信息传输平台，国家还提出了"互联网+"概念。人们期待着 Internet 能够提供更多服务保障的新应用，而越来越多的实时应用也对现行的 Internet 提出了挑战，急迫需要网络能够提供应用所需求的服务质量（QoS）。在目前的 Internet 体系结构中引入 QoS 机制已成为产业界和学术界广泛关注的课题。

4. 多媒体通信

将语音、图像、图形和文本信息及数据传输综合到计算机网络之中，是许多新应用领域的要求。这些新的领域包括 IP 电话、VOD、电子商务、远程医疗、视频会议等。

5. 数据库技术和网络技术的紧密结合

由于数据分布式处理需求的增大，对分布式数据库系统的要求越来越高。因此，分布式数据库技术要和网络技术紧密结合，以适应当前的需求。

6. 高度智能化

人工智能与计算机网络技术相结合，将实现计算机网络的智能化。一个高度智能化的计算机网络，应包括网络管理、接口管理、人机交互、输入输出、任务分配、实时控制等各个方面的智能化。

7. 可靠性

网络的可靠性越来越受到关注，如何提供安全、可靠的网络服务成为一个非常重要的课题。

1.7 小结

通过本章的学习，读者对计算机网络有了一个初步的整体认识，了解了计算机网络的形成和发展过程。掌握了计算机网络的定义、组成和分类，特别是计算机网络的拓扑结构和数据交换技术，是本章的重点和难点。最后，还了解了现代计算机网络的特点和网络标准化组织。

1. 计算机网络的形成和发展

计算机网络的形成经历了几个里程碑式的过程：20 世纪 60 年代，美国组建 ARPANET 网络，这是第一个计算机网络；20 世纪 70 年代，ISO 提出开放系统互联参考模型 OSI，开启了网络协议标准化时代，同时，ARPANET 研究人员提出了 TCP/IP 网络协议模型；20 世纪 80 年代，NSF 提出 DNS 技术，通过域名将物理结构"无序"的计算机网络变成逻辑结构上"有序"的可管理网络系统；20 世纪 90 年代，是 Internet 发展的黄金时期，其用户数据以每年翻一番的速度增长。

随着计算机网络技术的蓬勃发展，它的演变可以概括地分成以下四个阶段：

以单个计算机为中心的远程联机系统，构成面向终端的计算机网络阶段；多个具有自主功能的主机通过线路互联，形成资源共享的计算机网络阶段；形成具有统一的网络体系结构、遵循国际标准化协议的计算机网络阶段；向高速、智能化方向发展的计算机网络阶段。

2. 计算机网络的定义、组成和分类

计算机网络的定义是指通过通信线路，将一些地理位置分散且具有独立自主功能的多台计算机及外设，按不同的形式相互连接，在网络协议的管理协调下，实现传输信息和共享资源的计算机的集合。计算机网络具有几个主要的特征：组建计算机网络的目的是传输信息和共享资源；互联起来的计算机是分散在不同地理位置并具有独立自主功能的；互联的计算机可以按不同的形式连接；互联的计算机必须遵守共同的网络协议。

计算机网络从逻辑功能上分，可以把数据处理功能和数据通信功能分开，则其组成分为两个部分：资源子网和通信子网。从计算机网络实现的角度来看，计算机网络由网络硬件和网络软件构成。

计算机网络按照网络的地理覆盖范围来分，可以分为 3 类：广域网、城域网和局域网；按照网络拓扑结构划分，可以分为总线型、星型、环型等网络；按照传输技术划分，可分为广播网络，点对点网络；按照网络的使用范围划分，可分为公用网和专用网。按照网络传输介质划分，可分为有线网络和无线网络。

3. 计算机网络的拓扑

计算机网络的拓扑结构指网络中各节点连接的方式与方法，常用的网络拓扑结构有以下

几种：总线型拓扑结构、环型拓扑结构、星型拓扑结构、树型拓扑结构和网状拓扑结构。其中，总线型拓扑结构和环型拓扑结构属于共享传输介质的拓扑结构，需要对介质访问进行访问控制，以保障网络中的节点能顺利传输数据。采用不同的网络拓扑结构，对网络的性能有较大的影响。

4. 数据交换技术

数据交换技术是在计算机网络终端之间建立的数据传输的联系，通信节点之间使用数据交换技术实现两个任意系统之间的数据传输。数据交换技术主要分为两大类：线路交换和存储转发交换。存储转发交换又分为两类：报文存储转发交换和分组交换。分组交换也分为两类：数据报交换和虚电路交换。

分组交换技术为实现现代计算机网络提供了设计思想和理论基础，它提供的是无连接的高效服务，其可靠性需要其他机制保障。

1.8 实验

实验名称：认识计算机网络及 Windows 下网络共享设置。

实验内容：找出本地计算机名称、工作组名、网卡名称、连接速度、所用的协议、IP 地址和网关地址等基本网络参数，在 Windows 平台下设置文件共享，并用不同身份登录实现互相访问。

实验目的：了解计算机网络的基本知识与参数设置方法；熟悉 Windows 下的资源共享设置。

习 题

一、选择题

1. 计算机网络是一门综合技术，其主要技术是（ ）。
   A. 计算机技术与多媒体技术   B. 计算机技术与通信技术
   C. 电子技术与通信技术   D. 数字技术与模拟技术
2. 目前实际存在与使用的广域网基本都采用（ ）。
   A. 总线拓扑   B. 环型拓扑   C. 网状拓扑   D. 星形拓扑
3. Internet 主要由（ ）、通信线路、服务器与客户机和信息资源四部分组成。
   A. 网关   B. 路由器   C. 网桥   D. 集线器
4. 网络操作系统可以提供的管理服务功能主要有：网络性能分析、存储管理和网络（ ）。
   A. 密码管理   B. 目录服务   C. 状态监控   D. 服务器镜像
5. 半个世纪以来，对计算机发展的阶段有过多种描述。下述说法中，比较全面的描述是（ ）。
   A. 计算机经过四个发展阶段，电子管阶段、晶体管阶段、集成电路阶段、超大规模集成电器
   B. 计算机经过四段发展，即大型机、中型机、小型机、微型机
   C. 计算机经过三段发展，即大型机、微型机、网络机

D. 计算机经过五段发展，即大型主机、小型机、微型机、局域网、广域网

6. 在下列各项中，一个计算机网络的 3 个主要组成部分是（　　）。
   ① 若干数据库　　　　② 一个通信子网　　　③ 一系列通信协议
   ④ 若干主机　　　　　⑤ 电话网　　　　　　⑥ 大量终端
   A. ①、②、③　　　B. ②、③、④　　　C. ③、④、⑤　　　D. ②、④、⑥

7. 所谓信息高速公路的国家信息基础结构是由 5 个部分组成，除了信息及应用和开发信息的人员之外，其余 3 个组成部分是（　　）。
   ① 计算机等硬件设备　　　② 数字通信网
   ③ 数据库　　　　　　　　④ 高速信息网
   ⑤ 软件　　　　　　　　　⑥ WWW 信息库
   A. ①、④、⑤　　　B. ①、②、③　　　C. ②、⑤、⑥　　　D. ①、③、⑤

8. 连接到计算机网络上的计算机都是（　　）。
   A. 高性能计算机　　　B. 具有通信能力的计算机
   C. 自治计算机　　　　D. 主从计算机

9. 计算机网络拓扑结构是通过网中节点与通信线路之间的几何关系来表示网络结构，它反映出网络中各实体间的（　　）。
   A. 结构关系　　　B. 主从关系　　　C. 接口关系　　　D. 层次关系

10. 下面有几个关于局域网的说法，其中不正确的是（　　）。
    A. 局域网是一种通信网
    B. 联入局域网的数据通信设备只包括计算机
    C. 局域网覆盖有限的地理范围
    D. 局域网具有高数据传输率

11. 下列（　　）范围内的计算机网络可称之为局域网。
    A. 在一个楼宇　　　B. 在一个城市　　　C. 在一个国家　　　D. 在全世界

12. 按覆盖的地理范围进行分类，计算机网络可以分为三类（　　）。
    A. 局域网、广域网与 X.25 网　　　　B. 局域网、广域网与宽带网
    C. 局域网、广域网与 ATM 网　　　　D. 局域网、广域网与城域网

13. 全世界第一个采用分组交换技术的计算机网是（　　）。
    A. ARPANET　　　B. NSFNET　　　C. CSNET　　　D. BITNET

14. Internet 是一个覆盖全球的大型互联网络，它用于连接多个远程网与局域网的互联设备主要是（　　）。
    A. 网桥　　　B. 防火墙　　　C. 主机　　　D. 路由器

15. 以下有关计算机网络的描述，错误的是（　　）。
    A. 建立计算机网络的主要目的是实现计算机资源的共享
    B. 互联的计算机各自是独立的，没有主从之分
    C. 各计算机之间要实现互联，只需有相关的硬件设备即可
    D. 计算机网络起源于 ARPANET

16. 计算机网络拓扑是通过网中节点与通信线路之间的几何关系表示网络中各实体间的（　　）。
   A. 联机关系　　　B. 结构关系　　　C. 主次关系　　　D. 层次关系
17. 最早出现的计算机网络是（　　）。
   A. ARPANet　　　B. Ethernet　　　C. Internet　　　D. Bitnet
18. 以下关于城域网建设的描述中，说法不正确的是（　　）。
   A. 传输介质采用光纤
   B. 传输协议采用 FDDI
   C. 交换节点采用基于 IP 的高速路由技术
   D. 体系结构采用核心交换层、业务汇聚层与接入层三层模式
19. 计算机网络拓扑通过网络中节点与通信线路之间的几何关系来表示（　　）。
   A. 网络层次　　　B. 协议关系　　　C. 体系结构　　　D. 网络结构

二、名词释义

1. 计算机网络　　　　2. 拓扑结构　　　　3. 云计算
4. 终端　　　　　　　5. 资源　　　　　　6. 对等网络
7. 资源子网　　　　　8. 通信子网　　　　9. 速率
10. 带宽　　　　　　11. 吞吐量　　　　　12. 时延
13. 广域网　　　　　14. 城域网　　　　　15. 局域网
16. 有线网络　　　　17. 无线网络　　　　18. 拓扑结构
19. 总线型拓扑结构　20. 环型拓扑结构　　21. 星型拓扑结构
22. 树型拓扑结构　　23. 网状拓扑结构　　24. 数据交换
25. 线路交换　　　　26. 存储转发交换　　27. 虚电路
28. 国际标准化组织　29. 国际电信联盟　　30. 电子工程师协会
31. 电子工业协会

三、简答

1. 什么是计算机网络，计算机网络有哪些类型？
2. 计算机网络的组成是什么？
3. 请举例子说明计算机网络在其他行业的应用。
4. 对等网络的特点是什么？
5. 请简述各种数据交换方式的原理。

第 2 章　网络体系结构与网络协议

计算机网络通信是一个非常复杂的问题，相互通信的计算机系统之间需要高度协调，且必须遵循双方都能接受的某种规则。

网络体系结构与网络协议是计算机网络技术中的关键，本章将围绕它们进行讨论，帮助读者研究理解计算机网络的基本思想和方法。

【本章重点】
（1）网络协议的基本概念；
（2）网络体系结构的层次化研究方法；
（3）OSI 参考模型及各层功能；
（4）TCP/IP 参考模型及各层功能。

【本章难点】
OSI 参考模型与 TCP/IP 参考模型的比较。

【本章关键词】
协议；层次化；网络体系结构；OSI；TCP/IP。

2.1　网络体系结构的基本概念

2.1.1　网络协议

计算机网络由许多相互连接的主机和通信设备组成，为了实现资源共享，节点之间要不断地进行数据交换，也就是进行通信。为了使通信井然有序的进行，通信双方对如何进行通信要进行一些约定。打个比方，生活中打电话有这样的步骤——拿起电话拨号；空号则挂电话；当听到对方铃声，则等待对方接听电话；无人接听可以稍后再拨。当对方拿起电话，双方就可以进行通话了，通话过程使用双方约定的一种语言，例如普通话。我们都得服从这样一种通话规则，否则双方就无法通话。

网络协议就是为了进行网络中正确的数据交换而建立的规则、标准或约定，它涉及数据的传输顺序、格式、内容。网络协议由语法、语义和时序 3 个组成要素构成。

（1）语法用来规定用户数据、控制信息的格式，它表述的是如何进行通信。
（2）语义用来规定控制信息要完成的动作与响应，它表述的是通信内容。
（3）时序用来说明事件的实现顺序，它表述的是何时进行通信。

计算机网络是一个庞大的系统，以完成复杂的功能。为了保障计算机网络能有条不紊的工作，需要制定相应的网络协议，且为了降低网络设计的复杂性，最好的方法是采用层次模型，每一层解决网络设计中某一方面的问题。

为了更好地理解计算机网络的层次模型，我们把现实生活中的邮政（邮件服务）通信系统与计算机网络做个类比。

计算机网络层次模型如图 2-1 所示。

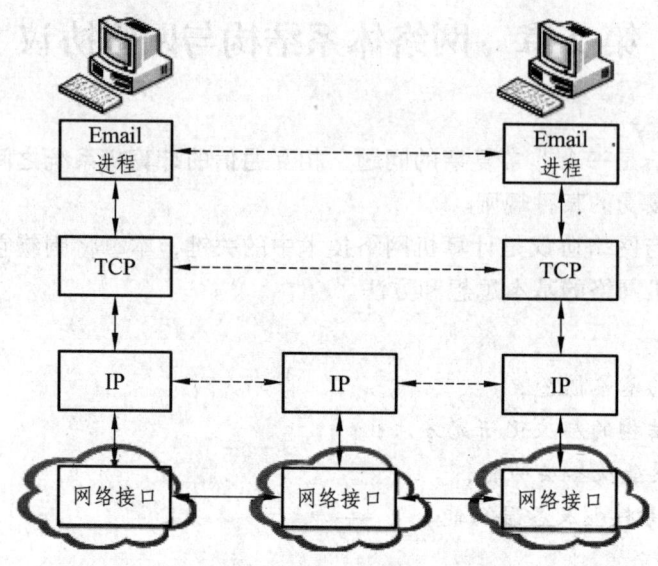

图 2-1　4 层网络结构示意图

这是一个 4 层的层次模型，模型中每一层使用下层提供的服务并向上层提供服务，相邻层之间通过接口通信，同等层通过协议实现虚通信。

邮政（邮件服务）通信系统的简化模型如图 2-2 所示。

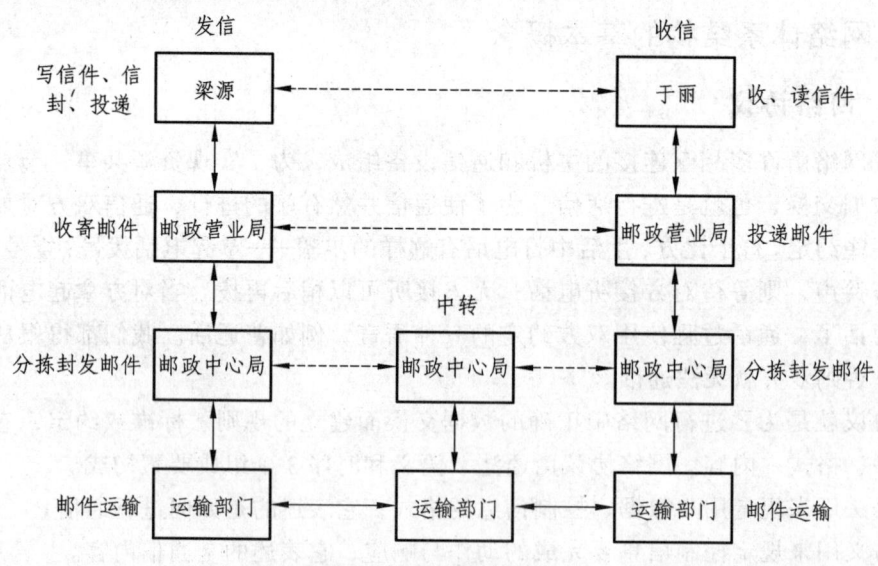

图 2-2　邮件收发过程

在发信端，发信人梁源负责写好信件、信封，封装信件并投入信箱；邮递员从各个信箱收集信件送到邮政营业局，邮政营业局检查信封并盖上邮戳，转送邮政中心局；邮政中心局按流向分拣信件，然后把分拣好的信件分别封成邮件总包（袋、套）以便发运；运输部门把邮件总包通过规定的邮路转运到寄达地点；寄达地点的邮政中心局分拣封发邮件，转送到各个邮政营业局；邮政营业局安排邮递员按邮件的收信人地址投递信件到信箱，于丽通过信箱拿到信件并拆开阅读，至此完成整个邮政（邮件服务）通信系统的任务。

2.1.2　协议、层次、接口与体系结构

从邮政（邮件服务）通信系统与计算机网络的类比中，我们发现，这两个系统都是以层次结构的方式构建的，都离不开协议、层次、接口与体系结构4个概念。

1. 协议

协议是控制和管理数据通信过程的一组规则和约定。邮政（邮件服务）通信系统有统一的业务规章制度、各种邮件的规格标准、时间要求和处理规则，从而使邮件在邮政网上得以迅速有序的传递。

国内普通邮件资费的部分规定如表 2-1 所示，信封上必须按照规定贴上相应面值的邮票，邮件才可能投递，这就是一种协议。信封的书写规则也是一种协议（见图 2-3）。计算机网络同样需要一系列的协议来保障网络数据通信的正常进行。

表2-1　邮件资费部分规定

编号	项目	计费单位	资费标准（元）	
			本埠（县）	外埠
1	信函	质量在 100 g 及以内的，每增重 20 g（不足 20 g，按 20 g 计）	0.80	1.20
		100 g 以上部分，每增加 100 g 加收（不足 100 g，按 100 g 计）	1.20	2.00
2	明信片	每件	0.80	
3	挂号费	每件	3.00	
4	回执费	每件	3.00	
5	保价费	每笔保价金额在 100 元及以内的	1.00	
		每笔保价金额在 100 元以上的	按照保价金额的 1%收取	

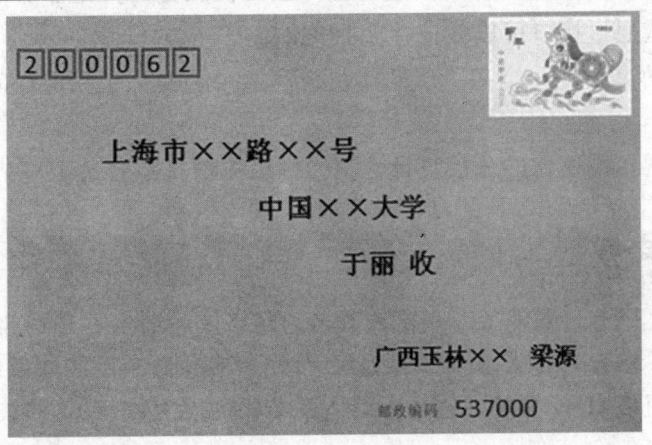

图 2-3　邮件信封格式

2. 层次

层次化是解决现实世界复杂问题的基本方法，它将一个复杂问题的求解分成几个层次，每个层次处理的问题都控制在容易解决的范围内，形成一个个的子问题——相对独立、相互联系，共同完成复杂问题求解。

全球范围的邮政（邮件服务）通信是一个复杂的问题，这个问题的解决就采用了层次化的方法。计算机科学领域许多问题的解决也借鉴了层次化方法，计算机网络也不例外。

3. 接口

层次结构中相邻层之间要有一个接口把层次相互联系起来，相邻层通过接口来交换信息。在邮政（邮件服务）通信系统中，大家熟悉的邮箱就是一个接口，发信人把信件投进邮箱，邮递员通过邮箱把信件取出送到邮局，进行分拣封发处理，即进入了相邻层次的处理。

计算机网络也定义了接口，即低层向高层提供哪些原始操作和服务。高层并不需要知道低层是如何实现的，仅需要知道该层通过层间的接口所提供的服务，这样使得两层之间保持了功能的独立性。

4. 网络体系结构

邮政（邮件服务）通信系统中把整个服务分成了 n 个层次，每个层次负责完成一定功能，同时遵循相应的规则。计算机网络也是类似的结构，我们把计算机网络的各层层次关系及其协议的集合称为计算机网络体系结构。

计算机网络体系结构是一个抽象的概念，它描述了计算机网络的层数，精确定义了计算机网络及其部件每一层所应完成的功能以及使用的协议，并规定了相邻层之间的接口服务，但是不包括协议实现的内部细节和接口规范。

2.1.3 层次体系结构特点

为了设计复杂的计算机网络，采用层次结构将复杂问题分解为易于解决的若干小问题，这是网络层次体系结构的思路。层次体系结构具有以下特点：

（1）结构化。每一层相对简单，容易设计，可选择最适合的技术实现。

（2）层与层之间相互独立。低层向它的上一层提供服务，并把服务的实现细节向上层屏蔽，高层只需要知道通过接口可以获得什么服务。

（3）具有良好的灵活性。当某一层的实现技术发生了变化，只要层间的接口不变，相邻层都不需要变化。

（4）有利于维护。模块化的分层设计让网络可以测量且不会过于复杂。

2.2 OSI 参考模型

20 世纪 70 年代开始，出现了一些比较著名的网络体系结构。1974 年 9 月，IBM 公司提出了"系统网络体系结构" SNA，1975 年 DEC 公司发表了数字网络体系结构 DNA，HP 公司提出了分布式系统网络 DSN 等等，这些网络体系结构的层次数目不一致，每层使用的协议也不一样，兼容性不好。

为了解决异种网络互联时所遇到的兼容性问题，国际标准化组织 ISO 在 70 年代建立了一个分委员会 SC16，专门研究用于开放系统的体系结构，并于 1983 年提出了开放系统互联（OSI，Open System Interconnect）参考模型。

2.2.1 OSI 参考模型的基本概念

OSI 定义了一个 7 层模型，用以解决不同类型的主机之间实现数据通信。它的"开放"，实质上指的是能够使遵循 OSI 参考模型和有关标准的具有各种应用目的的计算机系统实现互联。

OSI 是一种框架性的设计方法，它定义了层次结构、层次相互关系和各层功能，将服务、接口和协议这三个概念明确地区分开来。服务说明该层为上一层提供哪些功能，接口说明该层如何使用下一层提供的服务，而协议涉及如何实现本层的服务。OSI 指明了每一层应该完成什么功能，并没有定义每一层的协议，ISO 为所有层制定了标准，但这些协议是作为独立的国际标准发布的。

OSI 的 7 层结构如图 2-4 所示。

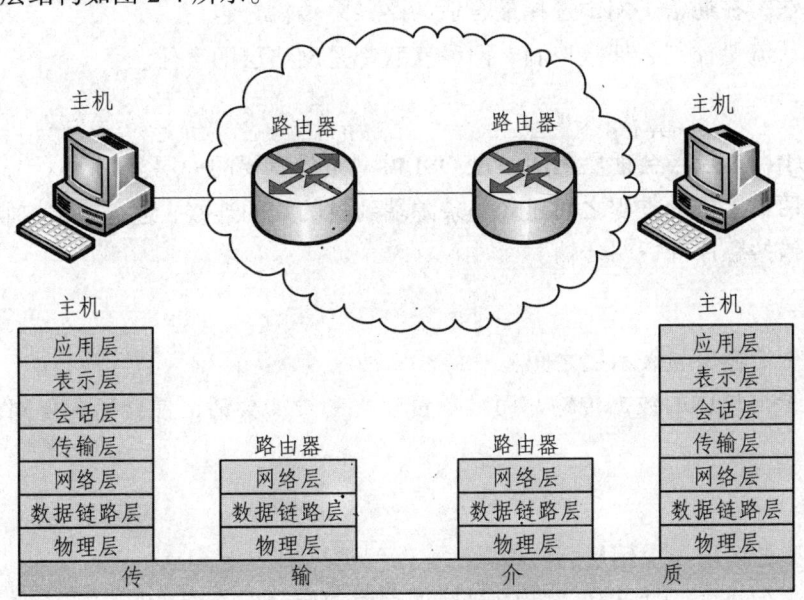

图 2-4 OSI 层次结构

OSI 参考模型要求网中各个节点具有相同层次，不同节点的同等层次具有相同功能，同一节点相邻层之间通过接口通信，N 层使用 $N-1$ 层提供的服务并向 $N+1$ 层提供服务，不同节点同等层通过协议实现虚通信。

2.2.2 OSI 参考模型各层的主要功能

OSI 模型把开放系统的通信功能划分为七个层次——物理层、数据链路层、网络层、传输层、会话层、表示层和应用层。

1. 物理层

物理层是 OSI 的最底层，是整个开放系统的基础，它不是物理介质本身，只是利用物理介质实现物理连接的功能描述和执行连接的规范。

物理层负责为相邻节点间提供传送数据的通路,即建立、管理、释放物理连接,实现比特流的透明传送,为数据链路层屏蔽掉具体传输介质和物理设备的差异。

物理层传输的数据还没有被组织,单位是比特。

2. 数据链路层

数据链路层位于物理层和网络层之间。

数据链路层研究在不可靠的物理线路上进行数据的可靠传递,即建立相邻节点之间的数据链路,传输数据单元"帧",通过差错控制、流量控制等手段,把有差错的物理线路变为无差错的数据链路。

3. 网络层

网络层位于数据链路层与传输层之间,是 OSI 参考模型中最复杂的一层。

计算机网络中两台计算机之间的通信可能要经过多个节点与链路。网络层的任务就是通过路由选择算法,在通信子网中选择最合适的路径来传输分组。

逻辑寻址、流量控制、拥塞控制、网络互联都是网络层的责任。

4. 传输层

传输层位于网络层与会话层之间,是 OSI 模型中最重要的一层。

传输层给两台主机的进程之间建立一条源端到目的端的连接,进行差错控制和流量控制,实现报文无差错按顺序的透明传输。

5. 会话层

会话层位于传输层与表示层之间。

会话层不参与具体的数据传输,而是负责建立和维持会话,使会话获得同步,并对数据交换进行管理。

6. 表示层

表示层位于会话层与应用层之间。

表示层关注信息的语法和语义,它解释来自应用层的命令和数据,并按照一定的格式传送到会话层。表示层负责对信息进行解码和编码、数据格式转换、加密解密,数据压缩与解压等。

7. 应用层

应用层是 OSI 的最高层,它是应用程序访问网络服务的接口,即为用户提供具体的网络服务。

2.2.3 OSI 环境中的数据传输过程

OSI 环境是指 OSI 参考模型所描述的范围,计算机网络中每个节点所涉及到的 OSI 的层次都属于 OSI 环境。OSI 环境中的数据传输过程如图 2-5 所示。

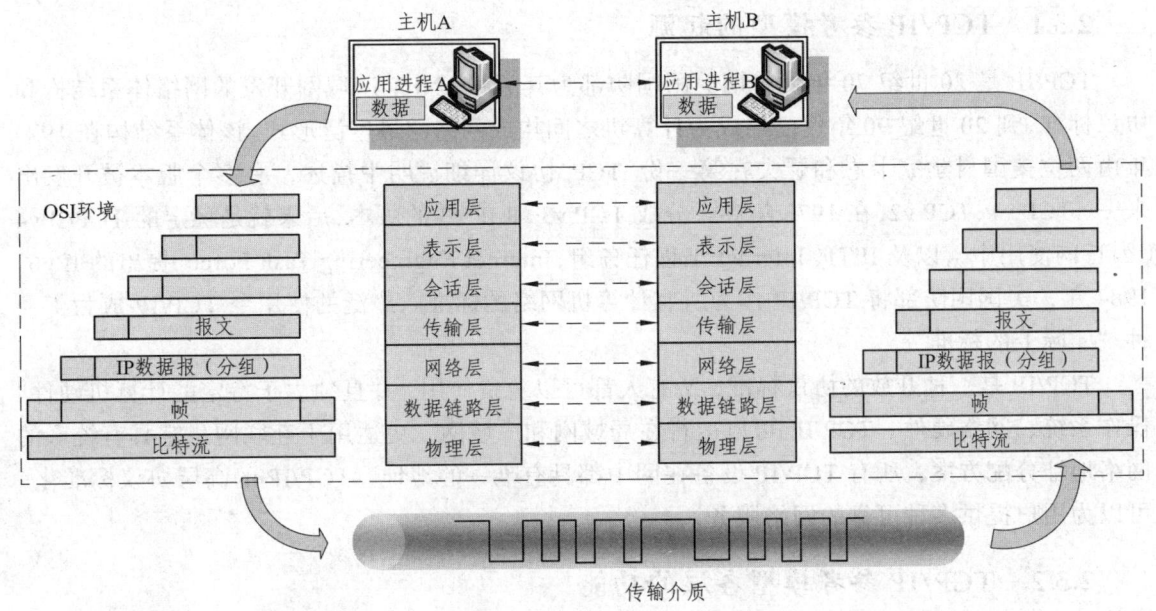

图 2-5　OSI 环境的数据传输

应用进程 A 向应用进程 B 发送数据，当进程 A 的数据传送到主机 A 的应用层时，进入了 OSI 环境。

应用层在进程数据加上本层首部（协议报头），成为应用层 PDU（数据协议单元），然后再传输到表示层。

表示层接收到应用层 PDU 后，加上本层的首部，成为表示层 PDU，再传输到会话层。

会话层接收到表示层 PDU 后，加上本层的首部，成为会话层 PDU，再传输到传输层。

传输层接收到会话层 PDU 后，加上本层的首部，成为传输层 PDU——报文，再传输到网络层。

网络层接收到传输层的报文，加上本层的首部，构成了 IP 数据报（或分组）。

IP 数据报（或分组）传送到数据链路层后，加上数据链路层的首部和尾部，就构成了数据链路层的帧。

帧传送到物理层后，物理层将组成帧的比特流通过传输介质传输出去（此时物理传输介质不包括在 OSI 环境中）。

当比特流到达下一个节点时，再从物理层依次往应用层方向传输（这时又进入了 OSI 环境），各层对本层对应的首部进行处理，最终将应用进程 A 的数据传送到主机 B 的应用进程 B。

2.3　TCP/IP 参考模型

OSI 参考模型的目标是希望为网络体系结构与协议的发展提供一种国际标准，但是在市场化方面它失败了。全球最大的计算机网络——Internet 使用的是 TCP/IP（Transmission Control Protocol/Internet Protocol）参考模型而非 OSI 标准。

2.3.1 TCP/IP 参考模型的起源

TCP/IP 是 20 世纪 70 年代中期美国国防部为其 ARPANET 广域网开发的网络体系结构和协议标准,到 20 世纪 90 年代已经成为计算机之间构成网络的最广泛形式。该体系结构在 1974 年由两位美国科学家卡恩和瑟夫在第一份 TCP 协议详细说明中描述,有多个版本被开发出来——TCP v1、TCP v2,在 1978 年春天分成 TCP v3 和 IP v3 的版本,后来就是稳定的 TCP/IPv4(因特网使用中),以及 IETF(Internet 工程任务组,Internet Engineering Task Force)提出的 IPv6。1984 年,美国国防部将 TCP/IP 作为所有计算机网络的标准。广泛的使用令 TCP/IP 成为了一种"实际上的标准"。

TCP/IP 是一种开放的协议标准,所有人都可以免费使用,并且独立于特定的计算机硬件、操作系统、网络硬件。TCP/IP 可以运行在局域网和广域网,更适用于互联网,它具有统一的网络地址分配方案,所有 TCP/IP 设备在网中都具有唯一的地址。TCP/IP 的高层协议标准化,可以为用户提供多种可靠的网络服务。

2.3.2 TCP/IP 参考模型各层的功能

TCP/IP 参考模型是一个四层的体系结构,它包括网络接口层(主机-网络层)、互联网络层(Internet Layer)、传输层(Transport Layer)、应用层(Application Layer),图 2-6 展示了 TCP/IP 参考模型与 OSI 参考模型的对应关系。

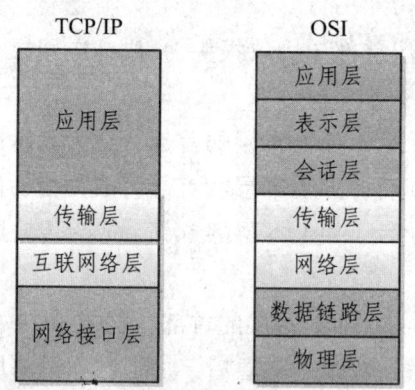

图 2-6 TCP/IP 与 OSI 参考模型对应关系

下面简单介绍 TCP/IP 各层的功能和主要协议。

1. 网络接口层

网络接口层(主机-网络层)位于 TCP/IP 的最底层,对应于 OSI 的物理层和数据链路层,它负责处理与传输与介质相关的物理接口细节。

网络接口层接收互联网络层的数据,封装成数据帧,通过网络设备进行传输。该层没有定义具体的协议,支持所有标准的数据链路层和物理层协议,所以具有很好的兼容性,适应各种网络类型。

2. 互联网络层

互联网络层位于网络接口层与传输层之间,对应于 OSI 的网络层。

互联网络层负责处理 IP 分组在网络中的活动,把传输层报文封装成 IP 分组从一台主机传送到另一台主机,进行路由选择、IP 分组处理、流量控制和拥塞控制。

互联网络层协议有 IP 协议、ARP 协议、RARP 协议、ICMP 协议以及 IGMP 协议,其中 IP(Internet Protocol)协议是 TCP/IP 的重要协议,它提供一种不可靠、无连接的数据传输服务。

3. 传输层

传输层位于互联网络层与应用层之间,对应于 OSI 的传输层。

传输层负责处理有关服务质量的事项,为两台主机的进程之间提供端到端的通信,进行数据完整性校验、差错重传、数据重新排序,它定义了两种不同服务质量的端到端协议——TCP 与 UDP。

传输控制协议 TCP(Transmission Control Protocol)提供面向连接的、可靠的、基于字节流的传输层通信。用户数据报协议 UDP(User Datagram Protocol)提供无连接的、面向事务的简单不可靠传输层通信。

4. 应用层

应用层是 TCP/IP 的最高层,对应于 OSI 的会话、表示、应用层,负责处理特定的应用程序细节。它包含了所有的高层协议,为用户提供各种应用服务,比如:

(1)文件传输协议(File Transfer Protocol,简称 FTP)提供文件上传和下载功能。

(2)简单邮件传送协议(Simple Mail Transfer Protocol,简称 SMTP)用于实现电子邮件收发。

(3)超文本传输协议(Hyper Text Transfer Protocol,简称 HTTP)是从 WWW 服务器传输超文本到本地浏览器的传送协议。

(4)远程登录协议(Telnet)允许异地登录计算机进行工作。

2.4 网络参考模型的建设

2.4.1 OSI 参考模型与 TCP/IP 参考模型的比较

OSI 参考模型和 TCP/IP 参考模型都是使用"分层"思想解决网络问题,它们都以协议栈概念为基础,具有各自的特点。

1. OSI 参考模型

OSI 参考模型具有很高的抽象能力,它是先定义参考模型再发明各层协议,不偏向特定协议,因此更具通用性,适合于描述各种网络,但同时会产生模型和协议脱节的情况。

OSI 明确区分了服务、接口、协议 3 个概念,因此协议具有更好的隐蔽性,适合于技术更新时新协议的替换,但同时 OSI 的服务、接口和协议非常复杂,实现困难、效率低下。

OSI 参考模型层次过多,表示层和会话层的划分不是很必要。OSI 的一些功能——寻址、流量控制与差错控制多次出现,效率不是很高。

2. TCP/IP 参考模型

TCP/IP 在实践中产生协议,后来经过研究定义了 TCP/IP 参考模型来描述协议,因此它的模型和协议结合得很好,与之相对,该模型不具备通用性,不适合于描述非 TCP/IP 结构的网络。

TCP/IP 参考模型没有明确区分服务、接口、协议,规范与实现细节混在一起,它的很多协议是自主形成、免费发布而被广泛使用,难以被其他协议取代,因而不适合于技术更新时新协议的替换。

TCP/IP 参考模型的网络接口层实际上并没有真正的定义,只是一些概念性的描述,而物理层和数据链路层的划分是必要的。

2.4.2 一种建议的参考模型

OSI 或 TCP/IP 参考模型都有自己的优点和缺点,OSI 参考模型的模型本身有益于计算机网络的讨论,而 TCP/IP 参考模型的优势在于它是已经广泛使用多年的协议。OSI 参考模型是一个严谨的体系结构,它的设计思想在许多系统中得以借鉴,可以为研究计算机网络提供理论参考的依据。OSI 协议推出时,TCP/IP 协议已经被广泛应用于大学和科研机构,很多计算机网络开发商推出的产品都支持 TCP/IP,导致了 OSI 从来没有真正意义上的实现过。

为了系统介绍计算机网络,本书将采纳美国科学家特南鲍姆描述的一种混合模型,这个模型有 5 层,分别是物理层、数据链路层、网络层、传输层、应用层,如图 2-7 所示。

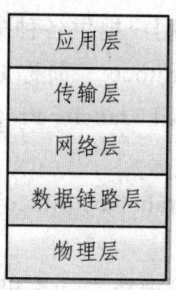

图 2-7 建议模型

2.5 网络标准化

为了实现世界范围内的网络通信,网络协议的标准化非常重要,下面介绍一些在计算机网络和通信领域有着重要影响的标准化组织。

2.5.1 电信领域有影响力的组织

国际电信联盟(International Telecommunication Union,简称 ITU)前身是国际电报电话咨询委员会(CCITT),它是世界各国政府的电信主管部门之间协调电信事务方面的一个国际组织,现有 193 个成员国和 700 多个部门成员及部门准成员。ITU 主要有三个机构——电信标准部门(TSS,即 ITU-T)、无线电通信部门(RS,即 ITU-R)和电信发展部门(TDS,即 ITU-D)。ITU 制定了许多网络方面的标准。

2.5.2 国际标准领域有影响力的组织

1. 国际标准化组织

国际标准化组织(International Organization for Standardization,简称 ISO)是一个全球性的非政府标准化组织,它制定的国际标准覆盖了几乎所有的技术和商业的各个方面。为了指导计算机网络的互联，ISO 颁布了 OSI 参考模型。

2. 电气电子工程师协会

电气电子工程师协会（Institute of Electrical and Electronics Engineers，简称 IEEE）是一个非营利性科技学会，也是全球最大的专业学术组织。它的标准制定内容包括电气与电子设备、试验方法、元器件、符号、定义以及测试方法等多个领域。IEEE 计算机专业学会下设的 p802 委员会负责主持了 IEEE802 系列标准。IEEE802（局域网/城域网标准委员会）致力于研究局域网和城域网的物理层和 MAC 层规范。

2.5.3 Internet 标准领域有影响力的组织

Internet 不属于任何组织、企业或政府，但是它也由一些独立的管理机构管理。Internet 有着独立的标准化机制，有下面几个小组在负责 Internet 技术。这些机构的关系如图 2-8 所示。

图 2-8 Internet 机构

1. Internet 体系结构委员会

Internet 体系结构委员会（Internet Architecture Board，简称 IAB）的前身是美国国防部为监督 ARPANET 运行而设立的一个非正式委员会，后改名为 IAB，隶属于 ISOC，是 ISOC 的技术咨询团体。它负责 Internet 标准的最后编辑和技术审核，监督 Internet 协议体系结构和发展，管理 Internet 标准化（草案）RFC 文档系列。IAB 下设两个机构——IETF 和 IRTF。

2. Internet 工程任务组

Internet 工程任务组（Internet Engineering Task Force，简称 IETF）是一个由为互联网技术工程及发展做出贡献的专家自发参与和管理的国际民间机构。它为 Internet 工作和发展提供技术及其他支持——简化现有标准、开发新标准以及向 IRTF 推荐标准，主要处理短期的工程事项。

3. Internet 研究任务组

Internet 研究任务组（Internet Research Task Force，简称 IRTF）是 ISOC 的执行机构，主要研究 Internet 协议、应用、架构和技术，大部分是与 Internet 有关的长期项目的研究。

4. Internet 协会

Internet 协会（Internet Society，简称 ISOC）由 Internet 专业人员和专家组成，是一个非政府组织。ISCO 的宗旨是推动、协调 Internet 的发展，它的重要任务是与其他组织合作完成

Internet 标准与协议的制定。ISOC 在 IAB、IANA、IETF 等组织的基础上成立但对 IANA、IETF 等组织机构并无直接管理权。

5. WWW 联盟

WWW 联盟（World Wide Web Consortium，简称 W3C）是 Web 技术领域最具权威和影响力的国际标准化组织。它由设立在美国麻省理工大学（MIT）、欧洲数学与信息学研究联盟（ERCIM）、日本庆应大学（Keio University）和中国北京航空航天大学的四个全球总部（W3C Hosts）的全球团队联合运营。WWW 联盟已经发布了 200 多项影响深远的 Web 技术标准及实施指南——比如 WWW 标准、HTML 和 XML。

2.6 小结

网络协议就是为了进行网络中正确的数据交换而建立的规则、标准或约定，计算机网络需要一系列网络协议来保障通信功能。计算机网络协议遵循层次结构模型。

网络体系结构是网络中层次和协议的集合。大多数网络支持层次结构，层次结构通常基于 OSI 模型和 TCP/IP 模型。

2.7 实验

实验名称：绘制网络拓扑结构图。
实验内容：使用 Visio 绘图软件绘制网络拓扑结构图。
实验目的：加深理解计算机网络的结构和组成。

习题

（1）什么是网络协议？试述它的三个要素。
（2）什么是网络体系结构？
（3）层次体系结构的特点有哪些？
（4）请画出 OSI 参考模型，并说明该模型各层的基本功能。
（5）请描述 OSI 环境中数据传输过程。
（6）请列出 TCP/IP 模型层次及功能。

第3章 物理层

本章首先介绍物理层、物理层协议、信息、数据与信号的基本概念,然后介绍几种数据通信方式和常用的传输介质,最后讨论频带传输技术、基带传输技术、多路复用技术和接入技术。

【本章重点】

数据通信方式,传输介质的类型,模拟信号与数字信号的编码方法,奈奎斯特准则与香农定理,多路复用技术。

【本章难点】

无线传输介质,数字信号的编码方法,码分多路复用。

【本章关键词】

物理层;传输介质;数据通信;电磁波谱;模拟信号;数字信号;频带传输;基带传输;波特率;比特率;奈奎斯特准则;香农定理;多路复用;ADSL;HFC;移动通信。

3.1 物理层与物理层协议的基本概念

3.1.1 物理层的基本功能

在 OSI 参考模型中,物理层处于最低的层次,其相邻的高层是数据链路层。对于发送端而言,物理层的主要功能是接收来自数据链路层的帧,并把帧以比特流的方式发送到传输介质上。对于接收端而言,物理层的主要功能是接收来自传输介质的比特流,并通过接口把比特流数据传送给数据链路层。

物理层的下面是传输介质,但传输介质并不属于物理层。传输介质有多种类型,电话线、同轴电缆、双绞线、光纤等都是常见的传输介质。不同类型的传输介质有不同的特性,对于被传输的信号也有不同的要求,我们熟知的电话线只能传输模拟信号,而同轴电缆既可以传输模拟信号,又可以传输数字信号,光纤只能传输光信号。物理层的基本功能是为不同的传输媒体制定具体的物理层协议,以保证计算机中的二进制数据能够以特定的信号通过传输介质。

目前,计算机网络中的硬件设备和传输介质有很多种类,不同硬件设备的接口在机械特性、电气特性、功能特性、过程特性等方面都有不同之处,例如,引脚数不同、电压的范围不同。此外,同一个生产商制造的设备也存在多种型号,不同的通信系统所采用的通信技术也存在很大差异。物理层的另一个重要功能是尽可能地屏蔽这些差异,以便为数据链路层提供更好的服务,使数据链路层只需要考虑如何去实现本层的功能,而不用考虑具体的硬件设备与通信技术的差异。

3.1.2 物理层协议的类型

计算机网络中连接主机的通信线路可以分为两种类型：如果使用一条通信线路连接两个主机，称为点-点通信线路；如果使用一条公共通信线路连接多个主机，称为广播通信线路。根据通信线路类型的不同，物理层协议也相应地分为两种类型：基于点-点通信线路的物理层协议与基于广播通信线路的物理层协议。

由于硬件设备的差异性，使得物理层协议的数量较多，随着通信技术的发展，新的物理层协议仍然在不断增加。1969 年，美国电子工业协会 EIA 制定了 EIA-232-C 标准，该标准是基于点-点电话线路的物理层接口标准，适用于低速的数据通信设备。EIA-232-C 接口的一端为 DB-25 针状连接头，另一端为 DB-25 孔状连接头，电缆长度不超过 15 m。EIA-232-C 接口采用了非归零电平编码，规定逻辑 1 的电平为 -15 ~ -5 V，逻辑 0 的电平为 5 ~ 15 V。

随着宽带接入技术的发展，通过 ADSL 调制解调器与电话线路接入 Internet 成为一种重要的家庭接入方式，此外，通过线缆调制解调器（Cable Modem）与有线电视线路接入 Internet 也成为一种较新的宽带接入方式。实现宽带接入的物理层协议主要有两种，一种是 ADSL 协议，该协议是基于点-点电话线路的物理层协议，对信号的编码格式、收发双方的同步方式、接口的机械特性、数据的传输速率等内容作了具体的规定。另一种是由电气和电子工程师协会（IEEE）制定的 IEEE802.14 物理层标准，该标准的具体内容包括物理层上实现通信的方式、介质访问控制子层（MAC）上通信规程的协调等。1998 年，国际电信联盟 ITU 批准了针对线缆调制解调器的标准接口"同轴电缆数据服务接口规范"，该规范中描述了通过同轴电缆交换双向信号的调制配置，支持的数据速率达到 27 Mb/s。

以上讨论的是基于点-点通信线路的物理层协议，下面介绍基于广播通信线路的物理层协议。

早期的以太网（Ethernet）的物理结构是总线型结构，采用了同轴电缆作为共享的总线。后来，同轴电缆逐渐被双绞线取代，光纤也成为 Ethernet 的一种重要的传输介质，Ethernet 的传输速率也不断增加。共享总线型的 Ethernet 采用广播方式发送数据，为了适应 Ethernet 技术的发展，IEEE 针对不同的传输介质、不同的传输速率制定了多种基于广播通信线路的物理层协议。

无线网络中的站点发送和接收数据是基于广播方式的，IEEE 对不同的无线网络制定了一系列物理层协议。1997 年，IEEE 发布了第一代无线局域网标准 802.11，规定了无线局域网在 2.4 GHz 波段进行操作，主要用于解决办公室局域网和园区网中用户终端的无线接入，传输速率可以达到 2 Mb/s。此外，IEEE 还制定了用于无线个人区域网的 802.15 标准，用于无线城域网的 802.16 标准等。

3.2 数据通信的基本概念

3.2.1 信息、数据与信号

信息、数据与信号是数据通信中的三个基本概念，它们有着内在的联系。信息包括文字、图形、图像、声音、视频等对象，这些对象在计算机中是用二进制数据表示和存储的，二进制数据要转换成电平变化的信号或频率变化的信号，才能够在数据通信系统中传输。

为了表示信息，需要对二进制数据进行编码。美国标准信息交换编码 ASCⅡ码是目前最常用的信息编码，也是数据通信中的一种编码标准。ASCⅡ码表示的字符用一个字节存储，分为标准的 ASCⅡ码和扩展的 ASCⅡ码，标准的 ASCII 码使用指定的 7 位二进制数组合来表示 128 个字符，可以表示大小写字母、数字 0~9、标点符号和特殊的控制字符等，其最高位用作奇偶校验位。扩展的 ASCⅡ码使用指定的 8 位二进制数组合来表示 256 个字符，前面的 128 个字符与标准的 ASCⅡ码相同。

奇校验和偶校验是在数据传输过程中用来检验是否出现错误的一种简单方法。奇校验规定一个字节中 1 的个数必须是奇数，如果不是奇数，则在最高位补 1；偶校验规定一个字节中 1 的个数必须是偶数，如果不是偶数，则在最高位补 1。例如：对于字符 'L'，如果采用奇校验，对应的 ASCII 码为 "01001100"；如果采用偶校验，对应的 ASCII 码为 "11001100"。

在通信系统中传输的信号分为两种类型：模拟信号和数字信号，它们的波形描述如图 3-1 所示。对于模拟信号，表示信息的参数的取值是连续变化的；对于数字信号，表示信息的参数的取值是离散的。在一般情况下，可以使用随时间变化的不同电平（电压或电流）来表示数字信号，代表不同电平数值的基本波形称为码元。在使用二进制编码的数据通信系统中，只有两种不同的码元，分别表示二进制数字 0 和 1。

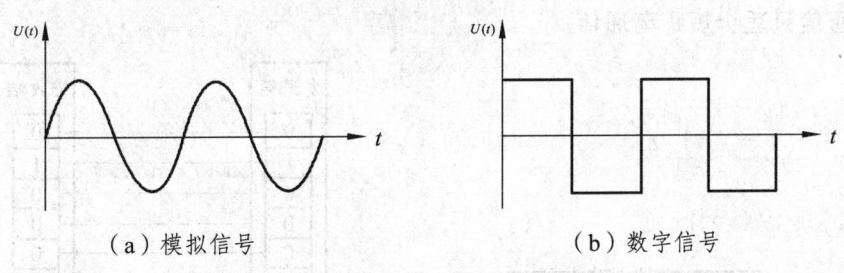

（a）模拟信号　　　　　　　　　　（b）数字信号

图 3-1　两种信号的波形示意图

在数据通信系统中，发送端的主要设备是计算机和发送器，接收端的主要设备是计算机和接收器。为了更好地理解信息、数据与信号的基本概念，下们举例来说明它们的关系。假设发送端要发送一个英语单词信息 "SEA"，该信息通过公用电话网传送到接收端，信息、数据与信号在数据通信系统中的关系如图 3-2 所示。在计算机中,如果该信息采用奇校验的ASCII码来表示，则对应二进制数据为 "11010011 01000101 11000001"，二进制数据通过发送器编码后转换成适合在电话线路上传输的模拟信号，模拟信号传送到接收端后，接收器对信号进行解码，还原出对应的二进制数据。

图 3-2　信息、数据与信号的关系

3.2.2　数据通信方式

建造一个数据通信网络要考虑的因素很多，这与具体的应用领域有关，不同的数据通信方式在很大程度上决定了网络的成本和性能。从不同的角度可以将数据通信方式分为多种类型，如果只使用一条信道进行通信，称为串行通信；如果使用多条信道进行通信，则称为并行通信。如果在通信过程中，数据只能向一个方向传送，称为单工通信；如果数据在任意时间都可以双向传送，则称为全双工通信；如果在不同的时间数据的传送方向可以交替，但是在同一个时间数据只能单向传送，则称为半双工通信。此外，按照实现字符同步的方法，数据通信方式还可以分为同步通信和异步通信。下面分别介绍这几种通信方式的基本原理。

1. 串行通信与并行通信

串行通信只使用一条通信信道来传送数据，传送数据的单位是比特，即一次只发送一个比特。并行通信使用多条通信信道来传送数据，传送数据的单位是字节，即一次可以发送一个或多个字节。

现在以 ASCII 码（奇校验方式）表示的字符'A'为例来比较这两种通信方式，'A'的二进制数据为 01000001。在串行通信中，这 8 个比特依次通过一条信道传送到接收端。在并行通信中，假设使用的信道数为 8 条，则这 8 个比特同时通过 8 条信道传送到接收端。串行通信与并行通信的比较如图 3-3 所示，从图中可以看出，并行通信在单位时间内的通信量远大于串行通信，能取得更高的数据传输速率。但是，使用并行通信方式的网络系统的造价很高，因此，并行通信只适合短距离通信。

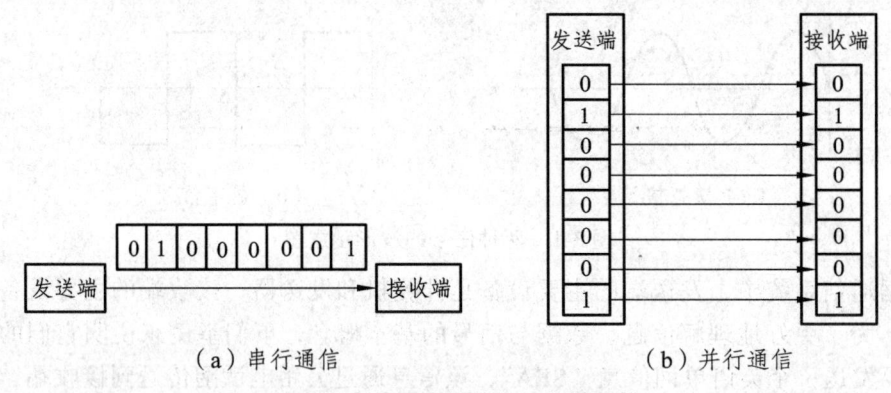

图 3-3 串行通信与并行通信的比较

2. 单工、半双工与全双工通信

单工通信的信道只支持单方向传送信号，类似于生活中的单行车道。在单工通信中，通信双方的角色是固定的，一方为发送端，另一方为接收端。目前，单工通信方式主要用于遥控、遥测、电视广播等领域。

半双工通信的信号传送方向是交替进行的，类似于生活中有交警指挥的交替双向行车道。我们熟悉的对讲机是一种半双工通信设备，在同一时间内只允许一方讲话。半双工通信方式需要频繁地变换信号传输的方向，数据的传输效率较低，只适用于终端与终端之间的会话式通信。

在全双工通信中，信号的传送方向是双向的，类似于生活中的双行车道。电话机就是一种全双工通信设备，因为在讲话的同时也能够听到对方的声音。现有的大多数通信设备都支持全双工通信，例如网卡和交换机，目前的大多数局域网也都采用了全双工方式工作。

3. 同步通信与异步通信

同步技术是为了使收发双方在时间基准上保持一致，以实现信息的正确接收。按照对时间的精确度要求的不同，同步技术可以分为同步通信和异步通信，同步通信对时间的精确度要求较高，而异步通信对时间的精确度要求较低。

1) 同步通信的工作原理

在同步通信中，传送数据的单位是数据块，一个数据块由若干个字符的组成。数据块的结构如图 3-4 所示，其中包含一个或两个同步字符 SYN、一个数据块和多个控制字符。同步字符 SYN 用来表示一个数据块的开始，控制字符的语义和个数由数据链路层协议规定，例如，数据链路层的 BSC 协议（面向字符的同步协议）包含的控制字符有：报头开始字符 SOH、报文开始字符 STX、块传输结束字符 ETB、报文结束字符 ETX 等。

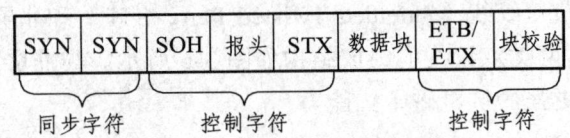

图 3-4　同步通信的数据块结构

在发送数据前，收发双方预先约定同步字符的个数及相应的代码，以便实现接收与发送的同步。接收端一旦检测到同步字符 SYN，即可按双方约定的时钟频率接收数据，并以约定的算法进行差错校验，直至出现结束字符。

2) 异步通信的工作原理

在异步通信中，传送数据的单位是字符，在任意两个字符之间的时间间隔是不确定的。异步通信采用了添加起始位和终止位的方法来实现收发双方的同步，起始位用逻辑"1"表示，终止位用逻辑"0"表示。

异步通信的工作原理如图 3-5 所示，图中的字符 3 是用 ASCII 编码表示的字符'E'（编码为 01000101）。无数据传输时，传输线路处于停止状态，当检测到起始位"1"，接收端启动定时装置，按双方约定好的时钟频率接收每个比特，当检测到终止位"0"时，就接收了一个字符的所有二进制位。

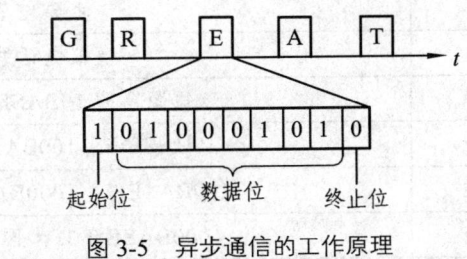

图 3-5　异步通信的工作原理

由于异步通信的每个字符都要附加两个二进制位，因此有效数据传输速率为 80%，当数据量较大时，其传输效率要低于同步通信。

3.2.3　传输介质的主要类型

传输介质是连接发送端与接收端的通信线路，也是网络中传输信息的媒体。传输介质分为有线传输介质和无线传输介质两大类，常用的有线传输介质有双绞线、同轴电缆和光纤，无线传输介质是指自由空间。不同的传输介质，其特性各不相同，对数据通信的质量和速率有较大影响。

1. 双绞线

双绞线由一对相互绝缘的铜导线绞合在一起组成的，绞合的目的是为了减少相邻导线的电磁干扰。双绞线可以传输模拟信号和数字信号，在电话系统和局域网中，双绞线是主要的传输介质，用于将电话机与电话交换机、计算机与集线器、计算机与交换机等设备连接起来。

双绞线的铜导线越粗，其通信距离就越远，但导线的价格也越高。通常将2~4对双绞线捆在一起做成电缆，在电缆的外面包上护套，以加强绝缘层的性能，同时保护电缆不受机械损伤。

双绞线可以分为屏蔽双绞线（Shielded Twisted Pair，STP）和非屏蔽双绞线（Unshielded Twisted Pair，UTP），这两类双绞线的组成结构如图3-6所示。与非屏蔽双绞线相比，屏蔽双绞线增加了屏蔽层，有更强的抗电磁干扰能力。

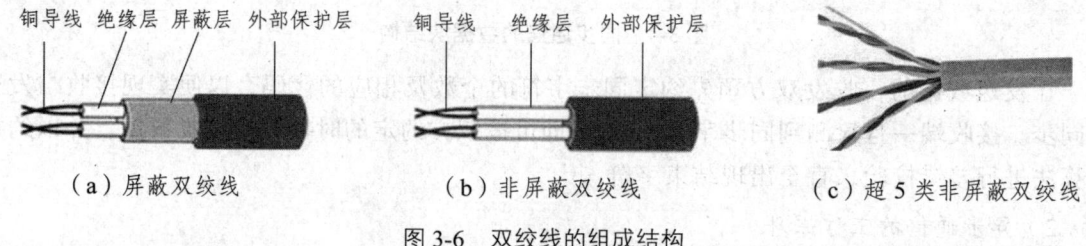

（a）屏蔽双绞线　　　　（b）非屏蔽双绞线　　　　（c）超5类非屏蔽双绞线

图3-6　双绞线的组成结构

1991年，美国电子工业协会EIA与电信行业协会TIA联合发布了"商用建筑物电信布线标准"，简称EIA/TIA-568标准，该标准规定了双绞线在建筑物室内的数据传输标准。1995年，EIA/TIA-568标准更新为EIA/TIA-568-A标准，新的布线标准规定了5种类别的非屏蔽双绞线标准。对于不同类别的双绞线，最主要的区别是单位长度的绞合次数不同，类别越高，绞合度就越密。6种常用的双绞线的带宽和主要应用如表3-1所示。

表3-1　双绞线的带宽和主要应用

类别	带宽	主要应用
3类	16 MHz	模拟电话系统
4类	20 MHz	短距离的10BASE-T以太网
5类	100 MHz	10BASE-T、100BASE-T以太网
超5类	100 MHz	100BASE-T、1000BASE-T以太网
6类	250 MHz	1000BASE-T以太网、ATM网络

2. 同轴电缆

同轴电缆主要用作有线电视网络和局域网的传输介质，其结构由内导体、绝缘层、屏蔽层和外部保护层组成，如图3-7所示。同轴电缆从用途上分可分为基带同轴电缆和宽带同轴电缆，因此，它既可传输数字信号，也可以传输模拟信号。同轴电缆的抗干扰能力比双绞线强，但是价格比双绞线高。

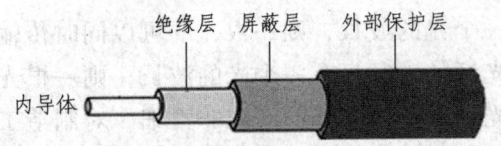

图 3-7 同轴电缆的组成结构

同轴电缆根据其直径大小可以分为粗同轴电缆与细同轴电缆,粗同轴电缆的传输距离远,可靠性高,但使用粗缆的网络必须安装收发器电缆,安装难度较大,总体造价较高。与粗同轴电缆相比,细同轴电缆的安装比较简单,造价较低。

采用同轴电缆作为传输介质的网络拓扑结构为总线型结构,一根电缆连接多台计算机或电视机等终端设备,这种拓扑结构适用于网络设备密集的环境。但是,当电缆的一个连接点发生故障时,会影响到连接到电缆上的所有设备。随着网络技术的发展,在目前的局域网组网中,同轴电缆逐渐被双绞线和光纤所取代。

3. 光纤

光导纤维简称光纤,是一种由石英玻璃或塑料制成的纤维。光纤由纤芯和包层组成,纤芯很细,其直径为 $8 \sim 100\ \mu m$。由于光纤非常细,容易被损坏,所以光纤在使用前必须做成很结实的光缆。一条光缆可以包含几十至几百根光纤,为了满足工程施工的要求,在光缆中装有一条硬度较大的加强芯和一些填充物以增加其机械强度,外面加上包带层和护套以增加其抗拉强度。光缆的组成结构如图 3-8 所示。

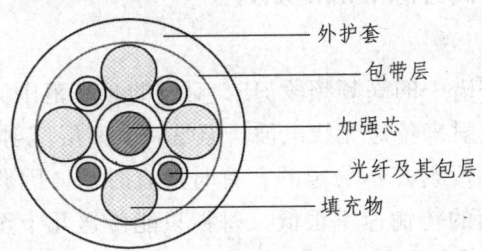

图 3-8 光缆的组成结构

光纤通信就是利用光纤传输光脉冲信号来进行通信,有光脉冲表示二进制 1,没有光脉冲表示二进制 0。光纤的传输原理基于光的全反射,光从一种介质射向另一种介质时,在两种介质的交界面处会产生折射和反射。当入射光的角度大于某个临界角度时,折射光会消失,入射光全部被反射,这就是光的全反射。光纤的纤芯和外面的包层的折射率是不同的,纤芯的折射率要大于包层的折射率。当光线从纤芯射向包层时,只要入射角足够大,就会出现全反射,使光波从光纤的一端传送到另一端。光波在光纤中的传播过程如图 3-9 所示。

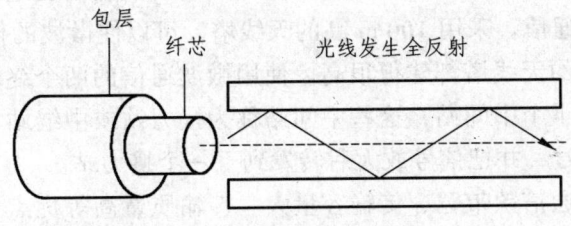

图 3-9 光波在光纤中的传播示意图

如果光纤的直径大于一个光的波长，则一根光纤可以同时传输多路光脉冲信号，这种光纤就称为多模光纤。如果光纤的直径只有一个光的波长，则一根光纤只能传输一路光脉冲信号，这种光纤就称为单模光纤。单模光纤的纤芯非常细，对制造工艺的要求很高，因此造价较高。与多模光纤相比，单模光纤的传输损耗较低，更适合远距离通信。

在电磁波谱中，可见光的频率大约为 10^8 MHz，因此，光纤的带宽很大，具有通信容量大的优点。此外，光纤还有以下一些特点：光纤的传输损耗较低，与其他有线传输介质相比，在远距离通信中有明显的优势；光纤具有很强的抗电磁干扰和抗雷电能力，在有强电流干扰和易受闪电雷击的区域，光纤是首选的传输介质；光纤中传输的数据不易被窃听或截取，更适合保密性要求较高的通信领域；光纤的重量轻、体积小，给工程施工带了极大的方便。

由于光纤具有很高的性价比，目前，光纤已被广泛地应用于电信通信网、有线电视网、因特网的主干网络中，在高速局域网中也有着重要的应用。

4. 无线传输介质

如果通信距离很远，架设有线通信线路不是一件容易的事情，不但建设周期较长，而且成本昂贵。利用电磁波在自由空间的传播可以实现多种通信，较好地解决了这个问题。相对于有线传输介质而言，我们把无线传播方式的自由空间称为无线传输介质。

电信领域使用的电磁波谱的频段分布如图 3-10 所示，可以看出，无线通信所使用的频率带宽很广。根据所使用的频段，无线通信分为长波通信、中波通信、短波通信、微波通信等，下面主要介绍短波通信、微波通信和 ISM 频段。

1）短波通信

短波通信使用了电磁波谱中的高频频段 HF，对应的频率范围为 3~30 MHz。短波通信的基本原理是依靠电离层的反射来传送无线电波，但是，电离层反射电波的同时也会吸收电波，造成信号的衰落。电离层的反射是不稳定的，有时强有时弱，因此，短波通信的通信质量较差。一般情况下，短波通信的传输速率很低，每秒只能传送几十至几百比特的数据，但是，通过采用复杂的调制解调技术，短波通信的传输速率也可以达到几千比特/秒。

2）微波通信

微波通信使用了电磁波谱中的特高频频段 UHF、超高频频段 SHF 和极高频频段 EHF，对应的频率范围为 300 MHz~300 GHz。由于微波会穿过电离层而进入宇宙空间，因此，微波在空间中主要是直线传播。微波通信在无线通信领域有着重要的地位，目前，微波通信的方式主要有两种：地面微波接力通信和卫星通信。

地面微波接力通信依靠地面微波站转发信号来实现远距离通信，由于微波在自由空间中是沿直线传播的，因此，只有在两个微波站收发天线间的波束不受地面阻挡的情况下，才能在两个站之间进行视距通信。采用 100 m 高的天线塔，可以使微波的传播距离增大 100 km，因此，我们生活中所见的天线塔都建得很高。使用微波通信的两个终端之间，如果它们的距离很远，则必须建有若干个中间站，这些中间站称为接力站或中继站，通过这些接力站接收上一个接力站的微波信号，并把信号放大后转发到下一个接力站。

微波接力通信具有通信频带宽、传输容量大、传输质量高等优点，适合中距离与远距离传输，在自然条件不利或遭受自然灾害的地区，微波接力通信的优点更为明显。但是，微波接力通信传播的信号有时会受到气候的影响，造成传输质量下降；与有线传输介质相比，微波通信的安全性较差。

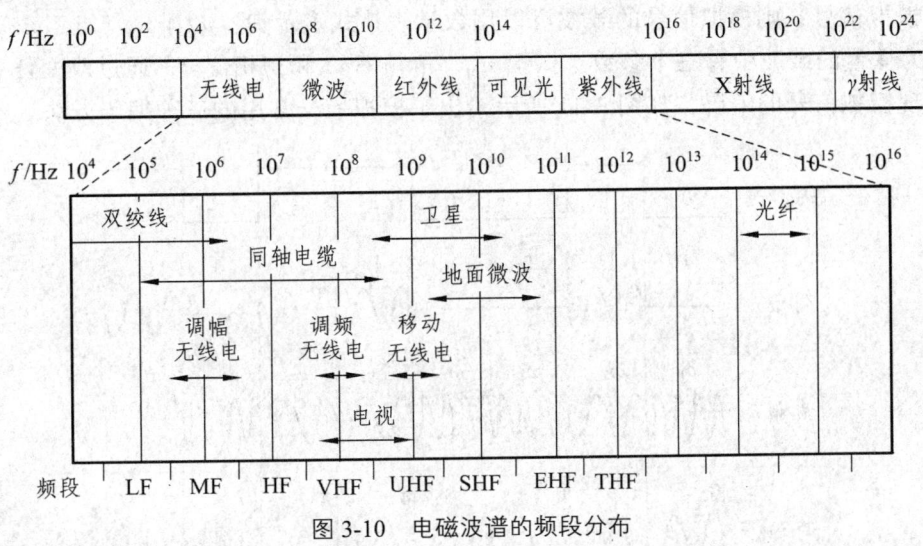

图 3-10 电磁波谱的频段分布

卫星通信是在地面站之间利用卫星作为中继站的微波接力通信，其最大特点是通信距离远，覆盖范围大。一颗卫星发射的电磁波能覆盖地球上大约三分之一的面积，只要三颗卫星就能实现全球范围内的通信。由于卫星通信的覆盖面广，特别适合广播方式的远距离通信。

卫星与地面相距很远，这决定了卫星信道有较大的传播延时，约为 270 ms，因此，卫星通信不适合实时性强的交互式通信，用于话音业务时会有比较明显的间断。如果传送的数据量很大，卫星通信的传播延时在总延时中所占的比例下降，卫星通信的优越性才能发挥出来。

3) ISM 频段

在电磁波谱中，有一些专用的频段，例如：915 MHz 频段（902~928 MHz）、2.4 GHz 频段（2.4~2.483 5 GHz）和 5.8 GHz 频段（5.725~5.85 GHz）。这些频段是开放给工业、科学和医药机构使用的，称为 ISM 频段（Industrial Scientific Medical Band）。ISM 频段是可以自由使用的，无需向有关无线电频谱管理机构申请许可证。除了 ISM 频段之外，用于无线电的其他频段只有在获得批准后才能使用。

用户在使用 ISM 频段时，信号的发送功率一般要小于 1 W，以确保使用者之间不会相互干扰，并且不要对其他频段造成干扰。由于使用 ISM 频段发送信号的功率较小，因此，发送端与接收端之间的通信距离较短，只能用于近距离通信。目前，ISM 频段主要用于无绳电话、无线鼠标、蓝牙、ZigBee 以及无线局域网的数据通信。

3.3 频带传输技术

3.3.1 模拟信号的编码方法

计算机输出的电信号属于数字信号，不能直接在模拟通信信道上传输。频带传输是利用模拟通信信道来传输数字信号的方法，实现频带传输技术的主要设备是调制解调器。在发送端，调制解调器将数字信号转换为模拟信号，这个过程称为调制；在接收端，调制解调器将模拟信号还原成数字信号，这个过程称为解调。

在调制的过程中，模拟信号可以用正弦波或余弦波表示。为了表述方便，假设使用正弦波来表示模拟信号，则模拟信号的载波可以用数学表达式表示为：$u(t)=u_m \cdot \sin(\omega t+\varphi)$。在以时间域 t 为变量的载波中有三个参数：振幅 u_m、角频率 ω 和初相位 φ，通过改变任意一个参数就能实现模拟信号的编码，如图 3-11 所示给出了模拟信号常用的三种编码方法。

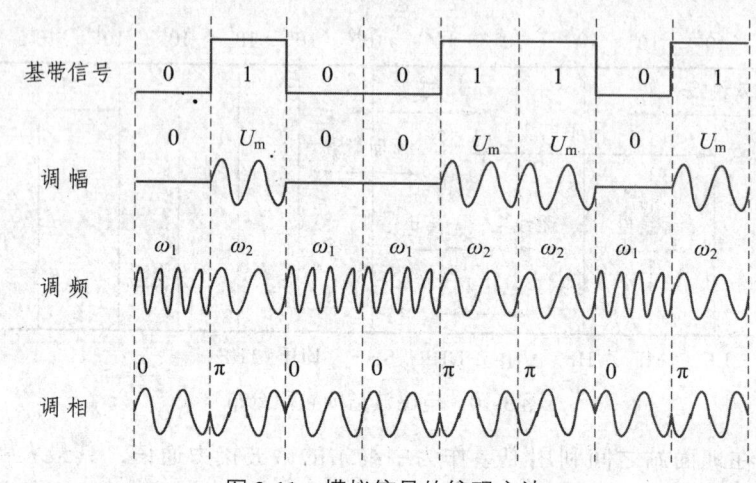

图 3-11　模拟信号的编码方法

调幅（Amplitude Modulation，AM）是通过改变载波的振幅来表示数字 0 和 1 的方法。例如：当载波的振幅为 0 时，表示数字 0；当载波的振幅为 u_m 时，表示数字 1。

调频（Frequency Modulation，FM）是通过改变载波的角频率来表示数字 0 和 1 的方法。例如：当载波的角频率为 ω_1 时，表示数字 0；当载波的角频率为 ω_2 时，表示数字 1。

调相（Phase Modulation，PM）是通过改变载波的初相位来表示数字 0 和 1 的方法。例如：当载波的初相位为 0°时，表示数字 0；当载波的初相位为 180°（π）时，表示数字 1。

用两个初相位值表示数字 0 和 1 的方法称为二相调制，当载波的初相位改变一次就传送一个比特。为了提高数据传输效率，可以使用多个初相位值来表示比特组合，这种方法称为多相调制。采用多相调制的方法，当载波的初相位改变一次就可以传送多个比特。例如：八相调制使用 8 个初相位值表示 8 种比特组合，初相位值与比特组合的对应关系如表 3-2 所示，初相位每改变一次就传送了 3 比特数据。与二相调制相比，八相调制方法的数据传输效率提高了 3 倍。

表 3-2　八相调制的初相位值与比特组合

初相位值	0°	45°	90°	135°	180°	225°	270°	315°
比特组合	000	001	010	011	100	101	110	111

3.3.2　波特率与比特率的定义

1. 波特率的定义

波特率和调制速率是一对同义词，是指单位时间内载波参数变化的次数，其单位为波特（baud）。波特率可以理解为调制解调器在一秒钟内发送或接收了多少个码元，一个码元可以表示一个或多个比特。

2. 比特率的定义

比特率是指单位时间内传输的比特数,单位是比特/秒(b/s)。比特率是衡量数据传输系统性能的重要指标之一,在实际应用中,常用的比特率单位有 Kb/s、Mb/s、Gb/s 和 Tb/s,它们与单位 b/s 的换算关系如下:

1 Kb/s =1×10^3 b/s   1 Mb/s =1×10^6 b/s
1 Gb/s =1×10^9 b/s   1 Tb/s =1×10^{12} b/s

在计算比特率的时候使用的是十进制表示方法,而在计算机学科中计算数据长度的时候使用的二进制表示方法。例如:一个文件的长度 1 MB 等于 2^{20} 字节,而数据传输速率 1 Mb/s 等于 10^6 b/s,但是 1 Mb/s 不等于 2^{20} b/s。

3. 波特率与比特率的关系

如果多相调制的相数用 k 表示,则比特率 S 与波特率 B 的关系可以表示为:$S=B\cdot\log_2 k$。例如:发送数据的波特率为 3 600 baud/s,分别采 4 种不同的多相调制方法,波特率与比特率的对应关系如表 3-3 所示。

表 3-3 波特率与比特率的对应关系

波特率/baud	相数 k	$\log_2 k$	比特率/(b/s)
3 600	2	1	3 600
3 600	4	2	7 200
3 600	8	3	10 800
3 600	16	4	14 400

3.4 基带传输技术

3.4.1 基带传输的概念

来自发送端的没有经过调制的原始数字信号称为基带信号,计算机输出的各种字符、图形、图像等数据的数字信号都属于基带信号。在数字信道上直接传送基带信号的方法称为基带传输。

计算机中的数据是用二进制表示和存储的,二进制数据要变换成数字信号才能在数字信道上传输的。在发送端,计算机的网卡将待发送的二进制数据变换成数字信号发送到传输介质上,在接收端,计算机的网卡将接收的数字信号还原成与发送端相同的二进制数据。

3.4.2 数字信号的编码方法

在数据通信系统中,数字信号常用的编码方法有三种,分别是非归零码、曼彻斯特编码和差分曼彻斯特编码,如图 3-12 所示。

非归零码使用正电平表示数字 1,使用负电平表示数字 0,不使用零电平。非归零码的优点是方法简单、易于实现。缺点是不能判断每个比特的开始与结束,不能实现收发双方的同步。为了保持同步,在发送非归零码的同时还需要发送一路同步时钟信号。所以非归零码需要两条信道来传送数据,一条信道传送数据信号,一条信道传送同步信号。

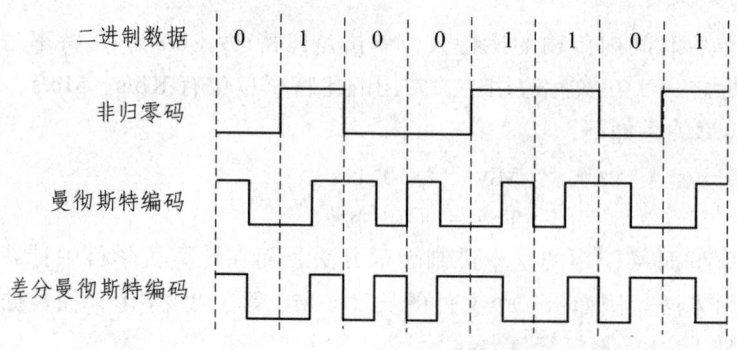

图 3-12 数字信号的编码方法

曼彻斯特编码常用于局域网的数据传输,在计算机的网卡中集成了曼彻斯特编码器和解码器。曼彻斯特编码的基本要点如下:使用两个码元来传送一个比特,在每个比特周期的中间有一次电平跳变,如果电平向下跳变表示数字 0,如果电平向上跳变表示数字 1。曼彻斯特编码的矩形脉冲信号中包含了同步信号和数据信号,由于每个比特周期的中间有一次电平跳变,有规律的电平跳变可以作为同步信号。

差分曼彻斯特编码的基本要点如下:使用两个码元来传送一个比特,在每个比特周期的中间有一次电平跳变,如果比特的开始边界有电平跳变表示数字 0,如果开始边界没有电平跳变表示数字 1。曼彻斯特编码也是包含了同步信号和数据信号的编码方法,无需另外发送一路同步信号。

3.4.3 奈奎斯特准则与香农定理

影响码元在通信信道上的传输速率的因素主要有带宽与信噪比,如何定量地计算通信信道的最大传输速率呢?奈奎斯特(Nyquist)准则描述了在理想条件下信道的最大传输速率与带宽的关系,香农(Shannon)定理给出了有噪声的信道的最大传输速率的计算方法。

1. 奈奎斯特准则

在实际的通信环境中,信道能通过的频率范围是有限的,因为信号中存在许多高频分量,一些高频分量通常不能通过信道。如果信号中的高频分量在传输过程中受到衰减,在接收端收到的信号波形的码元之间的界限就会变得模糊,这种现象称为码间串扰。如果码间串扰不是很严重,接收端仍然可以识别出原来的信号,但是,随着传输速率的增加,码间串扰会变得越严重,造成接收端无法识别原来的信号。

1924 年,奈奎斯特指出在无噪声、无码间串扰的理想条件下,信道的最大码元传输速率是信道带宽的两倍,这就是著名的奈奎斯特准则。假设信道带宽为 W,则理想信道的最大码元传输速率 $B_{max}=2W$,其中,W 的单位是赫兹(Hz),B_{max} 的单位是波特(baud)。

如何提高数据传输速率一直是通信领域的专家和学者研究的重要问题。奈奎斯特准则给出了理想信道能达到的最大波特率,但是,并未限制信道的最大比特率。采用先进的编码技术可以提高信道的最大比特率,例如:采用十六相调制的编码方法,一个码元携带的信息量为 4 bit，则单位时间内在信道上传输的比特总数是码元总数的 4 倍。

2. 香农定理

我们知道，理想的信道在实际的应用中是不存在的，因为在所有的电子设备和通信信道中都存在噪声。噪声对信号的影响是相对的，在信号较强且噪声较弱的情况下，噪声对信号的影响就较小。可以用信噪比来衡量噪声对信号的影响大小，信噪比是信号的平均功率与噪声的平均功率的之比，记为 S/N，单位是分贝（dB），计算公式为：信噪比（分贝）=$10\log_{10}(S/N)$（dB）。

1948 年，香农推导出有噪声的信道的最大信息传输速率的计算公式，表示为

$$C=W\times\log_2(1+S/N)$$

其中，W 为信道的带宽（单位是 Hz），S 为信号的平均功率，N 为噪声的平均功率，C 的单位符号为 b/s。

例如，一条信道的带宽为 100 kHz，信噪比为 30 dB，运用香农定理可以计算出该信道的最大信息传输速率。信噪比为 30 dB，则 $10\log_{10}(S/N)=30$，得到 $S/N=1\,000$。将 W 和 S/N 的值代入香农公式，得到最大速率 $C=100\,000\times\log_2(1+1\,000)\approx 1\,000\,000$（b/s）=1 Mb/s。

从奈奎斯特准则与香农定理可以看出，对于一条具体的信道，带宽与数据传输速率是成正比例的关系，带宽越大则数据传输速率越高，所以在日常生活中，人们常用带宽来衡量数据传输速率的大小。

3.5 多路复用技术

3.5.1 多路复用技术

多路复用技术是提高信道利用率、降低通信系统成本的重要方法，其基本原理是：在发送端，多个用户发送的数据通过复用器汇集在一起，汇集的数据通过一条共享信道传送到接收端；在接收端，通过分用器将汇集的数据分解出来，分别发送给各个用户。多路复用的基本原理如图 3-13 所示。

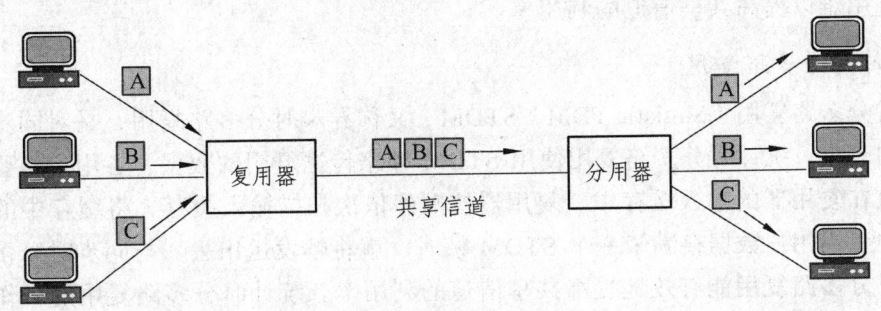

图 3-13 多路复用的基本原理

3.5.2 时分多路复用

时分多路复用（Time Division Multiplexing，TDM）是一种基本的信道复用方法，主要用于数字信号的传输，可以分为同步时分多路复用和统计时分多路复用两种类型。

1. 同步时分多路复用

同步时分多路复用的基本原理是将共享信道的传输周期分成多个时间片，每个传输周期发送一个复用帧（TDM 帧），每个时间片固定地分配给一个用户使用，如果用户在一个时间片内不能将数据全部发送出去，则需要等到下一个传输周期才能继续发送剩余的数据。

下面结合图 3-14 来说明同步时分多路复用的工作原理，在第一个传输周期 T_1，主机 A 发送的数据对应 TDM 帧的第 1 个时间片；主机 B 在一个时间片内不能将所有数据发送出去，前一半数据对应 TDM 帧的第 2 个时间片，后一半数据要等到下一个传输周期才能发送；由于主机 C、D 没有发送数据，对应 TDM 帧的第 3、4 个时间片的数据为空。在第二个传输周期 T_2，主机 A、D 没有发送数据，对应 TDM 帧的第 1、4 个时间片的数据为空；主机 B 的后一半数据、主机 C 的前一半数据分别对应 TDM 帧的第 2、3 个时间片。

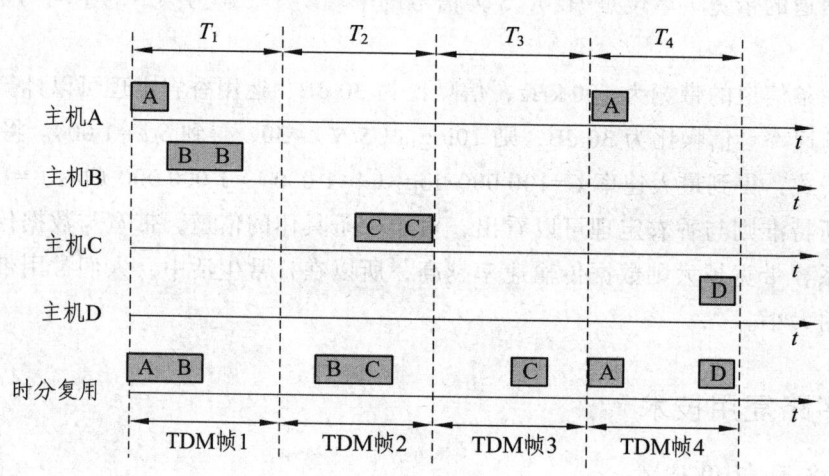

图 3-14 同步时分多路复用的工作原理

从图 3-14 可以看出，当用户暂时没有数据发送时，通信系统只能把分配给该用户的时间片置于空闲状态，而其他用户也无法使用该时间片。由于计算机发送的数据具有突发性，在一段时间内发送的数据量可能很大，而在另一段时间内发送的数据量可能很小，因此，同步时分多路复用难以提高共享信道的利用率。

2. 统计时分多路复用

统计时分多路复用（Statistic TDM，STDM）又称异步时分多路复用，是对同步时分多路复用方法的改进。统计时分多路复用使用 STDM 帧来传送复用的数据，各用户将要发送的数据暂时存放在复用器的输入缓存中。复用器按顺序依次扫描输入缓存，将缓存中的数据存入 STDM 帧中，当用户数据存满了一个 STDM 帧时，就将帧发送出去。与同步时分多路复用相比，统计时分多路复用能有效地提高共享信道的利用率。统计时分多路复用的工作原理如图 3-15 所示。

由于 STDM 帧中的时间片并不是固定地分配给某个用户，因此在每个时间片的数据中还必须带有用户的地址信息。可见，统计时分多路复用方法对复用器的要求较高，复用器要具有基本的存储转发能力和路由选择功能，在有的情况下，复用器还需要具备纠错和数据压缩的功能。

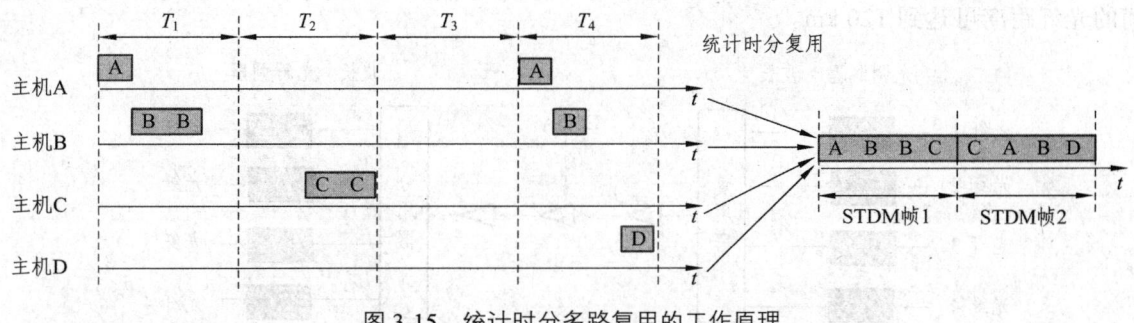

图 3-15　统计时分多路复用的工作原理

3.5.3　频分多路复用

在通信系统中，一条通信线路所提供的频率带宽通常比传送一路信号所需的带宽大得多。为了充分利用通信线路的带宽，可以将一条通信线路划分成多个不同频带的信道，每个信道传送一路信号，这样在一条通信线路上就可以同时传送多路信号，这种复用技术称为频分多路复用（Frequency Division Multiplexing，FDM）。

频分多路复用将一个频带固定地分配给某个用户，在通信过程中用户一直都使用这个频带。为了防止相邻信道的干扰，在两个相邻信道之间要加上一条隔离频带。例如：一条通信线路的带宽为 100 kHz，每个信道占用的带宽为 18 kHz，隔离频带为 2 kHz，则这条线路可以划分成 5 个频带，0～18 kHz 分配给信道 1，21～39 kHz 分配给信道 2，41～59 kHz 分配给信道 3，61～79 kHz 分配给信道 4，81～99 kHz 分配给信道 5。频分多路复用的频带划分示例如图 3-16 所示。

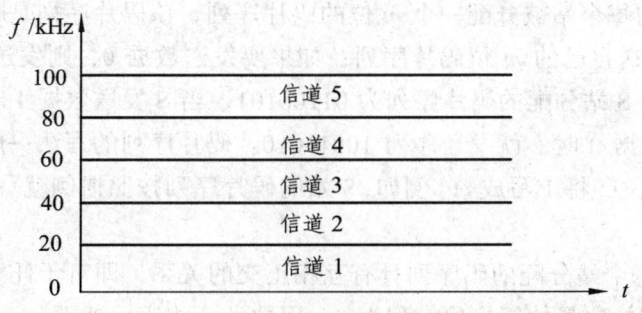

图 3-16　频分多路复用的频带划分示例

3.5.4　波分多路复用

波分多路复用 WDM（Wavelength Division Multiplexing）是在一根光纤中同时传输两种或多种不同波长的光载波信号的多路复用技术。波分多路复用是频分多路复用技术的一种特例，由于光载波的频率很高，习惯上使用波长而不使用频率来表示光载波。波分多路复用的基本原理如图 3-17 所示。

光信号在传输过程中会发生衰减，在远距离传输中，需要使用放大器把衰减的光信号放大后再传输到光纤的下一段。图 3-17 中的 EDFA 是一种性能很好的光信号放大器，称为掺铒光纤放大器,使用 EDFA 可以直接对光信号进行放大而不需要进行光电转换,两个 EDFA 之间的光纤距离可达到 120 km。

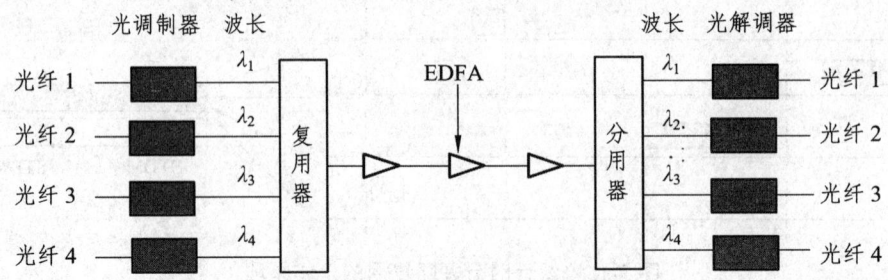

图 3-17 波分多路复用的工作原理

随着通信技术的发展,在一根光纤上复用的光载波信号的路数越来越多。目前,密集波分多路复用(Dense WDM,DWDM)能够在一根光纤上复用几十路信号,提高了光纤的数据传输速率,DWDM 技术已经广泛应用于高速主干网中。例如:每一路信号的传输速率为 10 Gb/s,使用 DWDM 技术在一根光纤上复用 64 路信号,则该光纤的总传输速率为 640 Gb/s。

3.5.5 码分多路复用

码分多路复用又称码分多址(Code Division Multiple Access,CDMA),是一种应用很广泛的共享信道的方法。CDMA 最初是用于军事通信的,现在已经成为民用移动通信中最基本的信道复用技术。下面简单介绍 CDMA 的基本工作原理。

在 CDMA 系统中,将每个比特周期划分成 m 个时间片,称为码片(chip)。在一般情况下,m 的取值为 64 或 128,为了表述方便,假设 m 的取值为 8。

CDMA 系统中的每个站被分配一个 m 位的码片序列,该码片序列是唯一的。一个站如果要发送数据 1,则发送自己的 m 位码片序列;如果要发送数据 0,则发送 m 位码片序列的二进制反码。例如:给 S 站分配的码片序列为 01100101,当 S 发送数据 1 时,就发送码片序列 01100101;当发送数据 0 时,就发送序列 10011010。码片序列的写法一般采用惯例写法:将码片序列中的 0 写成-1,将 1 写成+1。例如,S 站的码片序列按照惯例就写成(-1+1+1-1-1+1+1-1+1)。

CDMA 系统给每个站分配的码序列具有互相正交的关系,即对于任意两个站 S 和 T,它们的码片序列所对应的向量的规格化内积为 0,用数学公式表示如下:

$$S \cdot T = \frac{1}{m}\sum_{i=1}^{m} S_i T_i = 0$$

其中,分量 S_i 是站 S 的码片序列中的第 i 位,分量 T_i 是站 T 的码片序列中的第 i 位。

例如:S 站的码片序列为(-1+1+1-1-1+1-1+1),T 站的码片序列为(+1+1-1-1+1+1+1+1),则 $S \cdot T$=0。

在 CDMA 系统中,所有站发送的码片序列都是同步的,即所有的码片序列都在同一时刻开始发送。因此,任何一个站接收到的信号都是各个站发送的码片序列之和。

如果有一个 X 站要接收 S 站发送的数据,X 站必须知道 S 站的码片序列。用 S 站的码片序列与收到的信号计算规格化内积,如果计算结果为 1,则 S 站发送了数据 1;如果计算结果为-1，则 S 站发送了数据 0；如果计算结果为 0，则 S 站没有发送数据。

例如：S 站的码片序列 S=（-1+1+1-1-1+1-1+1），X 站接收到的码片序列 W=（+1-3-1-1+3-1-1-1），计算 S 与 W 的规格化内积，得到结果 $S \cdot W$= -1，则说明 S 站发送了数据 0。

3.6 接入技术

3.6.1 接入技术的分类

从接入业务的角度来看，用户接入 Internet 的方式可分为适用于窄带业务的接入技术和适用于宽带业务的接入技术。然而，目前对于"宽带"的定义尚未统一，有人认为如果接入到 Internet 的速率大于 56 kb/s，则为宽带接入方式，也有人认为数据传输速率大于 1 Mb/s 才是宽带接入方式。

从具体的实现角度来看，用户接入 Internet 的方式大致可以分为：数字用户线接入、光纤同轴电缆混合网接入、光纤接入和移动通信系统接入。无论使用哪一种接入方式，用户的计算机与移动终端设备都要连接到某个 ISP 网络中，这样才能获取到上网所必需的 IP 地址。

3.6.2 ADSL 接入技术

数字用户线（Digital Subscriber Line，DSL）是从用户端到本地电话局的一对电话线，数字用户线技术是用数字技术对模拟电话线路进行改造，使它能够承载宽带数据业务的接入技术。使用 DSL 技术接入 Internet 有多种实现方案，其中，非对称数字用户线（Asymmetric DSL，ADSL）技术是一种常用的接入方法，主要用于将家庭和办公室的计算机接入到 Internet 中。

传统的电话信号所使用频率范围是 300～3 400 Hz，然而电话线路实际可以通过的信号频率大于 1 MHz，可见大部分频率带宽没有被利用。为了提高电话线路的带宽利用率，ADSL 技术把低端频谱（0～4 000 Hz）留给电话业务使用，把高端频谱（40～1 100 kHz）分配给数字业务使用。在 ASDL 系统中，从 ISP 端到用户端的下行信道的带宽很大，而从用户端到 ISP 端的上行信道的带宽较小。这是因为在实际的上网过程中，从 Internet 下载的数据流量要远大于发送到 Internet 的数据流量。由于上行信道与下行信道的带宽相差很大，因此 ASDL 被称为非对称数字用户线。

ASDL 的最大数据传输速与信噪比有关，在一对电话线上支持的上行速率为 640 kb/s～1 Mb/s，支持的下行速率为 1～8 Mb/s。一般情况下，ADSL 的传输距离在 3～5 km，但实际的传输距离由数据传输速率和电话线的粗细来决定。数据传输速率越低，则传输的距离越大；电话线越粗，信号的衰减就越小，传输的距离就越大。

除了 ADSL 之外，数字用户线还有 SDSL、HDSL、VDSL 等类型，这些数字用户线统称为 xDSL。对称数字用户线 SDSL（Symmetric DSL）适合企业接入 Internet，它的上行信道和下行信道的带宽是相同的，这是因为企业经常需要使用上行信道给 Internet 上的许多用户发送大量信息。高速数字用户线 HDSL（High speed DSL）也是一种对称数字用户线，可以使用一对或两对电话线，数据传输速率为 768 kb/s 或 1.5 Mb/s。甚高速数字用户线 VDSL（Very high speed DSL）是一种用于短距离传输的非对称数字用户线，上行速率为 1.5～2.5 Mb/s，下行速率为 50～55 Mb/s，可以传输的距离为 300～1 800 m。

ADSL 接入的组成结构包括用户端和本地电话局，如图 3-18 所示。

1. 用户端

用户端的主要连接设备有分路器和 ADSL 调制解调器。分路器将低频的语音信号和高频的数据信号分离开来，语音信号发送给电话机，数据信号发送给 ADSL 调制解调器。分路器是无源的，以确保在停电时电话机仍然可以正常使用。

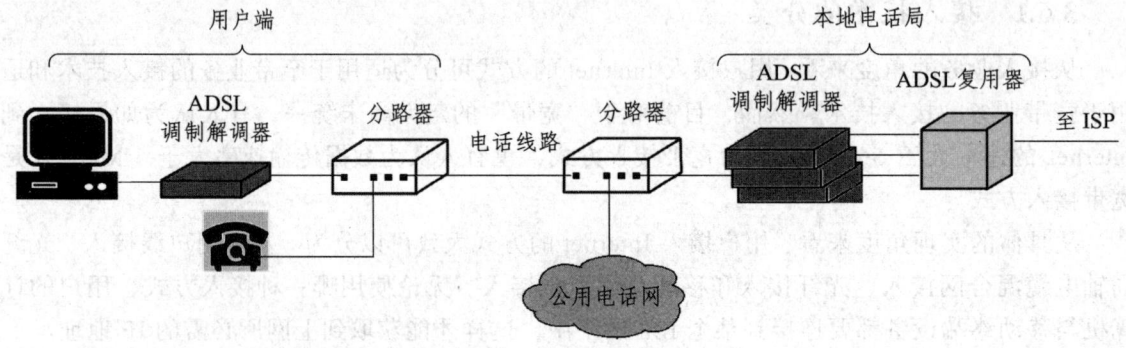

图 3-18　ADSL 接入方式

ADSL 调制解调器的调制技术有多种，目前主要采用了离散多音调（Discrete Multi-Tone，DMT）调制技术。DMT 调制技术是一种基于频分多路复用的技术，其基本方法是把高端频谱（40~1 100 kHz）划分成多条子信道，对于不同的子信道，分别使用不同的音调（载波）进行调制，这样就可以在这些子信道上并行地传送数据。ADSL 调制解调器有两个接口，RJ-45 接口与计算机的网卡连接，RJ-11 接口与分路器连接。

2. 本地电话局

本地电话局的主要设备有 ADSL 调制解调器和 ADSL 复用器。由于 ADSL 调制解调器必须成对使用，所以本地电话局的调制解调器数量很多，每个调制解调器的一端与一个用户的调制解调器连接，另一端与复用器连接。ADSL 复用器的主要功能是处理多个用户的数据信号，并通过 ISP 接入到 Internet 中。

3.6.3　HFC 接入技术

早期的电视节目采用无线传输方式，每个电视台的每套节目使用了不同的频段，以避免节目之间的干扰。随着电视台和节目数量的增多，分配给每套节目的带宽就越来越小。为了给用户提供更多的节目频道，就产生了有线电视网络（CATV）。最早的有线电视网是采用同轴电缆作为传输介质的树型拓扑结构网络，它采用频分复用技术对电视节目进行单向广播传输。

传统的有线电视网只能单向传输电视信号，为了推广交互式视频点播业务，后来就对有线电视网进行了改造，变成了现在的光纤同轴电缆混合网（Hybrid Fiber Coaxial，HFC）。HFC 网的主干线路使用光纤作为传输介质，提高了传输的可靠性和电视信号的质量，但是在居民小区内仍然使用同轴电缆作为传输介质。HFC 网能够进行双向传输，使用了不同的信道以支持用户点播与电视节目播放。

HFC 网的组成结构如图 3-19 所示。光纤将头端与光纤节点连接起来，光纤节点的一端连接光纤，另一端连接同轴电缆。光纤节点把光信号转换成电信号，然后通过同轴电缆把电信号发送给每个用户。头端到光纤节点的距离一般为 25 km，光纤节点到用户的距离一般不超过 3 km，连接到一个光纤节点的用户数大约为 500～2 000 个。

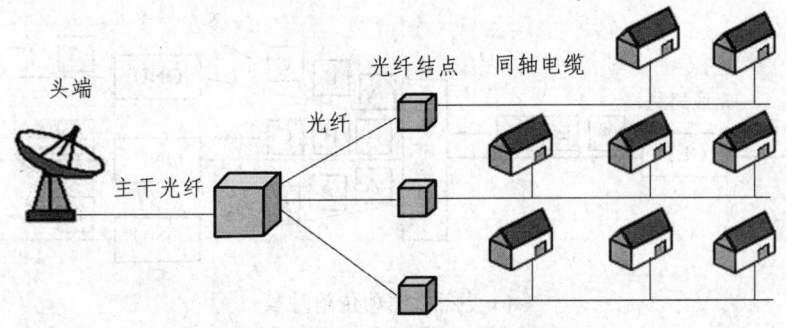

图 3-19 HFC 网的组成结构

HFC 网的用户端使用线缆调制解调器（Cable Modem）作为主要连接设备，一头连接电视机和计算机，另一头连接光纤节点。与 ADSL 调制解调器不同的是，线缆调制解调器只需要安装在用户端，不需要成对使用。

HFC 网的频率带宽很大，上行信道与下行信道的频带划分方法多种。目前 HFC 网主要采用了非对称的频带划分方法，上行信道的频率范围是 5～40 MHz，下行信道的频率范围是 87～1 000 MHz。

HFC 网采用了不同的方法控制上行信道与下行信道的信号传输，对于下行信道，采用了无竞争的信道访问方法，每个用户独占网络带宽；对于上行信道，则采用了有竞争的信道访问方法，多个用户共享网络带宽。例如，上行信道的数据传输速率为 10 Mb/s，如果有 100 个用户同时使用该信道，则每个用户平均获得 100 kb/s 的带宽。可见，如果有大量用户同时上网，那么每个用户实际获得的数据传输速率将会很低。

HFC 技术是一种发展前景广阔的通信技术，HFC 网向居民住宅和小型企业提供融合了数据和视频服务的综合服务，也为网络运营企业提供了更多的发展机会。但是，HFC 网络的建设和部署成本也比较高昂。

3.6.4 光纤接入技术

光纤接入是通过光纤将终端用户连接到局端设备以获得较高上网速率的接入方式。在目前广泛使用的多种宽带接入方式中，基于电线话和同轴电缆的接入方式都受到带宽的限制，难以满足用户所需的上网速率。而光纤具有传输容量大、传输质量好的优点，基于光纤的接入方式是用户获得最高上网速率的最佳选择。

光纤接入方式可以分为多种类型，包括：光纤到户 FTTH（Fiber To The Home）、光纤到办公室 FTTO（Fiber To The Office）、光纤到路边 FTTC（Fiber To The Curb）、光纤到小区 FTTZ（Fiber To The Zone）、光纤到大楼 FTTB（Fiber To The Building）、光纤到楼层 FTTF（Fiber To The Floor）等。这些接入方式统称 FTTx，其中，x 用于表示光纤的不同接入地点。

光纤的带宽是很大的，一个家庭用户不需要一根光纤的所有通信容量。为了提高光纤带宽的利用率，可以使用一根光纤为多个用户提供数据传输服务。在光纤干线和多个用户之间，只需要铺设一段光配线网 ODN（Optical Distribution Network），就能满足几十个用户共享一根光纤来上网的要求。这样既能达到较高的数据传输速率，又能降低了铺设光纤的成本。现在广泛使用的无源光配线网 PON（Passive Optical Network）的组成结构如图 3-20 所示。

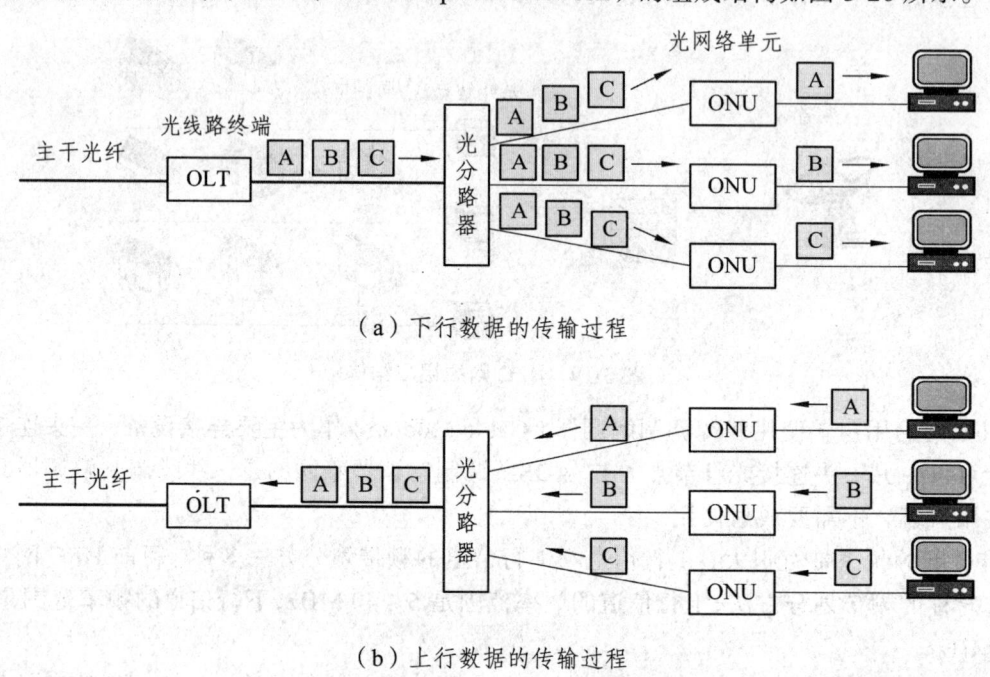

图 3-20　无源光配线网 PON 的结构

在图 3-20（a）中，给出了下行数据的传输过程。其中，光线路终端 OLT（Optical Line Terminal）是连接到主干光纤的设备，它把收到的下行数据发送给无源的光分路器，光分路器则以广播方式将数据发送给所有用户的光网络单元 ONU（Optical Network Unit）。在 PON 网络中，每个 ONU 具有唯一的标识号，能够区分并接收发送给自己的数据。

在图 3-20（b）中，给出了上行数据的传输过程。ONU 先将用户计算机的电信号转换为光信号，然后发送给光分路器。光分路器把各个 ONU 的上行数据集中在一起，采用时分多路访问（TDMA，Time Division Multiple Access）方法将集中的数据发送给 OLT。

3.6.5　移动通信接入技术

移动通信是移动物体之间、移动物体与固定物体之间的通信。有多种可选的系统能够将用户的移动设备接入到 Internet 中，例如，蜂窝移动通信系统、卫星移动通信系统、微波通信系统、近距离无线通信系统、无线局域网系统等。

移动通信技术经历了四代发展历程，第一代（1G）移动通信采用模拟通信技术，用户的语音信号以模拟信号的方式传送。第二代（2G）移动通信采用数字通信技术，使得手机等移动终端能够接入到 Internet。第三代（3G）移动通信加速了移动通信网络与 Internet 的业务融合，用户可以使用手机等移动终端来浏览 Web 网页、参加视频会议、远程办公、开展电子商务活动等。第四代（4G）移动通信可以在固定平台与无线平台之间，或者在跨越不同频带的网络中提供宽带接入服务，能够提供定位定时、数据采集、远程控制等综合功能。

移动台、空中接口和基站是移动通信的基本概念，它们的关系如图 3-21 所示。移动台是移动通信网络中用户使用的设备，分为车载移动台、便携式移动台和手持移动台。车载移动台集成了编码器、WiFi（Wireless Fidelity）等功能，支持高速移动情况下的无线宽带接入，能够覆盖 20 km 或更远的距离。在交通不便的地方，无法使用车载移动台，便携式移动台可以解决交通不便的地区在应急状态下的移动通信问题。手持移动台是我们最熟悉的移动通信设备，例如手机、对讲机等。

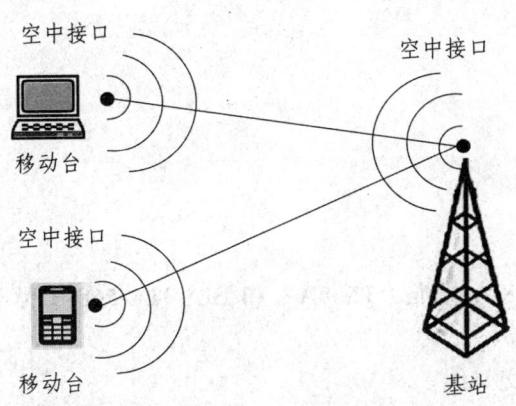

图 3-21 移动台、空中接口和基站

基站用于连接移动台与移动通信系统，其主要组成部分包括天线、无线收发机和基站控制器。移动台与基站通信的接口称为空中接口。基站与移动台的连接采用了点-多点的连接方式，一个基站使用多个空中接口来接收多个移动台发送的信号。

移动通信的标准有多种，3G 标准主要有码分多址 CDMA2000、宽带码分多址 WCDMA、时分同步码分多址 TD-SCDMA 等。4G 的通用标准是长期演进 LTE（Long Term Evolution）标准，LTE 标准分为 FDD-LTE 和 TDD-LTE 两种模式。FDD-LTE 相对于 TDD-LTE，在技术成熟度、成本和时间上都占据优势。目前，FDD-LTE 已成为世界上采用的国家及地区最广泛的、支持的终端种类最多的一种 4G 标准。

3.7 小结

（1）物理层的主要功能是屏蔽传输介质、物理设备和通信技术的差异，实现比特流的透明传输，为数据链路层提供数据传输服务。

（2）物理层协议分为基于点-点通信线路的物理层协议与基于广播通信线路的物理层协议。

（3）信息在计算机中是用二进制数据表示和存储的，数据要转换成电平变化的信号或频率变化的信号，才能够在数据通信系统中传输。信号分为模拟信号和数字信号。

（4）数据通信分为串行通信和并行通信，单工通信、半双工通信与全双工通信，同步通信和异步通信。

（5）常用的有线传输介质有双绞线、同轴电缆和光纤，无线传输介质是指自由空间。不同的传输介质有不同的特性，对数据通信的质量和速率有较大影响。

（6）模拟信号的编码方法有调幅、调频和调相。数字信号的编码方法有非归零码、曼彻斯特编码和差分曼彻斯特编码。

（7）奈奎斯特准则描述了在理想条件下信道的最大传输速率与带宽的关系，香农定理给出了有噪声的信道的最大传输速率的计算公式。

（8）多路复用分为时分多路复用、频分多路复用、波分多路复用和码分多路复用。

（9）用户接入 Internet 的方式分为数字用户线接入、光纤同轴电缆混合网接入、光纤接入和移动通信系统接入。

3.8 实验

1．实验名称

五类双绞线的制作。

2．实验内容

（1）了解 EIA/TIA-568-A 标准（T568A）和 EIA/TIA-568-B 标准（T568B），直通线和交叉线的概念。

（2）制一条直通线或交叉线。

（3）使用网线测试仪测试网线是否制作成功。

3．实验目的

熟悉五类非屏蔽双绞线的基本结构，掌握双绞线的直通连接与交叉连接的制作方法，熟悉网线钳和网线测试仪的使用方法。

习题

一、选择题

1．关于物理层的基本服务功能，下列描述正确的是（　　）。

　　A．物理层传输的基本数据单位是帧

　　B．连接物理层的有线传输介质只有电话线和同轴电缆两种类型

　　C．不同的传输介质都使用相同的物理层协议

　　D．物理层的主要功能是为数据链路层提供比特流传输服务

2．下列关于数据通信方式的描述中正确的是（　　）。

　　A．将一个字符的二进制代码从低位到高位依次发送的方式称为串行通信

　　B．字符同步的目标是正确接收每一个二进制位

　　C．异步传输将多个字符组织成一个数据块，以块为单位连续传送

　　D．半双工通信方式的信号在任何时间内只能向一个方向传输

3．下列关于传输介质的描述中，正确的是（　　）。

　　A．双绞线的抗干扰能力比同轴电缆强

　　B．屏蔽双绞线和非屏蔽双绞线都适用于远距离传输

　　C．光纤的纤芯的折射率要大于包层的折射率

　　D．多模光纤只能传输一路光载波

4. 下列关于频带传输技术的描述，正确的是（   ）。
   A. 模拟信号的编码方法有调幅编码、调相编码和非归零码
   B. 将发送端的数字信号转换成模拟信号的过程称为调制
   C. 一个码元最多只能传送一个二进制位
   D. 比特率和波特率是两个完全相同的概念
5. 下列关于数字信号的编码方法，正确的是（   ）。
   A. 非归零码是包含了同步时钟信号的编码方法
   B. 曼彻斯特编码的传输周期内电平向下跳变表示数字 0
   C. 差分曼彻斯特编码的后半个周期表示该比特的原码
   D. 差分曼彻斯特编码规定每比特的中间跳变作为同步信号
6. 关于 ADSL 的描述中，错误的是（   ）。
   A. 传输数据需要进行调制解调
   B. 用户之间共享电话线路
   C. 上下行速率可以不同
   D. 可充分利用电话线路
7. 关于网络接入技术的描述中，错误的是（   ）。
   A. HFC 上下行速率可以不同
   B. ADSL 传输数据无需调制解调
   C. 传统电话网的接入速率通常较低
   D. FTTH 的数据传输速率要大于 HFC 的数据传输速率
8. 下列关于接入技术的描述中，正确的是（   ）。
   A. ADSL 的各种信道只能使用相同的带宽
   B. 数字用户线接入 xDSL 是只能上网、不能通电话的宽带接入技术
   C. HFC 接入的下行信道与上行信道的频率带宽可以不同
   D. HFC 接入的上行信道是无竞争的信道，而下行信道是有竞争的信道

二、简答题
1. 物理层协议可以分为哪些类型？
2. 举例说明在数据通信系统中信息、数据与信号的关系。
3. 模拟信号的编码方法有哪些？
4. 为什么要使用信道复用技术？同步时分多路复用与统计时分多路复用有哪些不同之处？
5. 简述 ADSL 调制解调器与线缆调制解调器的作用。

三、计算与应用题
1. 已知一条信道的数据传输速率为 8 000 b/s，采用多相调制的相数为 16，则调制速率是多少？
2. 假设一条信道受奈奎斯特准则限制的最高码元速率为 20 000 码元/秒。如果采用调幅调制方法，把一个码元的振幅划分为 16 个不同等级来传送，请计算该信道能达到的最大数据传输速率。

3. 有一条无噪声信道的带宽为 100 kHz，请计算无码间串扰的理想条件下该信道的最大数据传输速率。

4. 有一条受随机热噪声干扰的信道，其带宽为 1 MHz，信噪比为 30 dB，请计算该信道的最大数据传输速率。

5. 一条通信线路的带宽为 10 MHz，采用频分多路复用方法划分信道，每个信道占用的带宽为 50 kHz，隔离频带为 2 kHz，请计算这条通信线路的信道个数。

6. 采用 ASCII 码表示字符'R'的二进制代码为 01010010，请画出字符'R'的曼彻斯特编码和差分曼彻斯特编码的信号波形图。

7. 一个 CDMA 通信系统中，分配给 4 个站的码片序列如下：

站 1：(-1-1-1+1+1-1+1+1)　　　　站 2：(-1+1-1+1+1+1-1-1)
站 3：(-1-1+1-1+1+1+1-1)　　　　站 4：(-1+1-1-1-1-1+1-1)

假设一个站收到的码片序列为：(-1+1-3+1-1-3+1+1)，请问哪些站发送了数据，发送的数据是 0 还是 1？

第 4 章 数据链路层

本章首先阐述数据链路层的基本概念与功能，分析设置数据链路层的原因。进而引出点对点通信线路常见的数据链接路层协议 HDLC 协议、PPP 协议等。由于局域网技术中的介质访问控制子层的数据收发功能与数据链路层的数据收发功能相对应，故本章后部分介绍局域网技术中的介质访问控制子层的内容。

【本章重点】
（1）差错与差错控制的方法；
（2）CRC 循环冗余编码的原理；
（3）HDLC 协议；
（4）CSMA/CD 介质访问控制方法的原理；
（5）以太网的原理。

【本章难点】
（1）CRC 循环冗余编码的原理；
（2）CSMA/CD 介质访问控制方法的原理；
（3）以太网的原理。

【本章关键词】
差错；CRC 循环冗余编码；CSMA/CD；以太网。

4.1 数据链路层的基本概念

4.1.1 数据链路

从上一章内容可知，物理线路是由传输介质与通信设备构成的。物理线路给网络中节点之间的数据发送与接收提供了物理连接的基础。在数据发送节点中，数据可以通过信号转换器转换成适合在传输介质中传输的信号，然后利用传输介质传输出去。接收节点收到来自传输介质的信号后，再通过信号转换器转换成计算机内部数据信号。传输介质中的信号发送与接收这一过程，是依托于已经有数据可发的前提。实际上在发送节点中，物理层发送的数据就是来自于其上一层数据链接层，数据链接层在发送节点的角色就是准备好一切数据。在接收节点则是作好验收数据的角色。

图 4-1 以电话线作为传输介质，给出了物理线路与数据链路的关系，这是早期计算机进行数据交换常用的连接方式。固定电话系统中的设备与线路传输的是模拟语音信号，为实现在电话线上传输计算机的数据，必须在发送节点使用调制解调器将表达数据的数字信号转换成模拟信号。在接收节点，Modem 把从电话线上接收到的模拟信号转成数据信号，从而得到传输的数据。因此，工作于物理层的电话线与 Modem 就构成了数据收发的物理线路。

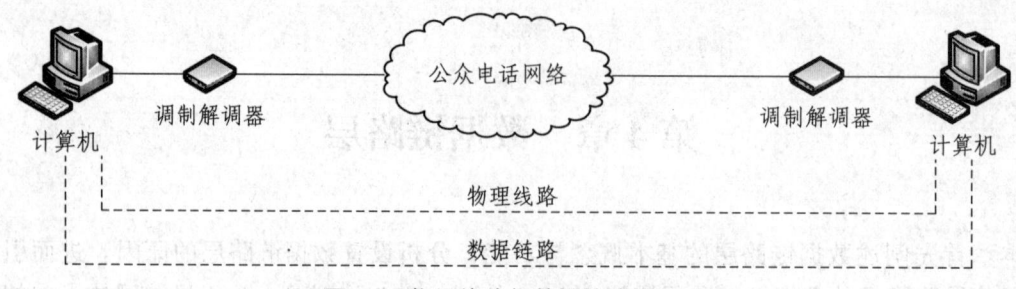

图 4-1 物理线路与数据链路的关系

4.1.2 数据链路层的主要目的——提供无差错的数据

在图 4-1 的通信系统中,电话线是会受到电磁干扰的,其传输的信号会因为干扰而变形,信号中其用以表示 0 或 1 数据的特征则会被改变,即便人们想方设法去避免干扰,但却不能保证完全杜绝差错的发生。这样导致的结果就是受干扰的信号在接收节点中转换得到的数据会出现差错。人们对各种物理线路的数据传输的可靠性进行大量的测试,得知电话线以 300 b/s~2 400 b/s 的数据传输速率进行传输数据时,会有 $10^{-4} \sim 10^{-6}$ 的出差错概率;速率提高到 4 800 b/s~9 600 b/s 时,平均出差错概率上升到 $10^{-2} \sim 10^{-4}$ 之间。计算机网络中的数据交换要求平均出错概率低于 10^{-9},显然电话线这样的数据传输质量不经过改善是不能满足计算机网络数据交换的要求。

因此,在最靠近物理层的位置设计数据链路层,其目的就是为了能让接收节点发现接收到的数据中可能存在的差错,并采取一定的措施来纠正差错,在差错的物理线路的基础上建立无差错的数据链路。为了使接收节点的数据链路层能发现接收到的数据中的差错,发送节点的数据链路层实体(实现数据链路层功能的软件、硬件)需对要发送的数据作一定的处理,比如采取检错码的方法来附加上冗余数据,以使接收方有检查差错的依据。

实现数据链路层功能的软件、硬件以及物理线路构成了数据链路。理论上这一采取了保障措施的数据链路可以为高层提供无差错的数据传输。

在发送节点中,数据链路层实体将来自于上一层的数据经过一系列保障措施处理后,附加上一些控制信息数据而形成了一个固定格式的数据单元,数据链路层中的这种数据单元被称为帧(Frame)。

4.1.3 数据链路层的主要功能

除了采用差错控制方法外,数据链路层还需要完成其他的一些功能,这些功能一起协同工作以实现数据链路层的无差错数据传输。这些功能如下:

1. 数据链路管理

数据链路管理功能包括:数据链路的建立、维护与释放。

为了保证数据能被接收节点接收到,在进行数据发送前,发送节点必须通知接收节点做好接收的准备。发送节点发起建立起数据链路的请求,接收节点的数据链路层实体响应请求,与发送节点协商建立起数据链路。这一过程称为建立数据链路。

数据链路建立起来后,双方即可以进行数据的正常发送与接收。在数据传输过程中要保障数据链路的畅通，因此收发双方还需要通过交换一些信号来维持链路的正常，这一过程称为数据链路维护。

数据交换完成了，数据层实体需释放所占的资源（包括占用的系统内存、CPU资源等），这一过程称为释放数据链路。

2. 帧同步

数据链路层传输的数据单元是帧。在发送节点中，帧交给物理层后，物理层将数据帧逐位的传输出去，即所谓的以比特流形式传输，因此接收节点的物理层收到的也是比特流。接收节点的数据链路层需要按特定的标志位来把连续的比特流分解成一个个固定格式的帧，以实现收发一致，这一过程即为帧同步。

3. 数据的透明传输

当被传输的帧的数据部分出现了与用于传输控制的字符相同的二进制组合，比如面向字符型的数据链路层协议 BSC 协议中，帧的数据部分出现了的帧同步字符 SYN（ASCII 字符集中值为 00010110 的字符），如该 SYN 字符未经过变换处理，就会导致接收节点过早地以为那是一帧的结束标志，即该 SYN 字符出现了歧义，显然这是不合适的。因此有必要采取措施避免这一情况的发生。BSC 协议规定发送节点在构造帧的时候，需要对数据部分扫描一遍，对于数据中出现的任何与控制字符相同的字符，都在其前面附加一个转义字符（ASCII 字符集中值为 0001 0000 的字符）。如此对传输的数据进行扫描检查、限制数据部分不能出现控制字符，被比喻成"用户需要传输的内容被传输者搜查而暴露了和被限制了"，即变得不透明了。因此，采取一定的方法，使得帧的数据字段的二进制组合可以是任意的组合，使用户要传输的数据对于传输者来说是"透明的"，此即数据的透明传输。

4. 差错控制

为使数据接收节点能发现物理线路传输导致的差错，采用某些措施，使得接收节点最终收到的数据是无差错的，即把有差错的物理线路改造成为无差错的数据链路，数据链路层设计需有差错控制功能。

5. 流量控制

如果发送节点发送的数据量超出接收节点的接收能力时，会导致数据丢失，这一现象也是出差错的表现。因此，为了避免这一情况的发生，数据链路层需要设计流量控制功能。

6. 寻址

当数据交换的多个节点以非一对一的形式连接时，数据链路层需要保证每一帧都正确无误地被传输到其相对应的接收节点。因此数据链路层必须具备寻址的功能。

4.1.4 数据链路层与相邻层次之间的关系

数据链路层在 OSI 参考模型中处于物理层之上，网络层之下。数据链路层为网络层提供的服务主要有：无差错地传输网络层数据、屏蔽物理层技术的差异。

物理线路中传输的是信号，物理层实现数据与信号之间的互相转换，为数据链路层提供数据，接收到的数据是可能存在差错的，数据链路层通过差错控制与流量控制等方法保证收到的数据的正确性，为网络层提供无差错的数据。

对于网络层来说，发送节点的网络层只需要依照与数据链路层之间的接口的要求，向数据链路层提供数据单元，数据链路层便将网络层的数据单元封装成固定格式的帧，然后交给物理层，物理层将帧逐位地通过通信介质发送出去。因此，网络层不需要知道物理层具体采用了哪种传输介质与通信设备，也不需要因为物理线路上传输的信号是模拟信号或是数据信号去做任何的预处理。只要数据链路层的接口条件与功能不变，无论用何种物理线路作为联网方式，都不会对网络层有影响。如图 4-2 所示表明了数据链路层与上下两层的关系。

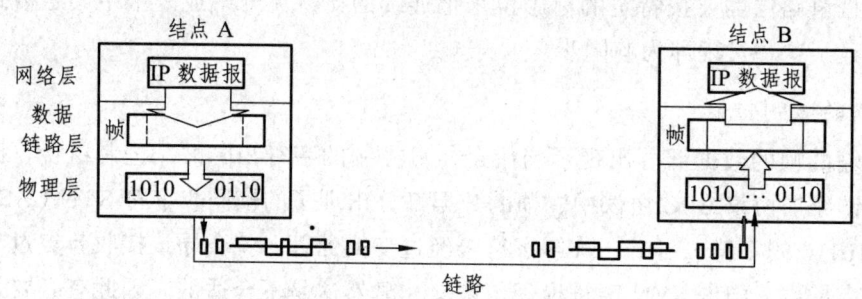

图 4-2 数据链路层与上下两层的关系

4.2 差错与差错控制

在数据通信中，把通过通信线路传输之后，接收节点接收到的数据与发送节点发送的数据不一致的现象称之为传输差错。所谓的不一致包括二进制位值的出错或是位数的出错。物理线路传输时可以通过改进线路的传输质量来减少差错，但是差错是不可完全避免的，通过分析差错产生的原因以及差错的特点，数据通信的研究人员便可研究出如何检查到出现差错及如何纠正差错的方法。检查到差错并纠正之的措施称为差错控制。

4.2.1 差错的致因及差错类型

差错产生的根本原因就是物理线路中传输的电信号受到电磁干扰而变形。干扰来自两方面：一方面是电导体中的电子热运动产生的对导体自身的干扰；另一方面来自于外界的电磁干扰，如线路附近的电器设备或是雷电带来的电磁干扰。

电磁场对通电导体的作用，使得导体中产生了数据信号之外的干扰信号，这些对正常通信无益的信号被比喻成电声学说法中的噪声。

物理线路的噪声分为两类，即热噪声和冲击噪声。

热噪声亦称白噪声，是由导体中电子的热运动引起的，它存在于所有电子器件和传输介质中。它的大小受温度影响，但不受频率变化的影响。热噪声是在所有频谱中以相同的形态分布，它是不能够被消除的，因此造成了通信系统性能的上限。

热噪声是一种随机的噪声，它的瞬时值是随机变化的。由热噪声引起的差错称为随机差错。

冲击噪声是由传输介质外界的电磁干扰引起的。相较于热噪声，冲击噪声的幅度比较大，是传输差错的主要致因。冲击噪声持续时间可能较长于数据传输中每比特的发送时间，因此冲击噪声会引起的相邻多个数据位出错，这些错在全部的数据传输的过程中呈突发性分布。因此冲击噪声引起的传输差错被称为突发差错。通信过程中产生的传输差错是由随机差错与突发差错导致的。

图 4-3 示意了差错的产生原因。其中，图 4-3（a）表示要传输的数据的信号波形；图 4-3（b）表示数据传输过程中的噪声的波形；图 4-3（c）表示的是数据传输过程中数据信号与噪音信号叠加后的波形。

当数据信号从发送节点发出，经过物理线路时，由于物理线路存在着噪声，噪声信号与数据信号叠加后，形成如图 4-1（d）数据信号与噪声信号的叠加形式。

在接收节点接收到此叠加后的信号，对其采样判断以确定以接收的数据值是 0 或 1。若噪声信号叠加导致接收节点对 0 或 1 的判定与发送节点的数据不一致，就出现了数据传输的差错。

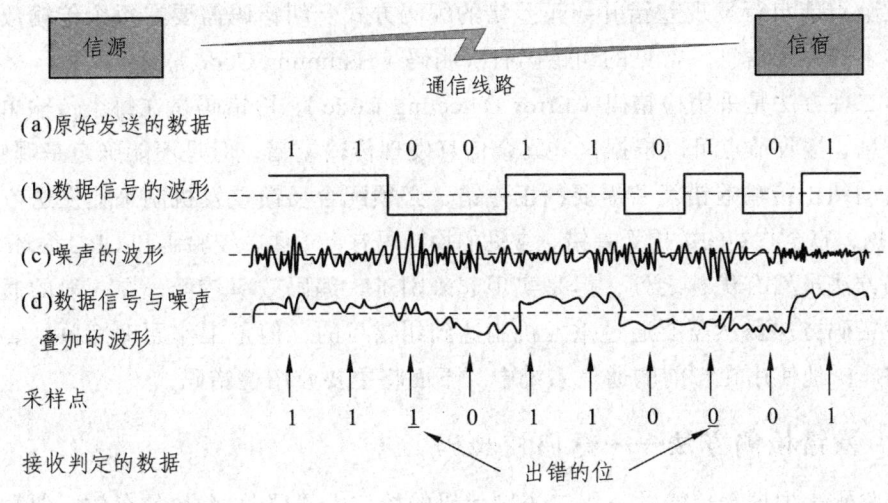

图 4-3 差错产生的过程

4.2.2 差错的衡量

一个通信系统的数据传输质量好坏，需要用一定的指标来衡量。常见的衡量指标是误码率。

误码率（BER：Bit Error Rate）亦称为"误比特率"，是指数据经过通信系统传输的过程中，在一定时间内收到的数据中发生差错的比特数与发送节点发送的数据的总比特数之比。误码率是衡量通信系统或通信线路的数据传输质量的一个重要指标。

$$误码率（P_E）=差错比特数（N_E）/传输总比特数（N）。$$

例如，在一定时间内，传输的数据总位数为 10 000 位，其中出错的数据位数为 1，则误码率为万分之一，即为 10^{-4}。

对于误码率，需要注意以下几方面：

（1）对一个通信系统来说，其误码率并不是一个恒定的值。通信系统的误码率在不同的时间段会有不同的表现。因此误码率只是一个近似值。对某通信系统的误码率的测量的数据量越大，所得的误码率平均值越能反映该通信系统传输质量的可靠性。

（2）通信系统的误码率，不能以单纯地追求误码率越低越好，而要根据实际传输要求来确定合理的提出误码率范围。在特定的数据传输速率下，要求传输系统的误码率越低，则数据通信系统的设备就会越复杂，成本也就越高。

（3）对于实际数据通信系统，如果传输的内容不以二进制表示，则应该将传输的数据折合成二进制来计算。

4.2.3 差错控制的方法

在计算机数据通信中，检测数据传输差错并纠正差错的方法称为差错控制。差错控制的目的是为了减少数据传输中的错误，但目前尚未不能做到检测和纠正所有的差错。人们在设计差错控制方法时提出以下两种方法：

（1）第一种方法是采用纠错码（Error Correcting Code）。纠错码是在数据传输过程中发生差错后接收节点能自行发现差错并纠正差错的编码方式。纠错码需要在每个传输数据单元后附加上足够多的冗余信息。常见的纠错码有汉明码（Hamming Code）。

（2）第二种方法是采用检错码（Error Detecting Code）。检错码是在每个传输单元加上一定的冗余信息，接收节点可以根据这些冗余信息发现传输差错，但是不能确定是哪些位出错，因为不能自动纠正传输差错。若需要纠正差错，必须配合反馈重发机制来让发送节点重新传输出错的数据，直至收到的数据无差错。常见的检错码有奇（偶）校验码和CRC循环冗余编码。

纠错码方法虽然有优越之处，但是实现起来困难，编码效率较低，在一般的通信系统中不采用。检错码方法虽然需要通过重发机制达到纠错目的，但是工作原理简单，实现起来容易，因此被广泛地使用在当前的通信系统中。下面将主要介绍检错码。

4.2.4 差错检测方法——奇偶校验码

奇偶校验码是根据被传输的一组二进制代码的数位中"1"的个数是奇数或偶数来进行校验。采用奇数个"1"的方法称为奇校验，采用偶数个的称为偶校验。采用奇校验或是偶校验是发送节点与接收方事先约定好的。通常专门设置一个奇偶校验位，用来使得这组代码中"1"的个数为奇数或偶数。若用奇校验，则当接收节点收到这组代码时，校验"1"的个数是否为奇数，从而确定传输的数据代码的正确性。

例如，要传输的数据为"1011010"，若采用奇校验，则在其后面附加一位"1"，使得整个发送的码字有5个"1"，因此，这个码字具有奇性。接收节点若收到的码字中的"1"的个数为奇数个，则认为接收到的数据没有差错。

奇偶校验位的生成等效于所有码元的异或运算的结果。对于一个 n 位码字，偶校验位可由下式给出：

$$偶校验位\ a_n = a_0 \oplus a_1 \oplus a_2 \oplus \cdots \oplus a_{n-1}$$

奇校验位则为所有码元的异或运算的结果的反值。

奇偶校验编码通过增加一位校验位来使编码中1的个数为奇数（奇校验）或者为偶数（偶校验），其检错能力比较弱，当出错的位的数量为偶数时，无论是奇校验或是偶校验都不能检查出来。因此在计算机网络中很少采用奇偶校验方法来检错。

4.2.5 差错检测方法——循环冗余编码

另一种常用的检错码是循环冗余 CRC（Cyclic Redundancy Check）编码，循环冗余编码又名多项式编码（polynomial code），其基本方法是在 K 位信息位后再拼接 r 位的校验位，编码总长度为 N 位，因此 CRC 循环冗余编码又被称为 (N, K) 码。

1. CRC 编码的工作基本原理（见图 4-4）

（1）数据发送与接收双方约定一个生成多项式 $D(x)$，$D(x)$ 的最高幂项的指数记为 r，x 是数制的基数，在此讨论的是二进制，故 $x=2$。发送节点中待发送的 K 位数据记为多项式 $F(x)$，让 $F(x)$ 乘以 2^r 即让 $F(x)$ 左移 r 位，以便放置余数。

（2）采用模二除的算法将 $F(x) \times 2^r$ 除以生成多项式 $D(x)$，得商 $Q(x)$ 和余数 $R(x)$。模二除的算法为加法不进位减法不借位，也即按位异或运算。

（3）发送节点将 $F(x) \times 2^r + R(x)$ 的结果 $M(x)$ 发送给接收节点。

（4）接收节点把收到的码字 $M(x)$ 的前 K 位以同样的 CRC 编码生成方法求得余数 $R'(x)$，若 $R'(x)$ 与接收到的码字 $M(x)$ 的后 r 位 $R(x)$ 相同，则表示数据传输过程没有差错；若不相同，则是有差错。或者将整个收到的码字 $M(x)$ 模二除以生成多项式 $G(x)$，如能整除，则无差错，如不能整除，则表示传输过程有差错。

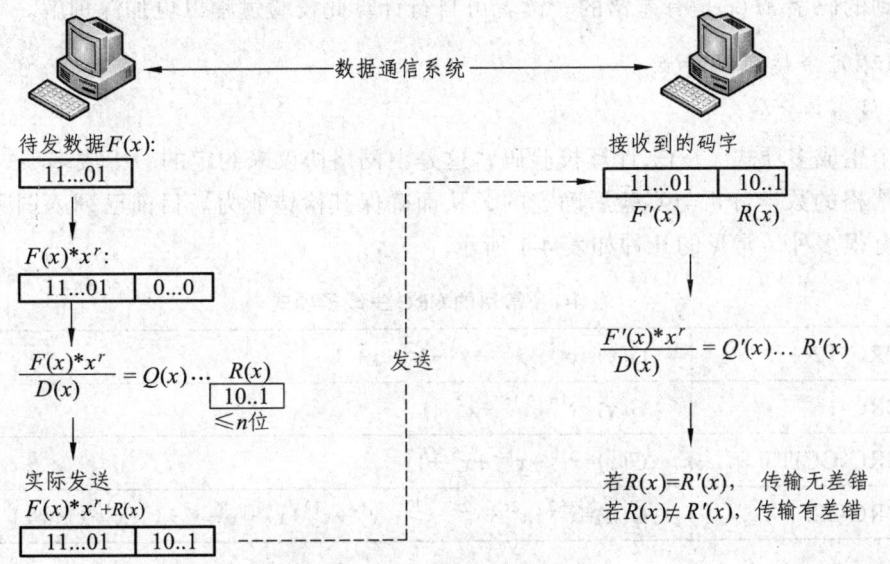

图 4-4 CRC 编码检错原理

下面以一个例子说明 CRC 编码的生成与校验：

例 4-1：收发双方约定的 CRC 编码生成多项式为：11011，待发送的数据为 11110011，请计算相应的 CRC 编码。

解：

（1）收发双方约定的生成多项式 $D(x)=(11011)_2 = x^4+x^3+x+1$，则最高幂项指数 $r=4$；

（2）发送节点中待发送的 K 位数据为 $F(x)=(11110011)_2$；

则 $F(x) \times 2^r = (11110011)_2 \times (10000)_2 = (111100110000)_2$，然后模二除以生成多项式 $(11011)_2$，

计算得到商 $Q(x)=(10110100)_2$ 和余数 $R(x)=(1100)_2$，发送节点将 $F(x)+R(x)=(111100110000)_2$+$(1100)_2=(111100111100)_2$ 发送给接收节点。如图 4-5 所示演示了 $F(x)\times 2^r$ 模二除以生成多项式的运算过程。

```
                              10110100    ← Q(x)
            D(x)→ 11011 ) 111000110000    ← F(x)×x^r
                              11011
                              11101
                              11011
                               11010
                               11011
                                1000    ← R(x)
```

图 4-5　CRC 编码求余数时的模二除法过程

（3）接收节点的校验方法：接收节点把收到的码字 $M(x)$ 的前 K 位 $F'(x)$ 以同样的 CRC 编码方法求得余数 $R'(x)$，若 $R'(x)$ 与接收到的码字 $F(x)+R(x)$ 的后 n 位 $R(x)$ 相同，则表示数据传输过程没有差错；若不相同，则是有差错。

例如，若接收节点接收到的码字 $M(x)=(111000111100)_2$，其前 K 位 $F'(x)=(11100011)_2$，后 n 位 $R(x)=(1100)_2$。按照与发送节点同样的计算方法，计算得 $R'(x)=(1000)_2 \neq R(x)$，接收节点由此得知收到的码字 $M(x)$ 是有差错的。读者可自行计算此校验过程以更加深理解。

2. 循环冗余编码的特点

1）生成多项式

用哪个生成多项式 $G(x)$ 来计算校验码，这是由网络协议来约定的。生成多项式 $G(x)$ 的结构是经过严格的数学分析与实验后确定的，从而确保其检错能力。目前已列入国际标准的生成多项式有很多种，常见的几种如表 4-1 所示。

表 4-1　常用的 CRC 生成多项式

CRC-12	$G(x)=x^{12}+x^{11}+x^3+x^2+x+1$
CRC-16	$G(x)=x^{16}+x^{15}+x^2+1$
CRC-CCITT	$G(x)=x^{16}+x^{12}+x^5+1$
CRC-32	$G(x)=x^{32}+x^{26}+x^{23}+x^{22}+x^{16}+x^{12}+x^{10}+x^8+x^7+x^5+x^4+x^2+x+1$

2）CRC 循环冗余编码的检错能力

CRC 循环冗余编码的检错能力很强，其具有以下检错能力：

（1）离散的 1 位差错的检错率为 100%；

（2）离散的 2 位差错的检错率为 100%；

（3）奇数位差错的检错率为 100%；

（4）长度小于或等于 n 位的突发差错的检错率为 100%；

（5）长度为 $n+1$ 位的突发差错的检错率为 $\left(1-\left(\frac{1}{2}\right)^{k-1}\right)$%。例如采用 CRC-12 作为生成多项式，则 CRC 循环冗余编码对长度为 13 位的差错的检错率为 99.975%，漏检率为 0.025%。

4.2.6 差错控制机制

接收节点通过检错码检查数据帧是否出错，若发现错误，一般采用反馈重发（Automatic Request for Repeat，ARQ）方法来纠正。如图 4-6 所示给出了反馈重发纠错过程示意图。

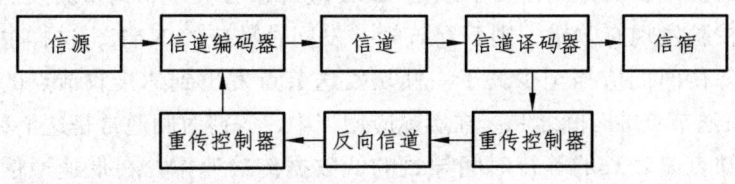

图 4-6 反馈重发纠错过程示意图

发送节点将数据经过校验码编码器产生校验字段，并将校验字段与数据一起通过物理线路发送到发送节点。为了在反馈重发时重新提取数据，发送节点在存储器中保留发送数据的副本。

接收节点通过校验码译码器判断数据传输中是否出错。如果数据传输正确，接收节点通过反馈信号控制器向发送节点发送确认应答 ACK（ACK，Acknowledge）。发送节点的反馈信号控制器收到 ACK 信息后，将发送的数据删除。如果数据传输不正确，接收节点向发送节点发送否认应答 NAK（NAK，Negative Acknowledge）。发送节点的反馈信号控制器收到来自接收节点的 NAK 消息后，将保留的数据的副本重新编码后发送，直到正确接收或达到最大重发次数为止。如果超过协议规定的最大重发次数接收节点仍然接收不到正确的数据，那么发送节点终止重发，并将向高层协议报告传输出错的信息。

1. 反馈重发（ARQ）的类型

反馈重发机制主要有三种：停等式（Stop-and-Wait）ARQ、回退 N 帧（Go-Back-N）ARQ、选择重发式（Selective Repeat）ARQ。后两种协议是滑动窗口协议（滑动窗口协议请参见传输层）与反馈重发机制的结合，当窗口开到足够大时，可以连续地传输帧，因此后两种 ARQ 也被称为连续 ARQ 协议。事实上，停止等待协议的发送窗口和接收窗口的大小都等于 1 时，回退 N 帧的 ARQ 协议的发送窗口大于 1，接收窗口等于 1；而当发送窗口和接收窗口的大小均大于 1 时，即是选择重发协议。

1）停等 ARQ 协议

停等 ARQ 协议的工作原理如图 4-7 所示。

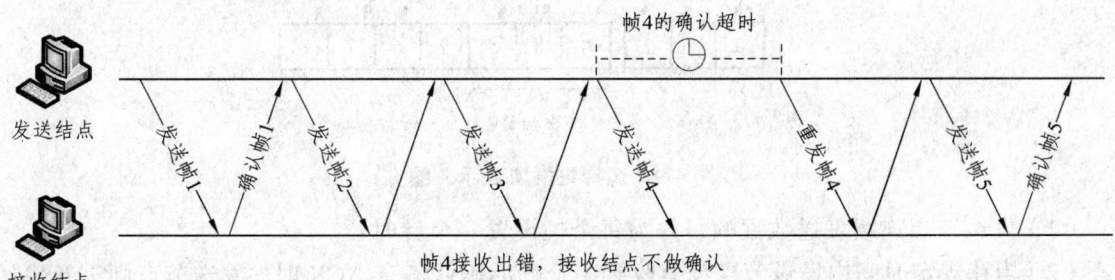

图 4-7 停等 ARQ 协议示意图

（1）发送节点对接收节点发送一帧，然后暂停发送，并且开始计时等待接收节点反馈。

（2）若接收节点成功接收该帧，则返回确认应答 ACK。发送节点则可继续下一帧的发送。

（3）若接收节点未收到帧，接收节点不会向发送节点反馈，发送节点在等待一定时间后未收到接收节点的反馈，认为帧丢失了或是 ACK 应答帧丢失了，则重新发送该帧。或者接收节点收到帧后经校验发现有差错，则丢弃该帧并发回否认应答 NAK，这样也会重发该帧。

发送节点的等待时间应当至少大于一帧从发送节点发出到达接收节点的时间及接收节点的应答帧返回到发送节点的时间之和。在实际应用当中，等待时间通常是这个和的 2 到 3 倍。

停等协议的缺点是较长的等待时间导致的低数据传输速率。在低速通信线路中使用时，其线路利用率比较好，但是在高速线路上使用此协议时，线路的利用率会明显不足。

2）回退 N 帧的 ARQ

在回退 N 帧的 ARQ 中，当发送节点接收到接收方的状态报告指示报文出错后，发送节点将重发过去的 N 个报文，发送窗口大于 1，接收窗口等于 1。允许发送节点可以连续发送信息帧，但是，一旦某帧发生错误，必须重新发送该帧及其后的 N 帧。这种方式提高了信道的利用率，但允许已发送有待于确认的帧越多，可能要退回来重发的帧就越多。

回退 N 帧的 ARQ 基本原理图如图 4-8 所示。

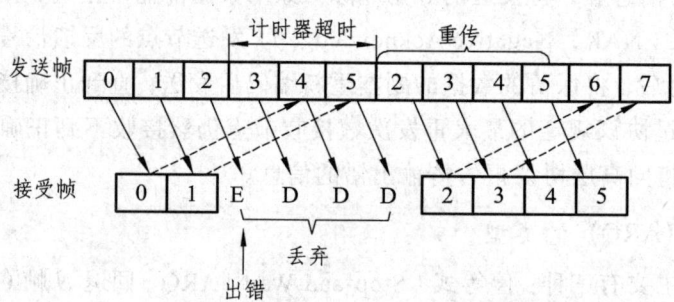

图 4-8　回退 N 帧 ARQ 协议示意图

3）选择重发（Selective Repeat）协议

另一种连续 ARQ 协议为选择重发协议，其基本原理如图 4-9 所示。

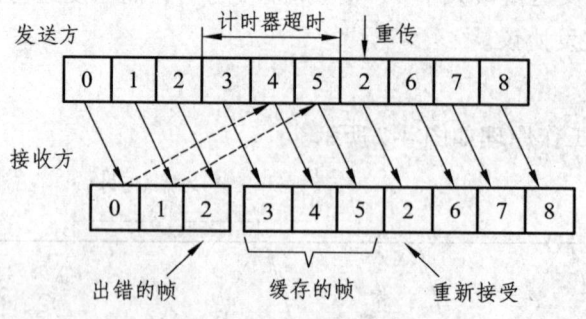

图 4-9　选择重发协议示意图

（1）发送节点连续发送数据帧，并为每个帧设置一个计时器。

（2）当在规定时间内发送节点没有收到某个帧的确认信息 ACK 时，发送节点则重新发送该帧；或者发送节点收到接收节点对某帧的否定确认 NAK 后，重发 NAK 信息中请求的帧。

（3）出错的帧的后续帧如果到达了接收节点并校验无差错，则暂存于接收节点的缓存中。当被重发的帧被成功接收后，接收节点按相继的次序从缓存中取出无差错的已经接收的帧按顺序组合，直到遇到下一个有差错的帧止。

在三种 ARQ 方式中，选择重发 ARQ 效率最高但实现也最复杂。接收节点收到的帧可能出现乱序。因此在帧信息里必须设置顺序号。接收节点需要设置足够大的缓存，否则会发生溢出而丢失数据。

4.3 点对点线路的数据链路层协议

为了实现数据通信，ISO、ITU-T 以及一些计算机公司，先后制定了不同类型的数据链路层协议。根据通信控制帧的格式，可以分为面向字符型、面向比特型两类。

1. 面向字符型

国际标准化组织制定的标准号为 ISO1745 的二进制同步协议（BSC）以及我国国家标准 GB3543-82 属于面向字符型的协议，也称为基本型传输控制协议。在这类协议中，用字符编码集中的若干个特殊字符来控制链路的操作，监视链路的工作状态，例如，ASCII 码中的 SOH、STX 作为帧的开始，ETX、ETB 作为帧的结束，ENQ、EOT、ACK 和 NAK 等字符控制链路操作。面向字符型协议的弊端就是它与所用的字符集紧密联系，不同字符集的计算机之间无法使用 BSC 型协议进行通信。

2. 面向比特型

ISO 制定的 HDLC、美国国家标准 ADCCP、IBM 公司的 SDLC 等数据链路层协议均属于面向比特型的。这类协议以二进制序列 01111110 作为帧的开始和结束，以一定比特的位来表示命令和响应以实现对数据链路的管理与监控，命令和响应可以与信息一起封装成帧传输。因此可以实现无编码限制的、可靠的和高效率的透明传输。面向比特型协议主要适用于中高速同步半双工和全双工数据通信，如分组交换方式中的数据链路层就采用这种协议。

由于面向字符型协议已经基本上被淘汰了，故本节主要讲述面向比特型数据链路层协议——HDLC 协议（High Level Data Link Control，高级数据链路控制）。HDLC 协议是典型的面向比特的数据链路控制协议，该协议独立于任何一种字符集；采用"比特 0 插入删除法"实现透明传输并易于利用硬件实现；全双工通信，有较高的数据链路传输效率；所有帧采用 CRC 编码校验，对信息帧进行顺序编号，可防止丢失或重复，传输可靠性高。

4.3.1 HDLC 协议

1. HDLC 协议的基本概念

1）主站、从站和复合站

利用 HDLC 协议进行数据交换的计算机有三种类型：主站、从站和复合站。

主站的主要功能是发送命令（包括数据信息）帧、接收响应帧，并负责对整个链路的控制系统初始化、传输过程控制、差错检测或恢复等。

从站的主要功能是接收由主站发来的命令帧，向主站发送响应帧，并且配合主站参与差错恢复等链路控制。

复合站则是具有主站的功能与从站的功能。既能发送命令帧和也能发回响应帧，并且负责整个链路的控制。

2）HDLC 链路结构

在 HDLC 中，对主站、从站和复合站定义了三种链路结构：点对点平衡结构、点对点非平衡节点结构与点对多点非平衡结构，如图 4-10 所示。

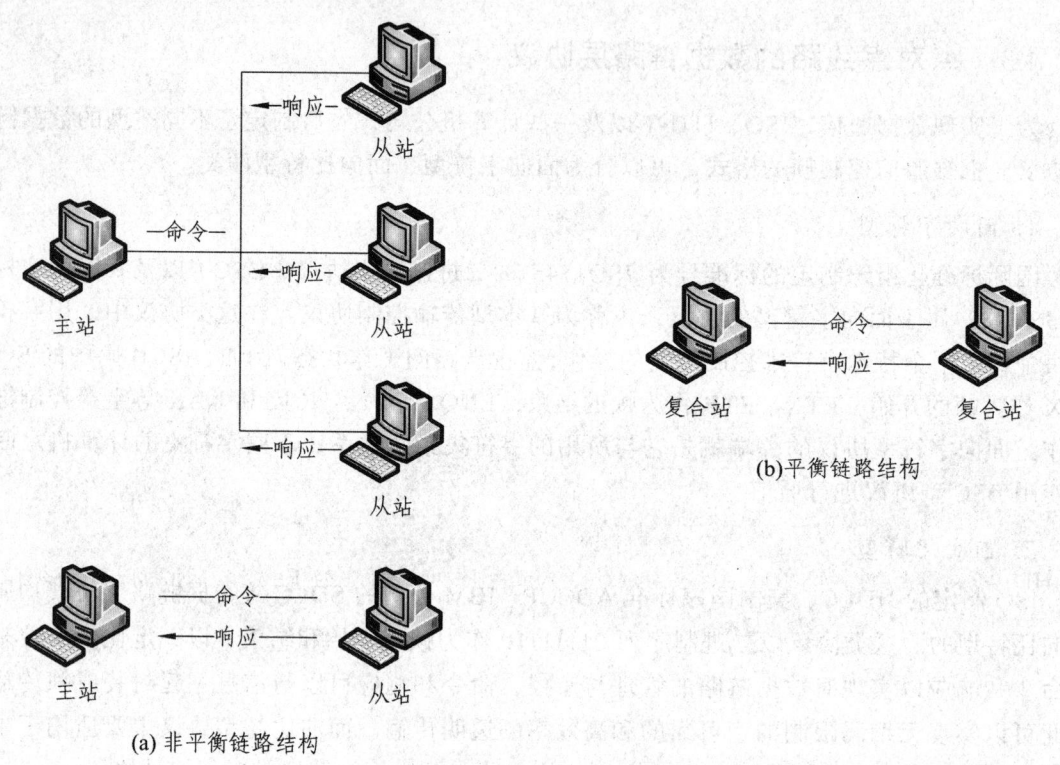

图 4-10　HDLC 链路结构类型

3）数据交换工作方式

为适应通信双方的需要，对于通信的链路结构和传输响应类型，HDLC 提供了三种发送与接收的互动方式：正常响应方式、异步响应方式和异步平衡方式。

（1）正常响应方式（NRM））：适用于非平衡链路结构，即用于点-点和点-多点的链路结构中，特别是点-多点链路。这种方式中，由主站控制整个链路的操作，负责链路的初始化、数据流控制和链路复位等。从站的功能很简单，它只有在收到主站的明确允许后，才能发回响应。

（2）异步响应方式（ARM）：适用于非平衡链路结构。它与 NRM 不同的是：在 ARM 方式中，主站负责链路的初始化与拆除等管理工作，从站可以不必得到主站的允许就可以开始数据传输。因此此模式下的数据传输效率比 NRM 有所提高。

（3）异步平衡方式（ABM）：适用于平衡链路结构。链路两端的复合站具有同等的能力，不管哪个复合站均可在任意时间发送命令帧，并且不需要收到对方复合站发出的命令帧就可以发送响应帧。ITU-T X.25 建议的数据链路层就采用这种方式。

除三种基本操作方式，还有三种扩充方式，即扩充正常响应方式（SNRM）、扩充异步响应方式（SARM）、扩充异步平衡方式（SABM），它们分别与基本方式相对应。

2. HDLC 帧的结构

1）HDLC 帧各字段意义

HDLC 的帧格式如图 4-11 所示，HDLC 帧包含六个字段，分别是：标志序列（F）、地址字段（A）、控制字段（C）、信息字段（I）和帧校验字段（FCS）。

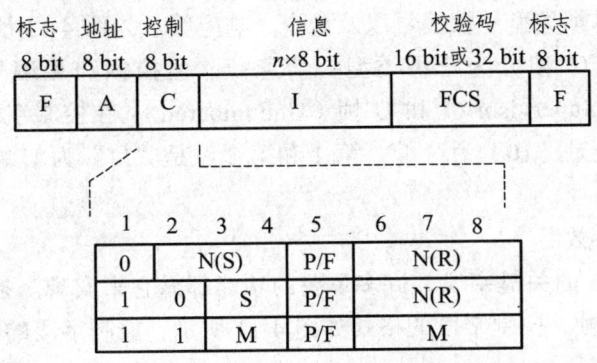

图 4-11　HDLC 帧结构

（1）标志序列（F）。

HDLC 规定比特序列 01111110 为标志（Flag）序列，简称为 F 标志。所有的帧必须以 F 标志开始和结束。接收节点不断地扫描 F 标志，以实现帧同步，从而保证接收节点对后续字段的正确识别。

在信息字段的数据中，有可能发生与标志字段的相同的比特组合，如果这样的序列出现在数据中，会导致接收节点过早地以为是帧的结束。为了防止此情况发生，保证对数据的透明传输，HDLC 采用了"比特 0 插入删除法"。其方法为发送节点在发送数据时逢出现连续 5 个"1"就在第 5 个"1"后插入一个"0"，以避免信息字段中出现连续 6 个"1"的可能；而在接收节点，接收到的信息字段中的数据凡连续 5 个"1"后面必然有一个"0"，接收节点则删除该位"0"，以恢复原始的数据比特序列，如图 4-12 所示。比特填充技术的采用排除了在信息流中出现的标志字段的可能性，保证了对数据信息的透明传输。

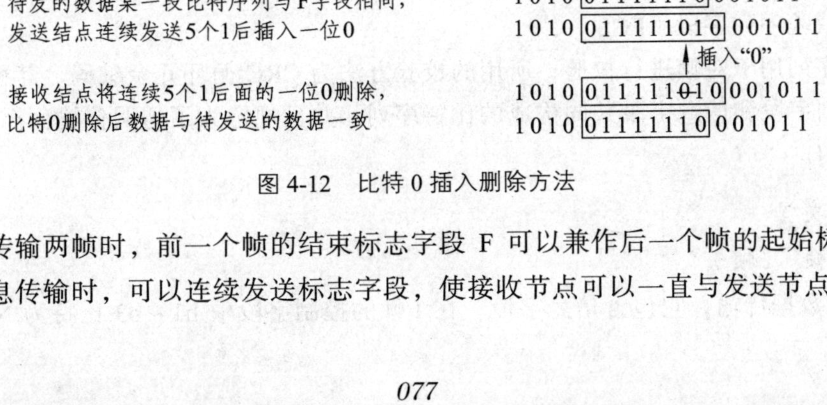

```
待发的数据某一段比特序列与F字段相同，        1010 01111110 001011
发送结点连续发送5个1后插入一位0              1010 011111010 001011
                                                      ↑插入"0"
接收结点将连续5个1后面的一位0删除，          1010 011111010 001011
比特0删除后数据与待发送的数据一致            1010 01111110 001011
```

图 4-12　比特 0 插入删除方法

当连续传输两帧时，前一个帧的结束标志字段 F 可以兼作后一个帧的起始标志字段。当暂时没有信息传输时，可以连续发送标志字段，使接收节点可以一直与发送节点保持同步。

（2）地址字段（A）。

地址字段用以标识链路上各站的地址。在使用不平衡方式传输数据时（NRM 和 ARM），地址字段总是写入从站的地址；在使用平衡方式时（ABM），地址字段则写入应答站的地址。

地址字段的长度一般为 8 bit，最多可以表示 256 个站的地址。在许多系统中规定，地址字段为"11111111"时，定义为广播地址，即通知所有的接收站接收命令帧并作响应；地址为全"0"时代表无站地址，用于测试数据链路的状态，任何站无需响应。因此有效地址共有 254 个，对于一般的多点链路来说是足够的。

（3）控制字段（C）。

控制字段用来表示帧类型、帧编号以及命令、响应等。如图 4-11 所示，由于 C 字段的构成不同，可以把 HDLC 帧分为三种类型：信息帧、监控帧和无编号帧，分别简称 I 帧（Information）、S 帧（Supervisory）和 U 帧（Unnumbered）。在控制字段中，第 1 位是"0"为 I 帧，第 1 和第 2 位是"10"为 S 帧，第 1 和第 2 位是"11"为 U 帧，各类型帧的意义将在后面介绍。

（4）控制字段和参数。

控制字段是 HDLC 的关键字段，许多重要的功能都靠它来实现。控制字段规定了帧的类型，即 I 帧、S 帧和 U 帧，控制字段的格式如图 4-11 所示，控制字段的各比特的意义如表 4-2 所示：

表 4-2 控制字段各比特的意义

N（S）	当前发送帧序列号
N（R）	期望接收的帧序列号，并对 N（R）以前帧的确认
S	监控功能位
M	无编号功能位
P/F	询问/终止（Poll/Final）比特，当此位值为 1 时有意义。在主站发送时命令帧中的此位若为 1，表示 P=1，即发出询问；而如果从站发出的响应帧中此位为 1，则表示 F=1，即表示终止。从站的 F=1 的响应帧总是出现在主站发送的 P=1 的命令帧之后

（5）信息字段（I）。

信息字段内包含了来自上层的数据单元。在 I 帧和某些 U 帧中，具有该字段，它可以是任意长度的比特序列。在实际应用中，其长度由发送与接收节点的缓存的大小和线路的差错率决定，但必须是 8 bit 的整数倍。

（6）帧校验序列字段（FCS）。

帧校验序列用于对帧进行校验，所用的校验方法为 CRC 循环冗余编码，其校验范围为地址字段、控制字段和信息字段共同构成的比特序列，并且规定为了透明传输而插入的"0"不在校验范围内。

3. 帧的类型

1）信息帧（I 帧）

I 帧用于数据传输，它包含信息字段。在 I 帧的控制字段中 b1~b3 比特为 N(S)，b5~b7

比特为 N(R)。由于是全双工通信，所以通信双方都各自带有独立 N(S) 和 N(R)。需要特别指出的是 N(R) 带有确认的意思，它表示序号为 N(R)-1 以及之前的各帧都已被正确接收。此方式被称为"顺带确认"。

为了保证 HDLC 的正常工作，在收发双方都设置两个状态变量 V(S) 和 V(R)。V(S) 是发送状态变量，为发送 I 帧的数据站所保持，其值指示待发的一帧的编号；V(R) 是接收状态变量，其值为期望所收到的下一个 I 帧的编号。此两个状态变量的值决定了发送序号 N(S) 和接收序号 N(R)。

在发送站，每发送一个 I 帧，V(S)→N(S)，然后 V(S)+1→V(S)。在接收站，把收到的 N(S) 与保留的 V(R) 作比较，如果这个 I 帧可以接收，则 V(R)+1→N(R)，回送到发送站，用于对前面所收到的 I 帧的确认。N(R) 除了可以用 I 帧回送之外，还可以用 S 帧回送，这一点从图 4-11 中可以看出来，在 I 帧和 S 帧的控制字段中均具有 N(R)。

V(S)、V(R) 和 N(S)、N(R) 都各占 3 bit，序号采用模 8 运算，有 0～7 共八个编号，可循环使用。

2）监控帧（S 帧）

监控帧用于监视和控制数据链路，完成信息帧的接收确认、重发请求，暂停发送请求等功能。监控帧中无信息字段。监控帧共有 4 种，如表 4-3 所示是这 4 种监控帧的代码、名称和功能。

表 4-3　监控帧的名称和功能

助记符	帧意义	比特 b2	比特 b3	功能
RR	接收就绪	0	0	接收就绪，确认接收 N（R）之前的各帧
RNR	接收未就绪	1	0	暂停接收下一帧，确认接收 N（R）之前的各帧
REJ	拒收	0	1	否认 N（R）起的各帧，确认 N（R）之前的各帧
SREJ	选择性拒收	1	1	否认序号为 N（R）的帧

上面四种监控帧中，前三种用于回退 N 帧连续 ARQ 方法中，最后一种只用于选择重发 ARQ 方式中。

S 帧中没有包含用户的数据信息字段，它只有 48 bit，因此不需要 N(S)，但 S 帧中 N(R) 特别有用，它的具体含义随不同的 S 帧类型而不同。其中 RR 帧和 RNR 帧相当于确认应答 ACK，REJ 帧相当于否认应答 NAK。此外，RR 帧和 RNR 帧还具有流量控制的作用，RR 帧表示接收就绪，希望对方继续发送；而 RNR 帧则表示接收未就绪，要求对方停止发送。

3）无编号帧（U 帧）

无编号帧用于数据链路的控制，它本身不带编号，可以在任何需要的时刻发出，而不影响带编号的信息帧的交换顺序。它可以分为命令帧和响应帧。用 5 个比特位（即 M1、M2）来表示不同功能的无编号帧。HDLC 所定义的无编号帧的名称和代码如表 4-4 所示。

表 4-4 无编号帧的名称和代码

助记符	名称	类型 命令	类型 响应	M1 b3 b4	M2 b6 b7 b8
SNRM	置正常响应模式	C		0 0	0 0 1
SARM/DM	置异步响应模式/断开方式	C	R	1 1	0 0 0
SABM	置异步平衡模式	C		1 1	1 0 0
SNRME	置扩充正常响应模式	C		1 1	0 1 1
SARME	置扩充异步响应模式	C		1 1	0 1 0
SABME	置扩充异步平衡模式	C		1 1	1 1 0
DISC/RD	断链/请求断链	C	R	0 0	0 1 0
SIM/RIM	置初始化方式/请求初始化方式	C		1 0	0 0 0
UP	无编号探询	C		0 0	1 0 0
UI	无编号信息	C		0 0	0 0 0
XID	交换识别	C	R	1 1	1 0 1
RESET	复位	C		1 1	0 0 1
FRMR	帧拒绝		R	1 0	0 0 1
UA	无编号确认		R	0 0	1 1 0

4. HDLC 的工作过程

下面以正常响应模式（NRM）的数据链路工作方式为例，进一步说明 HDLC 的工作原理，在示例之前，先作一些说明：

1）帧的简化表示方法

（1）信息帧（I 帧）的简化表示方法。

为了表示的方便，信息帧（I 帧）表示为[I, N(S), N(R), P/F]，I 表示帧的类型为信息帧，N(S)和 N(R)表示发送序列号和确认序列号，P/F 表示询问位。如图 4-13 所示，若帧的发送序号 N(S)=3，接收序号 N(R)=4，询问位 P=1，意义为：当前发的帧的序列号为 3，期望对方发送序号为 4 的帧，并对 4 之前的各帧作正确接收的确认，置询问位 P=1 以询问对方，要求对方对本帧做出回应。

I,N(S)=3,N(R)=4,P=1

图 4-13 信息帧的简化表示示例

（2）无编号帧（U 帧）简化表示方法。

无编号帧（U 帧）简化表示为[U, SNRM, P/F]，U 表示帧的类型为无编号帧，SNRM 表示链路工作方式为置正常响应模型（更多的无编号帧的记法请参见表 4-3 无编号帧的名称和代码),P/F 位作用与 I 帧的一样。简化表示示例如图 4-14 所示。

$$\boxed{U, SNRM, P=1}$$

图 4-14 无编号帧的简化表示示例

(3)监控帧(S 帧)简化表示方法。

监控帧(S 帧)简化表示为[S,RR,N(R),P/F],S 表示帧类型为监控帧,RR 表示接收就绪(其他监控帧的代称请参见表 4-2 监控帧的名称和功能),N(R)的作用与 I 帧的 N(R)一致。简化表示示例如图 4-15 所示。

$$\boxed{S, RR, N(R)=4, F=1}$$

图 4-15 监控帧的简化表示示例

(4)无编号帧的简化表示方法。

无编号帧的简化表示方法中置正常响应模式帧(SNRM 帧)与无编号确认帧(UA 帧)是对应地出现的。如果节点 A 希望与节点 B 建立正常响应模式的数据链路,节点 A 向节点 B 发送 SNRM 帧,在主站发的命令帧中 P/F 标志位意义为 P=1,表示主站对从站发出询问,要求从站作响应。如果节点 B 愿意建立正常响应模式,则向节点 A 发回 UA 帧响应,帧中 P/F 标志位在响应帧中意义为 F=1,表示对主站的询问作应答。无编号帧(UA 帧)的简化表示如图 4-16 所示。

$$\boxed{U, UA, F=1}$$

图 4-16 无编号确认帧(UA 帧)的简化表示示例

2)示例:HDLC 的正常响应模式的工作过程分析

正常响应模式下,HDLC 的工作过程示意图如图 4-17 所示。下面结合该图阐述 HDLC 的工作过程。

物理链路建立后,通信双方才可进入数据链路建立的阶段。数据链路工作过程分为三个阶段:建立数据链路、帧传输、释放数据链路。

(1)建立数据链路阶段。

两个节点若以正常响应模式通信,首先由主站使用置正常响应模式 SNRM 帧向从站发起建立数据链路的请求。若从站愿意建立数据链路,则用无编号确认 UA 帧向主站响应。主站成功接收到 UA 帧后表明数据链路连接已经成功建立。

(2)数据帧传输阶段。

① 在正常响应模式中,主站可以随时向从站传输信息帧。从站接收到主站发出询问帧后,方可向主站发送数据。在数据传输传输阶段,主站首先发送第 1 个 N(S)=1,N(R)=0 的 I 帧,表示当前发的是第 1 帧信息帧,因为尚未正确收到过来自从站的信息帧,故 N(R)=0。主站发送第 2 个信息帧时,同时询问从站是否要发送数据,则第 2 个 I 帧中 N(S)=2,N(R)=0,询问位 P=1。

② 在得到主站的询问允许后,从站有 4 帧信息帧需要发送,则连续发送 N(S)=1,N(R)=3

的第 1 个 I 帧，N(S)=2，N(R)=3 的第 2 个 I 帧，以及 N(S)=3，N(R)=3 的第 3 个 I 帧和 N(S)=4，N(R)=3 的第 4 个 I 帧。发完这 4 帧后若从站暂时没有数据继续发送，则在第 4 个 I 帧中置终止位 F=1 表示本次响应结束。即主站的询问位 P 与从站的终止位 F 相对应地出现。

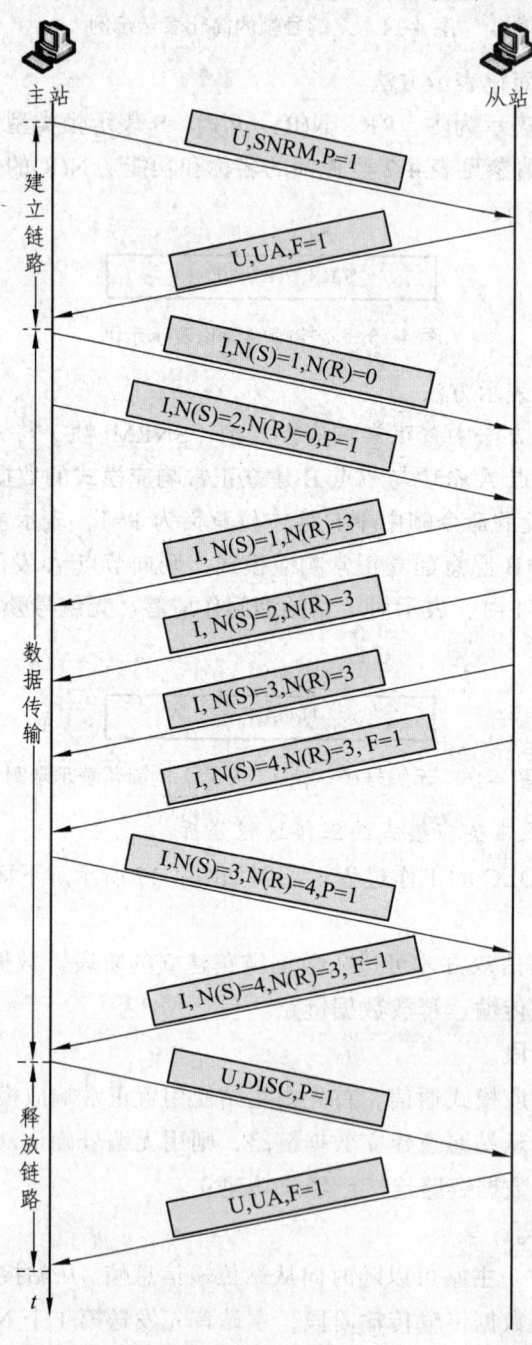

图 4-17 正常响应模式下的 HDLC 协议工作过程

③ 若主站接收②中来自于从站的 4 帧信息帧，第 1，2 和 3 帧经校验是无差错的，但序号为 4 的帧经校验有差错，则将第 4 帧丢弃；而此时主站有一个信息帧需要发送给从站，则主站发送第 3 个数据帧 N(S)=3，N(R)=4，P=1。N(R)=4 表示主站已正确接收从站发送序序号为

1~3 的三个数据帧，需要从站发送序号为 4 的信息帧。

④ 从站收到主站发来的 N(S)=3，N(R)=4，P=1，得知主站只正确接收到序号为 1，2 和 3 帧，之前已经发出的序号为 4 的帧未得到主站的确认，则重发第 4 帧。

（3）数据链路释放阶段。

在主站从站双方没有数据帧要发送时，主站发送拆链命令帧（DISC 帧，表示为[U，DISC，P=1]）。若从站同意释放数据链路时，则用无编号确认帧（UA 帧，表示为[U，UA，F=1]）向主站应答。当主站接收到 UA 帧时数据链路被释放。

从以上过程得知，在数据链路层的工作下，收发双方可以有序地进行互动、正确地完成数据传输，若物理线路现出数据传输错误可得到及时发现与纠正，从而提高数据传输的可靠性。

5. HDLC 协议的特点

与面向字符的基本型传输控制协议相比较，HDLC 具有以下特点：

1）透明传输

HDLC 对任意比特组合的数据均能透明传输。"透明"是一个很重要的术语，意思为：某一个实际存在的事物看起来好像不存在一样无须做特殊处理。"透明传输"表示经实际电路传输后的数据信息没有发生变化。因此对所传输数据信息来说，由于这个电路并没有对其产生什么影响，可以说数据信息"看不见"这个电路，或者说这个电路对该数据信息来说是透明的。这样任意组合的数据信息都可以在这个电路上传输。

2）可靠性高

在 HDLC 协议中，差错校验的范围是除了 F 标志的整个帧，而基本型传输控制协议中不包括前缀和部分控制字符。另外 HDLC 对 I 帧进行编号传输，有效地防止了帧的重收和漏收。

3）传输效率高

在 HDLC 中，额外的开销比特少，提供高效的差错控制和流量控制。

4）适应性强

HDLC 协议能适应各种比特类型的工作站和链路。

5）结构灵活

在 HDLC 中，传输控制功能和处理功能分离，层次清楚，应用非常灵活。

4.3.2 点对点数据协议（PPP，Point to Point Protocol）

1. PPP 协议的三个特点

（1）将 IP 数据报封装到串行链路。PPP 既支持异步链路，也支持面向比特的同步链路。IP 数据报在 PPP 帧中就是其信息部分。这个信息部分的长度受最大传输单元（MTU）的限制。

（2）使用链路控制协议 LCP（Link Control Protocol）建立、配置和测试数据链路连接。通信的双方可协商一些选项。在 RFC1661 中定义了 11 种类型的 LCP 分组。

（3）具备一套网络控制协议 NCP（Network Control Protocol），其中的每一个协议支持不同的网络层协议，如 IP、OSI 的网络层、DECnet，以及 AppleTalk 等。

2. PPP 协议的帧格式

PPP 协议的帧格式如图 4-18 所示，PPP 帧的头部和尾部分别为四个字段和两个字段。其各字段的意义如下：

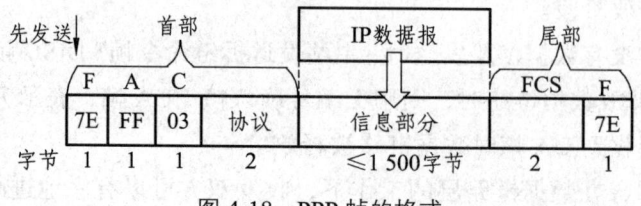

图 4-18 PPP 帧的格式

1）标志字段

帧最开始的字段和最末尾的字段都是标志字段 F（Flag），为二进制 01111110。标志字段表示一个帧的开始或结束，因此标志字段就是 PPP 帧的分隔符。连接两帧之间只需要用一个标志字段。如果出现连续两个标志字段，就表示这是一个空帧，应当丢弃。

2）地址字段

地址字段（字段 A）规定为 11111111，意思为广播地址，任何节点收到此 PPP 帧都必须处理。实际上，由于利用 PPP 协议通信的只有线路两端的两个节点，故此地址字段意义不大。控制字段 C 规定为 00000011。

3）协议字段

PPP 头部的第四个字段协议字段，长度为 2 字节，用以表示 PPP 帧信息字段所负载的数据是由哪个高层协议生产的。当协议字段值为 0x0021 时，PPP 帧的信息字段就是 IP 数据报。若为 0xC021，则信息字段是 PPP 链路控制协议 LCP 产生的数据。

4）FCS 字段

尾部中的第一个字段（2 字节）是使用 CRC 的帧检验序列 FCS。

5）信息字段

信息字段的长度是可变的，但长度不超过 1 500 字节。

注意，当信息字段中出现与标志字段 01111110 一样的比特序列时，会引起帧分界的歧义，因此需要对其作数据传输的透明性处理，以消除信息字段中引起歧义比特序列。

若 PPP 协议用在 SONET/SDH 链路时，是使用位同步传输而不是字符同步。在这种情况下，PPP 协议采用与 HDLC 协议相同的"比特 0 插入删除"方法实现数据的透明传输。

若 PPP 使用异步传输时，采用字节填充的方法实现数据传输的透明性。采用字节填充时，转义符定义为 0X7D（即 01111101），RFC1662 规定了如下所述的填充方法：

（1）把信息字段中出现的每一个 0x7E 字符（即标志字段二进制值 01111110）转变成 2 个字节序列 0x7D 和 0x5E（即 01111101 01011110）。

（2）若信息字段中出现一个转义字符 0x7D 的，则把 0x7D 转义成 2 个字节序列 0x7D 和 0x5D（即 01111101 01011101）。

（3）若信息字段中出现 ASCII 码的控制字符（即数值小于 0x20 的字符），则在该字符前面要加入一个 0x7D 字符，同时将该字符的编码加以改变。

由于在发送节点中进行了字节填充,因此在链路上传输的信息字节数就超过了原来的信息字节数。接收节点在收到数据后需要对数据做字节填充的逆变换,以正确地恢复原始信息字段。

3. PPP 协议的工作

以网络用户的计算机利用电话线路与 ISP 的路由器之间采用 PPP 协议通信为例,PPP 协议的工作流程如图 4-19 所示。

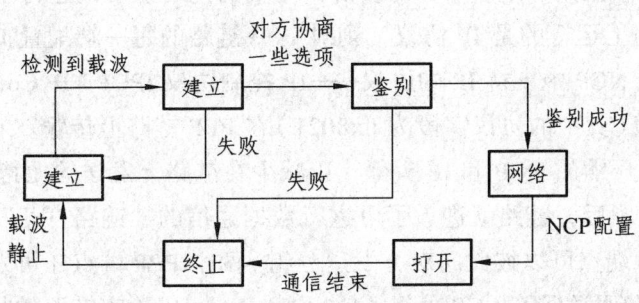

图 4-19　PPP 工作流程状态图

当用户拨号接入 ISP 路由器后,就建立起了一条从用户计算机到 ISP 路由设备之间的物理连接。这时,用户计算机向 ISP 路由器发送一系列的链路控制协议 LCP 分组(封装成多个 PPP 帧),以便建立 LCP 连接。这些分组及其响应用来协商将要使用的一些 PPP 参数。然后进行网络层配置,网络控制协议 NCP 给新接入的用户计算机分配一个 IP 地址。用户计算机即成为 Internet 上一个拥有 IP 地址的主机,可以与 Internet 中的其他主机进行通信。

当用户通信完毕时,NCP 释放网络层连接。回收链路建立时的 IP 地址。接着,LCP 释放数据链路层连接。最后释放是物理连接。

PPP 链路的起始和终止状态都是如图 4-19 所示的"链路静止"(Link Dead)状态,这时在用户计算机和 ISP 的路由器之间并不存在物理层的连接。

用户计算机通过调制解调器呼叫路由器,若成功则双方之间建立了物理连接,PPP 协议进入"链路建立"(Link Established)状态,链路层的 LCP 连接得到建立。

LCP 协议开始协商一些 PPP 配置选项,LCP 发送的配置请求帧(Configure-Request)。其协议字段置为 LCP 对应的代码,信息字段中包含特定的配置请求。链路的另一端对配置请求帧作以下某一种响应:

(1)配置确认(Configure-Ack):所有选项都接受。

(2)配置否认(Configure-Nak):所有选项都理解但不接受。

(3)配置拒绝(Configure-Reject):选项有的无法识别或不能接受,需要协商。

LCP 配置选项包括链路上的最大帧长度、所使用的身份认证协议(authentication protocol),以及是否使用 PPP 帧中的地址和控制字段(因为这两个字段的值是固定的,不具有实际意义,可以在 PPP 帧的头部中省略这两个字节)。

协商结束后双方就建立了 LCP 链路,接着就进入"认证"(Authenticate)状态。在这一状态,只允许传输 LCP 协议的分组、认证协议的分组以及监测链路质量的分组。认证协议有两种，一为非加密处理的口令认证协议 PAP（Password Authentication Protocol），发起通信的一方向另一方发送身份标识符和口令以进行认证，系统允许用户计算机重试若干次。另一种认证协议为对用户名和口令作加密处理的询问握手认证协议 CHAP（Challenge-Handshake Authentication Protocol），此协议具有更好的安全性，若身份认证失败，则转到"链路终止"（Link Terminate）状态。若认证成功，则进入"网络层协议"（Network-Layer Protocol）状态。

在"网络层协议"状态，PPP 链路两端的网络控制协议 NCP 根据网络层的不同协议互相交换网络层特定的网络控制分组。PPP 协议链路两端的网络层可以运行不同的网络层协议。

如果在 PPP 链路上运行的是 IP 协议，则对 PPP 链路的每一端配置 IP 协议模块（如分配 IP 地址）时就要使用 NCP 中支持 IP 的协议——IP 控制协议 IPCP（IP Control Protocol）。IPCP 分组也封装成 PPP 帧（其中的协议字段为 0x8021）在 PPP 链路上传输。在低速链路上运行时，双方还可以协商使用压缩的 TCP 和 IP 头部，以减少在链路上发送的比特流。

当网络层配置完毕后，链路就进入了可进行数据通信的"链路打开"（Link Open）状态。

链路的两个 PPP 端点可以彼此向对方发送分组。两个 PPP 端点还可发送回送请求 LCP 分组（Echo Request）和回送回答 LCP 分组（Echo Reply），以检查链路的状态。

数据传输结束后，可以由链路的任一端发出终止请求 LCP 分组（Terminate Request）请求终止链路连接，在收到对方发来的终止确认 LCP 分组（Terminate Ack）后，转到"链路终止"状态。当调制解调器载波停止后，则回到"链路静止"状态。

4. PPP 协议的用途

PPP 最初设计是为两个对等节点之间传输 IP 分组而提出的一种封装协议。PPP 是一种多协议成帧机制，它适合于调制解调器、HDLC 比特序列线路、SONET 和其他的物理层使用。它支持错误检测、选项协商、头部压缩以及使用 HDLC 类型帧格式的可靠传输。

4.4 局域网的数据链路层协议

4.4.1 局域网技术的研究与发展

PPP 协议解决了两台计算机通过一条线路进行数据交换的相关问题，实现了由两个节点构成的最小的网络。HDLC 协议虽然有点对多点链路模式，但以这样的方式联网，只有一台是主站，其他的都是从站，从站间的数据交换是不方便的。随着计算机数量的增长及普及度的提高，人们思考着如何实现相距不远的更多的计算机通过一条共用的线路来联网，更方便地相互交换数据、共享资源，这便催生了局域网技术的研究。

在局域网技术中，最重要的问题是要解决局域网中的因多个节点共用一条信道而产生使用竞争时，如何分配信道的使用权问题，即介质访问控制问题。不少的计算机公司、研究机构为此而研究，使得局域网技术发展史上曾经出现了三个重要的介质访问控制技术：令牌环（Token Ring）技术、令牌总线（Token Bus）技术及带冲突检测的载波侦听多路访问（Carrier Sense Multiple Access with Collision Detection，简称 CSMA/CD）技术。此三种介质访问控制技术在 20 世纪 80 年代构成了局域网技术的三足鼎立的局面。

4.4.2 CSMA/CD、Token Bus 与 Token Ring 的比较

1. 局域网技术的一些概念

要了解 CSMA/CD、Token Bus 与 Token Ring 三者的特点，首先需了解以下几个在局域网技术中经常被提及的概念：

（1）介质访问：即线路的使用，指局域网节点利用传输介质把数据发送到目的节点的过程。

（2）多路访问：即多个节点利用一条传输介质来发送数据。

（3）冲突（Collision）：当两个或两个以上的节点同时利用一条线路发送数据时，线路上的多个数据信号会叠加变形而变得与任一节点发出的数据信号都不一致，如此导致每个发送节点的本次数据发送均失败。

（4）介质访问控制：解决局域网中因多个节点共用一条传输介质发送数据而产生使用竞争时，如何分配传输介质的使用权问题的机制。

为了避免冲突的发生，令牌环与令牌总线介质访问控制方法都采用了令牌（特殊格式的帧）作为决定某一时刻哪个节点唯一有权使用线路发送数据的依据。带冲突检测的载波侦听多路访问控制方法中，没有设计可靠的避免冲突产生的控制机制，每个节点平等地竞争线路的利用权，当发生冲突时才退避。使用令牌环作为介质访问控制方法的局域网称为令牌环网，使用令牌总线作为介质访问控制方法的局域网称为令牌总线网，使用带冲突检测的载波侦听多路访问控制方法的局域网称为以太网。

2. 令牌环网

令牌环网的结构与工作原理示意图如图 4-20 所示。令牌环网的工作原理及特点如下：

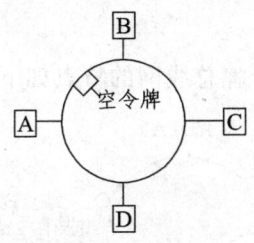
（a）发送者期待空令牌

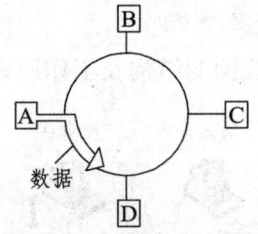
（b）把空令牌改成忙令牌，并附加上数据

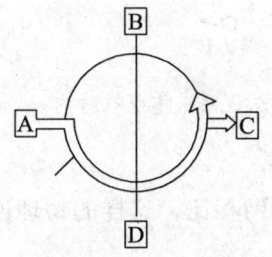
（c）接受者复制发送给他的数据

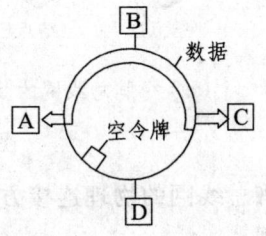
（d）根据收到来自接收者的物理发送头发送者产生空令牌

图 4-20 令牌环网的结构与工作原理

令牌环网中的节点通过网络适配器和点对点线路，逐个连接构成闭合的环路。数据在环

路中沿着一个方向逐站传输。

令牌环正常工作时,环中逐站传输的一个短帧(3个字节)称为令牌,令牌帧中有一位用于标记令牌的状态是忙或闲。拥有令牌的节点就具有数据发送的权限。如果某个节点 A 收到令牌并且有数据发送的需要,它就改变令牌中的标志位将令牌的状态置为忙,这时令牌变成一个信息帧的开始序列,其后面附接上需要传输的数据,然后将整个信息帧发往环中的下一节点。当此信息帧在环中传输时,网络中没有空闲令牌,则网中的其他节点不能获得线路的使用权,只能等待空闲令牌的到来才可能发送数据。因此令牌环网中不会发生冲突。

信息帧在环内逐站传输到达目的节点 B,节点 B 将信息帧创建一个副本并保存以作接收处理。信息帧继续在环中继续传输返回到发送节点 A,发送节点 A 对返回的帧作校验,若无差错则表明该信息帧被目的节点 B 正确接收。发送节点 A 删除返回的帧,不再往下一节点发送,此信息帧的发送完成。

若节点 A 没有数据发送了,则将令牌帧的状态置为闲后发送出去,其他节点将有机会收到空闲令牌以获得线路的使用权。

令牌环网的优点为任意节点在数据传输之前可以计算出最长的等待时间。即节点获取令牌发送数据的时间间隔是可以确定的,令牌网还能够提供优先级服务,适用于重负载的应用领域。

令牌环网的缺点主要是环结构与令牌的维护复杂,实现起来较困难,建网成本高;并且环中每一段线路都是整个令牌环网的瓶颈,某一段线路一旦发生故障,则可能导致整个环网不能正常工作。

令牌环网的传输介质可以是双绞线或光纤等。

3. 令牌总线网

令牌总线网的结构及工作原理示意图如图 4-21 所示。令牌总线网的特点如下:

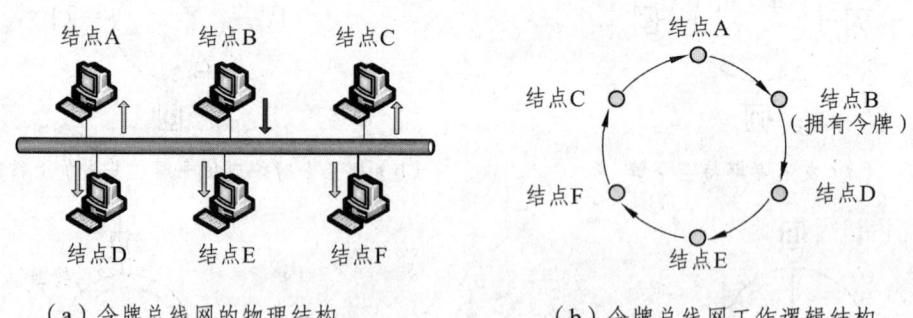

(a)令牌总线网的物理结构　　　　(b)令牌总线网工作逻辑结构

图 4-21　令牌总线网物理结构与逻辑结构

令牌总线网的物理连接方式为总线型拓扑结构,与令牌环网相比,这样的物理连接比较容易实现。

与牌环网一样,令牌总线网也利用令牌作为控制网络节点对公用总线的访问权。节点按照预先确定的顺序获得令牌,使得连接在共享总线的多个节点在数据传输过程中形成逻辑的环。

由于令牌协调各节点的数据发送顺序,因此节点之间不会发生冲突,在重负载情况下信道利用率高,并且能够支持优先级服务。

但与令牌环网一样，令牌总线网的逻辑环维护工作复杂。

4. 采用 CSMA/CD 方法的总线型局域网

采用 CSMA/CD 介质访问控制方法的局域网示意图如图 4-22 所示。采用 CSMA/CD 方法的总线型局域网有以下特点：

（1）所有节点连接到一条共用的传输介质上，这条共用的传输介质被称为总线（Bus）。节点都通过总线发送或接收数据。

（2）一个时刻只允许一个节点通过总线发送数据。当一个节点监测到总线为"空闲"时，即可以通过总线以"广播"的方式发送数据，这时其他的节点只能以"收听"的方式接收数据而不可以启动数据发送。

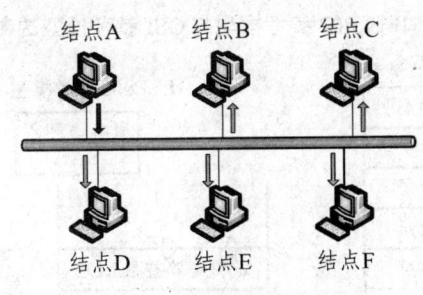

图 4-22　总线型局域网

（3）CSMA/CD 方法中，每个节点都是平等地竞争线路使用权，并没有一个主控协调机制来决定节点的数据发送优先权，因此就有可能出现有两个或两个以上节点同时通过总线发送数据，造成数据传输失败，即出现了冲突。

（4）发生冲突的各节点需要按照一定的算法计算出一个随机延迟时间，等待该时间后再次进入线路使用权的竞争。

CSMA/CD 介质访问控制方法是由 Metcalfe 与 Boggs 于 1973 年 5 月提出的，他们把利用此方法的局域网称为 Ethernet（中文名称为以太网，"Ether"是 19 世纪物理学家对光的假想物质形式）。

4.4.3　局域网参考模型与协议标准

1. 局域网参考模型与协议标准

在 20 世纪 80 年代，前文所述三种局域网均有相当数量的用户支持，各自有各自的技术标准，在网络市场上构成了三足鼎立的局面，三种局域网由于帧格式、物理层标准等的不同以致相互间的互联非常困难。为了能使各种局域网间的互联变得方便，1980 年 2 月 IEEE 成立了专门从事局域网技术标准化工作的工作组，称之为 IEEE 802 委员会。IEEE 802 委员会的主要工作是研究局部区域中计算机联网的技术问题，因此只需要研究数据链路层及物理层的技术标准，更远程的网络连接技术以及高层应用的技术问题不在其工作范围内。IEEE802 委员会研究的局域网参考模型被称之为 IEEE802 参考模型，其与 OSI 参考模型的对应关系如图 4-23 所示，其自身协议结构如图 4-24 所示。

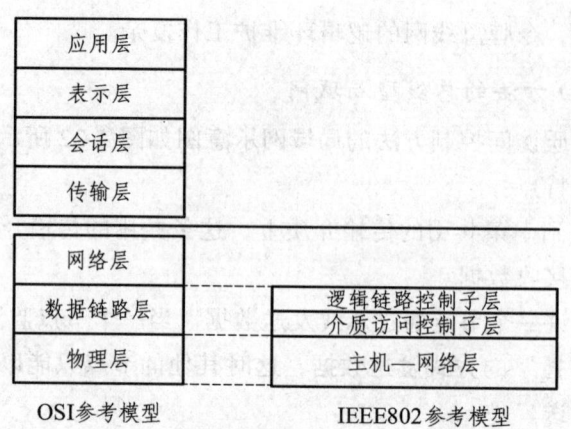

图 4-23 IEEE802 参考模型与 OSI 参考模型的对应关系

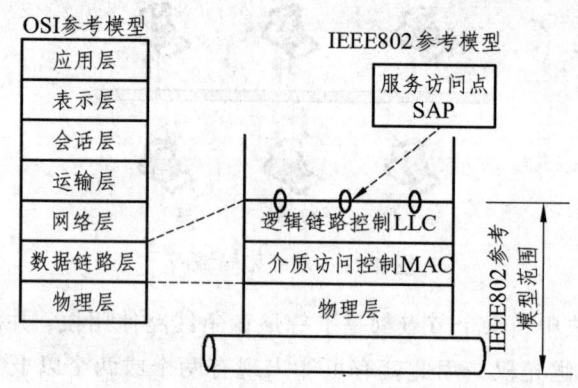

图 4-24 IEEE802 参考模型的协议结构

2. 逻辑链路控制子层与介质访问控制子层的划分

　　IEEE802 委员会在 1980 年成立的时候，局域网领域中已经有以太网、令牌总线网、令牌环网三种技术及产品。同时，市场上还有许多其他厂家的局域网产品，它们的数据链路层与物理层协议各不相同。为了给众多的局域网技术和产品制定一个共用的协议模型，IEEE802 工作委会提出将数据链路层划分为两个子层：逻辑链路控制（Logical Link Control，简称为 LLC）子层与介质访问控制（Media Access Control，简称为 MAC）子层。不同的局域网的 MAC 子层和物理层可以采用不同的协议与标准，而在 LLC 子层必须遵循相同的协议。各种不同的局域网具有不同的帧结构，在 LLC 子层中都被封装在统一结构的 LLC 帧中。LLC 子层与低层具体采用的传输介质及介质访问控制方法无关，网络层可以不考虑局域网采用哪种传输介质、介质访问控制方法和拓扑构型。

　　尽管 LLC 子层可以解决众多不同局域网的不统一的麻烦，但从目前局域网的实际应用情况来看，几乎所有的办公自动化所用的局域网，例如企业网、办公网、校园网都采用了以太网，其他的局域网都已经被淘汰了，因此局域网中是否使用 LLC 子层已变得不重要，很多网络硬件和软件厂商已经不使用 LLC 协议，而直接将数据封装在以太网的 MAC 帧中。网络层的 IP 协议直接将分组封装到以太网帧中，整个协议处理的过程也变得更加简洁，因此本书不再对 LLC 协议作更详细的讨论。

3. IEEE802 协议标准

为了研究不同的局域网标准，IEEE802 委员会而成立了一系列的工作组（WG）或技术行动组（TAG），它们制定的标准统称为 IEEE802 标准，IEEE802 委员会公布了一系列的标准，这些协议主要为以下几类：

（1）IEEE802.1 标准：局域网体系结构、网络互联，以及网络管理与性能测试标准。
（2）IEEE802.2 标准：逻辑链路控制 LLC 子层功能与服务标准。
（3）IEEE802.10 标准：局域网的安全与加密技术标准。
（4）不同介质访问控制技术相关的标准。

不同介质访问控制技术的相关标准曾经多达 16 个。随着局域网技术的发展与市场的状况的演变。一些技术标准及产品已经被淘汰或很少使用，目前应用最广的或是正在发展的标准主要有 4 个。这 4 个介质访问控制协议标准如下：

（1）IEEE802.3 标准：关于 CSMA/CD 总线介质访问控制子层与物理层的标准；
（2）IEEE802.11 标准：关于无线局域网介质访问控制子层与物理层的标准；
（3）IEEE802.15 标准：关于近距离个人区域无线网络介质访问控制子层与物理层的标准；
（4）IEEE802.16 标准：关于宽带无线城域网介质访问控制子层与物理层的标准。

4. 局域网技术的发展

根据局域网技术研究与应用的实际情况，局域网的发展表现出了以下的发展趋势：

（1）由于以太网组网成本较低，易于实现，目前已经成为办公环境组网的首选。大量计算机通过以太网接入 Internet。1990 年，以太网集线器被发明用作联网的主要设备并以双绞线作为传输介质，以太网的组网成本得到进一步的降低，而网络的可靠性得到进一步的提升，以太网的市场地位得到了进一步的巩固。

（2）1990 年，以太网交换机的出现，使得传统的共享式以太网向着交换式以太网、高速以太网的发展方向。

（3）1997 年颁布的 IEEE802.11 无线网络标准规定的无线局域网保留着以太网的帧结构形式及最小帧长度，以太网向着无线局域网的方向发展。

（4）由于千兆以太网 GE、10 GbE、40 GbE 与 100 GbE 都保留了传统的以太网帧结构、最小帧长度等基本特征，因此具有很好的兼容性；采用光纤、点对点的全双工通信方式，扩大了高速以太网的覆盖范围。

（5）高速以太网技术的应用从局域网逐步扩大到城域网与广域网，其不仅用于组建办公环境的局域网，还正在向组建大规模高性能计算机集群系统、存储网、云计算平台等方向发展。

基于上述原因，本书将重点介绍以太网技术。

4.5 以太网

4.5.1 以太网技术的研究与发展

以太网的发明，与 Aloha 网不无关系。Aloha 网是夏威夷大学为了实现其多个分布在不同岛屿的校区之间的计算机联网而提出的无线网络，它是一种点对多点的网络，即由主校区的一台计算机，与多个分校区的计算机进行数据交换。Aloha 网络中的计算机通信技术使用的是一条共享的无线信道，多个分校区的计算机同时向主校区的中心主计算机发送会出现冲突的现象。为了避免冲突的发生，Aloha 网络的研究人员提出以下的联网工作方式：

（1）Aloha 网中的每一台主机在发送数据之前，需要监听无线通信信道是否是空闲的。如果没有主机利用无线信道传输数据，则信道是空闲的，主机才可以发送数据。

（2）发送结束之后，要等待中心计算机返回正确传输的确认信息。如果在规定时间内没有接收到确认信息，则认为出现"冲突"，传输失败。主机需要重新监听信道，等到空闲时才能重新发送。

1972 年，罗伯特·梅特卡夫（Robert Metcalfe）在施乐（Xerox）公司任职期间，接受了实现 Xerox Alto（施乐公司的计算机产品，一种具有图形用户界面的个人工作站）之间互联的研发任务。受 Aloha 网络的工作原理启发，梅特卡夫和施乐公司帕洛阿尔托研究中心（Xerox PARC）的同事们研制出了世界上第一套实验网络系统，这一网络可以用于 Alto 工作站、服务器以及激光打印机之间的互联，其数据传输率达到了 2.94 Mb/s。这套网络当时被称为 Alto Aloha 网。

1973 年，梅特卡夫将其改进并命名为以太网（Ethernet），并指出这一系统除了支持 Alto 工作站外，还可以支持任何类型的计算机，而且整个网络结构已经超越了 Aloha 系统。他选择"以太"（ether）来描述这一网络的特征：传输介质将比特流传输到各个节点，就像古老的"以太理论"所阐述的那样，"以太"作为光传播所依赖的物质，遍布着整个宇宙。

1976 年，罗伯特·梅特卡夫和他的助手大卫·博格斯（见图 4-25）发表了一篇名为《Ethernet：Distributed packet switching for local networks》（以太网：局域网的分布式数据分组交换技术）的文章，以太网技术在全球范围内得以公布。

图 4-25　以太网理论创始人罗伯特·梅特卡夫（左）与大卫·博格斯（右）

梅特卡夫后来创立了著名的 3Com 公司生产联网设备，他还提出了著名的梅特卡夫法则。

最初的以太网采用的传输介质是同轴电缆网，冲突检测采用的 CSMA/CD 方法，该网络的成功，引起了大家的关注。1980 年，DEC 公司、Intel 公司和施乐公司三家联合研发了 10 Mb/s 以太网 1.0 规范。IEEE802.3 局域网标准便是基于该规范的，并且与该规范非常相似。IEEE802 工作组于 1983 年通过了草案，并于 1985 年出版了官方标准 ANSI/IEEE Std 802.3-1985。从此以后，随着技术的发展，该标准进行了大量的补充与更新，以支持更多的传输介质和更高的传输速率等。

1979年，梅特卡夫成立了 3Com 公司，并生产出第一个可用的网络设备——以太网络适配器（NIC），它可以用在 IBM 终端及 PC 机等不同设备相互之间实现无缝通信，使企业能够以无缝方式共享和打印文件，从而增强工作效率，提高企业范围的通信能力。

20世纪80年代，以太网与令牌环网、令牌总线网之间的竞争非常激烈。早期的 Ethernet 使用的传输介质是同轴电缆，同轴电缆的造价比较高，并且故障率高。1990年，以太网的物理层标准 10Base-T 得到了提出，10Base-T 使非屏蔽双绞线作为传输介质，传输速率达到了 10 Mb/s。使用非屏蔽双绞线的以太网组网的成本得到了降低，可靠性却提高，因此性能价格比大大提升，这就使以太网在局域网的市场竞争中的优势得到了提高。同年，以太网交换机面世，标志交换式以太网的出现，传统以太网中最为麻烦的"冲突"不再存在，网络效率得到质的飞跃。1993年，Kelpana 研究了全双工 Ethernet，它改变了传统的 Ethernet 的半双工工作模式，使得以太网的网络带宽增加了一倍。之后，利用光纤作为传输介质的物理层 10Base-F 标准和产品的推出，使得 Ethernet 技术最终占据了局域网市场的绝对领导地位。高性价比、适应于办公环境的应用，使以太网技术得到软件开发商与硬件制造商的广泛支持。如图 4-26 所示为梅特卡夫最初关于以太网的遐想图。

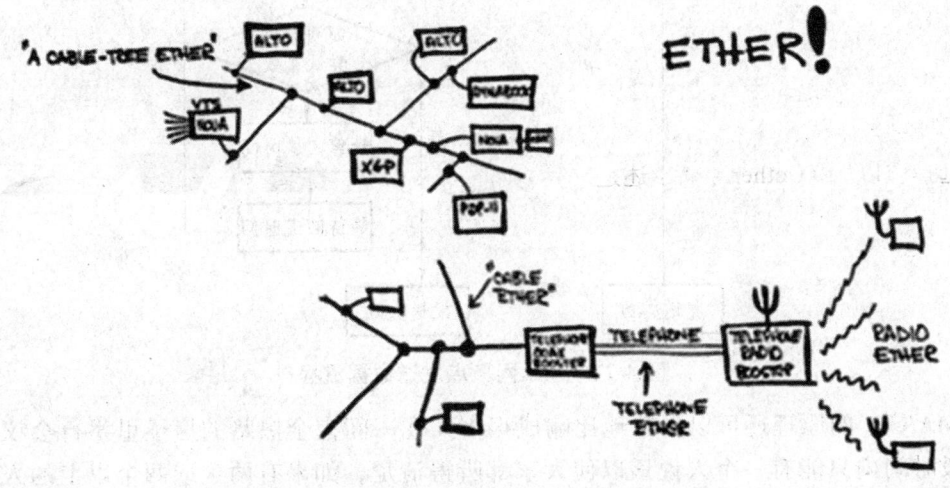

图 4-26　1973 年梅特卡夫画的以太网遐想图

4.5.2　以太网基本工作原理

1. 以太网数据发送流程

早期的以太网使用同轴电缆作为传输介质，对于多个节点共用一条信道来发送数据，以太网采用带冲突检测的载波侦听多路访问（CSMA/CD）的介质访问控制方法来解决信道争用问题。正常状态下，当线路是空闲的时候，节点可以启动数据发送，无数据发送的节点则须处于侦听接收的状态。然而可能会有两个或是两个以上的节点同时监测到线路空闲而同时发送数据，这就导致了冲突。故节点在发送数据的同时，仍需要监听线路上的状况，判断是否有冲突产生，如发生了冲突，则需要计算一个随机时间，等待后再次尝试重发数据，直到成功或是达到最大重发次数。以太网节点发送数据流程图如图 4-27 所示。

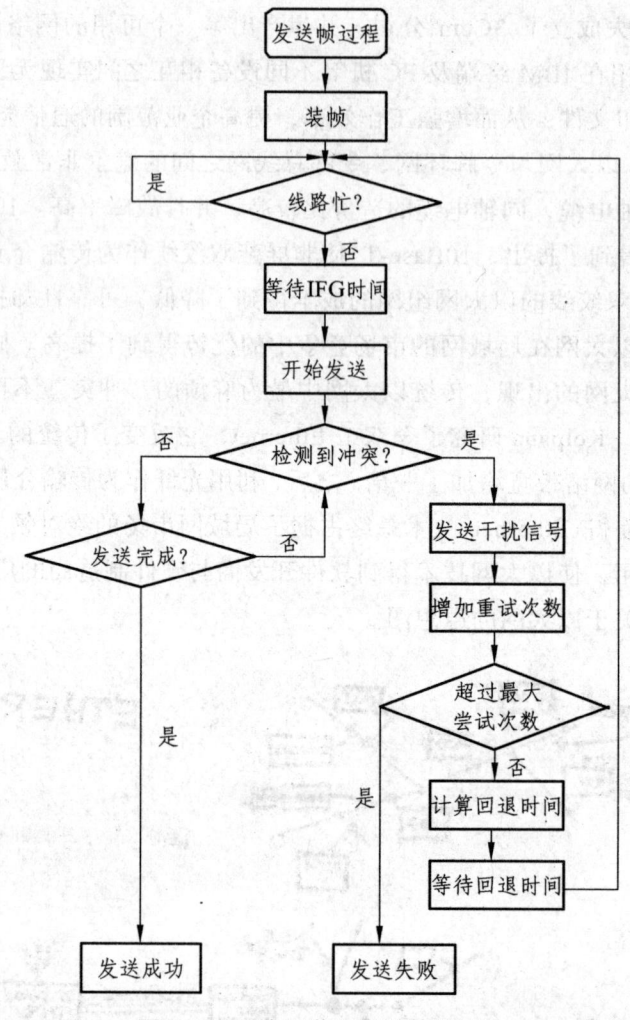

图 4-27 以太网节点发送数据流程

  CSMA/CD 的原理还可以形象地比喻成很多人在一间完全黑暗的房子里举行会议。会场中，一段时间内只能有一个人说话以使大家都听得清楚，如果有两个或两个以上的人同时说话，则导致话音（信号）混乱，以至于全部人都无法听清楚，任何一项说话内容都被相互地干扰而无法传达，这一情况比喻为发生"冲突"。因此，要求参会者发言前一直处于聆听的状态，只有等会场安静下来后，欲发言者才能够发言。我们把发言前要监听以确定是否已有人正在发言的过程称为"载波侦听"；把会场安静的情况下每人都有平等的机会来发言称为"多路访问"。发言者在发言的同时检测是否有其他人在说话，这被比喻为"冲突检测"。如果发言时发现有冲突，则需要立即停止发言，然后等待一段随机的时间以避让，若无冲突后再次重新发言直至成功。如果失败的次数太多，则必须放弃本次发言。

  CSMA/CD 作为以太网的介质访问控制方法，其过程是较为复杂的，为了方便理解与记忆，我们把采用此方法发送数据的过程概括为四个短语，此四个短语为：先作侦听后发送；发送时检测冲突；冲突停发并警报；延时后尝试重发。

  下面对以此四短语展开阐述采用 CSMA/CD 控制方法下的数据发送的相关技术内容。

1）先作侦听后发送

每个以太网节点利用总线发送数据时，首先需要侦听总线是否空闲。那么，判断总线为空闲的依据是什么呢？

Ethernet 的物理层规定在线路上数据发送所用的电信号需要符合曼彻斯特编码规则。若总线上已经有数据在传输，则总线中会有电信号存在，并且信号的电平变化规律符合曼彻斯特编码规则，任一节点侦听并以此来判定线路此时为"忙碌"状态。

若总线上没有数据正在传输，则总线中没有电平跳变，此时线路状态为"空闲"。有数据发送需求的节点即可以启动数据发送。

总线电平跳变与总线忙闲状态的判断方法如图 4-28 所示。如果一个节点已准备好发送的数据帧，并且总线此时处于空闲状态，则这个节点就可以"启动发送"。

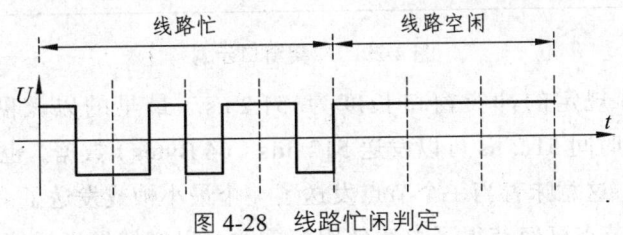

图 4-28　线路忙闲判定

2）发送时检测冲突

（1）冲突产生的原因。

发送前进行载波侦听，并不能完全避免冲突。数据信号是以一定速度在传输介质中传输的，电磁波在同轴电缆中传播速度约为 2×10^8 m/s，处于局域网线路上两端的两个节点 A 和 B 若相距 500 m，那么节点 A 向 B 发送一帧数据要经过大约 500/（2×10^8）=250 ns 传播延迟。也即从节点 A 开始发送数据计时，经过 250 ns 后节点 B 才可能接收到这个数据帧。在此 250 ns 的时间内，节点 B 并不知道节点 A 已发送数据而启动数据发送。这时，节点 A 发出的数据信号到达节点 B 时就会与 B 的发送数据信号发生冲突。因此，每个节点利用总线发送数据过程中仍需要进行"冲突检测"。

（2）冲突窗口。

在极端的情况下，节点 A 发出了数据，在数据信号快要达到节点 B 时，节点 B 也启动数据发送，此时会有冲突发生。冲突中叠加的信号回传至节点 A 时，已经过两倍的传播延迟时间 $2D/V$，D 为传输介质的最大长度，V 是电磁波在介质中的传播速度。在传播延迟的 2 倍时间（$2D/V$）内，冲突的信号可以传遍整条线路，则整条线路上连接的所有节点都应该检测到冲突。因此一条以太网总线线路就是一个冲突域（collision domain）。若超过 $2D/V$ 时间节点没有检测到冲突信号，节点 A 会认为已经发出的帧是成功的，因此将 $2D/V$ 定义为"冲突窗口（collision window）"，在本书中记为 T_w。冲突窗口指示了所有节点都能够检测到冲突发生的最短时间。由于 Ethernet 物理层协议规定了总线的最大长度，电磁波在电导介质中的传播速度是确定的，因此冲突窗口大小也是确定的。冲突窗口如图 4-29 所示。

为了保证任意一个节点在一帧数据的传输过程中能够检测到冲突，则一个最短帧从发出到回馈到源发节点所需要的传输时间必须长于冲突窗口的时间，以使源发节点在一帧数据未发送完的过程中即能发现冲突的产生，避免发生冲突后还继续发送数据。若最短帧长度为 L_{min}，

主机发送速率为 S，发送最短帧所需要的时间为 L_{min}/S，冲突窗口时长为 T_w。按上述要求则有
$$L_{min}/S \geq T_w$$

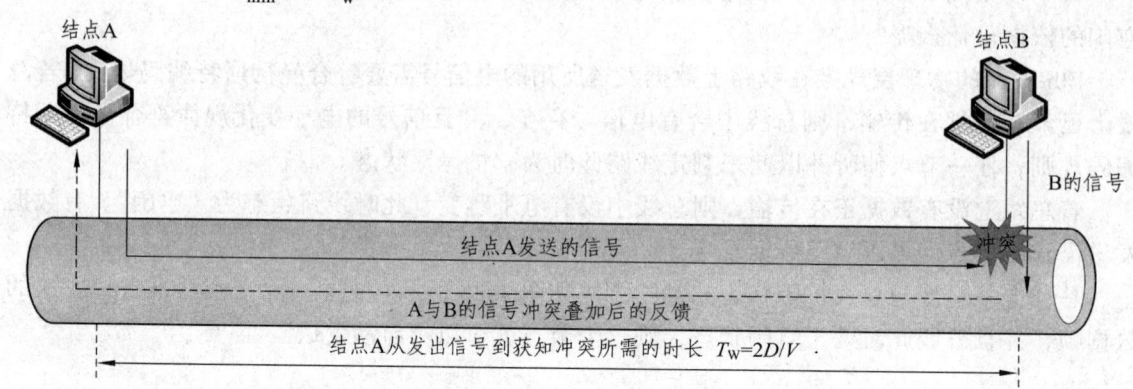

图 4-29　冲突窗口示意

以太网协议标准规定的冲突窗口长度为 51.2 μs。最早的以太网的数据传输速率为 10 Mb/s，则冲突窗口时间 51.2 μs 可以发送 512 bits（64 Bytes）数据，也即规定了以太网的最小帧长度为 64 字节。这意味着当一个节点发送了一个最小帧或发送了一个帧的前 64 个字节后未发现冲突，则该节点已经获得了总线使用权，并可以继续发送后续的数据。因此，冲突窗口又称为争用期（Contention Period）。

（3）冲突的检测方法。

从物理层来看，冲突是指总线上同时出现两个或两个以上的发送信号，叠加后的信号波形与任何一个节点发出的信号波形不一致的现象。例如，总线上同时出现了节点 A 与节点 B 的发送信号，它们叠加后的信号波形将既不是节点 A 发出的信号形式，也不是节点 B 发出的信号形式。再则，以太网物理层标准规定，以太网节点发出的信号采用曼彻斯特编码方法，则叠加后的信号波形亦不会符合曼彻斯特编码的信号波形。曼彻斯特编码信号叠加情况示意如图 4-30 所示。

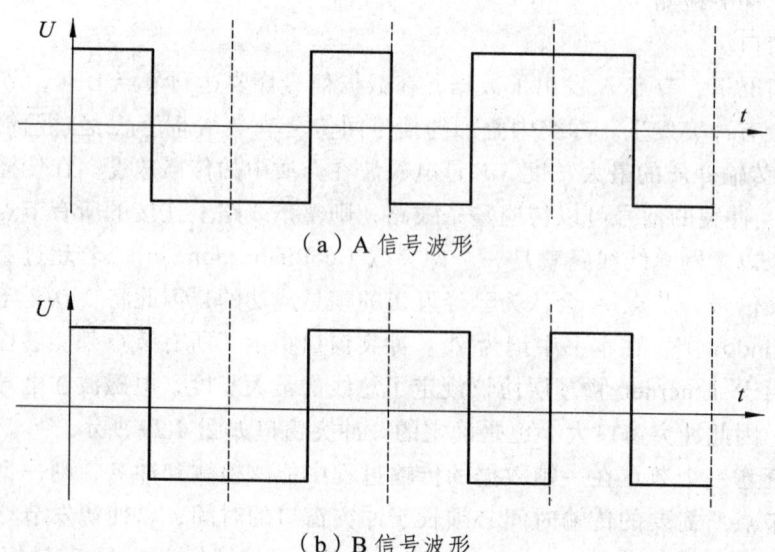

（a）A 信号波形

（b）B 信号波形

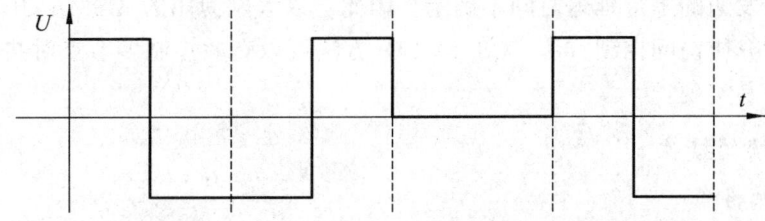

（c）A 与 B 信号叠加波形

图 4-30　曼彻斯特编码信号叠加示意图

因此节点冲突检测可以有两种方法：比较法和曼彻斯特编码违例判决法。

比较法是指发送节点在发送帧的同时，将从总线上接收到的反馈信号与发出的数据的信号进行比较。若当此两个信号波形不一致时，表示信号受到了干扰，表明冲突已经发生。若比较结果是一致的，则表明未发生冲突。

曼彻斯特编码违例判决法是指发送节点检查从总线上接收到的反馈信号波形是否符合曼彻斯特编码规律，如符合，则表示没发生冲突，如不符合，则表明已经发生冲突。

在设计以太网网络适配器时，厂商可在此两种方法中任选其一。

3）冲突停发并警报

若节点在发送数据过程中检测到冲突，发送节点需要立刻停止发送数据，为使其他节点能尽早发现冲突以丢弃无效的帧，发现冲突的发送节点还发出一段干扰（jamming）信号。以太网物理层规范规定冲突加强干扰信号长度为 32 bit。

4）延时后尝试重发

Ethernet 协议允许节点在发送一个帧时，若发生冲突后可以再次发送该帧，但尝试重发的最大次数为 16，如果重发次数超过 16，则认为线路出现故障，取消本次数据发送。

若发送数据是遇到冲突的每个节点停发后立即启动重发，那么冲突很可能会再次立即发生。若使各节点重发启动的时刻尽量错开，则可尽量避免冲突再次发生。因此，发生冲突的节点在尝试重发之前，需要通过一定的算法来确定一个退避延迟时间。

典型的 CSMA/CD 退避延迟算法是截断二进制指数退避（Truncated Binary Exponential Back off）算法。算法公式为：$T=2^k*R*T_w$。

（1）T 为尝试重发前所须等待的退避延迟时间。

（2）截断二进制指数 k 的取值为 $k=\min(n, 10)$。n 是节点当前尝试重发的次数，按照上述规定，n 的最大值为 16，但为避免节点等待的时间过长，用以计算退避延迟时间的指数 k 不会取到 16，最大可能为 10，即 k 取 n 和 10 两者的最小值。

（3）R 是随机数。节点计算后退延迟时间可以其地址为初始值按某一算法产生一个随机数。

（4）T_w 是前面所述的冲突窗口值，以太网标准对线缆最大长度的规定使得 T_w 是一个常值。

前面说过，冲突窗口又称为争用期。为避开在其他节点发送数据时去尝试重发，使退避操作更为有效，节点重发退避延迟时间被设计为冲突窗口的整数倍，故需要在公式中用常值 T_w 作为因子。

由上可见，以太网中任何节点发送数据都要通过 CSMA/CD 方法竞争总线的使用权，从准备发送到成功发送的等待延迟时间不确定。因此，以太网使用的 CSMA/CD 方法被定义为一种随机争用型介质访问控制方法。CSMA/CD 方法可以有效控制多节点对共享总线的访问，方法简单并且容易实现。

2. 以太网帧的接收

1）以太网帧格式

在分析以太网数据接收的原理之前，先要了解以太网的帧格式，这对于理解以太网节点接收数据是有帮助的。

目前以太网帧格式主要由两个标准确定：Ethernet V2.0 标准和 IEEE802.3 标准。Ethernet V2.0 规范是由 DEC、Intel 与 Xerox 公司合作研究确定的，因此 Ethernet V2.0 帧结构在有些文献中被称为 DIX 帧（DIX 取该三个公司名称的首字母）。IEEE802.3 标准对 Ethernet 帧格式也做了规定，通常称之为 802.3 帧。DIX 帧和 802.3 帧格式有着细微差异，当前以太网的软件和硬件的设计中多使用 DIX 帧格式。本书以 DIX 帧为例讲述以太网帧的格式，有关 IEEE802.3 帧的格式，读者可自行查阅相关资料了解。Ethernet V2.0 帧格式如图 4-31 所示。

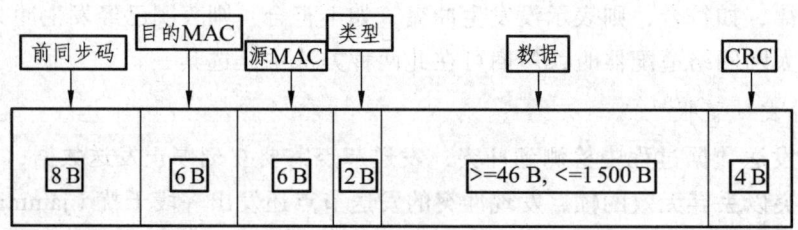

图 4-31 Ethernet 帧格式

Ethernet 帧由以下 6 个部分组成。

（1）前同步码字段。

前同步码字段固定为 8 个字节的 10101010 比特序列。发送节点在发送帧时先发出此前同步序列，用于和接收节点约定一致的同步时钟。8 B 的前导码在接收后不需要保留，也不计入帧的长度。故通常讨论的以太网帧实为从目的地址字段到帧校验序列字段。

（2）目的 MAC 地址和源 MAC 地址字段。

目的地址与源地址分别表示帧的接收节点与发送节点的介质访问控制子层所用的地址。介质访问控制子层地址为 48 位二进制值，常简称为 MAC 地址。源 MAC 地址必须是发送节点的网络适配器的 MAC 地址，目的地址可以是单播地址、多播地址或广播地址。

长 48 位的以太网 MAC 地址被称为 EUI-48（EUI, Extended Unique Identifier），意思是 48 位扩展唯一标识符。48 位二进制的以太网 MAC 地址通常的表示形如：02-61-50-2A-10-C3。即把 48 位二进制数每 4 位转换成 1 位十六进制数，所得的 12 位十六进制数每两位之间用横线分隔。48 位全 1（FF-FF-FF-FF-FF-FF）的 MAC 地址是广播地址，广播地址只能作为目的地址出现在帧的目的地址字段，任何一个节点收到接收广播帧都需要做处理。

按照规定，允许分配的单播以太网物理地址有 2^{47} 个。IEEE 注册管理委员会（Registration Authority Committee，RAC）规定每个 MAC 地址的前三字节为生产商的公司标识（Company-Id），标识与生产商的对应关系登记于 IEEE RAC 的相关文档中，后面三字节由网络适配器的生产商自行配值以确保以太网网络适配器的 MAC 地址的唯一性，每一块网络适配器在生产时已经被分配一个唯一的 MAC 地址并被固化在网络适配器的只读存储器中不可修改，因此 MAC 地址也被称为物理地址。如此，一个网络适配器无论安装在哪台计算机上，其 MAC 地址都不会被改变。MAC 地址的唯一性确保了数据发送时寻址不会出现混乱。

网络适配器生产商获得一个生产商 ID 后，它可以生产的网络适配器数量是 2^{24}（16 777 216）块。一个生产商可以申请使用多个生产商 ID，以便可以生产更多的网络适配器。

（3）类型字段。

类型字段用于指示高层（网络层）数据所使用的协议类型。类型字段表示网络层所使用的协议类型。例如，类型字段值等于 0x0800 代表网络层使用的是 IPv4 协议；类型字段值等于 0x8106，表示为地址解析协议（ARP）；类型字段值等于 0x86DD，表示网络层使用 IPv6 协议。接收节点收到一个帧，若校验无误后则将数据字段中数据取出送至此字段所指示的高层协议实体。

（4）数据字段。

数据字段是发送节点的网络层提交的待发送数据。数据字段的长度限制在 46～1 500 B 之间。加上帧头和帧尾部分的 18 B，Ethernet 帧的最小长度为 64 B，最大长度为 1 518 B。如果发送节点网络层提交的数据长度小于 46 B，那么在组帧时要在该网络层数据后面用任意比特填充到至少 46 字节。

在 DIX 帧中，由于没有设置长度字段，接收端并不知道发送端是否对数据字段做了填充。但高层协议产生的数据单元，比如，高层使用的是 IP 协议，IP 分组头有"总长度字段"。总长度字段值表示的是发送端发送的 IP 分组长度，接收节点根据 IP 分组报头中的总长度字段值就可以确定填充的比特长度，从而在接收处理时删除填充的比特。

（5）帧校验序列字段。

帧校验序列字段 FCS 用来填入检错码在发送节点中生成的校验用的比特序列。以太网规定采用 32 位的 CRC 循环冗余校验方法。CRC 校验的范围是：目的地址、源地址、长度、数据这四个字段的比特序列。所用的 CRC 校验码的生成多项式为

$$D(X) = X^{32}+X^{26}+X^{23}+X^{22}+X^{16}+X^{12}+X^{11}+X^{10}+X^8+X^7+X^5+X^4+X^2+X+1$$

2）Ethernet 帧接收流程的分析

Ethernet 节点接收数据的流程如图 4-32 所示。

以太网的节点在网络中总是处于侦听线路的接收状态。当某一节点成功获得总线的使用权来发送数据帧，其他节点能接收到该发送节点发出来的数据。

（1）帧长度检查。

当某个节点完成接收一帧数据后。首先要判断接收的帧长度，由于 IEEE802.3 标准规定了帧最小长度。若接收帧长度小于规定的帧最小长度，则表明此帧不完整，没必要处理，丢弃该帧，节点重新进入侦听接收状态。

（2）帧目的地址检查。

若某节点正常接收到一帧数据后，首先需要检查帧的目的地址。如果帧中的目的地址值与本节点网络适配器内置的 MAC 地址值一致，则表明该帧是本节点必须接收处理的帧。如果

帧的目的地址是组播地址，接收节点属于该组，则同样需要接收该帧。如果帧的目的地址是广播地址，接收节点也需要接收该帧。如果目的地址与上述情况都不符，则表明此帧的目的不是本节点，节点应丢弃该帧。

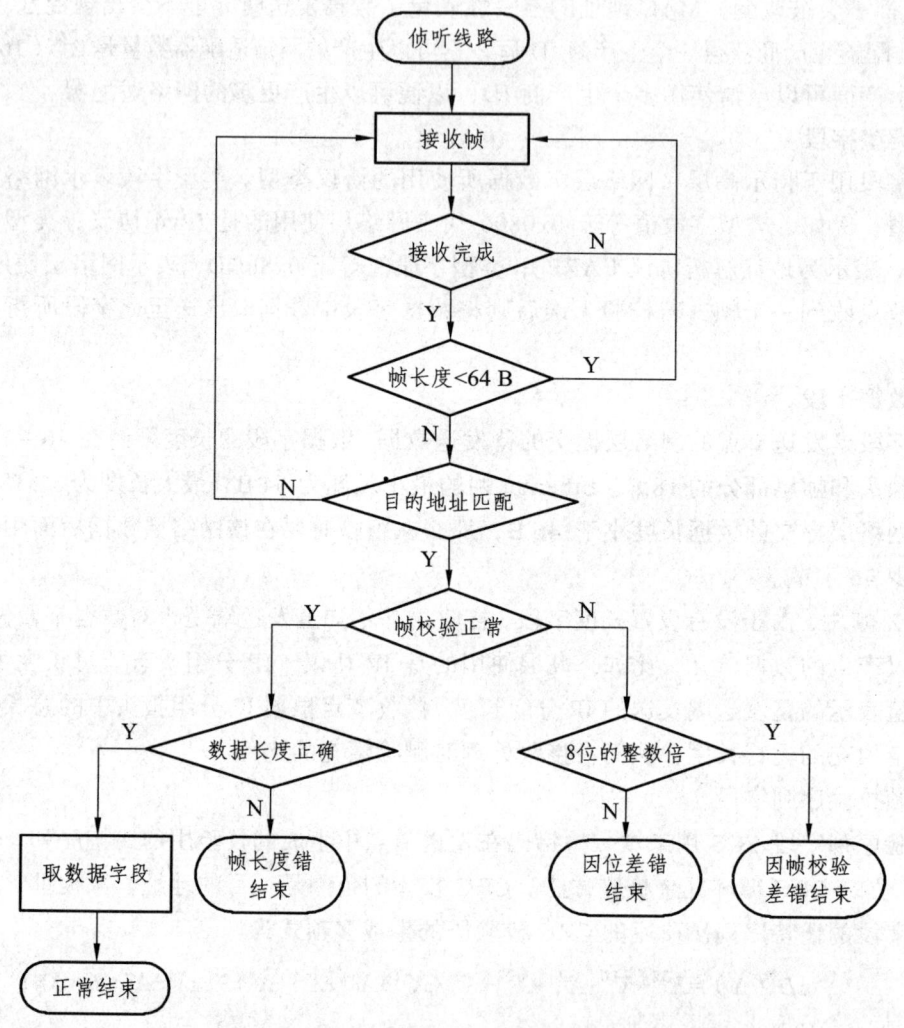

图 4-32 以太网节点接收数据流程

（3）帧接收。

接收节点进行地址匹配确认接收该帧后，下一步则进行差错校验。采用以太网规定的 CRC 校验方法校验接收的帧的目的地址字段至数据字段，若校验后确认无差错，计算出帧长度检查也正确，则表明此帧无差错，便把帧中的数据部分拆卸出来，向上交给网络层相应的处理实体，本帧接收完毕。节点从步骤（1）重新开始下一帧的接收。

（4）帧间间隔（InterFrame Gap，IFG）。

从接收流程的讨论中可以看出，节点在接收第一帧时需要做一系列的检测和处理。为了确保接收节点连续接收的有序处理，IEEE802.3 标准规定发送节点在发完一个帧后需要等待一个帧间间隔时间，才能继续发送下一帧。帧间间隔时间的值为 9.6 μs，相当于发送 96 bit 的时间。接收节点可以利用这段时间处理已接收的帧,并准备接收下一帧,或从接收状态转入发送状态。

3. 以太网物理层标准命名方法

IEEE802.3 标准制定了以太网介质访问控制子层与物理层的协议标准。Ethernet 介质访问控制子层统一使用 CSMA/CD 方法和相同的帧结构,但是物理层标准则有多个。以太网的物理层标准因采用的传输介质、传输速率、传输介质覆盖范围与组网方式不同而不同。

Ethernet 的物理层标准的命名方法是:IEEE802.3 X Type-Y Name。其中,X 表示数据传输速率,单位为 Mb/s;Y 表示网段的最大长度,单位为 100 m;Type 表示信号传输方式是基带还是频带,如用 Base 表示是采用基带传输,即线路上传输的是数字信号;Name 表示局域网类型的名称。

总线型以太网物理层标准有以下几类:

(1) IEEE802.3 10Base-5:X 为 10 表示传输速率为 10 Mb/s,Type 为 Base 表示基带传输,Y 为 5 表示传输介质为最大长度为 500 m 的粗同轴电缆。

(2) IEEE802.3 10Base-2:X 为 10 表示传输速率为 10 Mb/s,Type 为 Base 表示基带传输,Y 为 2 表示传输介质为最大长度为 200 m 的细同轴电缆。

(3) IEEE802.3 10Base-T:X 为 10 表示传输速率为 10 Mb/s,Type 为 Base 表示基带传输,Y 为 T 表示传输介质为双绞线,使用集线器(HUB)连接各个节点。

4.6 局域网的发展

4.6.1 交换式局域网

1. 交换式局域网的基本概念

1990 年集线器的出现,节点采用点对点线路与集线器连接,使得以太网的物理结构变为星形结构。局域网的组网成本得到降低,可靠性得到了提高。但以集线器联网的以太网其工作方式仍然是与总线式一样的共享介质型,冲突还是存在。

同年,以太网交换机(switch)出现,节点间的数据收发由交换机转发,不存在介质争用的情况,因此不再有冲突,不需要使用随机争用型介质访问控制方法。以交换机连接而成的以太网,被称为交换式以太网。交换机是工作在数据链路层一种联网设备,其能识别帧的各个字段,根据帧的目的 MAC 地址与源 MAC 地址进行过滤、转发数据。

交换机具有以下四个基本的功能。

(1) 建立和维护联网节点的 MAC 地址与交换机端口号对应关系的映射表;

(2) 在发送主机与接收主机端口之间建立虚连接;

(3) 过滤与转发帧;

(4) 执行生成树协议,防止出现环路。

2. 交换机的工作原理

局域网交换机是利用集成电路技术,在多个端口之间同时建立多个虚连接,以实现多对端口之间并发传输数据。

从图 4-33 可见，交换机主要由下面几部分组成：
（1）端口号—MAC 地址映射表；
（2）帧转发机构；
（3）缓冲存储器；
（4）RJ-45 接口。

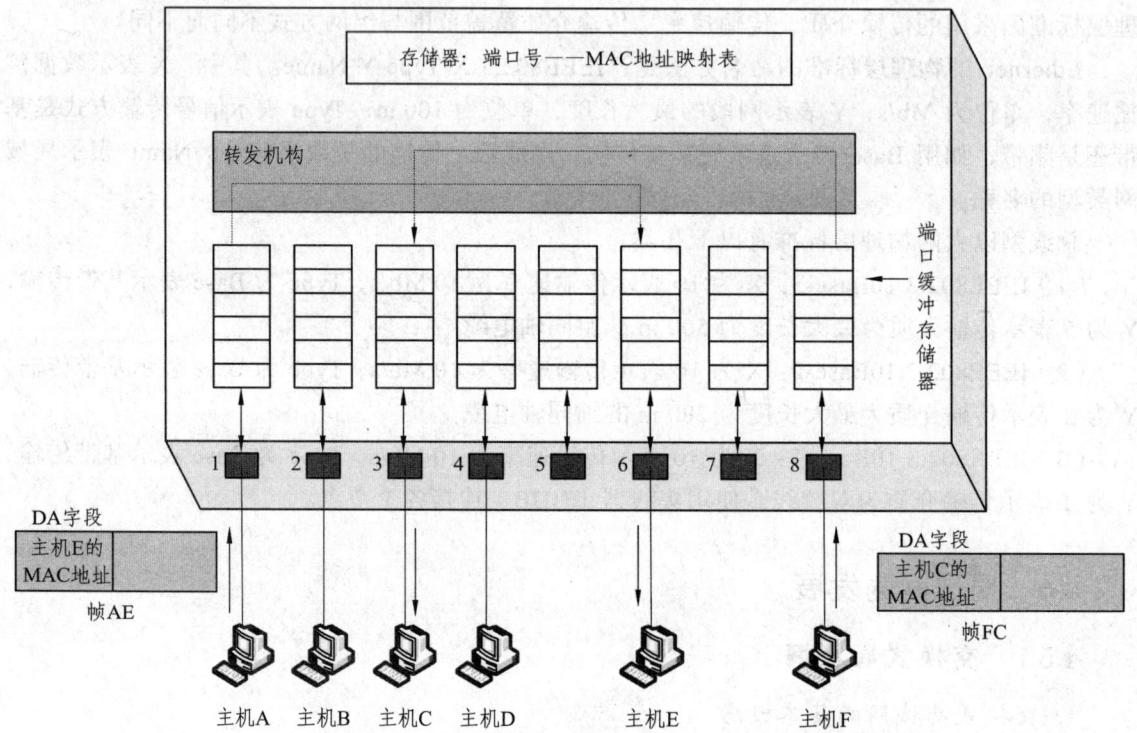

图 4-33 以太网交换机的结构与工作原理示意图

图 4-33 中的交换机有 8 个端口。其中 1、2、3、4、6 和 8 号端口分别连接主机 A、B、C、D、E 和 F。交换机的"端口号—MAC 地址映射表"记录其端口号与连接的主机的 MAC 地址的对应关系。若主机 A 与主机 F 同时要发送数据，例如：

主机 A 要向主机 E 发送帧（记为"帧 AE"），则帧 AE 的目的地址字段为主机 E 的 MAC 地址 02-00-E1-0F-A0-15，源地址为主机 A 的 MAC 地址 02-00-E1-0F-A0-11；

同时主机 F 要向主机 C 发送帧（记为"帧 FC"），帧 FC 的目的地址字段为主机 C 的 MAC 地址"02-00-E1-0F-A0-13"，源地址为主机 F 的 MAC 地址"02-00-E1-0F-A0-16"。

帧 AE 与帧 FC 分别由源主机 A 和 F 发出，通过主机与交换机之间的点对点线路达到交换机，并存放于交换机为各端口设置的缓冲存储器中。交换机的转发机构能对缓存的各帧的目的地址与源地址进行识别，并查"端口号—MAC 地址映射表"以做转发操作。转发机构对帧 AE 进行地址识别，得其目的地址字段值为 02-00-E1-0F-A0-15，查表得知地址为 02-00-E1-0F-A0-15 的主机 E 连接在 6 号端口，则将帧转发到 6 号端口，帧通过端口 6 与主机 C 之间的点对点线路传输到达主机 C。

同理，转发机构对帧 FC 进行地址识别，知其目的地址字段值为 02-00-E1-0F-A0-13，查表得知地址为 02-00-E1-0F-A0-13 的主机 C 连接在 3 号端口，转发机构将该帧转发到 3 号端口以传输到达主机 C。

假如某一节点发出的帧中的目的地址字段为广播地址（FF-FF-FF-FF-FF-FF），转发机构将会把此帧转发到来源端口以外的每一个活动的端口以实现帧的广播。

如此，主机 A 和主机 F 可以同时发送数据，其他节点也同样可以同时发送数据。由于交换机对每个主机进行独立的对点对连接，因此连接在交换机的各节点无需争用传输介质，所以从根本上解决了传统以太网中的冲突问题。在流量负荷较大的情况下，交换式以太网的效率明显比传统的共享介质式以太网高。

交换机端口可以连接独立的计算机，也可以连接集线器（Hub）、交换机或路由器。

3."端口号—MAC 地址映射表"的建立与维护

交换机对数据进行转发是根据"端口号—MAC 地址映射表"进行的，因此"端口号—MAC 地址映射表"建立和维护十分重要。

1）建立

交换机通过"地址学习"方法建立"端口号—MAC 地址映射表"。"地址学习"是指交换机收到其某一端口所连接的节点发来的数据帧后，对帧的源地址字段进行识别，从而得知连接在该端口的节点的 MAC 地址与交换机端口号之间的对应关系，将此关系记录于"端口号—MAC 地址映射表"中。例如，主机 B 通过端口 2 发送帧，则这帧的源地址是主机 B 的地址 02-00-E1-0F-A0-12，那么交换机就可以得到端口 2 连接的主机的 MAC 地址为 02-00-E1-0F-A0-12，若"端口号—MAC 地址映射表"中的尚未有关系的记录，则添加一条新的映射关系记录；若表中已经有此映射关系的记录，则更新该记录表项。

2）更新

连接在交换机端口的主机，可能出现更换、关机或是其他情况导致对应关系改变，这时交换机需要对"端口号—MAC 地址映射表"中相应的关系作更新，否则将可能导致帧转发至不合适的端口。

每次新添或更新"端口号—MAC 地址映射表"的表项时，新加入的或更新的表项被赋予一个计时器，如此，端口与 MAC 地址的对应关系能维持一段时间。若计时时段内交换机没有从该端口收到新的帧，则认为该端口与 MAC 地址的映射关系已经无效，删除相应的映射记录。如果在计时内从该端口收到新帧，则用新帧中的目的地址值来更新相应表项，并重新计时。

利用计时更新的方法对各表项进行维护，交换机能够得到一个动态的能及时反映端口与节点连接关系的"端口号—MAC 地址"映射表，以确保帧转发正确有效地进行。

4.6.2 虚拟局域网技术

1. 虚拟局域网的概念

虚拟局域网（VLAN，Virtual LAN），实际上是将一组联网的计算机按一定的逻辑方式，这些设备和用户并不受物理位置的限制，可以根据功能、所属部门及应用需要等因素将它们组织起来，相互之间的通信就好像它们在同一个网段中一样，因此称为虚拟局域网。

以 MAC 地址为划分依据的 VLAN 工作在 OSI 参考模型的第 2 层，以网络层技术来划分

VLAN的技术工作在第3层，一个VLAN就是一个广播域，VLAN之间的通信是通过支持VLAN功能的交换机或路由器来完成的。与传统的局域网技术相比较，VLAN技术更加灵活，它具有以下优点：

（1）可以通过软件设置的方法灵活地组织逻辑工作组，减少了网络设备的移动、添加和修改的管理工作。

（2）可以限制局域网中的广播通信，减少不必要的信道占用时间，提高了局域网的整体性能。

（3）不同的VLAN的节点不可以相互通信，提高了局域网中数据传输的安全性。

在计算机网络中，一个二层网络可以被划分为多个VLAN，即多个不同的广播域，一个广播域对应了一个特定的用户组，默认情况下这些不同的广播域是相互隔离的。

2. 划分VLAN的技术

1）按端口划分VLAN

许多VLAN厂商都利用交换机的端口来划分VLAN，这需要交换机支持VLAN功能，被设定在同一个VLAN的端口都在同一个广播域中。例如，一个交换机的1，2，4，5端口被定义为VLAN 1，同一交换机的3，6，7，8端口组成VLAN 2。但是，这种划分方法将VLAN的成员限制在了同一台交换机上。

第二代以交换机端口划分VLAN的技术允许跨越多个交换机的多个不同端口划分VLAN，不同交换机上的若干个端口可以组成同一个虚拟网。这时需要交换机支持相同的VLAN标准。IEEE802.1Q是一个最被广泛支持的VLAN标准协议。

以交换机端口来划分VLAN，其配置方法简单方便。因此，根据端口来划分VLAN的方式是最常用的一种方式。

2）按MAC地址划分VLAN

这种划分VLAN的方法是根据每个主机的MAC地址来划分，即对每个MAC地址的主机都配置它属于哪个组。这种划分VLAN方法的最大优点就是当用户物理位置移动时，即从一个端口转移到另一个端口，或是从一个交换机转移到另一个交换机时，VLAN不用重新配置。因此，这种根据MAC地址的划分VLAN的方法也被认为是基于用户的VLAN。这种方法的缺点是初始化时，网络管理员需要对所有的用户计算机做登记，如果有几百台甚至上千台计算机的话，初始配置工作将是很繁重的。并且这样的划分的方法也导致了交换机执行效率的降低，因为在每一个交换机的端口都可能存在很多个VLAN组的成员，这样就无法通过对端口的设置来限制广播流量。

3）按网络层技术划分VLAN

这种划分VLAN的方法是根据每个主机的网络层地址或协议类型（如果支持多协议）划分的，虽然这种划分方法是根据网络地址，比如IP地址，但它不是路由，与网络层的路由无关。

这种方法的优点是用户的物理位置改变了，不需要重新配置所属的VLAN，而且可以根据协议类型来划分VLAN，这对网络管理者来说很重要，还有，这种方法不需要附加的帧标签来识别VLAN，这样可以减少网络的通信量。

以网络层来划分的方法的缺点是效率低，因为网络交换设备对每一个数据包的网络层地址做检查相对于前两种方法是需要消耗更多的处理时间的,一般的交换机的处理芯片都可以自动检查数据帧的头部以决定该帧属于哪个 VLAN,但要让芯片能检查帧数据字段里包含的 IP 报头中的 IP 地址,则需要更复杂的处理,也更耗时。

以上划分 VLAN 的方式中,基于端口的 VLAN 划分方法是基于物理层技术,以 MAC 地址来划分 VLAN 的方式则基于数据链路层技术,网络层和 IP 广播方式是基于网络层技术。

3. VLAN 标准——IEEE802.1Q

在 VLAN 技术发展的初期,不同的网络设备公司有不同的解决方案,导致了 VLAN 划分方法不统一,不同厂商的网络设备产品互不兼容。1996 年 3 月,IEEE802 委员会出台了 VLAN 的标准,完善了 VLAN 技术的体系结构,统一了用以标识 VLAN 归属的 Frame-Tagging(帧标签)的格式,并制定了 VLAN 标准的发展方向,所形成的 IEEE802.1Q 协议标准在业界得了广泛的支持。因此,VLAN 的划分可以跨越多个交换机甚至是不同品牌的交换机。IEEE802.1Q 协议名称亦被简化表示为 ".1q" 或 "dot1q"。

如图 4-34 所示给出了 IEEE802.1Q 标准的 VLAN 帧格式。

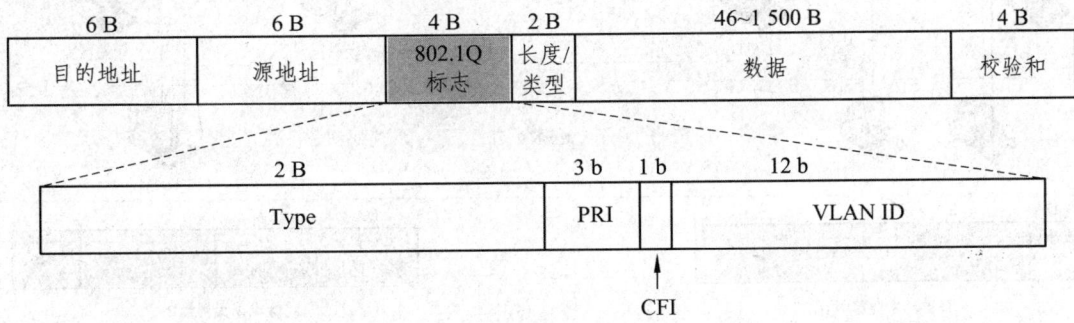

图 4-34 IEEE802.1Q 标准的 VLAN 帧格式

1)IEEE802.1Q 标准的帧格式

802.1Q 标签的长度是 4 B,它位于以太网帧中源 MAC 地址和长度/类型字段之间。802.1Q 标签包含 4 个字段。

Type:长度为 2 B,表示帧类型,802.1Q 标签帧中 Type 字段取固定值 0x8100,如果不支持 802.1Q 的设备收到 802.1Q 帧,则将其丢弃。

PRI:priority(优先级)字段,长度为 3 bit,表示以太网帧的优先级,取值范围是 0~7,数值越大,优先级越高。当交换机发生传输拥塞时,优先级高的数据帧会得到优先发送。

CFI:Canonical Format Indicator(标准格式指示位),长度为 1 bit,表示 MAC 地址是否是经典格式。CFI 为 0 说明是经典格式,CFI 为 1 表示为非经典格式。该字段用于区分以太网帧、FDDI 帧和令牌环网帧。在以太网帧中,CFI 取值为 0。

VLAN ID:VLAN 标识号。长度为 12 bit,取值范围是 0~4 095,其中 0 和 4 095 是保留值,不能给用户使用。其他的可用作为用户的 VLAN 标识符,一个 VLAN 需要一个 VLAN ID。

2)VLAN 数据帧交换过程分析

VLAN 数据帧交换过程如图 4-35 所示。组建 VLAN 的交换机的端口模式有两种,中继端口模式和普通端口模式,中继端口支持以 IEEE802.1Q 协议工作。交换机 A 通过中继端口 8

与交换机 B 的中继端口 1 连接，交换机 A 的端口 8 与交换机 B 的端口 1 需要被设置为中继端口，此两端口支持 IEEE802.1Q 协议。VLAN1 与 VLAN2 的节点分别连接在交换机 A 和交换机 B 的普通端口上。对于任一需要通过中继端口转发到另一个交换机的帧，转发前将被扩展为 IEEE802.1Q 标准格式帧。

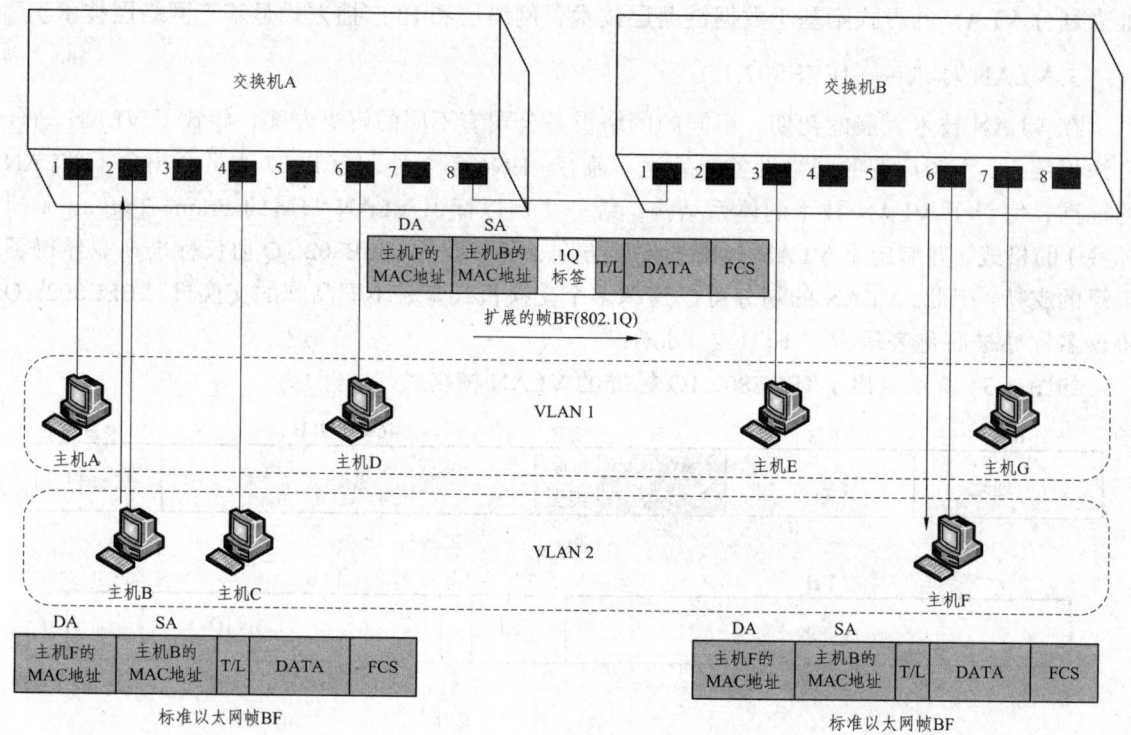

图 4-35 VLAN 数据帧交换过程

交换机转发 VLAN 数据帧的过程可以归纳为以下几个步骤：

（1）节点 B 向节点 F 发送帧 BF，节点 B 连接在交换机 A 的普通端口 2 上，发送的原始帧 BF 是标准的以太网帧。

（2）交换机 A 从端口 2 接收到帧 BF 之后，查 VLAN 表确定连接在端口 2 的节点 B 是 VLAN 2 的成员。交换机 A 按照 802.1Q 协议扩展帧 BF，增加 IEEE802.1Q 标志字段，将其中的 VLAN ID 值置为 2，形成带有 IEEE802.1Q 标签的扩展帧 BF，图 4-35 中表示为"帧 BF（802.1Q）"。

（3）交换机 A 通过"VLAN 成员—端口映射表"与本地"端口—MAC 地址映射表"来判断帧 BF（802.1Q）的目的节点 F 是否连接在交换机 A。如果该帧的目的节点 F 连接在交换机 A 上，那么交换机 A 查 VLAN 表确定节点 F 与节点 B 在同一个 VLAN，则将该帧转发到本交换机中节点 F 所在的端口。本例中的帧 BF 的目的节点 F 是连接在交换机 B 上的，交换机 A 在自身的"端口—MAC 地址映射表"中找不到节点 F 的端口对应信息，那么交换机 A 将通过中继端口 8 将帧 BF（802.1Q）转发到交换机 B。

（4）交换机 B 从端口 1 接收到帧 BF（802.1Q）之后，首先通过 VLAN 标签中的 VLAN ID 识别该帧的源节点 B 所属的 VLAN。交换机 B 通过"VLAN 成员—端口映射表"与"端口—MAC 地址映射表"查找目的节点 F 对应的端口。如图 4-35 所示，节点 F 连接在端口 6 上。

交换机 B 则会删除帧 BF（802.1Q）中的 VLAN 标签，然后经端口 6 将帧 BF 转发给节点 F。

4.6.3 高速局域网的发展

1. Fast Ethernet（快速以太网）

1）Fast Ethernet 的特点

快速以太网（Fast Ethernet，简称 FE）是在传统 10 Mb/s 的 Ethernet 基础上发展起来的一种高速局域网，其主要改变是将 10 Mb/s 传统以太网中 1 个比特的发送时间 100 ns 降低为 10 ns。1995 年 9 月，IEEE802 委员会正式批准使用 IEEE802.3u 作为标准。

Fast Ethernet 传输速率为 100 Mb/s，它保留着传统以太网帧格式与帧最小长度、最大长度等特征。因此，Fast Ethernet 局域网向下兼容 10 Mb/s 的传统以太网。在 Fast Ethernet 局域网中，数据传输速率得到提升，为了实现 100 Mb/s 的速率，Fast Ethernet 的物理层中加入了介质专用接口（Media Independent Interface，MII），以将介质访问控制子层与物理层分隔开。这样，物理层在实现 100 Mb/s 速率时使用的传输介质和信号编码方式的变化不会影响介质访问控制子层，从而不影响高层软件。

为了与已有的 10Base-T 传统 Ethernet 兼容，Fast Ethernet 的网络适配器具有速率自动协商（auto-negotiation）机制。速率自动协商需要实现的功能包括：与其他节点网络适配器交换工作模式相关参数，自动协商并选择共有的最高性能工作模式。例如，一个节点计算机接入一台 Ethernet 交换机时，若交换机支持 100Base-TX 与 10Base-T 两种模式，节点网络适配器支持 100Base-TX、10Base-T 和 10Base-T4 三种模式，则计算机和交换机将会自动协商以共有最高性能模式 100Base-TX 相互通信。协议规定自动协商过程需要在 500 ms 内完成。自动协商功能工作在物理层。节点接入 Fast Ethernet 局域网中时，网络适配器不需要人工干预就能够自动地协商配置，使得网络适配器能够即插即用。

传统总线型 Ethernet 由于一个节点在发送时，其他节点只处于接收不能发送，故传统 Ethernet 的数据传输模式为半双工模式。Fast Ethernet 除了可以兼容半双工模式之外，也可以工作在全双工模式。Fast Ethernet 在全双工模式，网络适配器就必须通过两对双绞线与交换机连接，其中一对双绞线用于发送数据，而另一对双绞线用于接收数据。在以交换机连接的 Fast Ethernet 中，全双工模式不存在介质争用问题，介质访问控制子层不再采用 CSMA/CD 介质访问控制方法。

2）Fast Ethernet 的物理层标准

（1）100Base-TX。

100Base-TX 的传输介质可以是两对 5 类非屏蔽双绞线（UTP CAT-5）或两对 1 类屏蔽双绞线（STP CAT-1）。一对双绞线用于发送，而另一对双绞线用于接收。100Base-TX 支持全双工传输模式，Fast Ethernet 中的每个主机可以以 100 Mb/s 速率同时发送与接收数据。目前大多数校园或是办公室常见的快速局域网多数是采用 5 类非屏蔽双绞线作为传输介质。

（2）100Base-T4。

100Base-T4 使用 4 对 3 类非屏蔽双绞线 UTP，其中三对用于数据传输，一对用于冲突检测，只工作于半双工模式。

（3）100Base-FX。

100Base-FX 使用 2 芯的多模或单模光纤,数据传输模式为全双工。100Base-FX 主要用于高速主干设备之间的连接,从节点到集线器的多模光纤的长度可以达到 2 km。

2. Gigabit Ethernet（千兆以太网）

Fast Ethernet 速度达到了 100 Mb/s,对于普通用户来说已经很快了,满足大部分普通用户的需求了。然而,在数据仓库、视频会议、高清视频应用以及高性能计算机、存储区域网与大数据计算、云计算平台建设时,由于相关的数据量巨大,人们期望有更高数据传输速度的局域网。千兆以太网（Gigabit Ethernet,简称 GE 或 GbE）应运而生。千兆以太网也被称为吉比特以太网。

20 世纪 90 年代起,以太网的传输介质开始广泛使用五类双绞线,为节省成本,兼容已有产品。GE 也支持以五类双绞线作为传输介质。

GE 标准的制定工作是从 1995 年开始的。1996 年 8 月,IEEE802 委员会组建了 802.3z 工作组,主要研究使用多模光纤与屏蔽双绞线作为传输介质的 GE 物理层标准;1997 年初,802.3ab 工作组成立,主要研究以单模光纤与非屏蔽双绞线为传输介质的 GE 物理层标准;1998 年 2 月,IEEE802 委员会正式批准了 GE 标准——IEEE802.3z。

IEEE802.3z 标准的特点如下：

（1）GE 的传输速率最高达 1 000 Mb/s。

（2）GE 保留着传统 Ethernet 的帧格式、最小帧长度和最大帧长度等特征。

（3）IEEE802.3z 标准定义了千兆介质专用接口（Gigabit Media Independent Interface,GMII）,将介质访问控制子层与物理层分隔开。这样,实现 1 000 Mb/s 速率时物理层使用的传输介质和信号编码方式的变化不会影响介质访问控制子层,因此高层应用不用做任何改变。

GE 的物理层标准主要有：

（1）1000Base-CX：传输介质为两对屏蔽双绞线,最大长度为 25 m。

（2）1000Base-T：传输介质为使用 4 对 5 类非屏蔽双绞线,最大长度为 100 m。

（3）1000Base-SX：传输介质为多模光纤,最大长度为 550 m。

（4）1000Base-LX：传输介质为单模光纤,最大长度为 5 km。

（5）1000Base-LH：传输介质为单模光纤,最大长度为 10 km。

（6）1000Base-ZX：传输介质为单模光纤,最大长度为 70 km。

3. 10 Gigabit Ethernet

1）10 Gigabit Ethernet 的特点

1999 年 3 月 IEEE802 委员会成立高速研究组（High Speed Study Group,HSSG）,其任务是致力于十千兆以太网技术与标准的研究。十千兆以太网（10 Gigabit Ethernet,简称 10GbE）的标准为 IEEE802.3ae,于 2002 年完成修订。

相对于 GE,10GbE 并非简单地将速率提升到 10 倍,而是要解决很多复杂的技术问题。10GbE 主要特点如下：

（1）10GbE 保留着传统 Ethernet 的帧格式、最小帧长度和最大帧长度的特征。

（2）10GbE 定义了介质专用接口 10GMII,将 MAC 层与物理层分隔开。这样,物理层在实现 10 Gb/s 速率时使用的传输介质和信号编码方式的变化不会影响介质访问控制子层，从而不影响高层软件。

（3）10GbE 只提供全双工数据传输模式。节点计算机的网络适配器与交换机之间使用两条光纤连接，分别用以数据的发送与接收，因此不存在有冲突，故不再采用 CSMA/CD 协议，以光纤为传输介质的 10GbE 的帧发送不受传统 Ethernet 的冲突窗口限制，因此传输距离只取决于光纤通信系统的性能。

（4）由于速率及传输距离有了极大的提升，10GbE 的应用领域已经从局域网逐渐扩展到城域网甚至广域网的核心交换网之中。

（5）10GbE 的物理层协议分为局域网物理层标准与广域网物理层标准两类。

2）10GbE 的局域网物理层（LAN PHY）标准

10GbE 局域网使用的传输介质有光纤与双绞线两类。因此 10GbE 局域网物理层（LAN PHY）标准也有两类。

（1）基于光纤的 10GbE 的局域网物理层（LAN PHY）标准主要有：

① 10GBase-SR：传输介质为多模光纤，最大长度为 300 m。

② 10GBase-LRM：传输介质为多模光纤，最大长度为 220 m。

③ 10GBase-LX4：传输介质为单模光纤，最大长度为 10 km。

④ 10GBase-LR：传输介质为单模光纤，最大长度为 25 km。

⑤ 10GBase-ER：传输介质为单模光纤，最大长度为 40 km。

⑥ 10GBase-ZR：传输介质为单模光纤，最大长度为 80 km。

（2）基于双绞线的 10GbE 的局域网物理层标准主要有：

① 10GBase-CX4：传输介质为 6 类 UTP 或 STP 双绞线，最大长度为 15 m。

② 10GBase-T：传输介质为 6 类 UTP 或 STP 双绞线，最大长度 100 m。

3）10GbE 的广域网物理层（WAN PHY）标准

实现 10GbE 的广域网物理标准的技术路线主要有两种，一种为使用 SONET/SDH 光纤通道技术，另一种为直接采用光纤密集波分复用 DWDM 技术。

若 10GbE 使用光纤通道技术，则其物理层应符合光纤通道速率体系 SONET/SDH 的 OC-192/STM-64 标准。OC-192/STM-64 标准的数据传输速率并非精确的 10 Gb/s，而是 9.953 28 Gb/s，去掉帧首部的开销后，其有效载荷的数据传输速率是 9.584 64 Gb/s。如果直接采用光纤波分复用 DWDM 技术，速率则为 10.000 Gb/s（保留小数部分的 0 以表示精确的 10 Gb/s）。

4. 40 Gigabit Ethernet 与 100 Gigabit Ethernet

40 千兆以太网（40 Gigabit Ethernet，简称 40GbE）和 100 千兆以太网（100 Gigabit Ethernet，简称 100GbE）是一组分别以 40 Gb/s 和 100 Gb/s 的速率来传输以太网帧网络技术。该技术首先由 IEEE802.3ba-2010 标准定义，后来由 802.3bg-2011、802.3bj-2014 和 802.3bm-2015 标准定义。

该标准定义了多种不同的光纤接口和电气接口，并为每种光接口定义了多种光纤标准。短距离数据传输可以使用双轴电缆。采用双绞线作为传输介质的 40GBase-T 物理层标准，实现 40 Gb/s 传输速率时最大传输距离不少于 30 m。

直到 2016 年，40GbE 和 100GbE 的技术还在不断地完善中。100GbE 不是一个单项技术的研究，而是一系列技术的综合，其中包括相关的技术标准、Ethernet 技术、密集波分复用 DWDM 传输技术等多个方面。随着云计算、大数据等应用的兴起，100GbE 将会得到更大的关注与应用。感兴趣的读者可以访问 IEEE P802.3ba 40 Gb/s 与 100 Gb/s 以太网任务组的官网 "http://www.ieee802.org/3/ba" 了解更多内容。

4.6.4 以太网组网相关的设备

1. 中继器（Repeater）

最早的以太网中，节点间的连接是通过同轴电缆再辅以连接器来建网的，不需要专用的联网设备。数字信号在同轴电缆中传输时是有衰减的，并且信号波形会发生畸变。传输的距离与信号的衰减及传输延迟相关，距离越长，信号衰减越严重，可能导致远端的节点无法正常识别。因此，在使用同轴电缆的以太网物理层协议中，必须限制单段同轴电缆的最大长度以及接入的主机数量。单段同轴电缆也称为缆段（segment）。粗同轴电缆的以太网的物理层标准为 10Base-5，其中的 5 即表示粗同轴电缆的一个缆段的最大长度为 500 m，并要求实际接入的节点数量不超过 100 个。使用细同轴电缆的以太网的物理层标准为 10Base-2，2 即表示细同轴电缆的一个缆段的最大长度为 200 m，其接入的节点数量不超过 30 个。在实际的以太网使用中，例如使用粗同轴电缆，可能会发生两种情况，一是接入以太网的两台计算机的需要超过 500 m 的线缆才能连接；二是接入的节点数超过了 100 个。为了增加以太网同轴电缆的长度或增加接入的节点数，人们设计了中继器（Repeater）。如图 4-36 所示给出了用中继器连接两个 10Base-5 类型 Ethernet 的结构示意图。在中继器连接的两个缆段中，节点之间的最大连接长度可以达到 1 000 m，同时接入的节点数也可以超过 100 个。

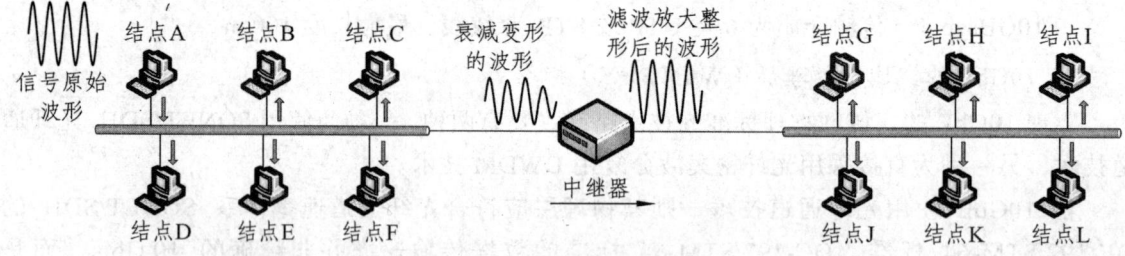

图 4-36 中继器的工作原理

中继器的主要功能是将物理线路上的信号进行重复地转发。图 4-36 示意了中继器的工作原理。当位于缆段左端的节点 A 发送的信号经过 500 m 同轴电缆的传输后，发生了信号衰减和波形畸变。另一端的接收节点如果与节点 A 的距离超过 500 m，接收节点就不能正确地识别信号。因此，设计中继器的目的就是将衰减和变形后的信号，经过滤波、放大、整形的工作过程，使得信号的波形与幅度达到协议规定的要求，然后再向其连接的另一个缆段转发。

中继器在早期的局域网组网中应用广泛。中继器特点有以下几点：

（1）中继器工作在物理层，只对传输介质上信号波形的接收、放大、整形与转发，不具备差错检测与纠错功能，只能起到增加同轴电缆长度的作用。

（2）中继器工作不涉及帧的结构，不对帧的内容做任何处理，不具备寻址与帧过滤等功能，只是网络规模的扩展设备，不属于网络互联设备。

（3）中继器连接的几个缆段同属于一个局域网。所有缆段中的一个节点在发送数据时，其他的节点均可以接收到；连接在不同缆段上的任意两个或两个以上的节点同时发送数据都会引起冲突，因此扩展后的局域网的所有节点同在一个广播域和冲突域。

利用中继器可以扩展网络规模，也意味着扩大了冲突域，增加了冲突发生的机率，更大可能地降低了网络效率。事实上，以太网中继器目前已经被淘汰。

2. 集线器（Hub）

传统以太网主要使用利用粗同轴电缆与细同轴电缆，若线缆的某一个点出现故障，则会导致整个网络瘫痪。1990年，以太网的物理层标准10Base-T得以确定，以太网集线器（HUB）随之出现，使用较低成本的非屏蔽双绞线UDP与RJ-45接口即可以方便可靠地实现以太网的组建。10BASE-T标准规定，以太网节点与集线器之间的双绞线的最大距离为100 m。

如图4-37所示为集线器工作原理示意图。在以集线器作为中心连接设备的以太网中，每个节点通过双绞线与集线器点对点地连接，这样的以太网其物理结构上是星形结构，但在工作模式总线型以太网一样是共享介质型的，在MAC层仍然采争用型的CSMA/CD介质访问控制方法。集线器通过端口接收到某个节点发送的帧的信号时，立即将信号转发到其他端口，犹如广播方式一样，因此连接在该集线器上的其他所有节点都能接收到该帧。集线器连接的以太网中，如果有两个或两个以上的节点同时发送数据同样会引起冲突，因此连接在集线器上的所有节点同处于一个冲突域和广播域。

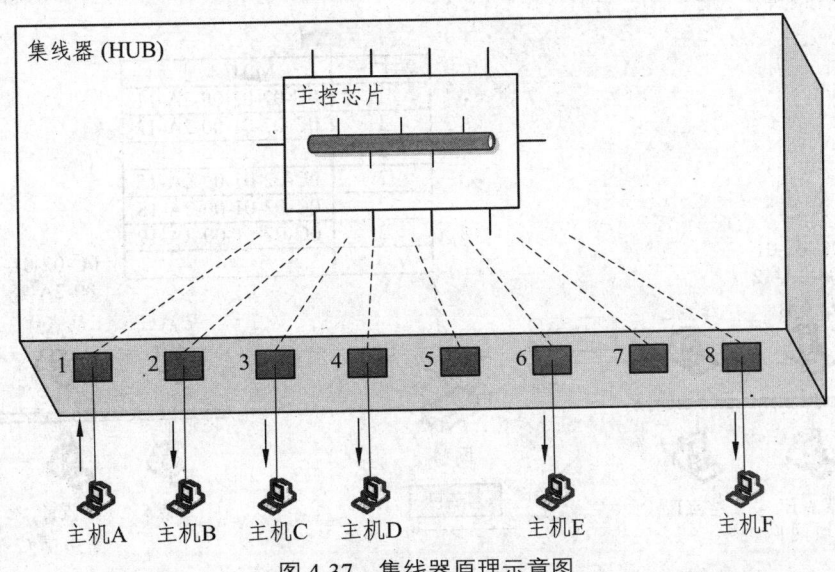

图4-37　集线器原理示意图

常见的集线器的RJ-45端口数量常见的有8~24个。如果需要联网的节点数超过单个集线器的端口数时，可以采用多台集线器级联以扩展网络规模。支持级联的集线器通常具有一个或多个UPLINK（级联）端口。两个使用RJ-45端口的集线器可通过最长不超过100 m的双绞线进行级联，由于集线器工作在物理层，不对以太网帧作任何处理，故集线器级联时与中继器相似，只对信号进行转发，级联的多个集线器上的所有节点仍然属于同一个冲突域和广播域。

3. 网桥

网桥（Bridge）是一个连接两个或多个物理网络的二层网络互联设备。如图 4-38 所示，网桥能识别 MAC 帧中的地址，并根据连接的网络进行帧格式的转换。在 4.6.1 节中所述的以太网交换机，其技术实际上是源于网桥，有资料将以太网交换机称为多接口网桥。一个二端口的网桥的基本结构有转发处理器、缓冲存储器、"端口—MAC 地址映射表"及连接两个局域网的网络适配器。

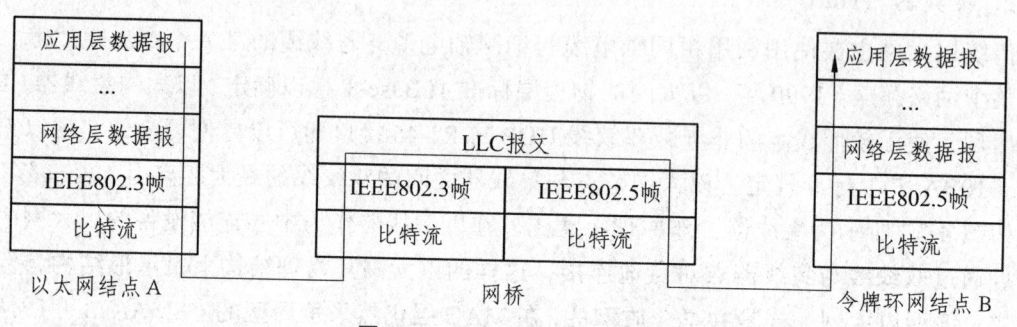

图 4-38　网桥工作层次示意

1）网桥的基本工作原理

网桥可以实现两个或多个（视端口数量而定）同构局域网（如两个以太网）的互联，也可以实现异构局域网（如以太网与令牌环网）之间的互联。图 4-39 示意了一个网桥桥接两个以太网的工作原理。

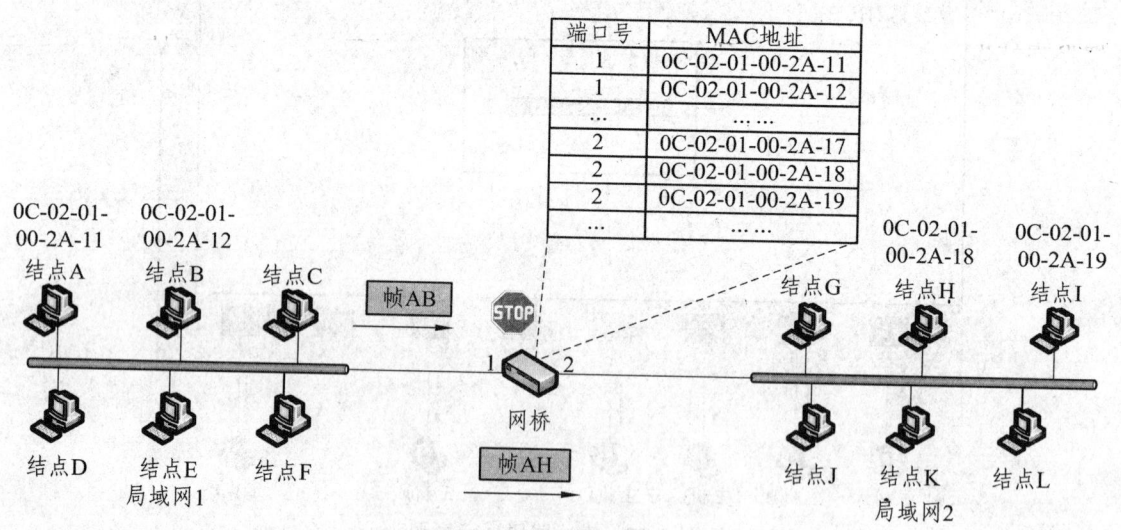

图 4-39　网桥工作原理

网桥通过两个以太网网络适配器端口分别连接到局域网 1 与局域网 2 中。网桥的端口 1 连接局域网 1，端口 2 连接局域网 2。

网桥中有一个"端口号—MAC 地址映射表"，该表用来记录网桥端口与端口所连接的局域网中的主机的 MAC 地址对应关系，该表也称为"转发表"。转发表中，端口号与主机 MAC 地址的对应为一对多，即有多个表项用以记录一个端口与一批主机的对应关系。

112

局域网 1 中的节点 A 发送数据帧 AB 给节点 B 时，帧 AB 中的源地址为 A 的 MAC 地址：0C-02-01-00-2A-11，目的地址为 B 的 MAC 地址：0C-02-01-00-2A-12。网桥接收到帧 AB 后，识别帧 AB 中的源地址和目的地址，然后查询转发表，得知节点 A 与节点 B 的 MAC 地址都对应同一个网桥端口，即节点 A 和节点 B 同在一个网络，不需要转发到其他网络，网桥便丢弃帧 AB。

若节点 A 向节点 H 发送数据帧 AH，帧 AH 中的源地址为"0C-02-01-00-2A-11"，目的地址为"0C-02-01-00-2A-18"。网桥接收到帧 AH 后，识别帧 AH 中的源地址和目的地址，然后查询转发表，确定帧的来源节点 A 的 MAC 地址与网桥的端口 1 对应，即节点 A 在局域网 1 中，而目的节点 H 的 MAC 地址与网络的端口 2 对应，即 H 在局域网 2 中，节点 A 和节点 H 分别处于不同的局域网，网桥则需要转发该帧到局域网 2。网桥将来自 1 端口的帧 AH 经端口 2 转发到局域网 2，节点 H 便能接收到帧 AH。

2）网桥转发表的建立与维护

根据网桥转发表的建立方法可以把网桥分为两种，一种为源路由网桥（Source Route Bridge）；另一种为透明网桥（Transparent Bridge）。

（1）源路由网桥。

源路由网桥中，数据帧从源节点到达目的节点所经过的路径是由源节点预先给定的。每个节点在发送帧时，将详细的路由信息写在帧头部，网桥根据帧头部里给定的路由来转发帧。

为了生成合适的路由，源主机以广播方式向目的节点发送用于探查路由的发现帧（Discover Frame）。发现帧在网桥互联的所有的局域网中传输，即当发现帧经过网桥时，网桥会把发现帧生成多个副本以广播到各个局域网。在广播传输过程中，每个发现帧都记录其所经过的网桥。当这些发现帧到达目的节点后，目的节点会将每个到达的发现帧沿着所探明的路由原路发回给源节点。源节点收到返回的路由信息后，从所有可能的路由中选择出一个最佳路由。如选择一条需经过网桥数最少的路径。

发现帧的还可以帮助源节点确定整个网络允许的最大帧长度。

源路由网桥的工作相对简单，其不需要建立和维护转发表。但每个源节点为了探查路径，都必须发出发现帧，这无疑增加了网络的额外开销，降低了网络的通道效率。

（2）透明网桥。

透明网桥中有一个用以决定如何转发帧的转发表，其记录了目的节点的 MAC 地址与网桥端口的对应关系。

转发表是由网桥通过自学习（Self-Learning）的方式建立的。网桥的 MAC 地址自学习方法与前面 4.6.1 节中所述的交换机的 MAC 地址自学习方法是相似的。

一开始时透明网桥的转发表是空的。若网桥从端口 1 接收到一个源地址字段值为"0C-02-01-00-2A-11"的帧，则表明该帧的源节点 A 处于端口 1 所连接的局域网 1 中，此时网桥便在转发表中记录地址"0C-02-01-00-2A-11"与端口 1 的对应关系。网桥以此方法将所有可能的 MAC 地址与端口对应关系记录下来。

为能及时更新路径的状况，透明网桥的转发表中的每个项目还记录了项目建立的时间。网桥的端口管理软件周期性扫描转发表，并将一定时间之前建立的记录删除，当有新的帧到达再如上地建立新的对应关系。如此，网桥的转发表能够及时地反映网络连接状况的变化。

透明网桥通过自学习算法建立和维护转发表，是一种即插即用的局域网互联设备。局域网的节点无须关注帧传输路径，不需要知道网桥的存在。因此，对于网络主机来说，网桥是透明的，故称为透明网桥。

网桥曾经是重要的局域网互联设备，故其也衍生了多种技术，如生成树协议。但网桥作为网络互联设备目前基本上已被淘汰，故本书不再详细讲解相关内容，有需要的读者可以自行查阅相关资料以了解。

3）网桥的特点及与其他设备的比较

（1）从工作的层次来看中继器、集线器是信号处理设备，工作在物理层；而交换机与网桥则对帧进行转发，工作在 MAC 层。

（2）从网络工程应用的角度来看，集线器与交换机属于组建以太网的基础设备，中继器则是能力有限的局域网规模扩展设备；网桥属于在 MAC 层实现局域网互联的设备。

（3）网桥、中继器和级联的集线器都可以认为是网络规模扩展设备。中继器和级联的集线器工作于物理层，只对收到的信号进行放大、滤波、整形然后转发，而不能根据源地址和目的地址进行判断是否真正需要转发，如此便扩大了冲突域和广播域，可能导致网络效率降低。因此，其不适合于较大规模地扩展局域网。网桥工作于数据链路层，以帧为处理对象，对帧进行接收、存储、判断转发以实现局域网互联。网桥将互联的局域网分割成多个冲突域，隔离了局域网之间的流量，改善了互联局域网的性能与安全性。

（4）当网桥接收到的帧的目的地址是一个多播或广播地址，或者帧的目的地址在转发表中没有记录，网桥无从决定应该向哪个端口转发帧时，网桥会采用"扩散算法（Flooding Algorithm）"，把帧向来源端口之外的所有其他端口转发出去。这种方法可以简单地避免帧的丢失，但是也带来很大的问题，"盲目地"广播会使某些网络增加了无用的通信量，造成"广播风暴（Broadcast Storm）"。

4.7 无线局域网

4.7.1 无线局域网的基本概念

随着 Internet 应用的迅猛发展，笔记本电脑、个人数字助理（PDA）和智能手机等移动计算终端的日益普及，人们对无线局域网（Wireless LAN，简称 WLAN）的需求也急剧增加。WLAN 利用红外线、无线电磁波来发送和接收数据，而无需有线传输介质，在很多应用领域具有独特的优势，可提供随时随地、自由高速的 Internet 接入，让广大用户享受到更多便利、安全的网络服务。近年来，全球范围内无线局域网的数量急剧增加，成为网络发展的必然趋势。

无线局域网的发展速度相当快。最早的无线局域网支持数据传输速率为 2 Mb/s，而当前流行的 WLAN 设备多数支持 150 Mb/s 甚至更快的速率。无线局域网应用领域主要有以下几个方面（见图 4-40 所示）。

1. 扩充有线局域网

有线局域网使用非屏蔽双绞线实现了 100 Mb/s 或更高速率的传输，使得结构化布线技术得到了广泛的应用。很多建筑物在建设过程中已经预先布好了线路，但是在某些特殊的环境中，比如旧建筑、大型会展场所、运动场地或临时会场等，铺设线路却是不方便的。这样无线局域网便能发挥有为重要的作用。

2. 建筑物之间的互联

常见的 5 类双绞线在局域网中应用的最大长度限制为 100 m，如果园区中两个分布在不同楼宇的局域网其连线长度超过了这个，则不方便连接。此时，可以用无线网桥或无线路由器为两幢楼的局域网建立一条桥接的无线链路。

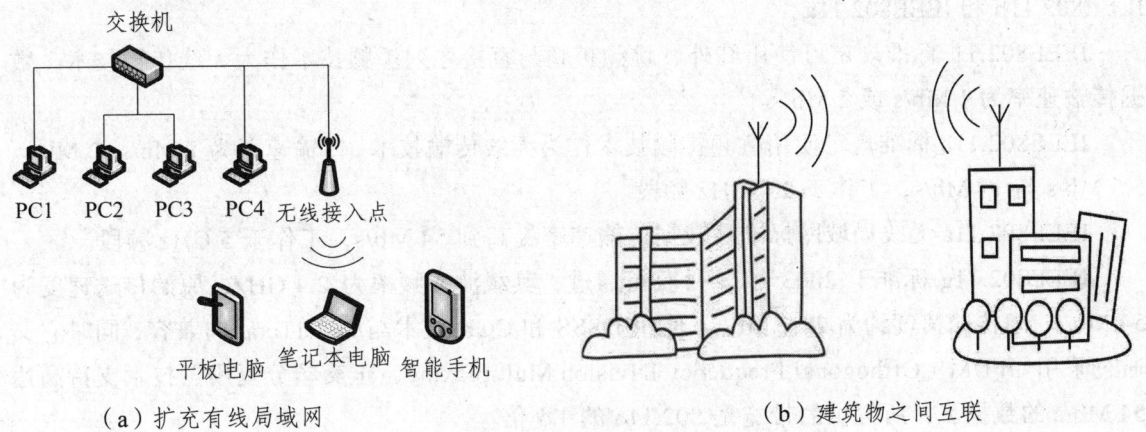

（a）扩充有线局域网　　　　　　　　　　　　　　（b）建筑物之间互联

图 4-40　无线局域网的应用

3. 移动互联网接入

移动数据终端设备如笔记本电脑、个人数字助理或智能手机等设备可通过无线局域网实现漫游访问（Nomadic Access）互联网。这种应用在大学校园、商场、会议厅或车站场所等尤显重要与便利。

4. 无线自组网络

无线自组网络（Ad hoc）采用的是一种不需要基站的"对等结构"移动通信模式。Ad hoc 网络中所有联网设备可以在移动过程中动态组网。例如在户外临时聚集的数台笔记本电脑或智能手机就可以不经无线路由器组成 Ad hoc 网络，相互间即可方便地进行文字、语音、图像与视频等信息交换。如图 4-41 所示。

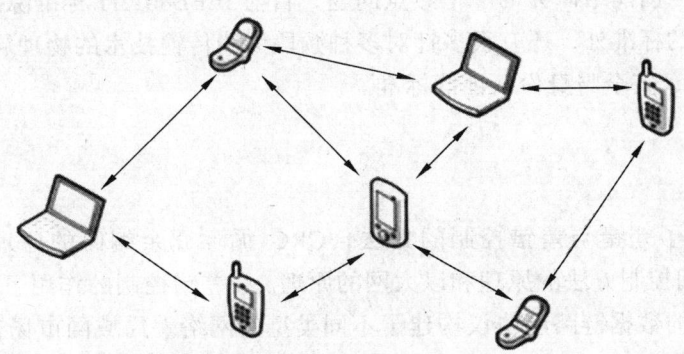

图 4-41　无线自组网络

4.7.2　无线局域网标准

无线局域网技术与标准的研究最早由 IEEE802.4 工作组于 1987 年开展，其最初的目标是研究无线传输的令牌总线网的介质访问控制协议。经研究后发现令牌总线访问控制方法不适合于无线信道。1990 年，IEEE802 委员会新组建了 IEEE802.11 工作组，专门从事无线局域网标准的研究，并发布了一系列以 IEEE802.11 为基础的无线局域网标准。下面对一些无线局域网标准进行简单介绍。

第一个无线局域网的标准 IEEE802.11 于 1997 年获得批准，之后又出现了两个扩展版本 IEEE802.11b 和 IEEE802.11a。

IEEE802.11 标准规定可使用红外、跳频扩频与直接序列扩频技术作为无线传输技术，数据传输速率为 1 Mb/s 或 2 Mb/s。

IEEE802.11b 标准规定使用跳频扩频技术作为无线传输技术，传输速率为 1 Mb/s、2 Mb/s、5.5 Mb/s 与 11 Mb/s，工作于 2.4 GHz 频段。

IEEE802.11a 无线局域网标准将数据传输速率提高到 54 Mb/s，工作于 5 GHz 频段。

IEEE802.11g 标准于 2003 年 7 月获得通过，其载波的频率为 2.4 GHz，原始传送速度为 54 Mb/s，净传输速度约为 24.7 Mb/s；使用 DSSS 和 CCK 技术与 802.11b 后向兼容，同时它又通过采用 OFDM（Orthogonal Frequency Division Multiplexing，正交频分复用）技术支持高达 54 Mb/s 的数据流，所提供的带宽是 802.11a 的 1.5 倍。

IEEE802.11n 标准确定于 2009 年 9 月，传输速率提高达 350 Mb/s，特定条件下甚至高达 475 Mb/s；采用多输入多输出（MIMO）和频道绑定（CB）的正交频分复用（OFDM）技术；MIMO 使用多个发射和接收天线来支持更高的数据传输速率；传送距离比之前的无线网络的更远。

IEEE802.11ac 标准使用 5 GHz 频段，采用更宽的基带（最高扩展到 160 MHz）。更多的 MIMO 和更高密度的调制解调（256 QAM）；理论上，IEEE802.11ac 标准的无线局域网可以为多个站点服务提供 1 Gb 的带宽，或是为单一连接提供 500 Mb/s 的传输速率。

最新的 IEEE802.11ad 标准工作在 57～66 GHz 频段。802.11ad 草案显示其将支持近 7 Gb 的带宽；由于载波特性的限制，这一标准将主要用于满足个人区域网（PAN）对于超高数据传输速率的需求。

无线局域网是当前网络研究的一个热点问题，目前 IEEE802.11 标准除了上述的一系列与无线网络建设有关的标准外，还有很多针对多种频段无线传输技术的物理层、MAC 层、无线网桥以及 QoS 管理、安全与身份认证等标准。

4.8　小结

本章主要介绍了差错与差错控制的方法，CRC 循环冗余编码的原理，HDLC 协议，CSMA/CD 介质访问控制方法的原理和以太网的原理。在差错控制的作用下，数据的传输正确性得以保证。不同的数据链路层协议构建了不同类型的网络。局域网市场曾经存在着令牌总线网、令牌环网和以太网三足鼎立的现象，后来基于以太网的技术得以继续发展。

4.9 实验

1. 实验名称

以太网帧的分析。

2. 实验内容

（1）安装并了解网络数据分析软件 WIRESHARK 的使用方法。

（2）利用 WIRESHARK 捕获一定数量的帧。

（3）解读所捕获的帧的相关信息。

3. 实验目的

通过分析以太网帧结构及帧中数据内容，加深理解以太网的数据收发原理。

习题

一．名词释义

差错　　　　　检错码　　　　　　纠错码　　　　　　透明传输　　　　　差错控制
令牌　　　　　流量控制　　　　　误码率　　　　　　捎带确认　　　　　PPP 协议
帧　　　　　　误码率　　　　　　数据链路层协议　　网桥　　　　　　　载波侦听
共享介质　　　冲突　　　　　　　速率自动协商　　　冲突窗口　　　　　地址学习
虚拟局域网　　IEEE802 委员会

二．选择题

1. 建立数据链路层的主要目的是将有差错的（　　　）线路变为对网络层无差错数据链路。
   A. 物理线路　　　B. 数据总线　　　C. 点对点链路　　　D. 端对端链路
2. 帧传输中采用转义字符或比特 0 插入删除的目的是实现数据传输的（　　　）。
   A. 正确性　　　　B. 安全性　　　　C. 透明性　　　　　D. 可靠性
3. 数据链路层功能包括链路管理、帧传输、流量控制与（　　　）。
   A. 信号检测　　　B. 面向连接确认服务
   C. 差错控制　　　D. 路由选择
4. HDLC 协议提供的服务类型是（　　　）。
   A. 面向连接确认服务　　　　　　　B. 面向连接不确认
   C. 无连接确认　　　　　　　　　　D. 无连接不确认
5. 在（　　　）差错控制方式中，只会重新传输出错的数据帧。
   A. 连续工作　　　B. 停止等待　　　C. 选择重发　　　　D. 拉回
6. 在（　　　）差错控制方式中，如果某一帧传输出错，则会从该帧开始重发后面的帧。
   A. 连续工作　　　B. 停止等待　　　C. 选择重发　　　　D. 拉回
7. 比特 0 插入/删除方法规定发送方在数据字段检查出连续（　　　）个 1 则在其后面插入一个 0。
   A. 4　　　　　　B. 5　　　　　　C. 6　　　　　　　 D. 7
8. 如果生成多项 $D(x)$ 为 101001，以下 4 个 CRC 校验比特序列中只有哪个可能是正确的?

(   )。

    A. 11010　　　　B. 101011　　　　C. 1101101　　　　D. 10110001

9. 以下关于 HDLC 帧的描述中，错误的是（   ）。

    A. 发送序号 N（S）表示当前发送的信息帧的序号

    B. 接收序号 N（R）表示已正确接收序号为 N（R）的帧及以前各帧

    C. 对于 NRM，探询位 P=1，表示主站向从站发出"探询"

    D. P 与 F 只在信息帧交换过程中成对出现

10. 以下关于 HDLC 监控帧的描述中，错误的是（   ）。

    A. RR 表不确认序号为 N(R)=1 及其以前的各帧

    B. RNR 表示确认序号为 N(R) 及其以前的各帧，暂停接收下一帧

    C. REJ 表示确认序号为 N(R)=1 及其以前的各帧 N(R)，以后的各帧被否认

    D. SREJ 表尔确认序号为 N(R)=1 及其以前的各帧，只否认序号为 N(R)的帧

11. 以下关于 HDLC 监控帧在滑动窗口实现机制中作用的描述中，错误的是（   ）。

    A. RR 帧、RNR 帧用于拉回重传方式

    B. SREJ 帧用于选择重传方式

    C. REJ 帧用于两种重传方式

    D. 所有监控帧都不包含发送序号，但是必须有接收序号

12. 采用回退 N 帧的 ARQ 时，发送方使用帧编码为 0~6，如果编号为 1 的帧确认没有返回出现超时，那么发送方需要重发的帧数为（   ）。

    A. 1　　　　B. 2　　　　C. 6　　　　D. 7

13. 对于 HDLC 协议的 NRM 工作模式中，关于主站发送数据帧"N（s）=3,N（R）=4,p=1"的描述中错误的是（   ）。

    A. 主站已正确接收从站发送序号 3 及以前的数据帧

    B. 从站要发送序号为 4 的数据帧

    C. 主站探询从站是否要释放数据链路连接

    D. 主站已经结束数据链路连接

14. 以太网交换机工作在（   ）。

    A. 物理层　　　　B. 数据链路层　　　　C. 网络层　　　　D. 高层

15. 以下关于 PPP 协议特点的描述中，错误的是（   ）。

    A. 支持点-点线路连接，不支持点-多点连接

    B. 支持全双工通信，不支持单工与半双工通信

    C. 可以支持异步通信或同步通信

    D. 使用帧序号，提供流量控制功能

16. 以下关于 PPP 帧头结构的描述中，错误的是（   ）。

    A. 标志字节值为 0x7E　　　　B. 地址字段值为 0xFF

    C. 控制字段值为 0x02　　　　D. 协议字段值分别对应三种类型帧

17. PPP 帧允许的最大传输单元长度为（   ）。

    A. 1 518 B　　　　B. 1 024 B　　　　C. 1 200 B　　　　D. 1 500 B

18. 以下关于 PPP 协议工作过程的描述中，错误的是（　　）。
   A. 建立 PPP 链路连接首先发出 LCP 配置请求帧
   B. PPP 的链路认证协议主要有两种：PAP 与 CHAP
   C. PAP 用密文传输用户名与口令
   D. CHAP 认证可以防止出现重发攻击

19. 在 CRC 循环冗余编码计算中，比特序列 101101 对应的多项式为（　　）。
   A. $x^6+x^4+x^3+1$ B. $x^5+x^3+x^2+1$
   C. $x^5+x^3+x^2+x$ D. $x^6+x^5+x^4+1$

20. 10Base-2 以太网的一个网段的最大长度约为（　　）米。
   A. 500   B. 1 000   C. 200   D. 2 000

21. 10Base-T 以太网的数据传输速率是（　　）Mb/s。
   A. 10   B. 1 000   C. 100   D. 2 000

22. 10Base-T 以太网的传输介质是（　　）。
   A. 无线电波   B. 双绞线   C. 光纤   D. 同轴电缆

23. 局域网中继器工作在（　　）。
   A. 数据链路层   B. 传输层   C. 网络层   D. 物理层

24. 网桥是工作在（　　）的网络互联设备。
   A. 物理层   B. 网络层   C. 应用层   D. 数据链路层

25. Ethernet 局域网采用的介质访问控制方式为（　　）。
   A. CSMA   B. CSMA/CD   C. TOKEN   D. CSMA/CA

三. 问答题

1. 简述数据链路层的主要功能是什么。
2. 解释什么检错码和纠错码。
3. 解释什么是差错控制。
4. 解释采用"比特 0 插入/删除"技术的原因及其基本工作原理。
5. 解释什么是停止等待 ARQ。
6. 解释什么是连续 ARQ。
7. 解释什么是滑动窗口协议。
8. 简述采用 CSMA/CD 介质访问控制方法的局域网节点数据发送与接收的过程。

四、计算题

1. 数据字段为 1110101011，生成多项式 $D(x)$ 为 110011。请生成相应的 CRC 编码，并画出所有 CRC 编码的曼彻斯特编码波形图。

2. 某个数据通信系统采用 CRC 校验方式，生成多项式 $D(x)$ 为 110101，目的主机接收到的二进制比特序列为 1101101011001。请分析判断传输过程中是否出现了差错。

第 5 章 网络层

本章介绍网络的相关内容，主要介绍网络层的基本概念、网络层的功能、典型的网络协议（IP 协议）以及网络互联、路由选择、路由器的基本知识。

【本章重点】
（1）网络层的概念；
（2）IP 协议的概念；
（3）IP 地址相关知识，主要包括标准分类的 IP 地址、子网划分、无类域间路由、NAT 技术；
（4）路由选择协议 RIP、OSPF 及 BGP 协议的原理。

【本章难点】
（1）IP 地址相关知识；
（2）路由选择协议 RIP、OSPF 及 BGP 协议的原理。

【本章关键词】
网络层，路由选择，IP 协议，子网，RIP，OSPF，IPv6。

5.1 网络层的基本概念

5.1.1 网络层的功能

网络层是解决网络与网络之间互联，即网际通信的问题，而不是一个物理网络内部的事，如图 5-1、图 5-2 所示。在计算机网络中进行通信的两个计算机所交换的数据，可能会经过很多个数据链路，也可能还要经过很多通信子网。网络层的主要任务就是选择合适的网间路由和交换节点，确保数据从源主机向目的主机传送。具体功能包括寻址、路由选择及连接的建立、保持和终止等。

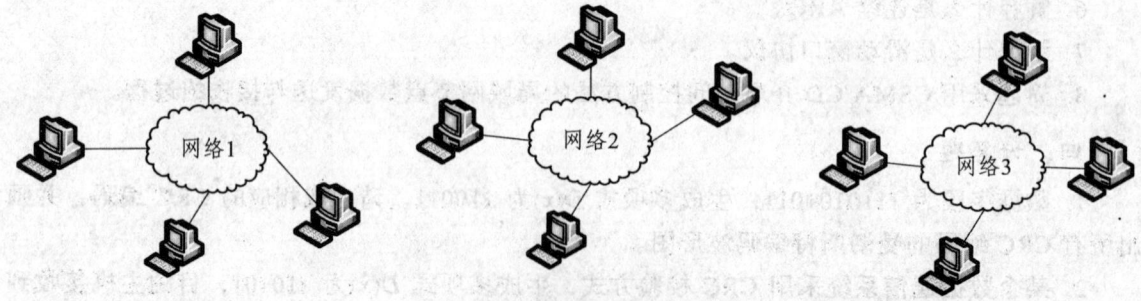

图 5-1 未互联的多个独立网络

目前，Internet 的网络层协议是 IP 协议，故网络层协议常见的数据单元称为 IP 数据报，又因 IP 数据报常被分成限制大小的报文分组，故常称 IP 分组。网络层是基于数据链路层的服务工作的，在发送的一方，网络层将传输层提交的数据段封装成分组交给数据链路层，数据链路层将分组封装成数据帧；在接收的一方，数据链路层将分组从数据帧中解封装出来，向上提交给网络层，网络层再将数据段从分组中解封装出来向上提交给传输层。因此，传输层不需要了解网络中的数据传输方式和交换技术。

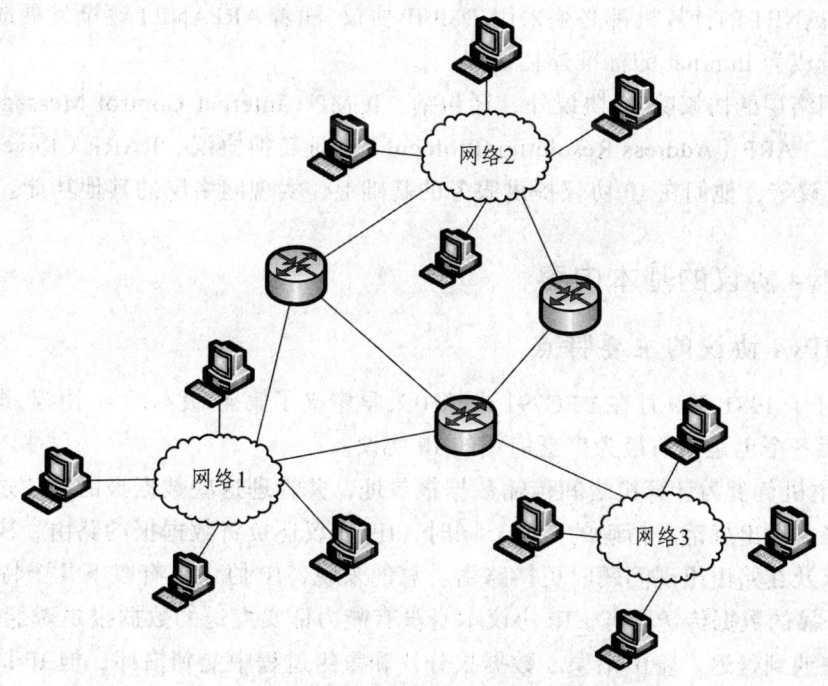

图 5-2 多个网络互联

IP 分组中除封装有来自于传输层的数据段外，还有网络层协议报头，报头中含有逻辑地址信息——源站点和目的站点地址的网络地址及路由选择、流量管制和拥塞控制等相关的控制信息。如图 5-3 所示。

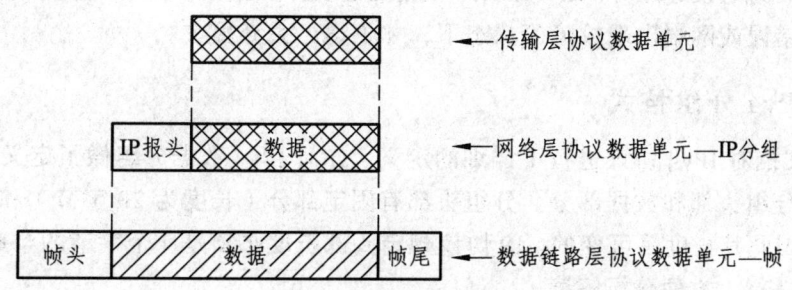

图 5-3 IP 分组与相邻层数据单元的关系

5.1.2 典型的网络层协议：IP 协议

IP 协议（Internet Protocol）是 TCP/IP 协议簇中的核心协议，其被划归于 TCP/IP 模型中的互联网层，是互联网层的核心协议，TCP/IP 模型的互联网层与 OSI 参考模型的网络层相对应。

TCP/IP 协议最早由斯坦福大学的两名研究人员于 1973 年提出。之后经历了一系列的改进，协议的版本也有相应的发展。

1983 年 TCP/IP 被 Unix 4.2 BSD 系统采用。随着 Unix 系统的成功，TCP/IP 逐步成为 Unix 机器的标准网络协议。Internet 的前身 ARPANET 最初使用 NCP（Network Control Protocol）协议，由于 TCP/IP 协议具有跨平台特性，ARPANET 的实验人员在经过对 TCP/IP 的改进以后，规定连入 ARPANET 的计算机都必须采用 TCP/IP 协议。随着 ARPANET 逐渐发展成为 Internet，TCP/IP 协议就成为 Internet 的标准连接协议。

TCP/IP 网络层的协议除 IP 协议外，还包括：ICMP（Internet Control Message Protocol）控制报文协议、ARP（Address Resolution Protocol）地址转换协议、RARP（Reverse ARP）反向地址转换协议等，他们在 IP 协议提供服务的基础上，实现网络层的其他功能。

5.2 IPv4 协议的基本内容

5.2.1 IPv4 协议的主要特点

Jon Postel 于 1981 年 9 月在 RFC791 文档中最早定义了第 4 版本的 IP 协议，即 IPv4 协议。IPv4 是目前第一个也是当前最为广泛应用的 IP 协议。

IP 协议主机负责为计算机之间传输数据报寻址，并管理这些数据报的分片过程。它对传送的数据报格式做出规范、精确的定义。同时，IP 协议还负责数据报的路由，决定数据报的发送路径，以及在路由出现问题时更换路由。总的来说，IP 协议具有以下几个特点：

（1）不可靠的数据传送服务。IP 协议本身没有能力证实发送的数据报是否能被正确接收，数据报可能在遇到延迟、路由错误、数据报分片和重组过程中受到损坏，但 IP 协议不检测这些错误，在发生错误时，也没有机制保证一定可以通知发送方和接收方。

（2）无连接的传输服务。IP 协议不管数据沿途经过哪些节点，甚至也不管数据报起始于哪台计算机，终止于哪台计算机。数据从源节点到目的节点可能经过不同的传输路径，而且这些数据报在传输的过程中有可能丢失，也有可能正确到达。

（3）尽力而为的投递服务。IP 协议并不随意地丢弃数据报，只有当数据报的生命周期耗尽、接收数据错误或网络出现故障等状态下，才不得已丢弃报文。

5.2.2 IPv4 分组格式

RFC791 文档对 IPv4 协议进行了详细的定义，亦对 IPv4 数据分组做了定义。IPv4 分组由两部分组成，分组头部和数据部分。分组头部有固定部分（长度为 20 字节）和可选部分（最长 40 字节），因此其长度是可变的。IP 协议规定头部长度必须是 4 个字节的整数倍，故图 5-4 中以 4 字节为一行，方便分析解读。

分组头部各字段意义：

版本号（Version）：长度 4 bit。标识 IP 分组所用的 IP 协议的版本号。一般的值为 0100（即十进制的 4，表明 IP 协议为 IPv4）。

报头长度（Header Length）：长度 4 bit。这个字段的作用是为了描述 IP 报头的长度，因为在 IP 报头中有变长的可选部分。IP 报头长度字段占 4 bit，可表达的十进制值范围为 0～15，以 4 个字节作为计数单位，即实际报头长度=报头长度值×4。例如一个 IP 报头长度字段值为 "1111"（十进制值：15），则报头实际长度为即 15×4=60 个字节。IP 报头最小长度为 20 字节。

0 1 2 3	4 5 6 7	8 9 10 11 12 13 14 15	16 17 18 19 20 21 22 23 24 25 26 27 28 29 30 31
版本号	报头长度	服务类型	分组总长度
标识符			标记	片偏移
生存时间		协议	头部校验和
源地址			
目的地址			
可选项			
数据			

图 5-4　IPv4 分组格式

服务类型（Type of Service）：长度 8 bit。此 8 位的意义简称为 PPPDTRC0。其中：
PPP：定义本数据分组的优先级，取值越大数据分组越重要；
DTRC0：
D 时延：0 为普通，1 为延迟尽量小；
T 吞吐量：0 为普通，1 为流量尽量大；
R 可靠性：0 为普通，1 为可靠性尽量大；
M 传输成本：0 为普通，1 为成本尽量低；
0：服务类型字段的最后一位被保留，恒定为 0；

分组总长度（Total Length）：长度 16 bit。以字节为单位计算的 IP 分组的长度（包括头部和数据），所以 IP 分组最大长度 65 535 字节。

标识符（Identifier）：长度 16 bit。该字段和 Flags 及 Fragment Offset 字段联合使用，对较大的上层数据报进行分段（Fragment）操作。路由器将一个数据报拆分后，所有拆分而成的分组被标记相同的值，以便目的端设备能够区分哪个分组属于被拆分开的数据报的一部分。

标记（Flags）：长度 3 bit。该字段第一位不使用。第二位是 DF（Don't Fragment）位，DF 位设为 1 时表明路由器不能对该上层数据报分段。如果一个上层数据报无法在不分段的情况下进行转发，则路由器会丢弃该上层数据报并返回一个错误信息。第三位是 MF（More Fragments）位，若路由器对一个上层数据报分段，最后一个段的 IP 分组之前的所有分组的报头中，MF 位都被设为 1，以表示其后还有分段，而最后一个分组的报头中的 MF 位为 0。

片偏移（Fragment Offset）：长度 13 bit。表示该 IP 分组的数据在原数据报中位置，接收端以此来组装各分组中的数据段，恢复原始数据报。

生存时间（TTL）：长度 8 bit，数值范围为 0~255，用以表示 IP 分组的生存时间，IP 分组的生存时间以可经过的路由器的个数为计算依据。当 IP 分组被传输时，该字段被指定一个初始值。IP 分组每经过一个路由器时，路由器就将该 IP 分组的 TTL 值减少 1。如果 TTL 减少为 0，则该 IP 分组会被减为 0 的路由器丢弃。本字段可以防止由于路由环路而导致 IP 分组在网络中不停被转发。

协议（Protocol）：长度 8 bit。标识了上层所使用的协议。如表 5-1 所示列出了比较常用的协议号对应的协议名称。

表 5-1 常用的协议号及相应名称

协议号	协议名称	协议号	协议名称	协议号	协议名称
1	ICMP	2	IGMP	6	TCP
17	UDP	88	IGRP	89	OSPF

头部校验（Header Checksum）：长度 16 bit。用来做 IP 头部的正确性检测，校验范围不包含数据部分。因为每个路由器要改变 TTL 的值，所以路由器会为每个通过的数据报重新计算这个值。

源地址和目标地址（Source Address，Destination Address）：这两个字段都是 32 bit，标识了 IP 分组的源主机 IP 地址和目的主机的 IP 地址。通常在 IP 分组的整个传输的过程中，这两个地址不会改变，除非经过了 NAT 地址转换。

可选项（Options）：这是一个长度可变的字段，本字段属于可选项，主要用于测试，由源主机根据需要添加。可选项目包含以下内容：

松散源路由（Loose Source Routing）：列出 IP 分组传输时需要经过的路由器的接口的 IP 地址。IP 分组必须沿着这些 IP 地址传送，但是允许在相继的两个 IP 指定的路由器之间有多个路由器。

严格源路由（Strict Source Routing）：列出 IP 分组必须严格路经的路由器接口的 IP 地址。IP 分组必须沿着这些 IP 地址传送，如果某次的下一跳不在 IP 地址表中则表示发生路由错误。

路由记录（Route Record）：当 IP 分组离开每个路由器的时候，记录所经过的出口的 IP 地址。

时间戳（Time Stamps）：记录 IP 分组离开每个路由器的时间。

填充（Padding）：因为 IP 报头长度（Header Length）字段的计数单元为 4 字节，所以 IP 报头的长度必须为 4 字节的整数倍。因此，在可选项后面，IP 协议会填充若干个 0，以达到 4 字节的整数倍。

5.3 IPv4 地址

5.3.1 IP 地址的基本概念

IP 地址的英文名称是 Internet Protocol Address，即互联网协议地址，是 IP 协议中定义的统一格式的地址标识，用于标识互联网中的各个主机的网络接口。实际组成互联网的各个物理网络的标准各有不同，则各种物理地址（MAC 地址）也有所不同、互不兼容。IP 协议为互联网中的每一个网络和每一台主机分配了一个统一格式的 IP 地址，以此来屏蔽物理地址的差异，以实现全网统一的寻址方法。目前常用的 IPv4 协议的 IP 地址是一个 32 位的二进制数。形式如下：

11010010001001001111011101111001

为了方便日常使用，IP 地址的 32 位二进制数每 8 位被分为一段，每段转换为相应的十进制数并以圆点分隔，这样的表示方法被称为点分十进制。例如上面的 IP 地址的点分十进制形式为：210.36.247.121。转换方式如表 5-2 所示。

表 5-2　IP 地址的点分十进制表示

二进制	11010010	00100100	11110111	01111001
十进制	210	36	247	121

IP 地址是 IP 协议里一个特别重要的组成部分，IP 地址技术的发展经历了标准分类、划分子网、构造超网和网络地址转换四个重要的阶段。

（1）地址分类：IP 地址按其值范围被划分为 A、B、C、D、E 五类，这最早的 IP 地址的使用标准，是在 1981 年确定的 IP 协议标准中所做的规定。

（2）划分子网：早期 IP 地址分类方法对地址分配不合理，IP 地址不能被充分利用，J.C. Mogul 与 Jon Postel 于 1985 年提出了划分子网的方案 RFC950 并获得通过。

（3）构造超网：子网的划分使 IP 地址得到了更有效的分配，但同时也带来了更多的路由表项，给核心路由器带来更大的负荷，即俗称的"路由表危机"。构造超网是将若干个地址连续的 IP 网络结合在一起，使用无类别域间路由选择算法，以减少核心路由器中路由表项的数量，从而减轻核心路由器的工作负荷。

（4）网络地址转换：即 NAT（Network Address Translation）。这一技术是于 1996 年提出的，由于互联网全球化，IP 地址日益短缺，而新的 IP 技术推广进展缓慢，人们急需解决 IP 地址短缺的问题，于是提出了将一部分 IP 地址划分为私有地址，以便在不同局部网络内使用，当需要对外时才转换成全网唯一识别的地址。这便是网络地址转换。

下面将分别讲述 IP 地址技术发展的各个阶段。

5.3.2　IP 地址与网络接口

IP 地址标识的是一台主机或路由器的网络接口。如图 5-5 所示给出了网络接口与 IP 地址的关系示意图。

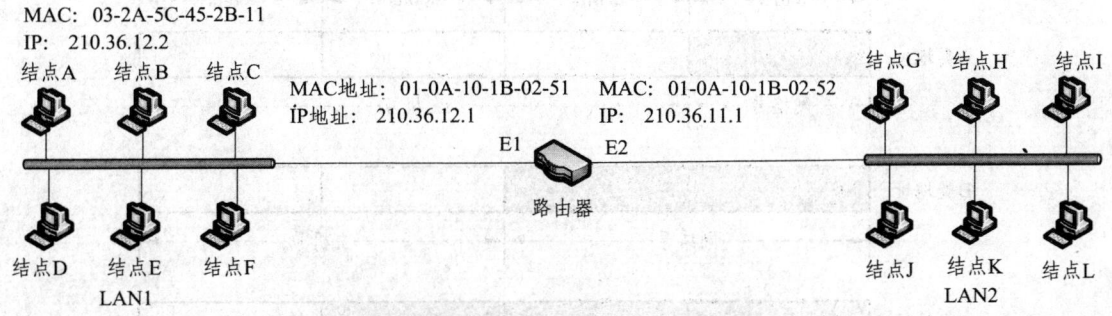

图 5-5　网络接口与 IP 地址的关系

局域网 LAN1 与 LAN2 都是 Ethernet，它们通过路由器互联。主机 A、B、C、D、E、F 通过 Ethernet 网卡连接 LAN1，主机 G、H、I、J、K、L 也是通过 Ethernet 网卡连接 LAN2，路由器通过安装两个以太网接口分别连接 LAN1 与 LAN2。

以主机 A 为例，主机 A 配备了以太网网卡，网卡通过以太网电缆连接到了 LAN1。主机 A 的 Ethernet 网卡的 MAC 地址是"03-2A-5C-45-2B-11"，网络管理员通过操作系统的界面为主机 1 连接 LAN1 的"接口（interface）"分配一个 IP 地址"210.36.12.2"。这样，主机 A 的 MAC 地址（03-2A-5C-45-2B-11）与 IP 地址（202.1.12.2）就形成了一一对应的关系。同理，其他主机被分配 IP 地址后，也会形成 MAC 地址与 IP 地址的一一对应关系。

路由器实质上是一台专门为网络层协议数据单元（通常为 IP 分组）进行路由选择与转发的专用计算机。图 5-5 中路由器通过 Ethernet 网接口 1（路由器的以太网接口 1 通常记为 E1）连接 LAN1，通过以太网接口 2 连接 LAN2，这两个网络接口也都有固定的 MAC 地址。同时，网络管理员需要给它分配 IP 地址。接口 1 的连接 LAN1，它与主机 A 在一个网络中，需要分配属于 LAN1 网络的 IP 地址，如"210.36.12.1"。这样，E1 的 MAC 地址为"01-0A-10-1B-02-51"。同理，路由器的以太网接口 E2 的 MAC 地址为"01-0A-10-1B-02-52"，对应的 IP 地址为"210.36.11.1"。

由上可知：
（1）连接到 Internet 的每一个主机（计算机或路由器）至少需要分配一个 IP 地址。
（2）IP 地址是分配给网络接口的。
（3）一个主机可以有多个 IP 地址。
（4）网桥、Ethernet 交换机、集线器 Hub 属于数据链路层设备，使用 MAC 地址，不属于网络层设备，不分配 IP 地址。

5.3.3 IP 地址的标准分类

如 5.3.1 节所述，IP 地址是个 32 位的二进制数，理论上，IP 地址总量为 $2^{32}=4\ 294\ 967\ 296$ 个。为了将 IP 地址分配给不同规模的网络使用，并能从某一主机的 IP 地址中识别该主机所在的网络，IP 地址按值的范围被划分为 A、B、C、D 和 E 共五类。其中 A、B、C 类为单播地址，可被分配给网络主机使用，其 32 位二进制数还被分为两部分，即 Net-ID（网络号）和 Host-ID（主机号）。D 类 IP 地址为多播地址，用以一对多的数据传输。E 类地址为保留地址，用以实验需要或保留给以后用。A、B、C、D 和 E 类地址结构特征如图 5-6 所示。

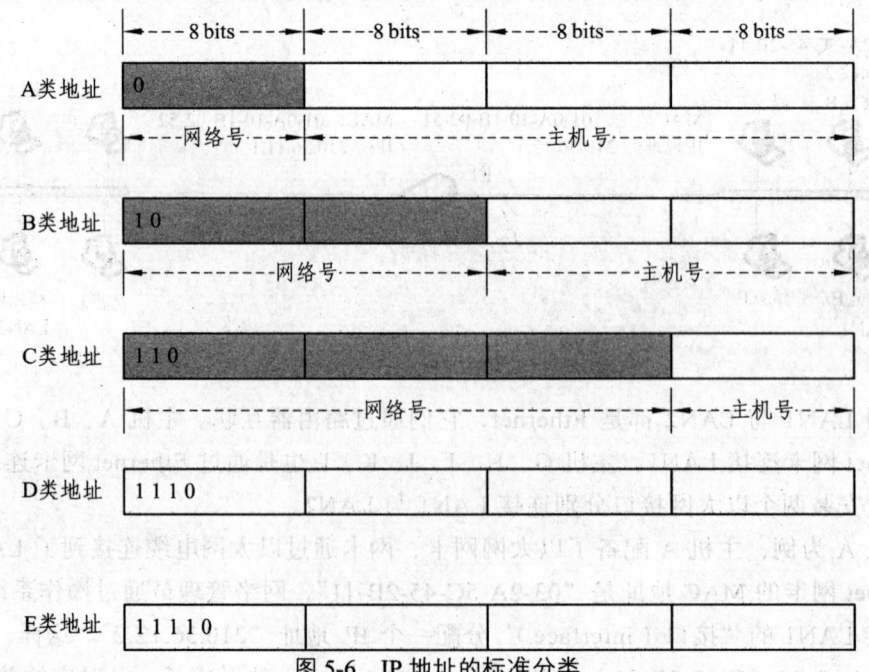

图 5-6 IP 地址的标准分类

1. 标准的 IP 地址分类

1）A 类 IP 地址

首位固定为 0 的 IP 地址被划为 A 类 IP 地址，即：

00000000 00000000 00000000 0000000 ~ 01111111 11111111 11111111 11111111

点分十进制形式为：0.0.0.0 ~ 127.255.255.255。

A 类地址数量占据了 IP 地址总数量的一半，其前 8 位（包括固定为 0 的首位）为网络号（Net-ID），后 24 位为主机号（Host-ID）。由于首位固定为 0，故有 2^7=128 个 A 类网络，每个 A 类网络的规模为 2^{24}=16 777 216。

第 1 个 A 类网络地址范围：0.0.0.0 ~ 0.255.255.255；

第 2 个 A 类网络地址范围：1.0.0.0 ~ 1.255.255.255；

……

第 127 个 A 类网络地址范围：126.0.0.0 ~ 126.255.255.255；

第 128 个 A 类网络地址范围：127.0.0.0 ~ 127.255.255.255。

A、B、C 类网络地址中，一个网络的第一个 IP 地址，例如 1.0.0.0，其主机号全为 0，这样的一个 IP 地址被作为其所在的网络的名称，不可分配给任何主机使用。而主机号全 1 的地址，如 1.255.255.255，也是一个特殊地址，被作为其所在的网络的直接广播地址，只能出现在 IP 数据报中的目的地址字段，同样不分配给任何主机使用。所以一个 A 类网络的实际可分配地址数量为 2^{24}-2=16 777 214 个。

0.0.0.0 和 127.0.0.0 这两个 A 类网络具有特殊用途，不予以分配给一般机构使用，故实际可被分配使用的 A 类网络为 126 个。

2）B 类 IP 地址

除 A 类地址外，余下的 IP 地址都是以 1 开头的，其中首两位为"10"的 IP 地址被划为 B 类 IP 地址，即：

10000000 00000000 00000000 0000000 ~ 10111111 11111111 11111111 11111111

点分十进制形式为：128.0.0.0 ~ 191.255.255.255。

由于前两位为固定的"10"，故 B 类地址的总数量为 2^{30}=1 073 741 824 个，占 IP 地址总数量的四分之一，每个 B 类 IP 地址的前 16 位（包括固定为"10"的前两位）为网络号（Net-ID），后 16 位为主机号（Host-ID）。由于首两位固定为"10"，故有 2^{14}=16 384 个 B 类网络，每个 B 类网络的规模为 2^{16}=65 536，与 A 类网络一样，每个 B 类网络中的主机位为全 0 和全 1 的两个地址不可分配给主机使用，故每个 B 类网络的实际可分配地址数量为 65 534。

第 1 个 B 类网络地址范围：128.0.0.0 ~ 128.0.255.255

第 2 个 B 类网络地址范围：128.1.0.0 ~ 128.1.255.255

……

第 16 383 个 B 类网络地址范围：191.254.0.0 ~ 191.254.255.255

第 16 384 个 B 类网络地址范围：191.255.0.0 ~ 191.255.255.255

3）C 类 IP 地址

以"110"开头的 IP 地址被划为 C 类 IP 地址。如下：

11000000 00000000 00000000 0000000 ~ 11011111 11111111 11111111 11111111

点分十进制形式为：192.0.0.0 ~ 223.255.255.255。

C 类 IP 地址的数量为 2^{29}=536 870 912，占 IP 地址总数的八分之一，一个 C 类 IP 地址的前 24 位（包括固定为"110"的前三位）为网络号（Net-ID），后 8 位为主机号（Host-ID）。由于 24 位网络号中前 3 位固定为"110"，故有 2^{21}=2 097 152 个 C 类网络。每个 C 类网络的规模为 2^8=256，与 A、B 类网络一样，C 类网络中的主机位为全 0 和全 1 的两个地址不可分配，故每个 C 类网络的实际可分配地址数量为 254。

第 1 个 C 类网络地址范围：192.0.0.0 ~ 192.0.0.255

第 2 个 C 类网络地址范围：192.0.1.0 ~ 192.0.1.255

……

第 2 097 151 个 C 类网络地址范围：223.255.254.0 ~ 223.255.254.255

第 2 097 152 个 C 类网络地址范围：223.255.255.0 ~ 223.255.255.255

4）D 类 IP 地址

以"1110"开头的 IP 地址被划为 D 类 IP 地址。如下：

11100000 00000000 00000000 0000000 ~ 11101111 11111111 11111111 11111111

点分十进制形式为：224.0.0.0 ~ 239.255.255.255。

D 类 IP 地址不指向特定的网络，目前 D 类地址被用在多点广播（Multicasting）中。多点广播地址用来一次寻址一组计算机，它标识共享同一协议的一组计算机。

5）E 类 IP 地址

以"1111"开头的 IP 地址被划为 E 类 IP 地址。如下：

11110000 00000000 00000000 0000000 ~ 11111111 11111111 11111111 11111111

点分十进制形式为：240.0.0.0 ~ 255.255.255.255。

E 类 IP 地址不向公众分配，用于 Internet 实验和将来使用。

2. 特殊用途的 IP 地址

特殊的 IP 地址包括以下四种类型：

1）直接广播地址（Directed Broadcasting Address）

在 A 类、B 类与 C 类 IP 地址中，主机号为全 1 的地址被作为其所在的网络的直接广播地址，直接广播地址只用在 IP 分组报头的"目的地址"字段中，一个分组的目的地址如果是一个直接广播地址（如 192.168.1.255），路由器会将这个分组以广播的方式发送给目的网络（192.168.1.0）的所有主机。

2）受限广播地址（Limited Broadcast Address）

32 位全 1 的 IP 地址（255.255.255.255）为受限广播地址。受限广播地址同样只出现于 IP 分组的目的地址字段，它是用来将一个分组以广播方式发送给来源主机所在的本网络中的所有主机。路由器接到目的地址为全 1 的分组时，不向外转发该分组，而是在分组来源的网络内部以广播方式发送给全部主机。

3)"这个网络上的特定主机"地址

在 A 类、B 类与 C 类 IP 地址中,网络号是全 0 的地址被称为"这个网络上的特定主机"地址,该地址指向 IP 分组的源主机所在的这个网络上的特定主机。例如,IP 分组的源 IP 地址为 192.168.1.1,目的地址为 0.0.0.5,路由器收到这样的分组时,不向外转发该组,而是直接交付给本网络中主机号为 25 的主机(即 192.168.1.5)。

4)回送地址(Loop Back Address)

A 类 IP 地址中 127.0.0.0 网络的所有地址被称为回送地址。所有的回送地址指向本地主机,用于网络软件测试和本地进程间通信。TCP/IP 规定网络号是 127 的分组不能出现在任何网络中;主机和路由器不能为该地址广播任何寻址信息。

一个客户进程可以用回送地址作为目的地址,发送一个分组给本机的另一个进程,用以测试本地进程之间的通信状况。

5.3.4 划分子网(Subnetting)

1. 子网的概念

标准分类的 IP 地址采用的二级层次结构,使得 IP 地址分配不够合理。比如,一个 A 类网络包含 16 777 214 个 IP 地址,一个机构若得到了一个 A 类网络的使用权,那么这 16 777 214 个地址便只属于该机构,即便其用不完。而实际上极少有哪个公司用得上这一千多万的 IP 地址,这就导致了大部分的 IP 地址不得充分的利用。为了解决这个问题,人们提出子网(subnet)的概念。有关子网的概念和划分子网的标准的 RFC 文档为 RFC940。子网划分的基本理念是:使用标准分类的 IP 地址中主机号的一部分(假设取 N 位)作为子网号,这样可以将一个标准分类的网络划分成多个(2^N 个)的子网,每个子网都具有其独立的网络名称,每个子网的规模相对小于原网络,这样分出的多个子网可以更合理地分配给需要的机构。

2. 划分子网的方法

标准的 A、B、C 类网络的 IP 地址是包含网络号(Net-ID)与主机号(Host-ID)两级结构。划分子网的方法如下:

(1)用 IP 地址的主机号若干位作为子网号 Subnet-ID,则两级结构的 IP 地址就变为三级 IP 地址:<网络号><子网号><主机号>。

(2)同一个子网中所有的主机具有相同的网络号(Net-ID)与子网号(Subnet-ID)。

(3)子网的概念可以用于 A 类、B 类及 C 类 IP 地址。

3. 子网掩码的概念

我们可以很方便的识别出一个标准的 IP 地址的网络号和主机号,从而知道该网络的名称和规模。但是划分子网后,如何标识出一个标准网络已经划分了子网,子网数量是多少?划分子网后的每个子网的规模又是多少?为了解决这一问题,人们定义了"子网掩码"这一概念,子网掩码通常也俗称为掩码。掩码的构造方法如下:

如果一个网络没有划分子网,则将其网络号对应的二进制位的值置为 1,主机位对应位的值为 0,所得的 IP 地址即为该网络的掩码,该网络的所有主机都必须用此掩码。如 A 类网络 110.0.0.0,其网络号为前 8 位二进制数,主机号为后 24 位二进制数,则将前 8 位二进制值置为 1,后 24 位值置为 0,得到 11111111 00000000 00000000 00000000,点分十进制即 255.0.0.0,此掩码即为 A 类网络的默认掩码。如表 5-2 所示为未划分子网时 A 类、B 类或 C 类网络的默认掩码。

表 5-2 标准 A 类、B 类或 C 类地址的默认掩码

网络类型	默认掩码	点分十进制
A 类	11111111 00000000 00000000 00000000	255.0.0.0
B 类	11111111 11111111 00000000 00000000	255.255.0.0
C 类	11111111 11111111 11111111 00000000	255.255.255.0

若一个网络已经被分子网,则网络号以及子网号对应的位的值置为 1,剩余的主机号对应的位值置为 0,这样的一个 IP 地址即为划分子网后的子网掩码,所有子网中的主机都必须使用该子网掩码。例如一个 B 网为 168.5.0.0,其原 16 位主机号中的前 6 位被作为子网号,则其子网掩码的形成如图 5-7 所示。

原网络	网络号	主机号	
	1010100000000101	00000000 00000000	
划分子网后	网络号	子网号	主机号
	1010100000000101	000000	00 00000000
子网掩码	1111111111111111	111111	00 00000000
掩码的点分十进制	255.255.255.252		

图 5-7 子网掩码的形成

子网掩码用以标示 IP 地址所在的网络的子网划分情况。子网掩码还可以用来判定已知的两个 IP 地址是否归属于同一子网。其判定方法为将两个 IP 地址分别与子网掩码进行按位"与运算",若求得的两个 IP 地址的原网络号与子网号是完全相同的,则表示给出的两个 IP 地址归属于同一个子网,若两个 IP 地址的原网络位与子网位不完全相同,则表示两个 IP 地址不在同一个子网。

例如,有两个主机,它们所用的 IP 地址分别为 192.168.1.55 和 192.168.1.75,子网掩码同为 255.255.224,要判断两主机是否归属于同一子网,判断方法如下:

192.168.1.55 的二进制:11000000 10101000 00000001 00110111
192.168.1.75 的二进制:11000000 10101000 00000001 01001011
子网掩码 255.255.224 的二进制:11111111 11111111 11111111 11100000
将 192.168.1.55 与 255.255.224 的二进制按位与运算,得结果为:
11000000 10101000 00000001 00100000,点分十进制为:192.168.1.32
将 192.168.1.75 与 255.255.224 的二进制按位与运算,得结果为:
11000000 10101000 00000001 01000000,点分十进制为:192.168.1.64
由于网络号不相同,故此情况下的 192.168.1.55 和 192.168.1.75 不在相同的子网中。

4. 子网规划的例子

下面以一个例子更详细地说明子网规划。

例 5-1：某学院有 5 个办公室，每个办公室的计算机数量目前最多为 10 台，给定一个网络 192.168.1.0，要求划分子网，使得每一个办公室的计算机分别划归在独立的子网中。

解答：

划分思路：5 个办公室的计算机划归在不同的子网，需要至少 5 个子网。给定的网络 192.168.1.0 是一个 C 类网络，其主机号有 8 位，设取其中 N 位作为子网号，则可划分得 2^N 个子网，划分子网后的每个子网的规模为 2^{8-N}，要求子网数量 $2^N>=5$ 且每个子网的规模 $2^{8-N}>=10$。经推算得 $N=3$ 或 $N=4$ 均满足需求。

现取 $N=3$ 的子网规划方案，构造子网掩码：

11111111 11111111 11111111 11100000

即：255.255.255.224

子网数量 $2^N=2^3=8$，子网的规模 $2^{8-3}=32$，除去主机号全 0 和全 1 的两个 IP 地址不可分配，每个子网的实际可用 IP 地址数量为 30。

以上子网划分方案所得子网 IP 地址范围如下：

子网 1：192.168.1.0 ~ 192.168.1.31
子网 2：192.168.1.32 ~ 192.168.1.63
子网 3：192.168.1.64 ~ 192.168.1.95
子网 4：192.168.1.96 ~ 192.168.1.127
子网 5：192.168.1.128 ~ 192.168.1.159
子网 6：192.168.1.160 ~ 192.168.1.191
子网 7：192.168.1.192 ~ 192.168.1.223
子网 8：192.168.1.224 ~ 192.168.1.255

在取子网号长度时，应该权衡两个方面的因素：划分子网所得的子网数量及每个子网的规模（即每个子网包含的 IP 数量）。在子网划分过程中，子网的数量以及子网的规模必须满足当前的需求，并考虑留有一定的余量以为应对未来发展的需要。

需要一提的是，有的书本提到子网号为全 0 和全 1 的两个子网（例如上例的子网 1 和子网 8）不允许使用，这是很早以前的规定，在 RFC1878 中这个规定已经被废止了，也就是说现在完全可以使用子网号为全 0 和全 1 这两个子网。

5.3.5 无类别域间路由 CIDR

1. 无类域间路由的产生背景

通过对较大网络进行划分子网后，将 IP 地址分配给更多的机构使用，在一定程度上缓解了 Internet 在发展中地址匮乏的问题。然而有三个迫在眉睫的问题在 1992 年被提出来：

（1）在 1992 年 B 类地址已被分配了近 50%，预计于 1994 年将全部被分配完毕。

（2）由于子网划分产生了更多的子网，每个子网需要路由器为其独立指向，因此主干网络上的路由器中的路由表项数量剧增，导致路由器运行效率降低。

（3）总数为 40 多亿个的 IPv4 地址将全部耗尽。在 2011 年 2 月 3 日，IANA 宣布 IPv4 地址已经耗尽了。

为此 IETF 研究出采用无分类编址的方法来解决前两个问题。在 1987 年，RFC1009 就提出了一个网络划分子网时可同时使用多个不同的子网掩码。使用可变长度子网掩码 VLSM（Variable Length Subnet Mask）可更好地提高 IP 地址的利用率。IETF 在 VLSM 的基础上研究出无类编址方法，即无类域间路由（CIDR，Classless Inter-Domain Routing，CIDR 通常读为"Sider"）。CIDR 相关的 RFC 文档为 RFC1517、RFC1518、1519 和 RFC1520，是在 1993 年形成的。2006 年发表了更新的 CIDR 文档 RFC4632。

2. 无类域间路由（CIDR）的概念

（1）CIDR 消除了传统的 A 类、B 类、C 类地址的概念，IP 地址不再使用 8 位、16 位及 24 位的网络号，因而可以更加合理地分配 IPv4 的地址空间。CIDR 把 32 位的 IP 地址划分为两个部分，前面的部分是"网络前缀"（Network-Prefix），用来指明 IP 地址域名称，后面的部分则用来指明主机编号。

（2）网络前缀相同的 IP 地址组成一个"CIDR 地址域"，将一个 CIDR 地址域共同的网络前缀的位照原样写下，其余的位的值置为 0，这样得到的一个 IP 地址即是此 CIDR 地址域的名称。一个 CIDR 地址域使用"斜线记法"（Slash Notation）来表达该域的名称和规模，即在表示 IP 地址域名称后面加上斜线"/"，斜线后的数字标识网络前缀长度，进而可计算出该 IP 地址域的规模，形如：

<网络前缀>/<前缀长度>

例如原来标准分类的一个 C 网 192.168.1.0，子网掩码为 255.255.255.0，包含有 2^8 个 IP 地址，此地址域以斜线记法可表示为：192.168.1.0/24，其规模为 $2^{32-24}=2^8$。

斜线记法还可以将原来多个标准分类的网络合并成一个斜线记法的项目来表示。例如，原标准分类的 4 个 C 类网络：

192.168.0.0 的二进制：11000000 10101000 00000000 00000000

192.168.1.0 的二进制：11000000 10101000 00000001 00000000

192.168.2.0 的二进制：11000000 10101000 00000010 00000000

192.168.3.0 的二进制：11000000 10101000 00000011 00000000

具有相同的前 22 位前缀：11000000 10101000 00000000 00000000

则这 4 个 C 类网络 IP 地址域的斜线记法为：192.168.0.0/22，其规模为 $2^{32-22}=2^8 \times 4$。

如上，将多个原标准分类的网络的所有地址合并成一个用斜线记法表示的地址域，被称为构造超网（Supernetting）。

3. 无类域间路由（CIDR）的应用

1）路由汇聚

某 ISP（Internet Service Provider 的简称，即互联网服务提供商）拥有 256 个标准 C 类网络（210.36.0.0，210.36.1.0，……，210.36.255.0）地址的分配权，ISP 将其中 16 个 C 网分配给某大学使用，此 16 个 C 网为 210.36.0.0，210.36.1.0，……，210.36.15.0，ISP 并通过其路由器 R_A 为此 16 个 C 网地址作路由指向，如图 5-8 所示。假设 ISP 路由器 R_A 的路由表部分内容如表 5-3 所示。

表 5-3 路由器 R_A 的路由表（部分）

掩码	目的网络	转发端口
255.255.255.0	210.36.0.0	S1
255.255.255.0	210.36.1.0	S1
255.255.255.0	210.36.2.0	S1
255.255.255.0	210.36.3.0	S1
255.255.255.0	210.36.4.0	S1
255.255.255.0	210.36.5.0	S1
255.255.255.0	210.36.6.0	S1
255.255.255.0	210.36.7.0	S1
255.255.255.0	210.36.8.0	S1
255.255.255.0	210.36.9.0	S1
255.255.255.0	210.36.10.0	S1
255.255.255.0	210.36.11.0	S1
255.255.255.0	210.36.12.0	S1
255.255.255.0	210.36.13.0	S1
255.255.255.0	210.36.14.0	S1
255.255.255.0	210.36.15.0	S1
255.255.255.0	210.36.16.0	S2
255.255.255.0	210.36.17.0	S2
255.255.255.0	210.36.18.0	S3
255.255.255.0	210.36.19.0	S3

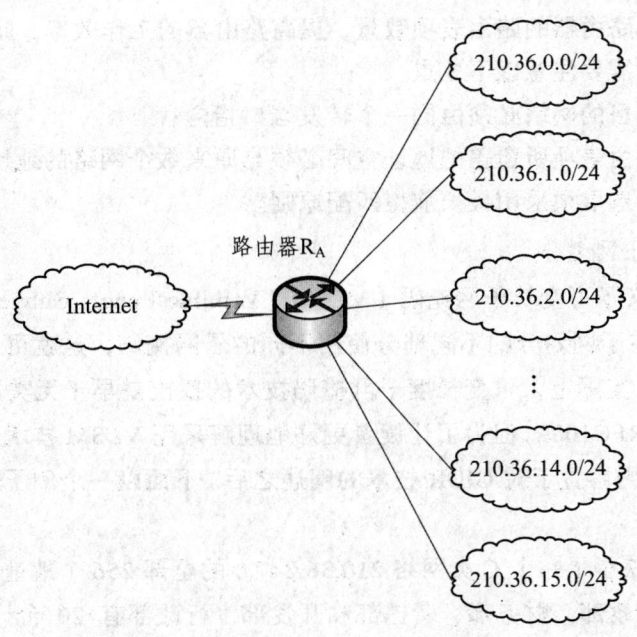

图 5-8 路由器 R_A 的连接状况

从上表看出，ISP 的路由器 R_A 连接着多个网络，处于该网络区域的核心位置，为大量的 IP 分组进行路由查找与转发。对于路由器 R_A 来说，每一个 IP 分组的到来，都需要对路由表做一番查询，以便为该分组选择合适的转发端口。那么，拥有一个较长的路由表，显然不利于提高 R_A 的工作效率。

通过对 210.36.0.0, 210.36.1.0, ……, 210.36.15.0 这 16 个 C 类网络地址的二进制值进行分析，得知这 16 个 C 类网络的地址具有 20 位共同的前缀（下划线部分）：

<u>11010010 00100100 0000</u>0000 00000000

并且路由器 R_A 指向 16 个 C 网的转发端口都为 S1，使用斜线记法后，则可以用表 5-4 中的表项指示这 16 个 C 网的路由情况。

表 5-4 前 16 个 C 网的路由表项的合并

目的网络	转发端口
210.36.0.0/20	S1

同理，可将表 5-3 中的后 4 条表项进行汇聚，则路由器 R_A 的路由表可汇聚如表 5-5 所示。

表 5-5 汇聚后路由器 R_A 的路由表（部分）

目的网络	转发端口
210.36.0.0/20	S1
210.36.16.0/23	S2
210.36.18.0/23	S3

由此得知，采取无类域间路由技术将原来标准分类的多个网络的路由表项进行汇聚后，可以大大地减少核心路由器的路由表项数量，提高路由器的工作效率，此方法称为路由汇聚。

进行路由汇聚时需要注意以下 3 点：

（1）汇聚的数个目的网络必须由同一个转发端口指向；

（2）汇聚后的路由表项所覆盖的地址空间必须与原来数个网络的地址空间的和一致；

（3）网络前缀的选取须采用最长前缀匹配原则。

2）可变长度的子网划分

RFC 1878 中定义了可变长子网掩码（VLSM, Variable Length Subnet Masking 的简称），VLSM 规定了如何在子网划分的不同部分使用不同的子网掩码，这就可以满足划分子网时需要不同大小的子网。实际上，可变长度子网掩码技术的提出是早于无类域间路由技术的，其相关的 RFC 文档是 RFC1009。但为了让读者更好地理解采用 VLSM 技术进行可变长度的子网划分，本书把此部分内容置于对 CIDR 技术的阐述之后。下面以一个例子来说明可变长度的子网划分。

例 5-2：某公司获得了一个 C 类网络 210.36.247.0 的全部 256 个地址的使用权。该公司有四个部门，分别为行政部、财务部、营销部和开发部。行政部有 20 台计算机，财务部有 10 台计算机，开发部有 50 台计算机，营销部有 110 台计算机。请用所得的 C 类网络划分子网，为四个部门的计算机配置 IP 地址以归属于各部门的子网中。

若按照 5.3.4 节所述的方法，取 C 网 210.36.247.0 的 8 位主机号中的若干位作为子网号，无论哪一种取法都不能满足本例的需求。

而通过 VLSM 技术，则可以将此 C 类网络的 256 个 IP 地址分为四个部分。

210.36.247.0 网络中前半部分 IP 地址 210.36.247.0 ～ 210.36.247.127 共 128 个，它们均具有共同的 25 位前缀 11010010 00100100 11110111 0，则此地址域可用 CIDR 记法表示为：210.36.247.0/25，作为子网 1，其规模为 $2^{32-25}=128$，除去主机号全 0 的地址域名称 210.36.247.0 及主机号全 1 的直接广播地址 210.36.247.127 外，尚有 126 个地址可分配，满足了该公司营销部的 110 台计算机的配址需求。

剩余的一半 IP 地址中 210.36.247.128 ～ 210.36.247.191 共 64 个，则可表示为 210.36.247.128/26，作为子网 2；除去 210.36.247.128 和 210.36.247.191 两个地址不可分配外，尚有 62 个地址可分配给开发部的计算机使用。

同理可以将余下的地址分为 210.36.247.192/27 和 210.36.247.224/27 两部分，作为子网 3 和子网 4，此两子网规模均为 $2^{32-27}=32$，除主机号全 0 和全 1 两个特殊地址外，两子网均有 30 个地址可被分配，分别满足行政部 20 台计算机和财务部 10 台计算机的配址需求。图 5-9 示意了本例的子网划分情况。

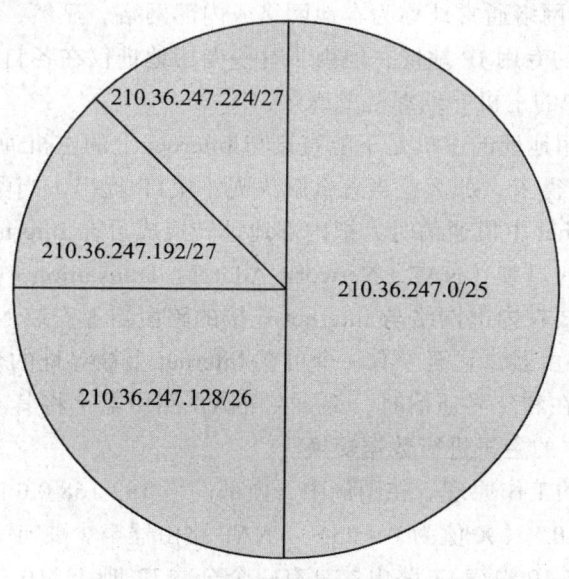

图 5-9　VLSM 可变长度子网划分示意

5.3.6　网络地址转换 NAT

上世纪 90 年代中期后，越来越多的国家或地区的计算机申请接入 Internet，导致 IPv4 地址日益紧缺。一个机构申请得到使用权的 IP 地址数往往远小于其所需要连接到 Internet 的主机数量，而一个机构内也并不是所有的主机都需要接入到全球范围的 Internet。实际上，大部分主机多数时候是和本机构内的其他主机通信（例如，一个企业内的负责生产过程控制的计算机）。假如一个企业内部负责生产过程控制的计算机的联网协议也是采用 TCP/IP 协议，那么为了实现各主机间的数据交换，这些计算机必须被分配以唯一的 IP 地址。而为这些本来不需要连接到 Internet 的计算机各自分配一个全球范围内唯一的 IP 地址，一则会消耗宝贵的 IP 地址资源，二则增加了企业的运营成本（目前，向 Internet 管理机构申请全球唯一的 IP 地址的使用权，需要向 Internet 管理机构交纳 IP 地址的使用费）。

为了解决上述问题，使得机构内部的计算机能方便使用 TCP/IP 协议联网，而又不至于增加机构的运营成本。RFC1918 规定了一些专用地址（Private Address，亦称为私有地址）。这些地址可以被任何机构自行使用，而无须向 Internet 管理机构申请。专用地址只能用于一个机构内部的各主机之间的通信，而不能与 Internet 上的主机通信，Internet 中的所有路由器，对目的地址是专用地址的 IP 数据分组一律不转发。2010 年 1 月，RFC5735 全面地给出了所有特殊用途的 IPv4 地址，其中划分为专用地址的 IP 地址如表 5-6 所示。

表 5-6 专用地址范围

网络类型	地址范围	规模
A 类	10.0.0.0/8	1 个 A 类网络
B 类	172.16.0.0/16 —— 172.16.31.0/16	16 个 B 类网络
C 类	192.168.0.0/24 —— 192.168.255.0/24	256 个 C 类网络

采用专用 IP 地址的网络通常被称为本地网络或内部网络。显然，全世界很多不同地方的主机可能会使用了相同的专用 IP 地址，但由于这些专用地址仅在各自所在的机构内部使用，所以不会引起 Internet 中的主机寻址混乱的麻烦。

如上所述，使用专用地址的主机是不能直接与 Internet 上的主机通信的，然而它们却有和 Internet 上的主机通信的需求，那么应当怎么解决呢？IETF 提出，当配置了专用 IP 的计算机需要和内网之外的 Internet 主机通信时，把内部地址转换成可在 Internet 上寻址的全球地址，这一技术被称为网络地址转换（NAT, Network Address Translation）。NAT 技术是在 1994 年提出的，使用此方法需要在内部网络与 Internet 连接的路由器上安装 NAT 软件。装有 NAT 软件的路由器叫做 NAT 路由器，它至少有一个可在 Internet 上被寻址的全球 IP 地址。这样，所有使用本地地址的主机在和外界通信时，都要在 NAT 路由器上将其本地地址转换成全球 IP 地址，才能和 Internet 中的主机进行数据交换。

图 5-10 示意 NAT 的工作原理。在图例中，内部网络 192.168.0.0 内所有主机的 IP 地址都是本地 IP 地址 192.168.0.X（X 值为 0~255），NAT 路由器至少要有一个全球 IP 地址，才能和 Internet 相连。设图 5-10 中 NAT 路由器具有一个全球 IP 地址 210.36.247.1。

假设本地网络中的一个主机 A 要与 Internet 中的主机 B 通信。主机 A 向主机 B 发送了一个 IP 分组 P_A，分组 P_A 的源 IP 地址是主机 A 的地址 192.168.0.5，源端口号为 3342，目的 IP 地址是主机 B 的地址 156.151.59.35，目的端口号为 80（"端口号"是传输层协议中用以标识通信进程的一个 16 位二进制数，关于端口的详细内容在传输层中讲述）。NAT 路由器收到 IP 数据分组 P_A 后，经检查该分组的目的地址字段，发现需要将其转发到本地网络之外的 Internet，便会把该 IP 数据分组 P_A 的源 IP 地址改写为 NAT 路由拥有的可在 Internet 上被唯一寻址的全球 IP 地址 210.36.247.1，同时把源端口号 3342 改写为某一个值如 5501，然后转发出去。在转换 IP 地址和端口号的时候，NAT 路由器会将此次地址转换的对应关系登记 NAT 地址转换表中。

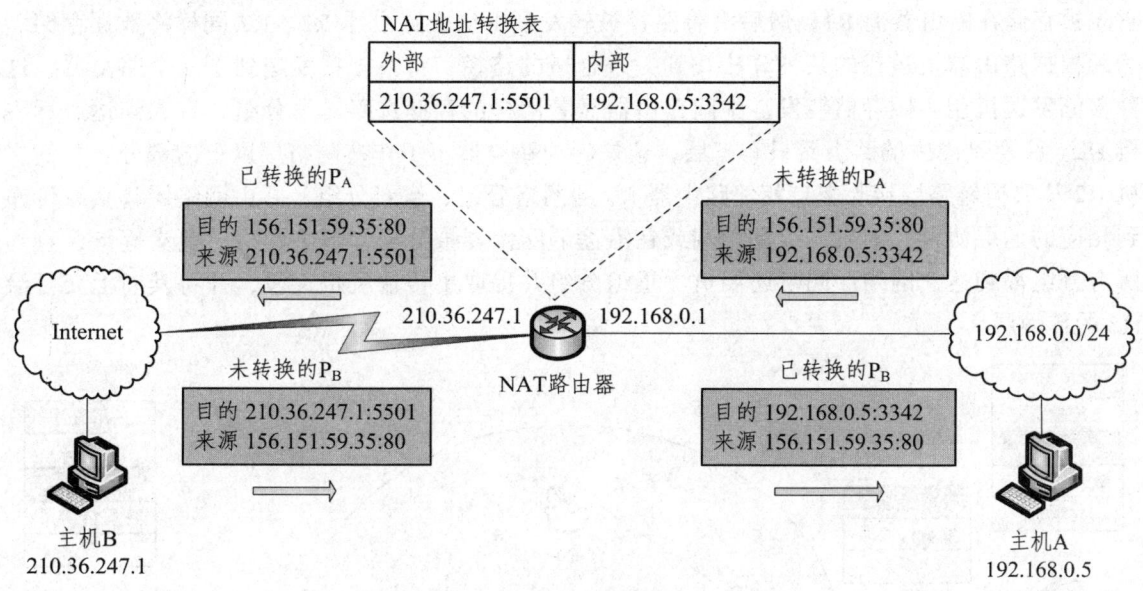

图 5-10 NAT 的工作原理

主机 B 收到这个 IP 数据分组 P_A 时，对其作出响应，并向分组 P_A 当前的源 IP 地址发回响应数据分组 P_B，此时数据分组 P_B 的源地址为主机 B 的地址 156.151.59.35，端口号为 80，目的地址是 210.36.247.1，端口号为 5501。

NAT 路由器收到 Internet 上的主机 B 发来的 IP 数据分组 P_B，通过查询 NAT 地址转换表得知该分组是要转发给内部网络主机的。因此，NAT 路由器根据 NAT 地址转换表中的对应关系，把 IP 数据分组 P_B 中的目的 IP 地址改写为主机 A 的 IP 地址 192.168.0.5，目的端口号相应地改写为 3342，然后将其转发给主机 A。如此，使用内网地址的主机 A 与 Internet 中的主机 B 之间的通信得到了实现。同样，内网中的其他主机在 NAT 路由器的帮助下也可以与 Internet 中的主机通信。

利用 NAT 技术，拥有大量主机的一个本地网络只需少数的全球 IP 地址，即可以实现与 Internet 互联，从而节省了对全球 IP 地址资源的消耗。

5.4 路由选择算法与分组转发

5.4.1 分组转发和路由选择的基本概念

1. 转发与路由

互联网是由多个 LAN 和 WAN 组成，图 5-11 示意了网络层运行的环境。主机 H1 和 H2 通过 LAN 上的路由器（R1 和 R7）连接到网络服务提供商（ISP）的设备上，从而通过线路连接到 WAN 上。

如果 H1 正在向 H2 发送信息，H1 中的网络层接收来自上层传输层的每个报文段，将其封装成一个数据报（即网络层分组），然后将数据向相邻路由器 R1 发送。路由器 R1 是主机 H1 的默认路由，又称第一跳路由，在局域网中，局域网主机发送数据时，它首先将数据发送给默认路由器。在该数据报到达路由器 R1，并且路由器的链路层完成了对它校验和的验证之后，它先被存储在路由器上 R1，然后沿着路径被转发到下一个路由器 R2。R2 同样将数据存储，然后根据路由器上运行的某种算法找到一条合适的路径，将数据报发送到下一个路由器，这种存储发送机制叫做存储转发。中间路由器做着同样的存储选路转发分组，直到到达目标主机 H2。注意到图中的路由器只有三层，这是因为路由器不工作在网络层以上的部分。目的主机 H2 从数据链路层接收来自相邻路由器 R7 的网络分组、解封分组，并由网络层将负载传递到相应的上层协议。如果分组在源端或在沿途的路由器被分段，那么网络层负责等待，直到所有分组都到达，网络层同时还要负责重组分组并提取出传输层报文段，并将其向上交付给 H2 的传输层。

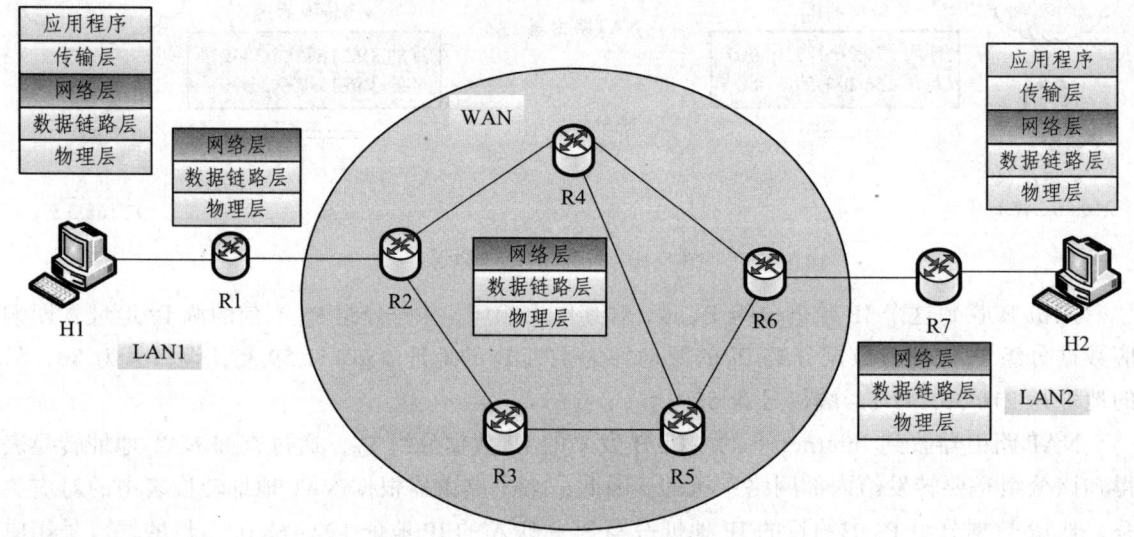

图 5-11　网络层运行的环境

从上面来看，网络层的作用有两种重要的网络层功能：路由和转发。

转发是指当一个分组到达某路由器或主机的一条输入链路时，该路由器或主机必须将该分组移动到适当的输出链路。如来自主机 H1 到路由器 R1 的一个分组，必须向 H2 路径上的下一跳路由器转发。在分组转发中有两类，即直接转发和间接转发。路由器根据分组的目的地与源地址是否同在一个网络来判断是直接转发还是间接转发。H1 向 H3 发送信息是直接转发，H1 向 H2 发送信息是间接转发。

路由，即选择路径。当分组从发送方流向接收方时，网络层必须决定这些分组所采用的路由或路径。计算这些路径的算法被称为路由选择算法。每台路由都有一个转发表，这个表是由某些路由协议为每个路由器创建的决策表。决策表有时候称为转发表，有时称为路由表，路由器通常用它来实施选路转发行为。

2. 理想的路由算法

路由选择协议的核心就是路由算法，即需要何种算法来获得路由表中的各项目。一个理想的路由算法应具有如下的一些特点：

（1）算法必须是正确的和完整的。沿着各路由表所指引的路由，分组一定能够从源主机到达目的网络和目的主机。

（2）算法在计算上尽量简单。路由选择的计算不应使网络通信量增加太多的额外开销。

（3）算法要有健壮性，应能适应通信量和网络拓扑的变化。当网络中的通信量发生变化时，算法能自适应地改变路由以均衡各链路的负载。在网络中的运行的节点有各种各样的硬件和软件发生故障，当某个或某些节点、链路发生故障不能工作，或者修理好了再投入运行时，路由算法应该能够处理拓扑结构和流量方面的各种变化，也能及时地改变路由。有时称这种自适应性为"鲁棒性"（Robustness）。

（4）算法应具有稳定性。在网络状态相对稳定的情况下，路由算法应收敛于一个可接受的解，路由不应处于不断变化的状态。

（5）算法应该是公平的。路由选择算法应对所有用户（除对少数优先级高的用户）都是平等的。

（6）算法应是最佳的。所谓"最佳"只能是相对于某一种特定要求下给出的较为合理的路由。这种要求可能是平均时延最小、网络可靠性、安全或网络的吞吐量最大等，有时候也可能是多个条件的综合。

3. 路由算法的分类

从路由算法能否随网络的通信量或拓扑自适应地进行调整变化来划分，路由算法可以分成两大类：非自适应算法和自适应算法。

（1）非自适应算法不会根据当前的流量和拓扑结构的变化，来调整它们的路由决策，所使用的路由选择是预先在离线情况下计算好的。非自适应路由选择算法也叫做静态路由选择算法，其特点是简单和开销较小，但不能及时适应网络状态的变化，需要用人工配置每一条路由，因而一般只用一些规模较小的、结构不会经常发生变化的网络中。路由表都是由人工建立的，由管理人员手工将路由信息添加到路由器中，这种表也叫静态路由表。

（2）自适应选择算法也称动态路由选择算法，其特点是能较好地适应网络状态的变化，但实现起来较为复杂，开销也比较大，适用于规模大且较复杂的大型网络。路由表是由路由协议自动生成，并随着网络的变化，自动更新路由表项。

4. 路由表的组成与使用

在因特网中每一个路由器都保存有一张路由表，路由选择是通过表驱动的方式进行的。路由表采用下一站思想，仅指定从该路由器到目的地路径上的下一步，而该路由器并不知道到达目的地的完整路径。考虑到子网编码，一般路由器只需记录子网掩码、目的网络地址、下一跳路由器地址。

虽然因特网所有的分组转发都是基于目的主机所在的网络，但在大多数情况下都允许有这样的特例，即对特定的目的主机指明一个路由。这种路由叫做特定主机路由。特定主机路由子网掩码为 255.255.255.255，采用特定主机路由可使网络管理人员能更方便地控制网络和测试网络，同时也可在需要考虑某种安全问题时采用这种特定主机路由。在对网络的连接或路由表进行排错时，指明到某一个主机的特殊路由就十分有用。路由器还可采用默认路由（default route）以减少路由表所占用的空间和搜索路由表所用的时间。这种转发方式在一个网络只有很少的对外连接时是很有用的。默认路由只是把目的地 IP 和子网掩码改成 0.0.0.0 和 0.0.0.0。

1）分组转发算法

假设一个待转发的 IP 报文的目的地址是 D（可以从数据报中提取），IP 分组转发算法如下：

（1）对路由器直接相连的网络逐条进行检查：用各网络的子网掩码和 D 逐位"逻辑与"，看结果 N 是否和相应的网络地址匹配。如果相同，则把 IP 报文直接转发；否则转到下一步（2）。

（2）如果路由表中有目的地址为 D 的特定主机路由，则把数据报传送给路由表中所指明的下一跳路由器；否则，执行（3）。

（3）将路由表中的每一行（目的网络地址，子网掩码，下一跳地址），用其中的子网掩码和 D 进行逐位"逻辑与得到 N，如果 N 与目的网络地址一致，把数据报传送给路由表中所指明的下一跳路由器（如果存在多条匹配的路由，则选择子网掩码长度最长的路由转发），否则转入（4）。

（4）如果路由表中存在默认路由，则根据默认路由转发 IP 报文，否则向源主机发送分组出错（ICMP 出错消息），通知 IP 报文不能被转发。

2）路由表的应用

如图 5-12 所示给出了一个简单网络示意图，图中 S 表明串行接口，E 表示以太网接口，如 S0，E1。我们来看看路由器是如何使用路由表的。

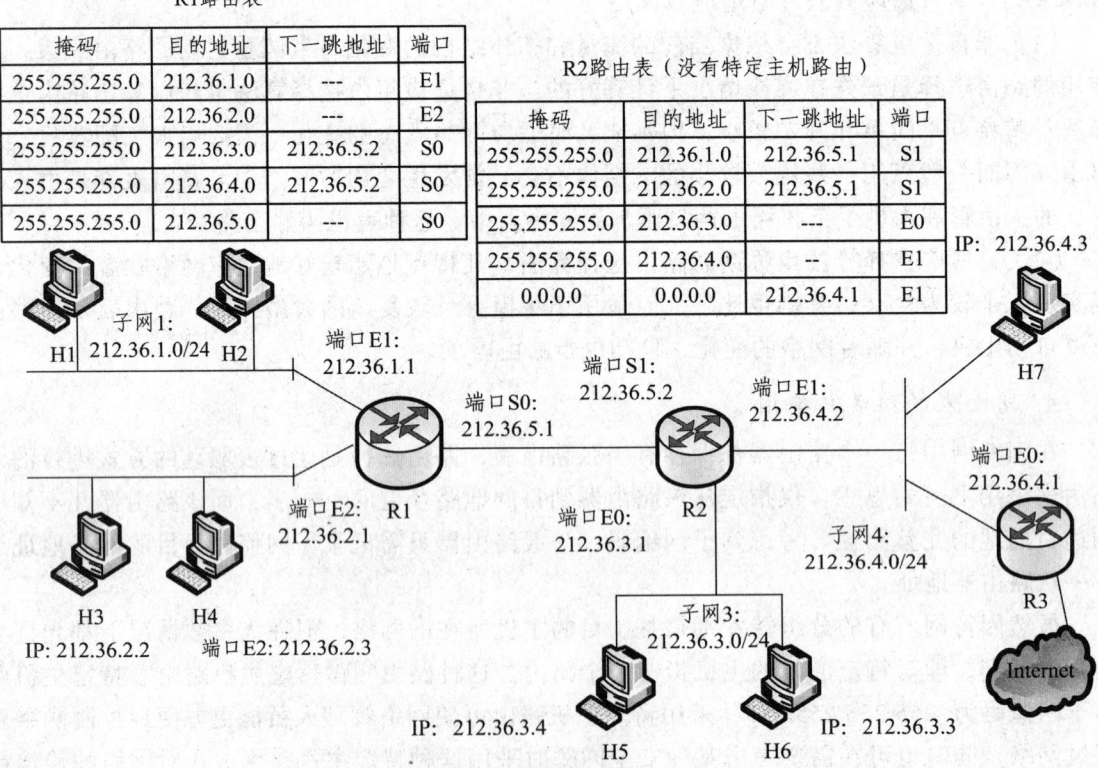

图 5-12 路由表使用示意图

假设 H1 向 H7 发送数据包，H7 的地址为：212.36.4.3。

（1）源主机 H1，首先要进行的操作是要判断：发送的这个分组，是在本子网上进行直接转发还是要通过本子网上的路由器进行间接转发？源主机 H1 把本子网的"子网掩码

255.255.255.0"与目的主机 H7 的 IP 地址 212.36.4.3 逐位相"与",得出 212.36.4.0,它不等于 H1 的网络地址 212.36.1.0。这说明 H1 与 H7 不在同一个子网上。因此 H1 不能把分组直接转发 H7,而必须交给子网上的默认路由器 R1,由 R1 来转发。

(2)路由器 R1 在收到一个分组后,就在其路由表中逐行寻找有无匹配的网络地址。先看 R1 路由表中的第一行。用这一行的"子网掩码 255.255.255.0"和收到的分组的"目的地址 212.36.4.3"逐位相"与",得出 212.36.4.0。然后和这一行给出的目的网络地址 212.36.1.0 进行比较。但比较的结果不一致(即不匹配)。用同样方法继续往下找,直到第四行,发现相匹配,就是收到的分组所要寻找的目的网络 212.36.4.0,于是不需要再继续查找下去。R1 把分组从端口 S0 转发到下一跳地址 212.36.5.2,即路由 R2。

(3)路由器 R2 收到来自 R1 转发往来的分组,读取分组的目的地址为:212.36.4.3。然后按照前面的 R1 过程在其路由表中逐行寻找有无匹配的网络地址。发现目的网络地址为 212.36.4.0,R2 与目的地址 212.36.4.3 在同一子网 4 上,通过端口 E1 直接转发。

假设 H1 向目的主机 212.36.7.18 发送信息。按照上面的方法进行路由,最终路由 R2 判断该分组的目的主机的网络地址并不在 R2 路由表项中,需要通过默认路由转发出去,路由器 R2 通过端口 E1 以直接转发的方式,将分组送到路由的 R3 的端口 E0 上,而 R3 最终转发到 Internet 上。

5.4.2 路由选择协议

1. 分层次的路由选择协议与自治系统

我们将互联网络只看作一个由互联路由器的连接起来的多个大大小小的网络集合。随着网络规模的增长,路由器的路由表也成比例地增长。不断增长的路由表不仅消耗路由器内存,而且还需要更多的 CPU 时间来扫描路由表以及更多的带宽来发送有关的状态报告。当网络增长到一定时可能会达到某种程度,路由器之间交换路由信息所需的带宽就会使因特网的通信链路饱和,此时每个路由器不太可能再为其他每一个路由器维护一个表项。

此外,某些公司要求按自己的意愿运行路由器(如运行其选择的某种路由选择协议),或对外部隐藏其网络的内部组织面貌,还要能将其网络与其他外部网络相连接。一个组织应当能够按自己的愿望运行和管理其网络,也就是是管理自治。鉴于这两点,路由不得不分层次进行。

Internet 采用了分层次的路由选择协议,为此 Internet 将整个互联网划分为许多较小的自治系统(Autonomous System),一般都记为 AS。这样,互联网内部的每个网络是独立于所有其他网络,它们可以采取完全不同的路由选择协议。

每个 AS 由一组通常处在相同管理控制下的路由器组成(如由相同的因特网服务提供商 ISP 运营或属于相同的公司网络)。在相同的 AS 中的路由器都全部运行同样的路由选择算法(如 DV 算法),且拥有彼此的信息,这在一个自治系统内运行的路由选择算法叫做自治系统内部路由选择协议。当然,将 AS 之间互联是必需的,因此在一个 AS 内的一台或多台路由器负责向在本 AS 之外的目的地转发分组,这些路由器被称为网关路由器(Gateway Router)。

对比较大的自治系统,还可将所有的网络再进行一次划分。但许多 ISP 将它们的网络划分为多个 AS。例如,某些第一层 ISP 对它们的整个网络使用一个 AS,其他 ISP 则将它们的

ISP 划分成数十个互联的 AS。

2. 路由选择协议的分类

Internet 就把路由选择协议划分为两大类，即：

（1）内部网关协议 IGP（Interior Gateway Protocol），也叫域内路由选择协议，就是在一个自治系统内部使用的路由选择协议，而与在互联网中的其他自治系统选用什么路由选择协议无关。RIP 和 OSPF 是两种常见的内部网关协议。

（2）外部网关协议 EGP（External Gateway Protocol），也叫域间路由选择协议，如果源主机和目的主机处在不同的自治系统中（这两个自治系统分别使用不同的内部网关协议），当数据报传到一个自治系统的边界时，就需要使用一种协议将路由选择信息传递到另一个自治系统中，这样的协议就是外部网关协议 EGP。目前外部网关协议 EGP 使用最多的是 BGP，版本 4（BGP-4）。

如图 5-13 所示是三个自治系统互联在一起的示意图。图中每个自治系统有一个或多个路由器除运行本系统的内部路由选择协议外，路由器 R1、R2、R3、R4 还运行自治系统间的路由选择协议（BGP-4）。

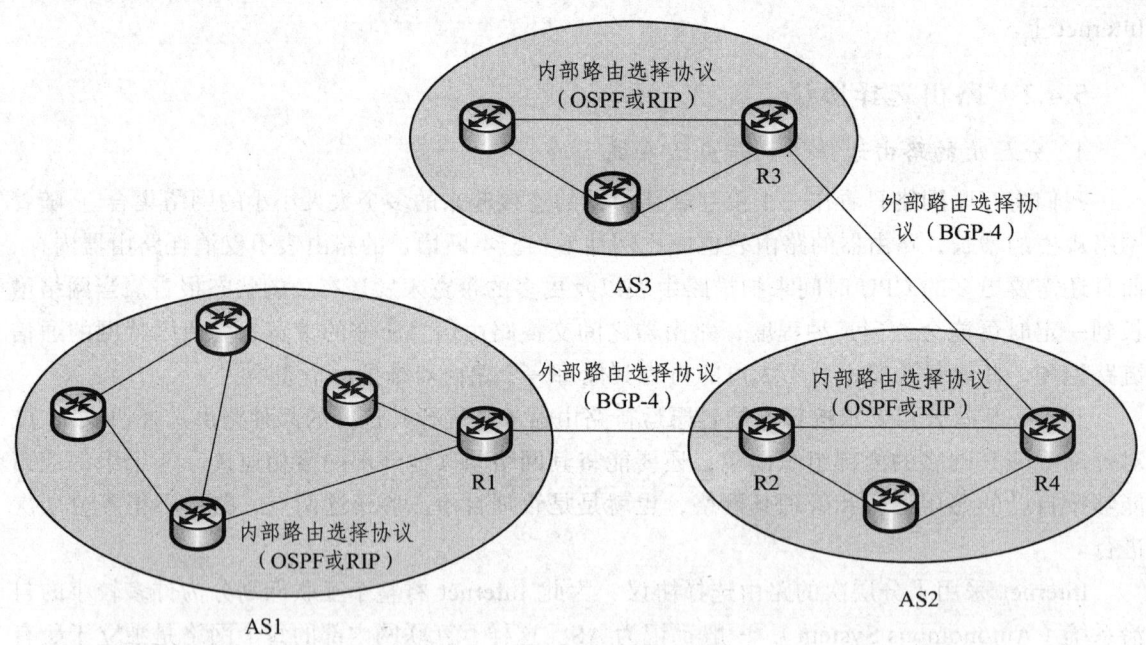

图 5-13 自治系统互联示意图

此外，这里需要注意两点问题：

（1）早期的因特网 RFC 文档中使用"网关"这一名词，但是在新的 RFC 文档中又使用了"路由器"这一名词。IGP 和 EGP 后来改为 IRP（内部路由器协议）和 ERP（外部路由器协议），但在这里我们还是沿用 IGP 和 EGP。

（2）RFC 采用的名词 IGP 和 EGP 是协议类别的名称。最早的一个外部网关协议的协议名字正好也是 EGP（RFC 827）。后来发现该 RFC 提出的 EGP 有不少缺点，就设计了一种更好的外部网关协议，叫做边界网关协议 BGP（Border Gateway Protocol），用来取代旧的 EGP。实际上，旧协议 EGP 和新协议 BGP 都属于外部网关协议 EGP 这一类别。因此在遇到名词 EGP 时，应弄清它是指旧协议 EGP（RFC 827）还是指外部网关协议 EGP 这个类别。

5.4.3 路由信息协议 RIP

路由信息协议 RIP（Routing Information Protocol），是最早的 AS 内部因特网路由选择协议之一，且目前仍在广泛使用。RIP 是一种分布式的基于距离向量的路由选择协议，是因特网的标准协议，其最大优点就是简单。

1. RIP 工作原理

距离向量算法是这样工作的：每个路由器维护一张路由表，它以子网中的每个路由器为索引，并且每个路由器对应一个表项，即向量（V，D），V 用来标识可以到达的目的网络或目的主机，D 代表到达目的网络或主机的距离。RIP 协议的"距离"也称为"跳数"（hop count），即经过的路由器个数，每经过一个路由器，跳数就加 1。路由表中列出了当前已知的到每个目标的最佳距离，以及所使用的线路。通过在相邻路由器之间周期性地交换信息向量（V，D），路由器不断地使用距离向量路由算法更新它们内部的表，最终每个路由器都了解到达任一目的地的最佳链路。

路由器在刚刚开始工作时，只知道与其直接连接的网络之间的距离（此时距离 D 定义为 1，有的书中记为 0）。接着，路由器也只和数目非常有限的相邻路由器交换并更新路由信息。但经过若干次的更新后，所有的路由器最终都会知道到达自治系统中任意一个网络的最短距离和下一跳路由器的地址。路由表更新的原则是找出到每个目的网络的最短距离。

采用了距离向量算法的 RIP 是如何更新路由表呢？路由器启动时初始化自己的路由表，初始路由表包含所有去往与该路由器直接相连的网络路径，初始路由表中各路径的距离均为 1，各路由器周期性地向其相邻的路由器广播自己的路由表信息。

假设路由器 R1 收到其他路由器（如 R2）广播的路由信息后，刷新自己的路由表，更新的方法如下：

（1）R2 列出的某表目 R1 中没有：R1 须增加相应表目，其"目的网络"是 R2 表目中的"目的网络"，其"距离"为 R2 表目中的距离加 1，而"下一跳路由"则为 R2。

（2）R2 去往某目的地的距离比 R1 去往该目的地的距离减 1 还小：R1 修改本表目，其"目的网络"不变，"距离"为 R2 表目中的距离加 1，"下一跳路由"为 R2。

（3）R1 去往某目的地经过 R2，而 R2 去往该目的地的路径发生变化：如果 R2 不再包含去往某目的地的路径，R1 中相应路径须删除；如果 R2 去往某目的地的距离发生变化，那么 R1 中相应表目的"距离"须修改，以 R2 中的"距离"加 1 取代之。

按照上述方法，路由器 Ri 收到路由器 Rj 发送过来的路由信息后，更新路由表的情况如图 5-14 所示。

2. RIP 特点

RIP 协议规定了路由器之间交换路由信息的时间、交换信息的格式，错误的处理等内容，其主要特点如下：

（1）RIP 允许一条路径最多只能包含 15 个路由器，因此"距离"等于 16 时即相当于不可达。

（2）RIP 协议规定仅和相邻路由器交换信息，不相邻的路由器之间不交换信息。

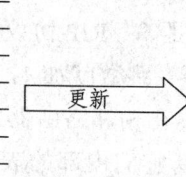

Rj广播路由信息	
目的网络	距离
40.0.0.0	2
51.0.0.0	2
52.0.0.0	6
58.0.0.0	3
54.0.0.0	2
60.0.0.0	3

Ri原路由表		
目的网络	路径	距离
40.0.0.0	——	1
51.0.0.0	Rh	5
52.0.0.0	Rj	4
53.0.0.0	RL	5
54.0.0.0	Rj	6
60.0.0.0	Rn	1
70.0.0.0	Rj	5

更新 →

Ri新路由表		
目的网络	路径	距离
40.0.0.0	——	0
51.0.0.0	Rj	3
52.0.0.0	Rj	7
53.0.0.0	RL	5
54.0.0.0	Rj	3
58.0.0.0	Rj	4
60.0.0.0	Rn	1

图 5-14　RIP 路由更新

（3）路由器交换的信息是当前本路由器所知道的全部信息，即自己的路由表。路由器在刚刚启动时，只知道到与直接连接的网络之间的距离（此距离定义为 1）。

（4）为了保持路由的正确性以及与相邻路由器的一致性，RIP 设置了一个周期性更新定时器，以便按固定的时间间隔交换路由信息（缺省间隔为 30 s），然后路由器根据收到的路由信息更新路由表。当网络拓扑发生变化时，路由器也及时向相邻路由器通告拓扑变化后的路由信息。

（5）RIP 为了防止出现由更新而引起的广播风暴，设置了延时定时器，延时定时器为每次路由更新产生一个 1~5 秒的随机延迟时间。

（6）为了保持路由的有效性，RIP 为每个路由表项设置了超时定时器，当路由器收到某一路由器来的更新信息时，该条路由的超时计时器就被设置为 180 s。每当该条路由的新的更新到达时，计时器就被重置。180 s 后还没有收到该路由器的更新路由表，则把该路由器记为不可达的路由器，即把距离置为 16，该表项记为无效。

（7）RIP 还设置了垃圾收集计时器，用来清除无效路由。当某条路由项信息无效时，路由器不会立即将该路由项从表中清除，而继续将路由代价通告为 16，同时，该条路由项的垃圾收集计时器被设置为 120 s，当计时到 0 时，该路由被从表中清除。这个计时器允许邻居路由器在清除路由前注意到路由的无效性。

在一般情况下，RIP 协议可以收敛（convergence），并且过程也较快。"收敛"就是在自治系统中所有的节点都得到正确的路由选择信息的过程。但是由于路由信息协议 RIP 更新路由表，路由表之间是"我的路由表中的信息要依赖于你的，而你的信息又依赖于我的"的关系，当更新路由表时，"坏消息传播得慢"就会产生慢收敛现象，如图 5-15 所示。当去往某目地的

Net1 路径已经发生故障，R1 发现故障，更新路由表（从路由表中删除去往 Net1 的信息）。而此时而相邻的路由器 R2 并不知道这一情况，它广播路由信息发送给 R1，其中包含有可以去往 Net1 的信息，这样去往 Net1 的信息在 R1 和 R2 之间往返更新，产生了环路，而产生了慢收敛。为了使坏消息传播得更快些，可以采取多种措施：限制路径最大"距离"对策，将距离设置为 16；水平分割对策，让路由器记录收到某特定路由信息的接口，而不让同一路由信息再通过此接口向反方向传送。比如 R2 从 R1 收到的距离信息，R2 不再发送该距离信息给 R1；带触发刷新的毒性逆转对策，当一条路径信息变为无效之后，路由器并不立即将它从路由表中删除，而是用 16，即不可达的度量值并将它广播出去；保持对策，路由器得知去往目的网络不可达之后 60 秒内，不接受关于去往该目的网络可达的信息。

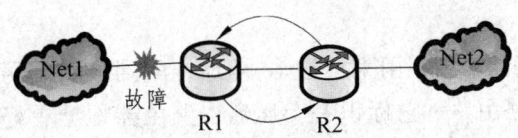

图 5-15 慢收敛示意图

3. RIP 的格式

现在较新的 RIP 版本是 RIP2（已成为因特网标准协议），是 1998 年 11 月公布的。新版本协议本身并无多大变化，但性能上有些改进。RIP2 支持变长子网掩码和无分类域间路由选择 CIDR。此外，RIP2 还提供简单的鉴别过程支持多播。

RIP 报文由首部和路由部分组成，其格式如图 5-16 所示。

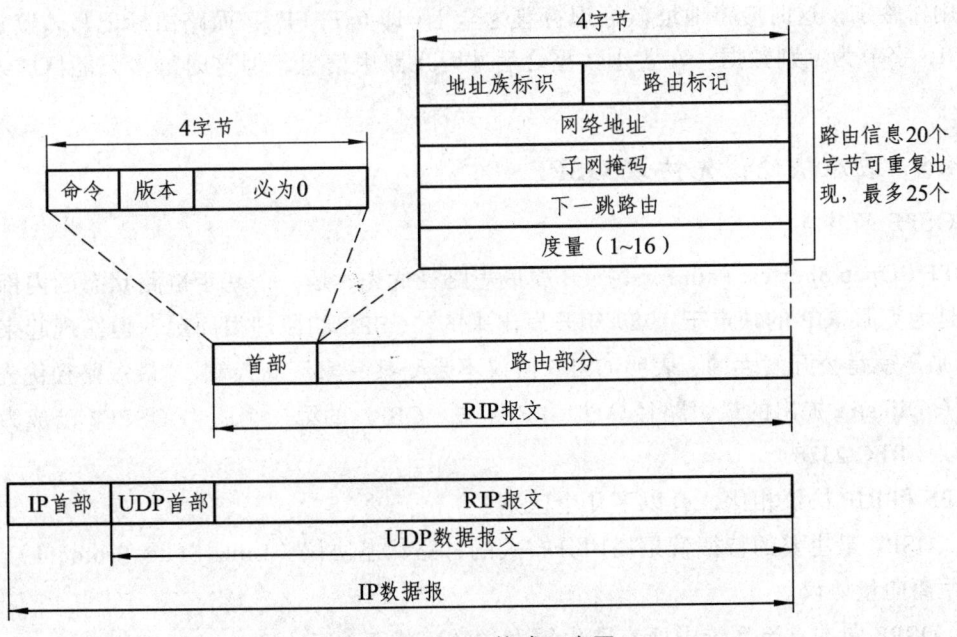

图 5-16 RIP 格式示意图

RIP 的首部占 4 个字节，其中的命令字段指出报文的意义。例如，1 表示请求路由信息，2 表示对请求路由信息的响应或未被请求而发出的路由更新报文。首部后面的"必为 0"是为了 4 字节字的对齐。

命令（Command）——取值 1 和 2，1 表示请求消息，2 表示响应消息。

版本（Version）——对于 RIPv1，该字段设置为 1；对于 RIPv2，该字段设置为 2；如遇该项为 0 则将该消息丢弃。

地址族标识（Address Family Identifer，AFI）——对于 IPv4，该项设置为 2。只有当该消息对路由器（或主机）的整个路由表进行请求时，这个字段才被设置为 0。

路由标记（Route Tag）——用这个字段标记外部路由或重新分配（Redistribute）到 RIPv2（RIPv1 中此字段未使用）。默认情况下是使用这个 16 位的字段来携带从外部路由选择协议中注入到 RIP 中的路由的自治系统号（AS）。

IP 地址（IP Address）——路由条目的 IPv4 地址，它可以是主网路地址、子网地址或主机路由。

子网掩码（Subnet Mask）——用来标识 IPv4 地址的网络和子网部分。

下一跳（Next Hop）路由——它标识一个比通告路由器地址更好的下一跳地址。如果该字段全置为 0，则说明通告路由器的地址是最好的下一跳地址。

度量（Metric）——一个在 1~16 之间的跳数。

RIP2 报文中的路由部分由若干个路由信息组成。每个路由信息需要用 20 个字节。一个 RIP 报文最多可包括 25 个路由，因而 RIP 报文的最大长度是 4+20×25=504 字节。如超过，必须再用一个 RIP 报文来传送。再加上 8 个字节的 UDP 头部，RIP 数据报的大小（不含 IP 包的头部）最大可达 512 个八位组字节（Bytes）。

RIP2 还具有简单的鉴别功能。若使用鉴别功能，则将原来写入第一个路由信息（20 字节）的位置用作鉴别。这时应将地址族标识符置为全 1（即 0xFFFF），而路由标记写入鉴别类型，剩下的 16 字节为鉴别数据。在鉴别数据之后才写入路由信息，但这时最多只能再放入 24 个路由信息。

5.4.4 最短路径优先协议 OSPF

1. OSPF 的特点

OSPF（Open Shortest Path First）开放最短路径优先，是一个基于链路状态的内部网关协议。它是为克服 RIP 的缺点于 1989 年开发出来的。OSPF 的原理很简单，但实现起来却较复杂。"开放"就是公开发表的，表明 OSPF 协议不是受某一家厂商控制。"最短路径优先"是因为使用了 Dijkstra 提出的最短路径算法 SPF 算法。OSPF 的第二个版本 OSPF2 已成为因特网标准协议（RFC 2328）。

OSPF 和 RIP 协议相比，有以下几个区别：

（1）OSPF 最主要的特征就是使用分布式的链路状态协议（Link State Protocol），而 RIP 是使用距离向量协议。

（2）OSPF 向本自治系统中所有路由器发送链路状态（Link State Advertisement，LSA）信息。采用洪泛法（Flooding），路由器通过所有输出端口向所有相邻的路由器发送 LSA 信息。而每一个相邻路由器又再将此 LSA 信息发往其所有的相邻路由器，但不再发送给信息来源路由器。这样，最终整个区域中所有的路由器都得到了这个 LSA 信息的一个副本。而 RIP 协议是仅仅向自己相邻的几个路由器发送信息。

（3）发送的信息就是与本路由器相邻的所有路由器的链路状态 LSA，但这只是路由器所知道的部分信息。所谓"链路状态"就是说明本路由器都和哪些路由器相邻，以及该链路的"度量"（metric）。OSPF 将这个"度量"用来表示费用、距离、时延、带宽等。这些都由网络管理人员来决定，因此较为灵活。有时为了方便就称这个度量为"代价"。RIP 协议发送的信息是"到所有网络的距离和下一跳路由器"。

（4）OSPF 要求路由器只有在链路状态发生变化时，才向所有路由器用洪泛法发送此信息。而 RIP 不管网络拓扑有无发生变化，相邻路由器之间都要周期性交换路由表的信息。

（5）OSPF 要求路由器之间频繁地交换链路状态信息，以使所有的路由器最终都能建立一个链路状态数据库（Link-State Database），这个数据库实际上就是全网的拓扑结构图。这个拓扑结构图在全网范围内是一致的，每一个路由器都知道全网共有多少个路由器，以及哪些路由器是相连的，其代价是多少，等等。使用链路状态数据库中的数据，每一个路由器都可以自己为"根"，构造出自己的 SPF 树，从而构造出路由表。RIP 协议的每一个路由器虽然知道到所有的网络的距离以及下一跳路由器，但却不知道全网的拓扑结构。

2. OSPF 的区域概念

为了使 OSPF 能够用于规模很大的网络，OSPF 将一个自治系统进一步划分为若干个更小的范围，称作区域（area）。区域示意图如下图 5-17 所示，每一个区域都有一个 32 位的区域标识符（用点分十进制表示），在一个区域内的路由器最好不超过 200 个。每个区域都运行自己的 OSPF 链路状态路由选择算法，一个区域内的每台路由器都向该区域内的所有其他路由器广播其链路状态，因此在一个区域内减少了网络上的通信量。这样，在一个区域内部的路由器只知道本区域的完整网络拓扑，而不知道其他区域的网络拓扑的情况。

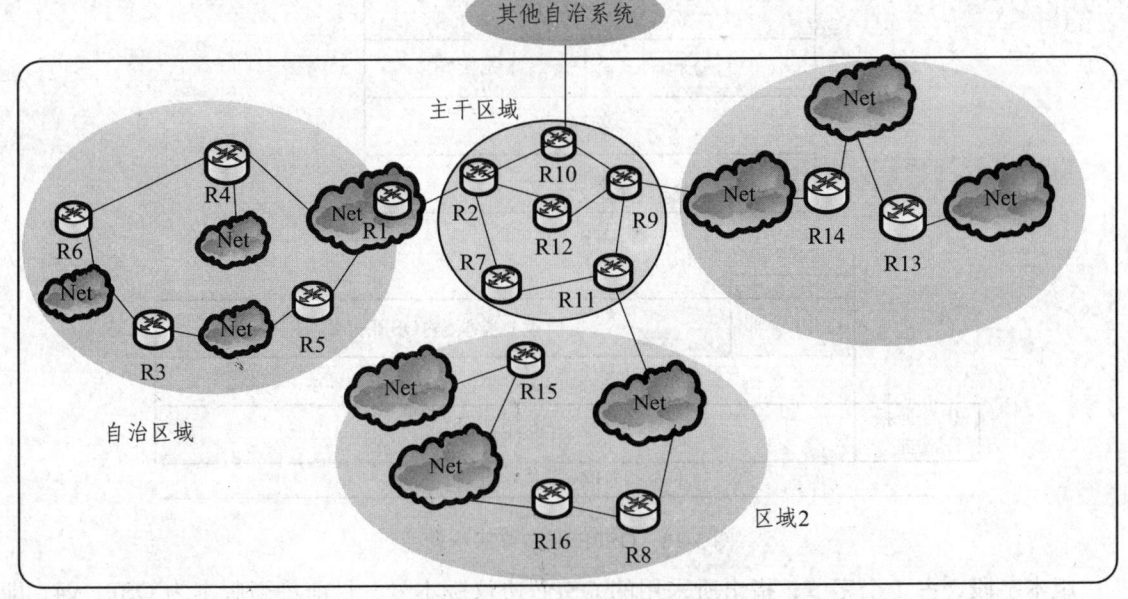

图 5-17 OSPF 的区域示意图

为了使每一个区域能够和本区域以外的区域进行通信，OSPF 使用层次结构的区域划分，在上层的区域叫作主干区域（Backbone Area），主干区域的标识符规定为 0.0.0.0，主干区域的作用是用来连通其他在下层的区域。

OSPF 区分 4 种路由器：内部路由器，完全在一个区域的内部，如 R3，R16 等；区域边界路由器，连接两个或多个区域如 R2、R11、R9；主干路由器，在主干区域内的路由器 R2，R12，R10 等；边界路由器，与其他 AS 中的路由器进行通信，如 R10。这 4 种路由器允许有重叠，有些路由器既是边界路由器又是主干路由器，如 R2、R11、R9 等。

OSPF 支持三种连接和网络：两台路由器之间的点到点线路；支持广播传送的多路访问网络（比如大多数 LAN）；不支持广播传送的多路访问网络（比如大多数分组交换的 WAN）。所谓多路访问网络是指这样的网络，它有多台路由器，每台路由器可直接与其他所有的路由器进行通信，所有的 LAN 和 WAN 都有这个特性。

3. OSPF 报文的格式

OSPF 直接用 IP 数据报传送，其 IP 数据报首部的协议字段值为 89。

OSPF 构成的数据报很短，这样做可减少路由信息的通信量。数据报很短的另一好处是可以不必将长的数据报分片传送。分片传送的数据报只要丢失一个，就无法组装成原来的数据报，而整个数据报就必须重传。

OSPF 分组使用 24 字节的固定长度首部（见图 5-18），分组的数据部分可以是五种类型的分组。

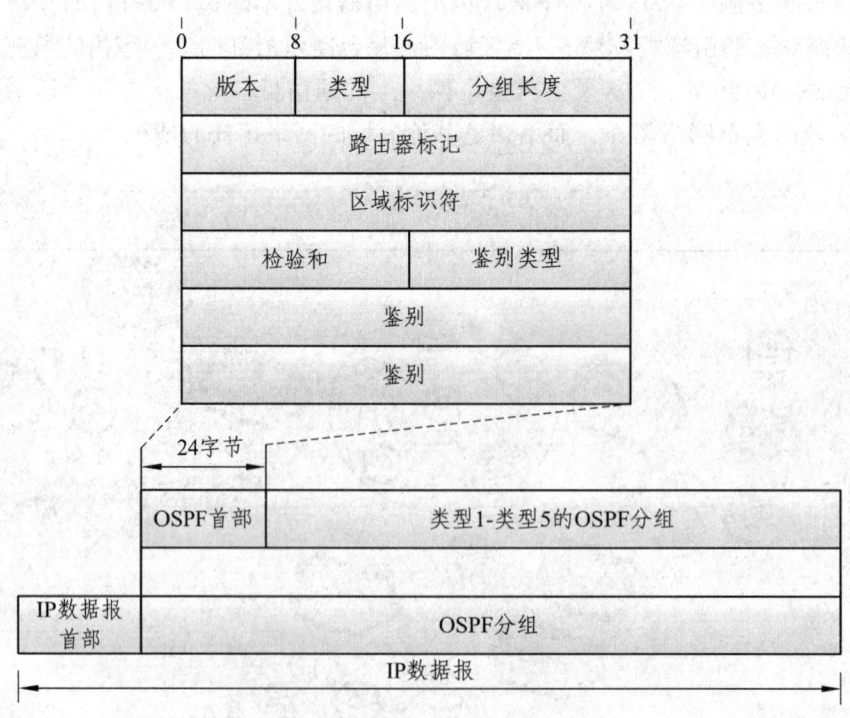

图 5-18 OSPF 报文首部示意图

版本字段，占 1 个字节，指出所采用的 OSPF 协议版本号，目前最高版本为 OSPF v4，即值为 4（对应二进制就是 0100）。

类型，即报文类型字段，标识对应报文的类型。前面提到的OSPF有5种报文，分别是：Hello报文、DD报文、LSR报文、LSU报文和LSAck报文。

分组长度，即报文长度字段，占2个字节。它是指整个报文（包括OSPF报头部分和后面各报文内容部分）的字节长度。

路由器标记，即路由器ID字段，占4个字节，用于指定发送报文的源路由器IP地址。

区域ID标识符，占4个字节，用于指定发送报文的路由器所对应的OSPF区域号。

检验和，用于检测分组中的差错，占2个字节。其是对整个报文（包括OSPF报头和各报文具体内容，但不包括下面的鉴别字段）的校验和，用于对端路由器报文完整性和正确性的校验。

鉴别类型字段，占2个字节，用于指定所采用的认证类型。0为不认证、1为进行简单认证，2为采用MD5方式认证。

鉴别字段，占8个字节，具体值根据不同鉴别类型而定：鉴别类型为不认证时，此字段没有数据；鉴别类型为简单认证时，此字段为鉴别密码；鉴别类型为MD5认证时，此字段为MD5。

4. OSPF分组与工作过程

OSPF有五种分组类型：

（1）Hello，问候分组，用来建立和维护与相邻路由器之间的链接关系。这个报文较简单，容量很小，仅用来向相邻路由器证明自己的存在，就像人与人之间打招呼一样。

（2）DD，数据库描述（Database Description）分组，向邻站给出自己链路状态数据库中所有链路状态项目的摘要信息。

（3）LSR，链路状态请求（(Link State Request）分组，LSR报文用于请求相邻路由器链路状态数据库中的一部分数据。当两台路由器互相交换完DD报文后，知道对端路由器有哪些LSA是本LSDB（链路状态数据库）所没有的，以及哪些LSA是已经失效的，则需要发送一个LSR报文，向对方请求所需的LSA。

（4）LSU，链路状态更新（Link State Update）分组，用洪泛法在全网更新链路状态。这种分组是最复杂的，也是OSPF协议最核心的部分。路由器使用这种分组将其链路状态通知给邻站。

（5）LSAck，链路状态确认（Link State Acknowledgment）分组，对链路更新分组的确认。路由器在收到对端发来的LSU报文后发出的确认应答报文，内容是需要确认的LSA头部（LSA Headers）。

OSPF的工作过程：

第一步，当路由器开启OSPF后，路由器之间就会相互发送Hello分组。Hello分组中包含一些路由器和链路的相关信息，发送Hello分组报文的目的是为了建立邻接关系形成邻居表，将相邻路由器的Router ID添加到自己的OSPF邻居表中。

第二步，路由器之间发送LSA，LSA告诉自己的相邻路由器和自己相连的链路的状态。

第三步，每台收到相邻路由器发出的LSA的路由器都会把这些LSA记录在它的链路状态数据库中，并且拷贝一份发送给其他邻居。最后，通过LSA的泛洪扩散到整个区域，所有的路由器都会形成同样的链路状态数据库LSDB（拓扑表）。

第四步，当这些路由器的数据库完全同步形成拓扑表之后，每台路由器都将以自己为根计算最佳路径，再经过 SPF 算法，通过计算 LSDB 构建自己的路由表。

第五步，定期发送 Hello 包，维护邻居关系。

在执行过程中，两个路由器需要交换各种类型的分组，如图 5-19 所示。

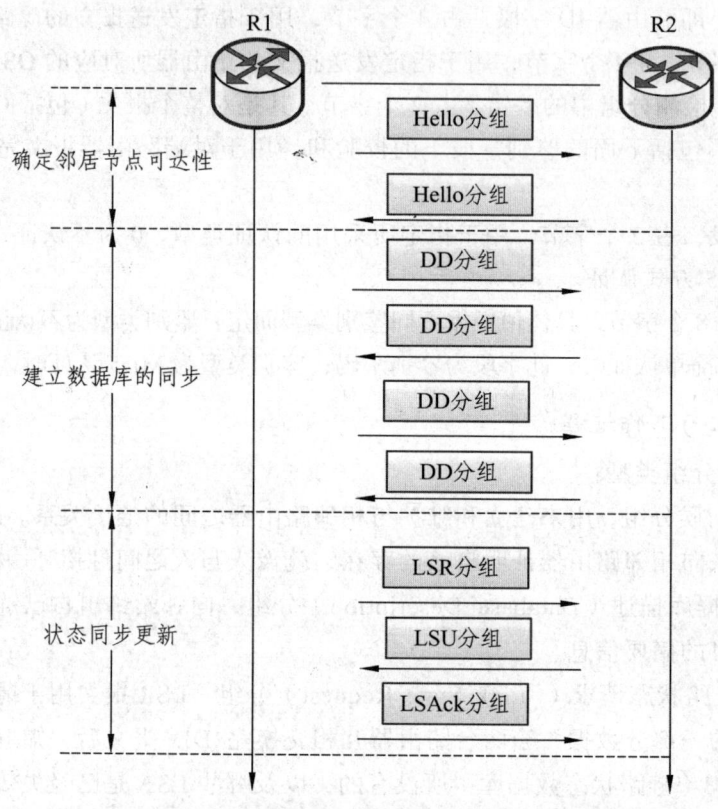

图 5-19　OSPF 协议执行过程分组变化示意图

OSPF 规定，每两个相邻路由器每隔 10 秒钟要交换一次问候分组。这样就能确知哪些邻站是可达的。为了确保链路状态数据库与全网的状态保持一致，OSPF 还规定每隔一段时间，如 30 分钟，要刷新一次数据库中的链路状态。由于一个路由器的链路状态只涉及与相邻路由器的连通状态，因而与整个互联网的规模并无直接关系。因此当互联网规模很大时，OSPF 协议要比距离向量协议 RIP 好得多。

5.4.5　外部网关协议 BGP

1. BGP 协议

在一个 AS 内部，推荐使用的路由协议是 OSPF。在 AS 之间，则可以使用另一个协议——BGP（Border Gateway Protocol），边界网关协议。之所以在 AS 之间需要一个完全不同的协议，是因为内部网关协议和外部网关协议的目标并不相同。一个内部网关协议所需要做的事情，是尽可能有效地将分组从源端传送到目标端，它不必考虑其他方面的因素。AS 之间的路由选择必须考虑有关策略，且由于相互连接的网络的性能相差很大，路由策略可能涉及政治、安全或者经济方面的因素。例如，我国国内的站点在互相传送数据报时不应经过国外"兜圈子"，特别是不要经过某些对我国的安全有威胁的国家。边界网关协议 BGP 只能是力求寻找一条能够到达目的网络且比较好的路由（不能走环路），而并非要寻找一条最佳路由。

1989 年，IETF 公布了新的外部网关协议——边界网关协议 BGP。最早发布的三个版本分别是 RFC1105（BGP-1）、RFC1163（BGP-2）和 RFC1267（BGP-3），当前使用的是 RFC1771（BGP-4）。为简单起见，本书把目前使用最多的版本 BGP-4 都简写为 BGP。其特性描述如下：

（1）实现自治系统间通信，传播网络的可达信息。BGP 是一种外部路由协议，采用了路径向量（Path Vector）路由选择协议，与 OSPF、RIP 等的内部路由协议不同，其着眼点不在于发现和计算路由，而在于控制路由的传播和选择最好的路由。

（2）多个 BGP 路由器之间的协调。如果在一个自治系统内部有多个路由器分别使用 BGP 与其他自治系统中对等路由器进行通信，BGP 可以协调这一系列路由器，使这些路由器保持路由信息的一致性。

（3）通过携带 AS 路径信息，彻底解决路由循环问题。

（4）路径信息。为控制路由的传播和路由选择，需为路由附带属性信息。在 BGP 通告目的网络的可达性信息时，除了指定目的网络的下一跳信息之外，通告中还包括了路径向量（Path Vector），即去往该目的网络时需要经过的 AS 的列表，使接收者能够了解去往目的网络的通路信息。

（5）可靠性传输。使用 TCP（端口 179）作为其传输层协议，提高了协议的可靠性。

（6）BGP 支持无类别域间选路 CIDR（Classless Interdomain Routing）以及 VLSM 方式，可以有效地减少日益增大的路由表。通告的所有网络都以网络前缀加子网掩码的方式表示。

（7）BGP 还允许接收方对报文进行鉴别和认证，以验证发送方的身份。

（8）BGP 支持基于策略的选路（Policy-Base Routing）。一般的距离向量选路协议确切通告本地选路中的路由，而 BGP 则可以实现由本地管理员选择路由的策略。BGP 路由器可以为域内和域间的网络可达性配置不同的策略。

（9）增量更新。BGP 不需要在所有路由更新报文的过程中传送完整的路由数据库信息，只需要在启动时交换一次完整信息。后续的路由更新报文只通告网络的变化信息，这种网络变化的信息称为增量（Delta）。

BGP 属于外部网关路由协议，可以实现自治系统间无环路的域间路由。BGP 是沟通 Internet 广域网的主用路由协议，例如不同省份，不同国家之间的路由大多要依靠 BGP 协议。BGP 可分为 IBGP（Internal BGP）和 EBGP（External BGP）。

配置 BGP 时，每一个自治系统的管理员要选择至少一个路由器作为该自治系统的"BGP 发言人"。一般说来，不同的 BGP 发言人都是通过一个共享网络连接在一起的，而 BGP 发言人往往就是 BGP 边界路由器，但也可以不是 BGP 边界路由器。

一个 BGP 发言人与其他 AS 的 BGP 发言人要交换路由信息，就要先建立 TCP 连接（端口号为 179），然后在此连接上交换 BGP 报文以建立 BGP 会话（Session），利用 BGP 会话交换路由信息，如增加了新的路由，或撤销过时的路由，以及报告出差错的情况等等。使用 TCP 连接能提供可靠的服务，也简化了路由选择协议。使用 TCP 连接交换路由信息的两个 BGP 发言人，彼此成为对方的邻站（Neighbor）或对等站（Peer）。

BGP 发言人与自治系统的关系示意图如图 5-20 所示，图中画出了五个自治系统中的五个

BGP 发言人。每一个 BGP 发言人除了必须运行 BGP 协议外，还必须运行该自治系统所使用的内部网关协议，如 OSPF 或 RIP。

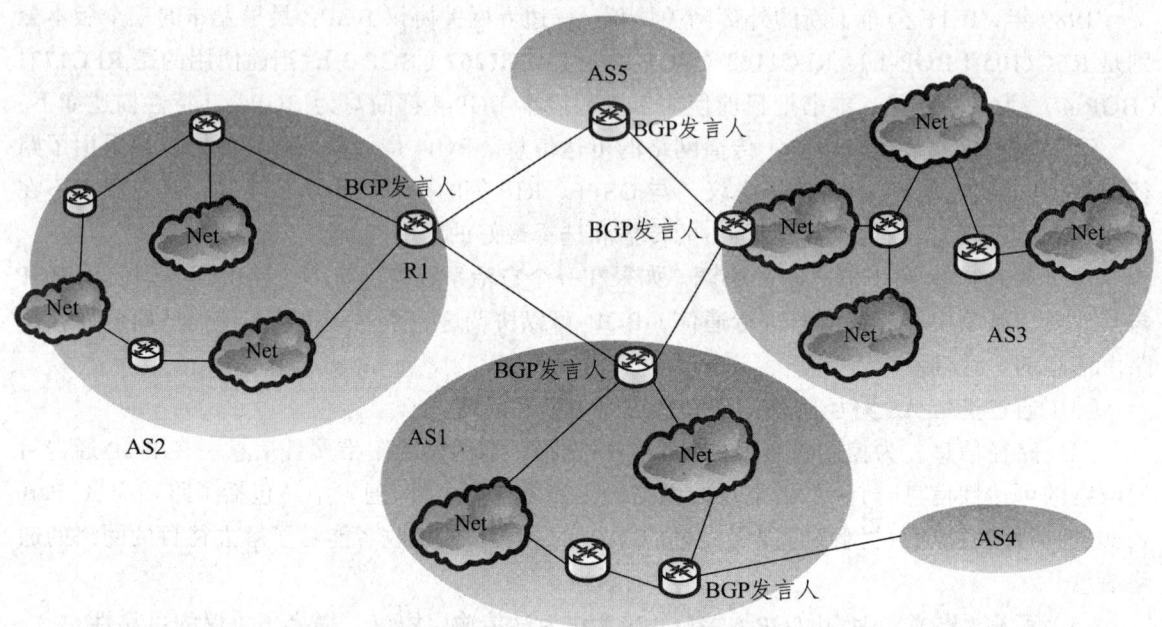

图 5-20　BGP 发言人与自治系统的关系

边界网关协议 BGP 所交换的网络可达性的信息为到达某个网络所要经过的一系列自治系统。当 BGP 发言人互相交换了网络可达性的信息后，各 BGP 发言人就根据所采用的策略从收到的路由信息中找出到达各自治系统的较好路由。如图 5-21 所示表示的是 AS2（见图 5-20）上的一个 BGP 发言人构造出的自治系统连通图，它是树形结构，不存在回路。发言人可以根据树形拓扑结构图，建立路由表项。

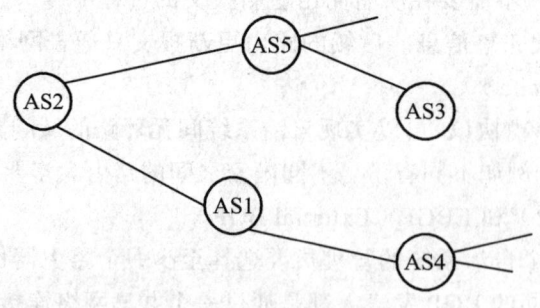

图 5-21　自治系统连通图

BGP 协议交换路由信息的节点数量级是自治系统个数的量级，这要比这些自治系统中的网络数少很多。要在许多自治系统之间寻找一条较好的路径，就是要寻找正确的边界路由器，而在每一个自治系统中边界路由器的数目是很少的，这样就使得 Internet 路由选择的复杂度大大降低。

在 BGP 刚刚运行时，BGP 的邻站交换的是整个的 GP 路由表，但之后只需要在发生变化时更新有变化的部分即可。这样做对节省网络带宽和减少路由器的处理开销方面都有好处。

在 RFC 4271 中规定了 BGP-4 的四种报文：

（1）OPEN（打开）报文，是 TCP 连接建立后发送的第一个消息，用于与相邻的另一个 BGP 发言人建立联系。

（2）UPDATE（更新）报文，用于通告某一路由的信息。它既可以发布可达路由信息，也可以撤销不可达路由信息。

（3）KEEPALIVE（保活）报文。BGP 会周期性地向对等体发出 Keepalive 消息，用于保持连接的有效性。

（4）NOTIFICATION（通知）报文。BGP 检测到错误状态时，就向对等体发出 Notification 消息，之后 BGP 连接会立即中断。

若两个邻站属于两个不同 AS，而其中一个邻站打算和另一个邻站定期地交换路由信息。当两个 BGP 对等路由器之间建立起一个 TCP 连接以后，就分别发送一个 OPEN 报文，声明各自的自治系统编号，并确定其他操作参数。路由器接受到来自对等路由器的 OPEN 报文时，BGP 将发送一个 KEEPALIVE 报文。在路由器之间交换选路信息之前，通信双方都必须发送一个 OPEN 报文，并接受一个 KEEPALIVE 报文。KEEPALIVE 报文可以用作对 OPEN 报文的确认。成功接收到对OPEN报文的KEEPALIVE确定报文，对等路由器之间就可以使用UPDATE（更新）报文来通告网络的可达性信息。通告的的内容可以是新的可达的目的网络，也可以是通告撤销原来的某些目的网络的可达性。BGP 在发现错误时（或需要进行控制时），可以利用通知报文来通知对等路由器，然后关闭 TCP 连接终止通信。

2. BGP 分组的格式

四种类型的 BGP 报文具有同样的通用首部，其长度为 19 字节，其结构如图 5-22 所示。通用首部分为三个字段：标记（marker）字段为 16 字节长，用来鉴别收到的 BGP 报文（这是假定将来有人会发明出合理的鉴别方案）。当不使用鉴别时，标记字段要置为全 1；长度字段指出包括通用首部在内的整个 BGP 报文以字节为单位的长度，最小值是 19，最大值是 4 096；类型字段的值为 1 到 4，分别对应上述四种 BGP 报文中的一种。

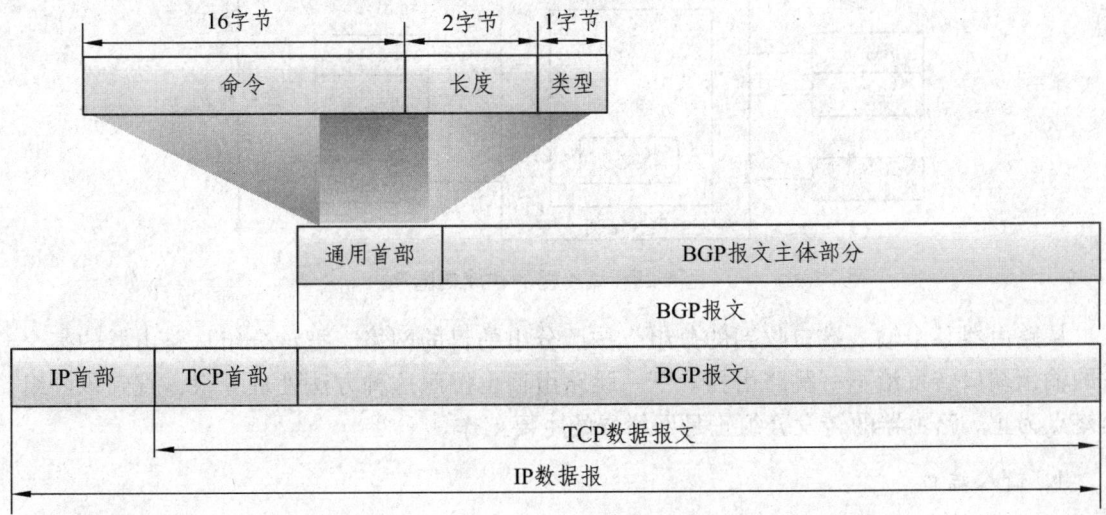

图 5-22　BGP 报文通用首部

OPEN 报文共有 6 个字段，即版本（1 字节，现在的值是 4）、本自治系统编号（2 字节，使用全球唯一的 16 位自治系统号，由 ICANN 地区登记机构分配）、保持时间（2 字节，以秒计算的保持为邻站关系的时间）、BGP 标识符（4 字节，通常就是该路由器的 IP 地址）、可选参数长度（1 字节）和可选参数。

UPDATE 报文共有 5 个字段，即不可行路由长度（2 字节，指明下一个字段的长度）、撤销的路由（列出所有要撤销的路由）、路径属性总长度（（2 字节，指明下一个字段的长度）、路径属性（定义在这个报文中增加的路径的属性）和网络层可达性信息 NLRI（Network Layer Reachability Information）。最后这个字段定义发出此报文的网络，包括网络前缀的位数、IP 地址前缀。

KEEPALIVE 报文只有 BGP 的 19 字节长的通用首部。

NOTIFICATION 报文有 3 个字段，即差错代码（1 字节）、差错子代码（1 字节）和差错数据（给出有关差错的诊断信息）。

5.4.6 路由器结构

路由器是一种具有多个输入端口和多个输出端口的专用计算机，其任务是转发分组。路由器主要由以下几个部分组成：输入/输出端口部分、交换结构部分（Switching Fabric）、路由计算或处理部分。其结构如图 5-23 所示。

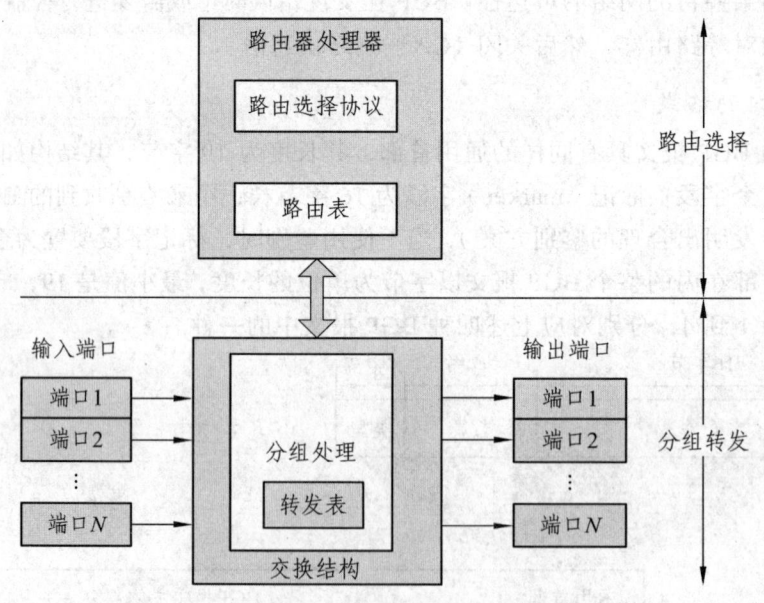

图 5-23 路由器的构成框图

从路由器某个输入端口收到的分组，按照分组的目的网络，把该分组从路由器的某个合适的输出端口转发给下一跳路由器。下一跳路由器也按照这种方法处理分组，直到该分组到达终点为止。路由器的转发分组正是网络层的主要工作。

1. 输入端口

如图 5-24 所示，给出了一个较详细的输入处理视图。输入端口的线路端接入功能与链路层处理实现了用于各个输入链路的物理层和链路层。在输入端口中执行的查找操作对于路由器的运行是至关重要的。路由器使用转发表来查找输出端口，使得到达的分组能经过交换结构转发到该输出端口。转发表是由路由选择处理器计算和更新的，其影子副本通常会被存放在每个输入端口。转发表从路由选择处理器经过独立总线（例如一个 PCI 总线）复制到每个输入端口中，路由选择处理器负责对各转发表副本进行更新。有了影子副本，转发决策能在每个输入端口本地做出，无须调用中央路由选择处理器，因此避免了集中式处理的瓶颈。

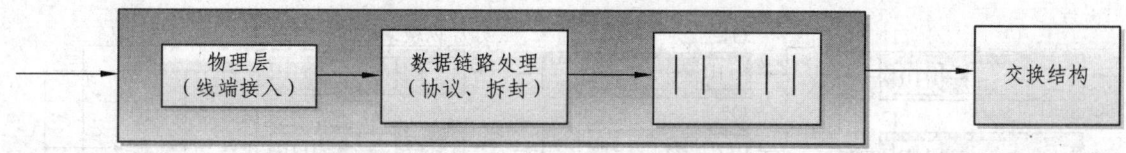

图 5-24 输入处理

一旦通过查找确定了某分组的输出端口，则该分组就能够发送进入交换结构。在某些设计中，如果来自其他输入端口的分组当前正在使用该交换结构，则这分组会在进入交换结构时被暂时阻塞于此，一个被阻塞的分组必须要在输入端口处排队，并等待稍后被及时调度以通过交换结构。

2. 交换结构

交换结构位于一台路由器的核心部位，正是通过交换结构，分组才能实际地从一个输入端口交换（即转发）到一个输出端口中。交换可以用许多方式完成，如图 5-25 所示。

（1）经内存交换（见图 5-25a）。最简单、最早的路由器是传统的计算机，在输入端口与输出端口之间的交换是在路由选择处理器的直接控制下完成的。输入与输出端口的功能就像在传统操作系统中的 I/O 设备一样。一个分组到达一个输入端口时，该端口会先通过中断方式向路由选择处理器发出信号，于是该分组从输入端口处被复制到处理器内存中。路由选择处理器则从其首部中提取目的地址，在转发表中找出适当的输出端口，并将该分组复制到输出端口的缓存中。也须注意不能同时转发两个分组，即使它们有不同的端口号，因为共享系统总线一次仅能执行一个内存读/写操作。

（2）经总线交换（见图 5-25b）。输入端口经一根共享总线将分组直接传送到输出端口，不需要路由选择处理器的干预。通常按以下方式完成该任务：让输入端口为分组预先规划一个交换机内部标签（首部），指示本地输出端口，使分组在总线上传送及传输到输出端口。该分组能由所有输出端口收到，但只有与该标签匹配的端口才能保存该分组，然后标签在输出端口被去除。如果多个分组同时到达路由器，每个分组对应不同的输出端口，除了一个分组外所有其他分组必须等待，因为一次只有一个分组能够跨越总线，故路由器的交换带宽受总线速率的限制。

（3）通过纵横交换结构（Crossbar Switch Fabric）进行交换。这种交换机构常称为互联网络（见图 5-25c），它克服了单一，共享式总线带宽的限制。纵横式交换机就是一种由 $2N$ 条总线组成的互联网络，它连接 N 个输入端口与 N 个输出端口，如图 5-25c 所示每条垂直的总线都与水平的总线交叉，交叉点通过交换结构控制器（其逻辑是交换结构自身的一部分）能够在任何时候开启和闭合。若通向所要转发的输出端口的垂直总线是空闲的，则在这个节点将垂直总线与水平总线接通，然后将该分组转发到这个输出端口。如果来自两个不同输入端口的两个分组其目的地为相同的输出端口，则一个分组必须在输入端等待。如某分组到达端口 I1，需要转发到端口 O2，交换机控制器闭合总线 I1 和 O2 交叉部位的交叉点，然后端口 I1 在其总线上发送该分组，该分组仅由总线 O2 安排接收。与前面两种交换方法不同，纵横式网络能够并行转发多个分组。

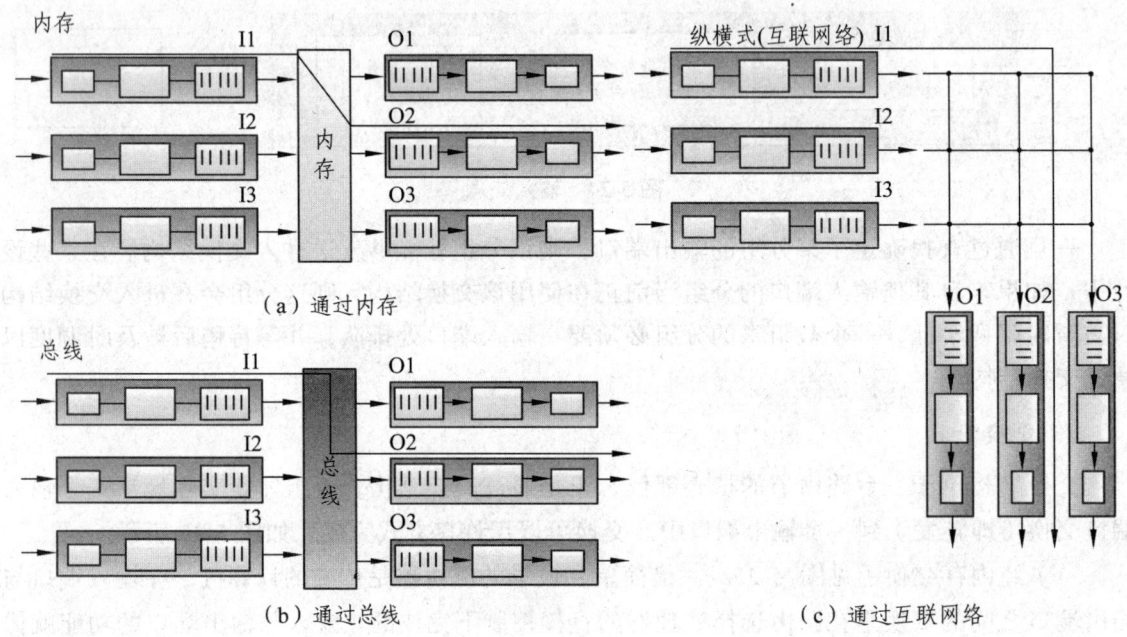

图 5-25　路由器三种常见交换方法

3. 输出端口

输出端口从交换结构接收分组，然后把它们发送到路由器外面的线路上。在网络层的处理模块中设有一个缓冲区，实际上是一个队列。当交换结构传送分组的速率超过输出链路的发送速率时，来不及发送的分组就必须暂时存放在这个队列中。数据链路层处理模块把分组加上链路层的首部和尾部，交给物理层后发送到外部线路。如图 5-26 所示，输出端口把交换结构传送过来的分组发送到线路上。

图 5-26　路由器输出端口

分组在路由器的输入端口和输出端口都可能会在队列中排队等候处理。若分组处理的速率赶不上分组进入队列的速率，则队列的存储空间最终必定减少到零，这就使后面再进入队列的分组由于没有存储空间而只能被丢弃。以前我们提到过的分组丢失就是发生在路由器的输入或输出队列产生溢出的时候。当然，设备或线路出故障也可能导致分组丢失。

5.5 Internet 控制报文协议——ICMP

5.5.1 ICMP 协议的作用与特点

IP 协议是 TCP/IP 协议使用的传输机制，它是一种不可靠的无连接的数据报传送协议，IP 协议假定了底层是不可靠的，因此，要尽最大的努力将数据报传输到目的地，但它并没有提供数据校验或跟踪机制。IP 协议还缺少主机和管理方面的查询机制。

为了弥补 IP 协议设计上的缺陷，在网络层使用了网际控制报文协议 ICMP（Internet Control Message Protocol）[RFC 792]。ICMP 允许主机或路由器报告差错情况和提供有关异常情况的报告。ICMP 是因特网的标准协议，是网络层的一个协议。ICMP 报文是装在 IP 数据报中，作为其中的数据部分，其报文格式如图 5-27 所示。

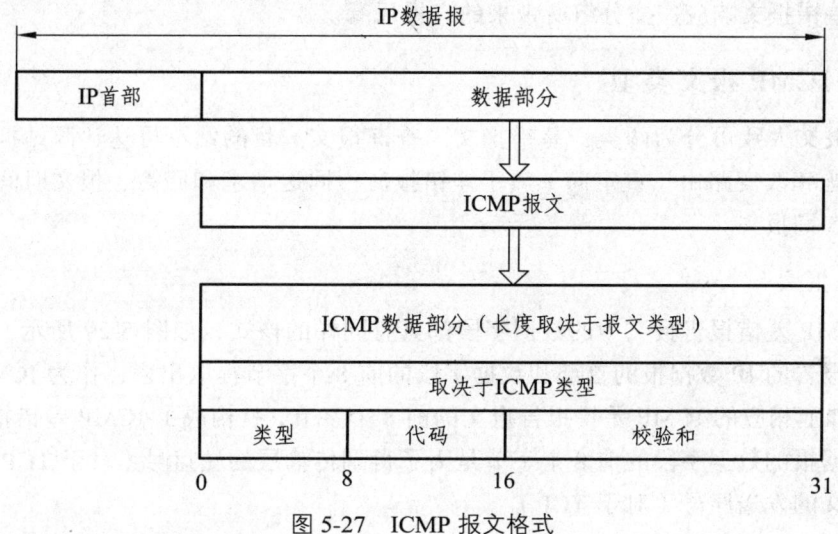

图 5-27 ICMP 报文格式

ICMP 报文的前 4 个字节是统一的格式，共有三个字段：即类型、代码和校验和。第一个 8 比特字段是 ICMP 的类型，它定义了报文的类型；代码字段指明了发送此特定报文类型的原因；最后一个共同的字段是校验和字段。接着的 4 个字节的内容与 ICMP 的类型有关。最后面是数据字段，其长度取决于 ICMP 的类型。如图 5-28 所示给出了几种常用的 ICMP 报文类型。

类型值	ICMP报文的类型
0	回送（echo）回答
3	目的站不可达
4	源站抑制
5	改变路由
8	回送（echo）请求
11	数据报的时间超过
12	数据报的参数有问题
13	时间戳请求
14	时间戳回答
17	地址掩码请求
18	地址掩码回答

图 5-28 ICMP 的报文类型

ICMP 主要是为了减少 IP 数据报的丢失，获取差错信息并处理。它为遇到差错的路由器提供了向最初源站报告差错的办法，源站必须把差错交给一个应用程序或采取其他措施来纠正问题。它是一种差错和控制报文协议，不仅用于传输差错报文，还传输控制报文。

ICMP 就像一个更高层的协议那样使用 IP（即 ICMP 消息被封装在 IP 数据报中）。然而，ICMP 是 IP 的一个组成部分，并且所有 IP 模块都必须实现它。ICMP 不能用来报告 ICMP 消息的错误，这样就避免了无限循环。当 ICMP 查询消息时通过发送 ICMP 来响应。

对于被分段的数据报，ICMP 消息只发送关于第一个分段中的错误。也就是说，ICMP 消息不会引用一个具有非 0 片偏移量字段的 IP 数据报。

ICMP 不会响应目的地址为广播或组播地址的数据报，亦不响应没有源主机 IP 地址的数据报。总的来说，源地址不能为 0、回送地址、广播地址或者组播地址。这些是为了防止过去允许 ICMP 差错报文响应广播分组所带来的广播风暴。

5.5.2 ICMP 报文类型

ICMP 报文大致可分为两类：差错报文、查询报文。目的站不可达、源站抑制、时间超过、参数问题和改变路由（重定向）属于差错报文；回送请求和回答、报文时间戳请求和回答报文属于查询报文。

1. 差错报文

所有 ICMP 差错报告报文中的数据字段都具有同样的格式，如图 5-29 所示。将收到的需要进行差错报告的 IP 数据报的首部和数据字段的前 8 个字节提取出来，作为 ICMP 报告的数据字段。再加上相应的 ICMP 差错报告报文的前 8 个字节，就构成了 ICMP 差错报告报文。提取收到的数据报的数据字段的前 8 个字节是为了得到传输层的端口号（对于 TCP 和 UDP）以及传输层报文的发送序号（对于 TCP）。

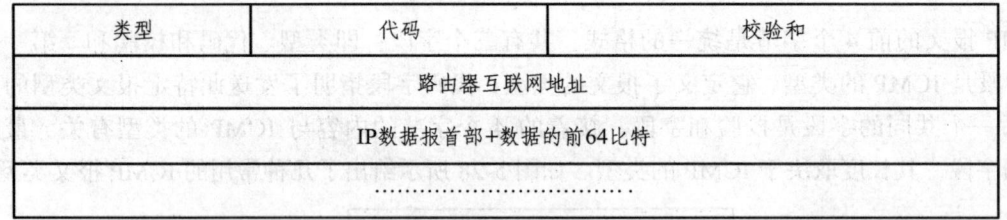

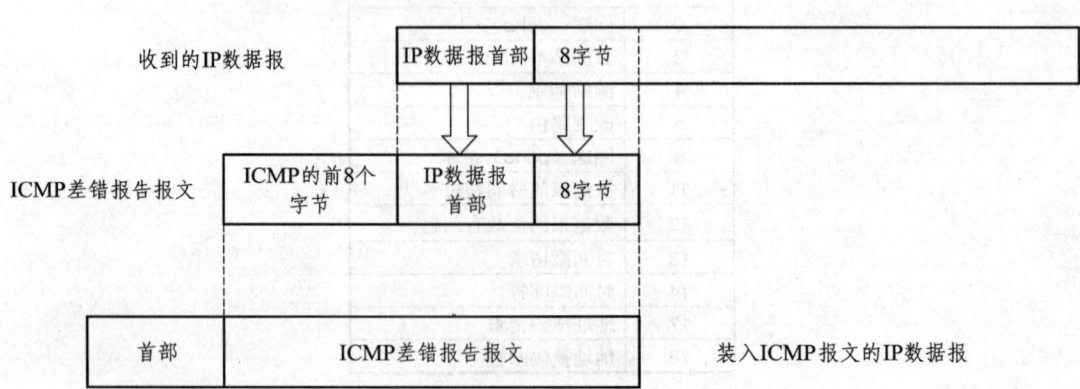

图 5-29　ICMP 的差错报文

1）目的站不可达（Destination Unreachable）

当路由器检测到数据报无法传递到目的站时，向创建数据报的源主机发出目的地不可达报文。这种报文分为：网络不通（如路由器故障）、目的主机连不通（没开机）、协议不可达，端口不可达等15种不同的情况，用不同代码表示。如：代码0表示网络不可达，可能是硬件故障，由路由器产生。代码1为主机不可达，这也可能是硬件故障。这种类型的报文只能由路由器产生。代码2为协议不可达，IP数据报携带的数据可能属于高层协议的。

目的站不可达的报文可以由路由器也可以由目的主机产生，代码2和3的报文只能由目的主机产生，而其余的报文则只能由路由器产生。由于路由器无法检测出导致分组没有交付的所有的问题，在路由器没有发送目的站不可达报文时，也不一定表示数据报已经交付了。

2）源站抑制（Source Quench）

当路由器或主机由于拥塞而丢弃数据报时，就向源点发送源点抑制报文，使源主机知道应当把数据报的发送速率放慢。注意：拥塞解除后路由器不主动通知源主机。

3）超时（Time Exceeded）

有两种情况需要发送超时报文。一种是路由器把数据报的生存时间减至为零时，路由器丢弃数据报，并向源主机发送超时报文；另一种是在规定的时间内没有收到所有的分片时，它就丢弃所有的分片，并向源站发送了超时报文。代码0：当数据报的生存时间字段的值为零时被路由器丢弃；代码1：在固定的时间内分片未能到达而导致分片被丢弃。

4）参数问题（Parameter Problem）

当路由器或目的主机收到的数据报的首部中有字段的值不正确或缺少必需的选项时，丢弃该数据报，并向源点发送参数问题报文。代码0：在首部的某个字段中有差错或二义性。在这种情况下，指针字段的值指向有问题的地址。代码1：表示缺少所需的选项部分。在这种情况下，不使用指针。

5）改变路由

路由器把改变路由报文发送给主机，让主机知道下次应将数据报发送给另外的路由器（可通过更好的路由）。

在因特网中各路由器之间需要经常交换路由信息，以便动态更新各自的路由表。但在因特网中主机的数量远大于路由器的数量。主机如果也像路由器那样经常交换路由信息，就会产生很大的附加通信量，反而大大浪费了网络资源。所以，出于效率的考虑，连接在网络上的主机的路由表一般都采用人工配置，并且主机不和连接在网络上的路由器定期交换路由信息。在主机刚开始工作时，一般都在其路由表中设置了一个默认路由器的IP地址。不管数据报要发送到哪个目的地址，都一律先将数据报传送给网络上的这个默认路由器，而这个默认路由器知道到每一个目的网络的最佳路由。如果默认路由器发现主机发往某个目的地址的数据报的最佳路由不应当经过默认路由器，而是应当经过网络上的另一个路由器R时，就用改变路由报文将此情况报告主机。

于是，该主机就在其路由表中增加一项：到某目的地址应经过路由器R（而不是默认路由器）。虽然改变路由报文算是一种差错报文，但是它与其他类型差错报文不同。在这种情况下，路由器不丢弃数据报，而是将数据报送到适当的路由器中。它的代码段缩小了改变路由的范围：代码 0，对特定网络路由的改变；代码 1，对特定主机路由的改变；代码 2，基于指明的服务类型对特定网络路由的改变；代码 3，基于指明的服务类型对特定主机路由的改变。

2. 查询报文

1）回送请求/应答（Echo Request/Reply）

可以对任何一台网上主机的 ICMP 软件发请求/应答报文。主机或路由器可以发送回送请求报文给另一个主机或路由器。收到回送请求报文的主机或路由器创建回送应答报文，并将其返回给原来的发送者。这种报文主要用来测试目的站是否可达以及了解其有关的状态。Ping 服务就是采用这个报文来获得两个主机之间的连通性。

2）地址掩码请求/应答（Address Mask Request/Reply）

用于无盘系统在引导过程中获取自己的子网掩码，主机启动时，会广播一个地址掩码请求报文。路由器收到地址掩码请求报文后，回送一个包含本网使用的 32 位地址掩码的应答报文。

3）时间戳请求/应答（Timestamp Request/Reply）

ICMP 时间戳请求允许系统向另一个系统查询当前的时间。返回的建议值是自午夜开始计算的毫秒数，协调的统一时间（Coordinated Universal Time，UTC）。这种 ICMP 报文的好处是它提供了毫秒级的精准度，而利用其他方法从别的主机获取的时间（如某些 Unix 系统提供的 rdate 命令）只能提供秒级的精准度。时间戳请求和时间戳应答报文可用来计算数据报从源站到目的站所需的单向时间，以及再返回到源站所需的往返时间。如：发送时间等于接收时间戳的值减去原始时间戳的值；接收时间等于分组返回的时间减去发送时间戳的值；往返时间等于发送时间加上接收时间。

5.5.3　Ping 与 Traceroute 命令

1. Ping 命令

Ping（Packet InterNet Groper）命令，用于测试两个主机之间的连通性。Ping 使用了 ICMP 回送请求与回送回答报文。Ping 是应用层直接使用网络层 ICMP 的一个例子，它没有通过传输层的 TCP 或 UDP。Unix、Linux、Windows 等网络操作系统都支持 Ping 命令。不同网络操作系统对 Ping 命令的实现稍有不同，本书以 Windows 系统中 Ping 命令为例。在操作系统中，打开"开始"程序中的"附件"，找到"命令提示符"打开，应用格式为：Ping <IP 地址或主机名>，如图 5-30 所示。该命令还可以加许多参数使用。

ping 命令的用法如下：

ping	[-t]	不停地 ping 指定的计算机直到按 Ctrl+C 中断。
ping	[-a]	将地址解析为计算机名。
ping	[-n count]	发送 count 指定的 Echo 数据包数和目标主机连接，默认值为 4。
ping	[-l length]	发送包含由 length 指定的数据量的 Echo 数据包，默认为 32 字节，最大值是 65 527。
ping	[-f]	在数据包中发送"不要分段"标志，数据包就不会被路由上的网关分段。
ping	[-i ttl]	将"生存时间"字段设置为 ttl 指定的值。

ping	[-v tos]	将"服务类型"字段设置为 tos 指定的值。
ping	[-r count]	在"记录路由"字段中记录传出和返回数据包的路由，count 可以指定最少 1 台，最多 9 台计算机。
ping	[-s count]	指定 count 指定的跃点数的时间戳。
ping	[-w timeout]	指定超时间隔，单位为毫秒，缺省值为 1 000。

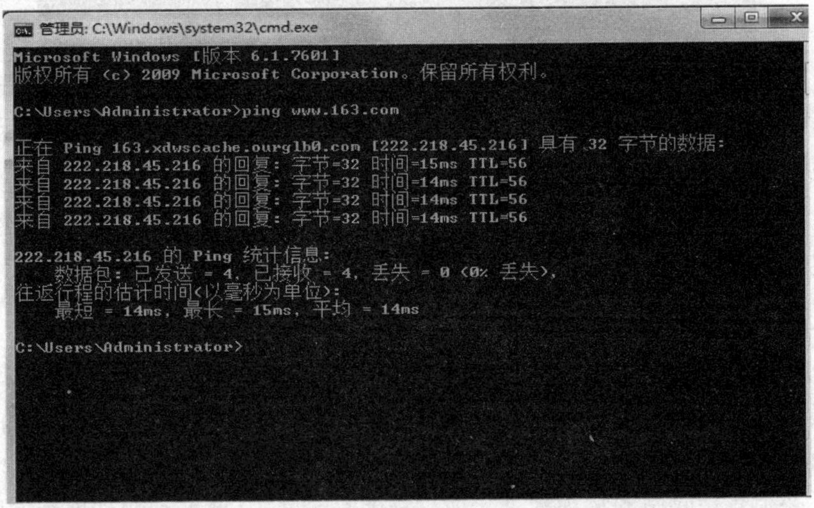

图 5-30 ping 命令测试网络主机的连通性

2. Tracert 命令

Tracert（跟踪路由）是路由跟踪实用程序，用于确定 IP 数据包访问目标所采取的路径。Tracert 命令用 IP 生存时间（TTL）字段和 ICMP 错误消息来确定从一个主机到网络上其他主机的路由。UNIX 操作系统中该命令名字是 Traceroute。

Tracert 从源主机向目的主机发送一连串的 IP 数据报，数据报中封装的是无法交付的 UDP 用户数据报。第一个数据报 P1 的 TTL 设置为 1。当 P1 到达路径上的第一个路由器 R1 时，路由器 R1 先收下它，接着把 TTL 的值减 1。由于 TTL 等于零了，路由器就先把 P1 丢弃了，并向源主机发送一个 ICMP 时间超过差错报告报文。源主机接着发送第二个数据报 P2，并把 TTL 设置为 2。P2 先到达路由器 R1 把 TTL 减 1 再转发给路由器 R2。R2 收到 P1 时 TTL 为 1，但减 1 后 TTL 变为零了，R2 就丢弃 P2，并向源主机发送一个 ICMP 时间超过差错报告报文。这样一直继续下去。当最后一个数据报刚刚到达目的主机时，数据报的 TTL 是 1。主机不转发数据报，也不把 TTL 值减 1。但因 IP 数据报中封装的是无法交付的传输层的 UDP 用户数据报，因此目的主机要向源主机发送 ICMP 终点不可达差错报告报文。这样，源主机达到了自己的目的，因为这些路由器和最后目的主机发来的 ICMP 报文正好给出了源主机想知道的路由信息——到达目的主机所经过的路由器的 IP 地址，以及到达其中的每一个路由器的往返时间。例如从校园网上的一个 PC 向学校的服务器 www.ylu.edu.cn 发起探测，结果如图 5-31 所示。也可以去探测网易，百度等知名网站。需要注意的是 IP 数据报经过的路由器越多，所花费的时间也会越多。此外，因特网的拥塞程度也会影响响应时间。拥塞程度随时都在变化，可能会出现响应时间不一致等现象。

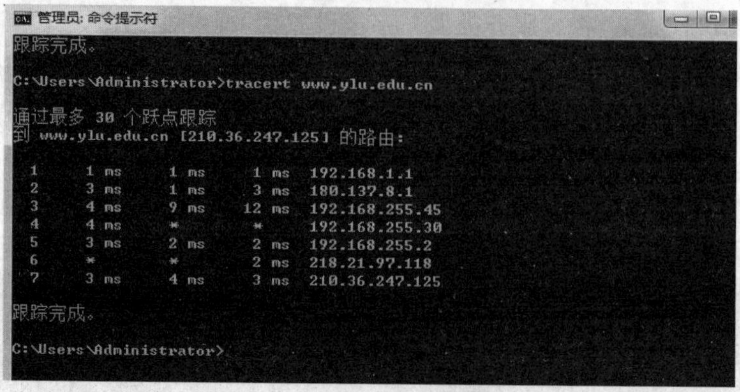

图 5-31　Tracert 命令使用图示

5.6　地址解析协议 ARP

尽管 Internet 上的每台机器都有一个（或多个）IP 地址，但是仅有这些地址还不足以支撑发送数据包。例如在以太局域网中，当主机或其他网络设备有数据要发送给另一个主机或设备时，它必须知道对方的网络层地址（即 IP 地址）。但是仅仅有 IP 地址是不够的，因为 IP 数据报文必须封装成帧才能通过物理网络发送，而数据链路层硬件网卡并不理解 Internet 地址。因此发送站还必须有接收站的物理地址，所以需要一个从 IP 地址到物理地址的映射。

APR 就是实现这个功能的协议。ARP（Address Resolution Protocol，地址解析协议）是根据 IP 地址获取物理地址的一个 TCP/IP 协议。

5.6.1　IP 地址与物理地址的映射

在硬件层次上进行的数据帧交换必须有正确的硬件地址，但 TCP/IP 有自己的地址——32位的 IP 地址，知道主机的 IP 地址并不能让内核（如以太网驱动程序）发送一帧数据给主机，内核必须知道目的端的硬件地址才能发送数据。ARP 的功能是在 32 位的 IP 地址和采用不同网络技术的硬件地址之间提供动态映射。从逻辑 Internet 地址到对应的物理硬件地址需要进行翻译，这就是 ARP 的功能。

ARP 高效运行的关键是每个主机上都有一个 ARP 高速缓存。这个高速缓存存放了最近的 IP 地址到硬件地址之间的映射记录，那么主机是怎样知道这些地址的呢？ 主机发送信息时将包含目标 IP 地址的 ARP 请求广播给网络上的所有主机，并接收返回消息，以此确定目标的物理地址；收到返回消息后将该 IP 地址和物理地址的映射关系存入本机 ARP 缓存中并保留一定时间，下次请求时直接查询 ARP 缓存以节约资源。此外，ARP 请求是广播发送的，所有主机都会收到该请求。它们也可将该源主机的 IP 地址与物理地址的映射关系存入各自的 cache。当主机启动时可以主动广播自己的 IP 地址与物理地址的映射关系。

高速缓存中每一项记录都有一个默认的生存时间，起始时间从被创建时开始算起。ARP 高速缓存中的表项一般都要设置超时值，完整的表项（如 IP 地址有相应的 MAC 地址对应的表项）设一个超时值（例如 20 分钟）；不完整的表项（IP 地址没有相应的 MAC 地址对应，即不存在此主机的表项）设置另外一个超时值（例如 3 分钟）。如果表项被再次使用时未超时，它的超时值会被重新设定为默认值;如果表项被再次使用时已超时,表明这个表项不可信,需要重新发送 ARP 请求更新此表项。

5.6.2 地址解析工作过程

1. ARP 的工作过程

(1)当源主机需要将一个数据包发送到目的主机时,会首先检查自己 ARP 列表中是否存在该 IP 地址对应的 MAC 地址,如果有,就直接使用此 MAC 地址;如果没有,主机就先将目标主机的 IP 地址与自己的子网掩码进行"与"操作,以判定目标主机与自己是否位于同一网段内,如果目标主机与自己在同一网段内,就向本地网段发起一个 ARP 请求的广播包,查询此目的主机对应的 MAC 地址;如果目的主机在一个远程网络上,那么就通过路由器等路由设备转发此 ARP 请求到远程网络中广播,此 ARP 请求数据包里包括源主机的 IP 地址、硬件地址、以及目的主机的 IP 地址。

(2)源主机和目的主机在一个网络内的情况下,网络中所有的主机收到这个 ARP 请求后,会检查数据包中的目的 IP 和自己的 IP 地址是否一致。如果不相同就不回应,但是该主机仍然会检查自己的 ARP 高速缓存,如果此请求的源 IP 地址已经在高速缓存中,那么就用 ARP 请求帧中的发送端硬件地址对高速缓存中相应的内容进行更新;如果相同,该主机首先将发送端的 MAC 地址和 IP 地址添加到自己的 ARP 列表中,如果 ARP 表中已经存在该 IP 的信息,则将其覆盖,然后给源主机发送一个 ARP 响应数据包,告诉它需要查找的 MAC 地址。

(3)如果源主机和目的主机不在一个网络内,ARP 请求将由路由器转发至其他网络。如果能找到目的主机,就将此路由器的 MAC 地址当作目的主机的网络地址发给源主机,以后源主机和目的主机之间的信息交换都要经过此路由器,这个路由器就被称作 ARP 代理;如果没有找到目的主机,在 ARP 高速缓存中会产生一条不完整的表项记录下来。

(4)源主机收到这个 ARP 响应数据包后,将得到的目的主机的 IP 地址和 MAC 地址添加到自己的 ARP 列表中,并利用此信息开始数据的传输。

2. ARP 地址解析过程

如图 5-32 所示,以主机 A 和 B 在同一个局域网内的情况来说明主机 A 要向主机 B 发送信息的具体地址解析过程:

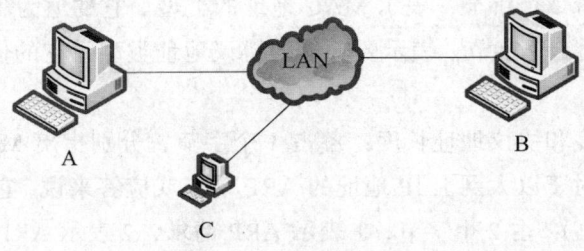

图 5-32 ARP 地址解析

(1)主机 A 首先查看自己的 ARP 表,确定其中是否包含有主机 B 对应的 ARP 表项。如果有对应的 MAC 地址,则主机 A 直接利用 ARP 表中的 MAC 地址,对 IP 数据包进行帧封装,并将数据包发送给主机 B。

（2）如果主机 A 在 ARP 表中找不到对应的 MAC 地址，则将缓存该数据报文，然后以广播方式发送一个 ARP 请求报文。ARP 请求报文中包含发送端 IP 地址 IP_A 和发送端 MAC 地址 MAC_A，目标 IP 地址 IP_B 和全 0 的目标 MAC 地址 MAC_B。该网段上的所有主机都可以接收到该请求，但只有被请求的主机（即主机 B）会对该请求进行处理。

（3）主机 B 比较自己的 IP 地址和 ARP 请求报文中的目标 IP 地址 IP_B，当两者相同时进行如下处理：将 ARP 请求报文中的发送端（即主机 A）的 IP 地址 IP_A 和 MAC 地址 MAC_A 存入自己的 ARP 表中。之后以单播方式发送 ARP 响应报文给主机 A，其中包含了自己的 MAC 地址。在这里主机 C 也会收到主机 A 发来的信息，只不过它不会回应，只是将 IP_A 和 MAC_A 存入自己的 ARP 表中以备用。

（4）主机 A 收到 ARP 响应报文后，将主机 B 的 MAC 地址 MAC_B 加入到自己的 ARP 表中以用于后续报文的转发，同时将 IP 数据包进行封装后发送出去。

如果当主机 A 和主机 B 不在同一网段时，主机 A 就会先向网关发出 ARP 请求，ARP 请求报文中的目标 IP 地址为网关的 IP 地址。当主机 A 从收到的响应报文中获得网关的 MAC 地址后，将报文封装并发给网关。如果网关没有主机 B 的 ARP 表项，网关会广播 ARP 请求，目标 IP 地址为主机 B 的 IP 地址，当网关从收到的响应报文中获得主机 B 的 MAC 地址后，就可以将报文发给主机 B；如果网关已经有主机 B 的 ARP 表项，网关直接把报文发给主机 B。

3. ARP 报文的格式

ARP 报文的格式如图 5-33 所示。

MAC 类型		协议类型	
MAC 地址长度	协议长度	操作	
发送方 MAC 地址(八位组 0~3)			
发送方 MAC 地址(八位组 4~5)		发送方 IP 地址(八位组 0~1)	
发送方 IP 地址(八位组 2~3)		目标 MAC 地址(八位组 0~1)	
目标 MAC 地址(八位组 2~5)			
目标 IP 地址(八位组 0~3)			

图 5-33　ARP 头部格式

（1）MAC 类型：占 2 个字节，表示 MAC 地址的类型。它的值为 1 时表示以太网地址；

（2）协议类型：占 2 个字节，表示要映射的协议地址类型。它的值为 0x0800 即表示 IP 地址；

（3）MAC 地址长度和协议地址长度：各占 1 个字节，分别指出 MAC 地址和协议地址的长度，以字节为单位。对于以太网上 IP 地址的 ARP 请求或应答来说，它们的值分别为 6 和 4；

（4）操作类型（OP）：占 2 个字节，1 表示 ARP 请求，2 表示 ARP 应答；

（5）发送端 MAC 地址：占 6 个字节，发送方设备的 MAC 地址；

（6）发送端 IP 地址：占 4 个字节，发送方设备的 IP 地址；

（7）目标 MAC 地址：占 6 个字节，接收方设备的 MAC 地址。

（8）目标 IP 地址：占 4 个字节，接收方设备的 IP 地址。

5.7 IP 多播与 IGMP 协议

5.7.1 IP 多播的基本概念

随着计算机网络的发展和个人计算机的普及，诸如远程教学、视频会议，网络游戏等新兴的网络应用越来越受欢迎。而这些新兴的网络应用要求将分组从一个或多个发送方交付给一组接收方，且需要进行批量数据传送。1988 年 Steve Deering 首次在其博士论文中提出 IP 多播的概念。多播是一种一对多的通信模式，它可以将发送者发送的数据包发送给分散在不同子网中的一组接收者。

单播传输在发送者和每个接收者之间实现点对点的网络连接。如果一个发送者同时给多个接收者传输相同的数据，必须复制多份相同的数据包。如果有大量主机希望获得数据包的同一份拷贝时，将导致发送者负担沉重、延迟长，造成网络拥塞。IP 多播是利用一种协议将 IP 数据包从一个源主机传送到多个目的主机，将信息的拷贝发送到一组地址，到达所有想要接收它的接收主机处。

与单播相比，在一对多的通信中，多播可大大节约网络资源。单播与多播的区别如图 5-34 所示。假设服务器需要为 60 个主机发送消息，采用单播发送，向 60 个主机发送相同信息，服务器需要发送 60 个副本[见图 5-34（a）]。而采用多播模式，多播数据报只需发送一次[见图 5-34（b）]。而路由器分别转发 1 个副本，当分组到达目的局域网时，由于局域网具有硬件多播功能，因此不需要复制分组，在局域网上的多播组成员都能收到这个信息。

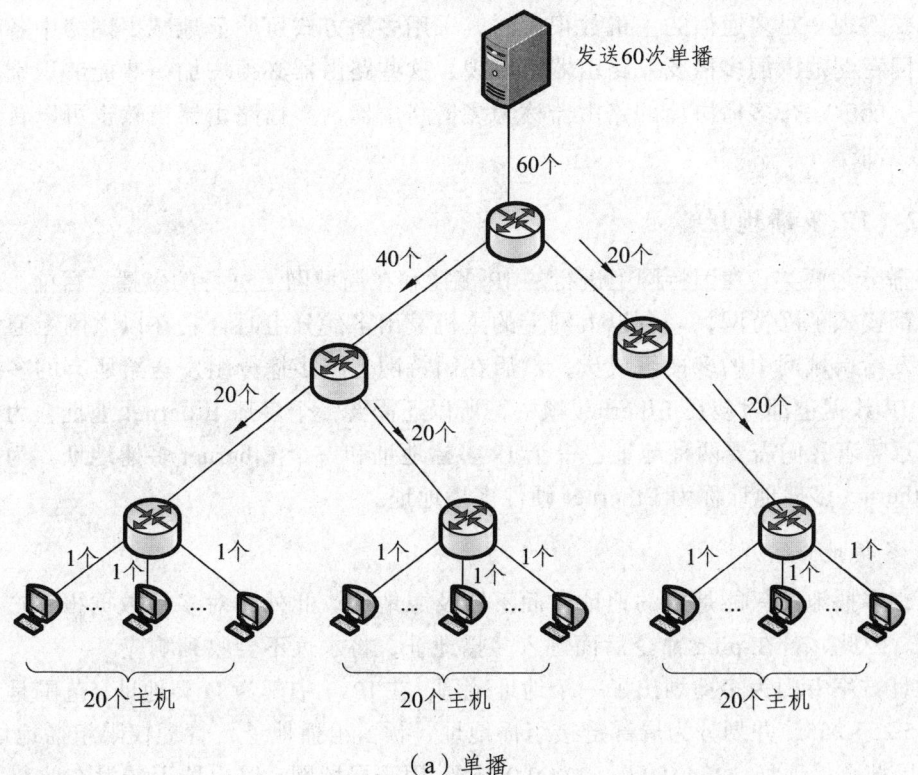

（a）单播

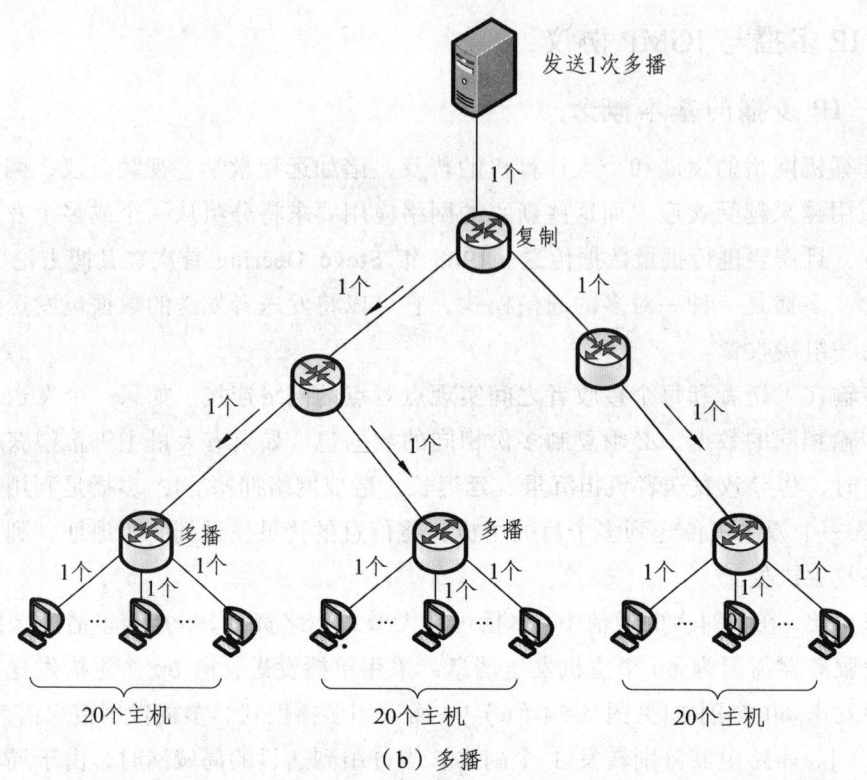

(b) 多播

图 5-34 单播与多播的区别

当需要实现一对多通信的主机数很大时，采用多播方式可明显地减少网络中各种资源的消耗。在因特网范围的多播要靠路由器来实现，这些路由器必须增加一些能够识别多播数据报的软件。能够运行多播协议的路由器称为多播路由器，多播路由器当然也可以转发普通的单播 IP 数据报。

5.7.2 IP 多播地址

IP 多播分为两类：在因特网上进行的 IP 多播和在局域网上进行的多播。目前，绝大部分的以太网都接入了因特网，一台以太网上的主机发出多播分组时，它在以太网上通过硬件将多播分组发给局域网中的多播组成员，然后在因特网上将多播分组发送给所有的多播成员。由于所有 IP 数据包都封装在 Ethernet 帧中，所以还需要一个多播 Ethernet 地址。为使多播正常工作，意味着我们需要两种地址：一个 IP 多播地址和一个 Ethernet 多播地址。为了区别两者，把 Ethernet 多播地址称为 Ethernet 硬件多播地址。

1. IP 多播地址

显然，多播地址只能是目的地址，而不涉及源地址。此外，对多播数据报不产生 ICMP 差错报文。因此，若在 ping 命令后面键入多播地址，将永远不会收到响应。

IP 地址方案专门为多播划出了一个地址范围。在 IPv4 中其为 D 类地址，范围是 224.0.0.0 到 239.255.255.255，并划分为局部链接组播地址、预留组播地址，管理权限组播地址。

（1）局部链接地址：224.0.0.0～224.0.0.255，用于局域网，路由器不转发在此范围内的 IP

包。224.0.0.1 指代局域网中的全部系统；224.0.0.2 指代局域网中的全部路由器；224.0.0.5 指代局域网中的全部 OSPF 路由器；224.0.0.251 指代局域网中的全部 DNS 服务器。

（2）预留组播地址：224.0.1.0～238.255.255.255，用于全球范围及网络协议。

（3）管理权限地址：239.0.0.0～239.255.255.255，组织内部使用，用于限制组播范围。

（4）D 类地址中有一些是不能随意使用的，因为有的地址已经被 IANA 指派为永久组地址了。

2. Ethernet 硬件多播地址

因特网号码指派管理局 IANA 拥有的以太网地址块的高 24 位——00-00-5E，以太网硬件地址字段中的第 1 字节的最低位为 1 时即为多播地址，那么 IANA 拥有的以太网多播地址的范围是从 01-00-5E-00-00-00 到 01-00-5E-7F-FF-FF。此外，IP 地址中共有 9 位不参与替换。包括高位字节 8 位以及紧接在该字节后面的一个标志位。对于 32 位的 IP 地址，在每一个地址中，只有 23 位可用作多播。以太网硬件地址和 D 类 IP 地址中可用作多播的 23 位地址有一一对应的关系。D 类 IP 地址除了最高字节的前四位 1110，剩下可供分配的有 28 位，这 28 位中的前 5 位不能来构成以太网硬件地址，不参与映射，无论这些位的值是什么，组播 Ethernet 地址都是相同的。例如，IP 多播地址 224.0.64.32 转换成以太网的硬件多播地址是 01-00-5E-00-40-20。由于多播 IP 地址与以太网硬件地址的映射关系不是唯一的，因此收到多播数据报的主机，还要在 IP 层利用软件进行过滤，把不是本主机要接收的数据报丢弃。

将 D 类 IP 地址映射为 Ethernet MAC 地址是由数据链路层完成的。例如 IP 地址 224.0.0.42 的映射过程如图 5-35 所示

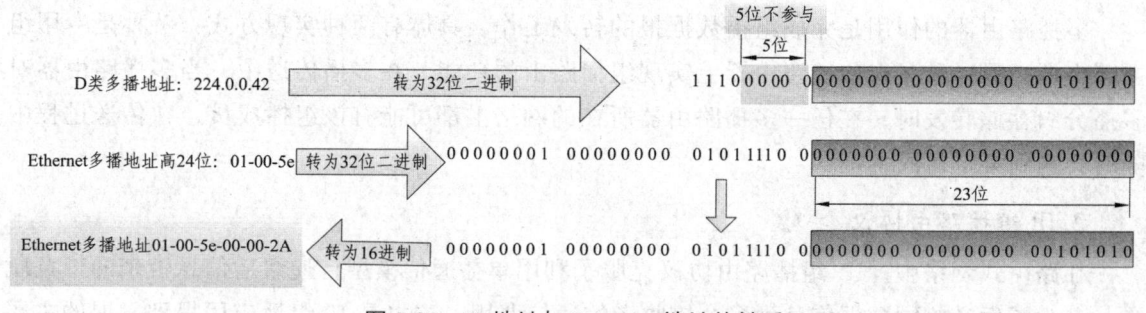

图 5-35 IP 地址与 Ethernet 地址的关系

5.7.3 IGMP 协议的基本内容

1989 年被定义的 IGMP 协议（Internet Group Management Protocol），是因特网协议家族中的一个组播协议，该协议运行在主机和组播路由器之间。IGMP 协议共有三个版本，即 IGMPv1、v2 和 v3。

从概念上讲，IGMP 的工作可分为两个阶段。

第一阶段：当某个主机加入新的多播组时，该主机应向多播组的多播地址发送一个 IGMP 报文，声明自己要成为该组的成员。本地的多播路由器收到 IGMP 报文后，还要利用多播路由选择协议把这种组成员关系报文转发给 Internet 上的其他多播路由器。在主机和多播路由器之间的所有通信都是使用 IP 多播。只要有可能，携带 IGMP 报文的数据报都用硬件多播来传

送。因此在支持硬件多播的网络上，没有参加 IP 多播的主机不会收到 IGMP 报文。

第二阶段：多播组成员关系是动态的。本地多播路由器要周期性地探询本地局域网上的主机，以便知道这些主机是否还是组的成员。只要有一个主机对某个组响应，那么多播路由器就认为这个组是活跃的。但如果一个组在经过几次的探询后仍然没有一个主机响应，多播路由器就认为本网络上的主机已经都离开了这个组，因此也就不再把这个组的成员关系转发给其他的多播路由器。

多播路由器在查询组成员关系时，只需要对所有的组发送一个请求信息的查询报文，而不需要对每一个组发送一个询问报文（虽然也允许对一个特定组发送询问报文）。默认的询问速率是每 125 s 发送一次（通信量并不太大）。当同一个网络上连接有几个多播路由器时，它们能够迅速和有效地选择其中的一个来查询主机的成员关系。

在 IGMP 的查询报文中有一个数值 N，它指明了一个最长响应时间（默认值为 10 s）。当收到查问时，同组的各个成员主机计算出随机选择发送响应所需经过的时延，延时最小的优先响应。一个组成员只要知道有其他成员已发送对本组的响应，就会取消自己准备好的响应。此外，若一个主机同时参加了几个多播组，则主机对每个多播组选择不同的随机延时。

支持组播的路由器不需要也不可能保存所有主机的成员关系，它只是通过 IGMP 协议了解每个接口连接的网段上是否存在某个组播组的接收者，即组成员。而各主机只需要保存自己加入了哪些多播组的信息即可。

5.7.4 多播路由器与 IP 多播中的隧道技术

1. 多播路由器

多播路由器的作用是完成组播数据报的转发工作，具体有两种实现方式：一种是专用组播路由器；另一种是在传统路由器上实现组播路由的功能。在多播传送中，当多播路由器对多播分组存储转发时，在任一多播路由器所在的网络上都可能有该组播成员，在传送过程中随时会遇到某个目的主机。

2. IP 组播路由协议

在路由式网络中，IP 组播路由协议克服了利用单播通信模型传递组播信息带来的带宽瓶颈，减少了发送相同数据信息到多个接收者的通信费用，这也是 IP 组播应用得到发展的主要原因。多播路由选择实际上就是要找出以源主机为根节点的多播转发树。在多播转发树上，每一个多播路由器向树的叶节点方向转发收到的多播数据报，但在多播转发树上的路由器不会收到重复的多播数据报。这样，多播网内数据的流动必须根据多播路由协议建立生成树，使发送源和多播组成员之间形成一条单独的转发路径，确保每个数据包都能转发到目的地。

IP 组播路由协议分为域内协议和域间协议。域内组播路由用来在 AS 内部发现组播源并构建组播分发树，从而将组播信息传递到接收者。在众多域内组播路由协议中，PIM（Protocol Independent Multicast，协议无关组播）是目前较为典型的一个。按照转发机制的不同，PIM 可以分为 DM（Dense Mode，密集模式）和 SM（Sparse Mode，稀疏模式）两种模式。域间组播路由用来实现组播信息在 AS 之间的传递，目前比较成型的解决方案有：MSDP（Multicast Source Discovery Protocol，组播源发现协议）能够跨越 AS 传播组播源的信息；而 MP-BGP

（MultiProtocol Border Gateway Protocol，多协议边界网关协议）的组播扩展 MBGP（Multicast BGP）则能够跨越 AS 传播组播路由。

3. 隧道技术

当 IP 组播分组在传输的过程中遇到有不支持组播协议的路由器或网络时，就要采用隧道（tunneling）技术。

多播中的隧道概念指将多播包再封装成一个 IP 数据包在不支持多播的互联网络中路由传输。最有名的多播隧道的例子就是 MBONE（采用 DVMRP 协议）。在隧道的入口处进行数据包的封装，在隧道的出口处则进行拆封。在达到本地全 IP 多播配置传输机制上，隧道机制非常有用。如图 5-36 所示，Net1 和 Net2 都支持多播。Net1 中的主机向 Net2 中的一些主机进行多播。但路由器 R1 和 R2 之间的网络并不支持多播，因而 R1 和 R2 不能按多播地址转发数据报。为此，路由器 R1 就对多播数据报进行再次封装，即再加上普通数据报首部，使之成为向单一目的站发送的单播数据报，然后通过"隧道"从 R1 发送到 R2，单播数据报到达路由器 R2 后，再由路由器 R2 剥去其首部，使它又恢复成原来的多播数据报，继续向多个目的站转发。

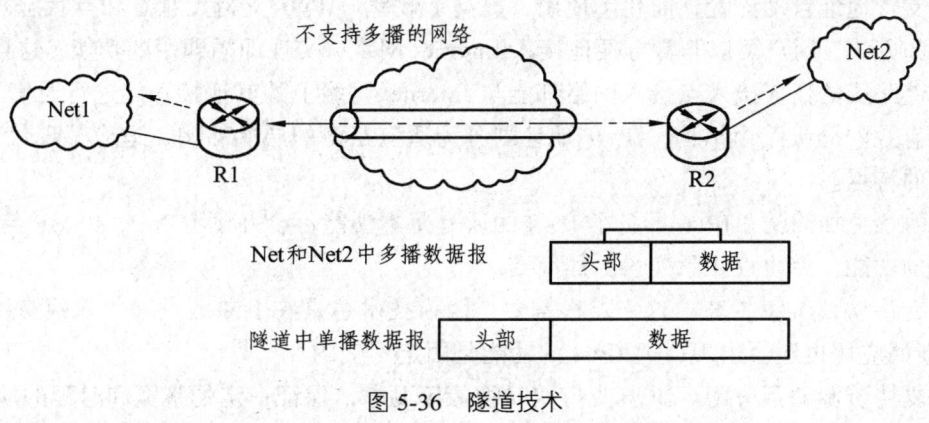

图 5-36 隧道技术

5.8 IPv6 协议

5.8.1 IPv6 协议的基本概念

随着 Internet 的飞速发展，使用广泛的 IPv4 协议在 Internet 的发展过程中发挥了巨大的作用，但也暴露出了越来越多的问题，例如地址空间不足、安全性缺乏、服务质量欠缺和移动性差等。为此互联网工程任务组（Internet Engineering Task Force，IETF）提出和设计了下一代互联网协议，即 IPv6 协议。

IETF 早在 1992 年 6 月就提出要制定下一代的 IP 协议，即 IPng(IP Next Generation)。IPng 现正式称为 IPv6。1998 年 12 月发表的 RFC 2460-2463 已成为因特网草案标准协议。IPv6 是为了解决 IPv4 所存在的一些问题和不足而提出的，同时它还在许多方面提出了改进，例如路由、自动配置和安全等方面。目前还需经过一个较长的 IPv4 和 IPv6 共存的时期，IPv6 才能完全取代 IPv4，最终在互联网上占据统治地位。

5.8.2 IPv6 协议的主要特征

IPv6 是为了解决 IPv4 所存在的一些问题和不足而提出的，其主要特征是：

（1）巨大的地址空间。IPv6 的地址长度为 128 位，有 2^{128} 个地址，数量非常庞大。

（2）全新的报文结构。报头分为基本头和扩展头。基本头的长度固定，增加了可选的扩展头部，可以很方便地实现功能的扩展。取消了头部的检验和字段，加快了路由器处理速度。

（3）对移动性和安全性的更好支持。在 IPv4 中可以在 IP 报头的尾部加入选项，而 IPv6 把选项加在单独的扩展报头中。通过引入扩展报头，可以大大增强 IPv6 协议的可扩展性，更好地支持网络的移动性和安全性等。在安全性支持方面，IPv6 协议通过定义封装安全有效载荷（Encapsulating Security Payload，ESP）和认证报头（Authentication Header，AH）这些扩展报头，保证了 IPv6 网络层的安全。

（4）更好的保证服务质量。针对 IPv4 在服务质量保证上的不足，IPv6 数据报头中增加了两个新的字段：流量类别和流标签。有了它们，在传输过程中，中间的各节点就可以识别和分开处理任何 IPv6 数据包。

（5）支持地址自动配置，简化了使用，提高了效率。IPv6 支持无状态和有状态两种地址自动配置的方式，用户可以非常方便地接入 Internet 网络，实现即插即用的功能，这样用户不论在数据链路层的任何接入点接入网络都能与 Internet 网络上的其他接入点进行通信。

（6）有效的分级路由结构，IPv6 地址划分为适应路由的层次结构，适应了现代 Internet 网络结构的特点。

（7）协议更加简洁。IPv6 具备了 IPv4 的所有基本功能，合并了 ICMP、IGMP 与 ARP 等多个协议的功能，使协议体系变得更加简洁。

（8）允许协议继续扩充。这一点很重要，因为技术总是在不断地发展（如网络硬件的更新），而新的应用也还会出现，但 IPv4 的功能是固定不变的。

（9）支持资源的预分配。IPv6 支持实时视像等要求，保证一定的带宽和时延的应用。

（10）IPv6 的首部长度必须是 8 字节的整数倍。

5.8.3 IPv6 地址

IPv6 地址用来表示互联网设备到一个网络的连接（或接口）。具有多个网络连接的互联网设备应具有多个 IPv6 地址。多个 IPv6 地址可以绑定到一条物理连接（或接口）上，使一条物理连接（或接口）具有多个 IP 地址。

1. IP 地址的表示方法

IPv6 的地址采用冒号十六进制表示法，即将 128 位地址按每 16 位划分为一个位段，每个位段转换为 4 个十六进制数，段之间用 ":" 隔开。例如 3F01:1250:4007:1100:4736:a87b:a075:4061。可以想象手工管理 IPv6 地址的难度，同时也说明了动态主机配置协议和域名系统的重要性。如图 5-37 所示是关于 128 位二进制转化为 32 位 16 进制的过程。

在十六进制记法中，允许把数字前面的 0 省略。上面就把 0000 中的前三个 0 省略了。对于一些含有零的地址还可以采用一种零压缩法的简化方式来表示，具体是没有必要书写每一组数值前面的 0。例如，可以用 0 来代替 0000，用 1 来代替 0001，用 20 来代替 0020，依此类推。如果使用了这种零压缩的方法,图 5-37 所示的地址就会变成下面的形式:31DA:0:0:2AA:F:FE08:8C5B。

用二进制格式表示128位的一个IPv6地址
0011000111011010000000000000000
0000000000000000101111001110ll
000001010101010000000000001111
1111111000010001000110001011011

将128位的地址按每16位划分为8个位段:
0011000111011010 0000000000000000
0000000000000000 0000000000000000
0000001010101010 0000000000001111
1111111000001000 1000100010011011

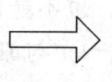

将每个位段转换成十六进制数,并用冒号隔开:
31DA:0000:0000:0000:02AA:000F:FE08:8C5B

图 5-37 冒号十六进制表示法

按照 RFC 的规范,零压缩法还可以使用双冒号"::"做更进一步的简化,它代表一系列的 0。如果几个连续位段的值都为 0,可以使用双冒号表示法(double colon),将这些 0 就简写为"::",上面的地址将会变成下面的形式:31DA::2AA:F:FE08:8C5B。地址 FF02:0:0:0:0:0:0:2 可以简写为 FF02::2。在使用零压缩法时,不能把一个位段内部的有效 0 也压缩掉。例如,不能将 EF05:30:0:0:0:0:0:C 简写为 EF5:30::C。为了保证零压缩没有不含混的解释,规定在任一地址中只能使用一次双冒号。例如:地址 0:0:0:3BA:47:0:0:0,不能把它表示为::3BA:47::。

2. IPv6 前缀

前缀是 IPv6 地址的一部分,用作 IPv6 路由或子网标识。IPv6 不支持子网掩码,它只支持前缀长度表示法。一个 IPv6 地址前缀通常表示为"地址/前缀长度",用来区分网络号和主机号。"地址":IPv6 地址;"前缀长度":定义前多少位为网络号,一般以位为单位,用十进制数表示。前缀 2101:D3::/48 表示地址 2101:D3:: 的前 48 位为其地址前缀,那么地址 2101:D3:: 的前 48 位为其网络号部分。

前缀的表示方法与 IPv4 中的无类域间路由 CIDR 表示方法基本类似,例如为 C1BA::E3:2:0/48、C1BA:E3:0:2F3B::/64。

3. IPv6 地址的类别

按寻址方式和功能的不同,IPv6 地址又分别为单播地址(Unicast Address)、任播地址(Anycast Address)和多播地址(Multicast Address)3 种基本类型。

单播地址是单个网络接口的标识,以单播地址为目的地址的数据报将被送往由其标识的唯一的网络接口上。单播地址的地址层次结构在形式上与 IPv4 的 CIDR 地址结构十分相似,它们都有任意长度的连续地址前缀。

多播地址用于标识多个网络接口,而这些接口通常分属于不同节点。如果向一个多播地址发送数据报,那么包含在该多播地址中的所有接口(节点)都能收到该数据报。

IPv6 多播地址采用了"11111111"的格式前缀,即总是以"ff"开始的,凡具有格式前缀为"11111111"都属于多播地址,多播地址不能被用做源地址或者路由器报头中的中间目的地址。

任播地址是 IPv6 引入的一种新的地址类型。任播地址分配给属于不同节点的多个接口。

以任播地址为目的地址的数据包将送往由该地址标识的，而且是被路由协议认为距离数据包源节点最近的一个接口上。

还有一些特殊的地址。如，非指定地址：0:0:0:0:0:0:0:0（或::），表示一个网络接口上的 IPv6 地址还不存在，它不能分配给网络接口，也不能作为目的地址使用，在某些特殊场合可以用做源地址；回送地址：0:0:0:0:0:0:0:1（或::1）与 IPv4 的 127.0.0.1 类似，允许节点向它自己发送数据报；兼容地址：包括 IPv4 兼容地址、IPv4 映射地址、6to4 地址等，在 IPv4 向 IPv6 过渡时期可能会用到。

5.8.4 IPv6 分组结构与基本报头

IPv6 分组由一个 IPv6 基本首部、零个或多个扩展报头和一个高层协议数据单元组成。IPv6 数据报的结构如图 5-38 所示。在基本首部后面是有效载荷，它包括传输层的数据和所有的扩展首部。

在 IPv6 分组中，IPv6 基本头固定为长度 40 字节，包含了发送和转发该数据报必须处理的一些字段。

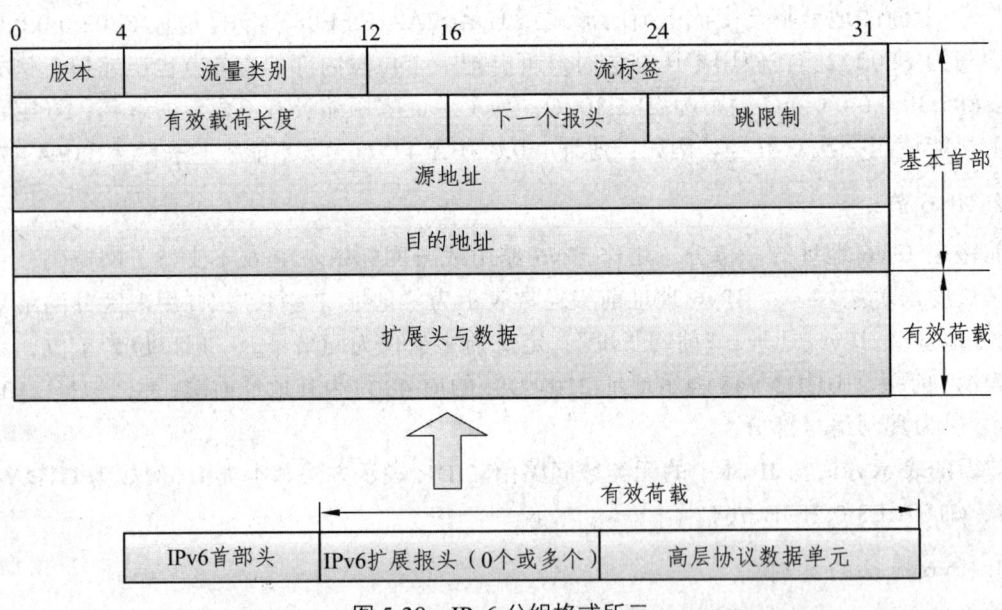

图 5-38 IPv6 分组格式所示

IPv6 扩展报头（Extension Headers）：IPv6 分组可以包含 0 个或多个扩展头，扩展头一定位于基本首部之后，且可以具有不同的长度。基本首部和扩展头中的"下一个报头"字段指出下一个扩展头的类型。每个扩展报头中，都又包含下一个报头字段，它指向下一个扩展报头。最后一个扩展报头指示出高层协议的类型。高层协议可以是 TCP 协议、UDP 协议或者 ICMPv6 协议等。IPv6 报头或扩展报头代替了现有的 IPv4 报头及其选项。新的扩展报头增强了 IPv6 的功能，使其可以支持未来的需求。与 IPv4 报头中的选项不同，IPv6 扩展报头没有最大长度的限制，因此可以容纳 IPv6 通信所需要的所有扩展数据。

版本：该字段规定了 IP 协议的版本，在 IPv6 中其值为 6，表示该数据包是 IPv6 数据包，其字段长度为 4 位。

流量类别：占 8 位。这是为了区分不同的 IPv6 数据报的类别或优先级。通过使用此字段，源节点或转发路由器可以确定并且区分不同类型或者不同优先级的 IPv6 数据包。目前正在进行不同的通信量类性能的实验。

流标签（Flow Label）：长度为 20 位，该字段表示这个数据包属于源节点和目标节点之间的一个特定数据包序列，它需要由中间 IPv6 路由器进行特殊处理，流标签用于非默认的 QoS 连接，如实时数据（音频和视频）的连接。对于默认的路由器处理，流标签字段的值为 0。在源节点和目标节点之间，可能有多个流，它们以不同的非零流标签来彼此区分。

有效载荷长度（Payload Length）：该字段表示 IPv6 数据报除基本首部以外的字节数，其长度是 16 位，可以表示最大长度为 65535 字节的有效载荷。如果有效载荷的长度超过 65535 字节，则会将有效载荷长度字段的值置为 0。

下一个报头（Next Header）：该字段用于指明紧跟在 IPv6 报头后面的扩展报头的类型。此字段的长度为 8 位。常见的下一个报头字段的值：如 6 表示 TCP。

跳限制，占 8 位，用来防止数据报在网络中无限期地存在。一个路由器中，当跳限制字段的值减为 0 时，路由器向源节点发送 IPv6 超时报文，并丢弃数据包。

源地址（Source Address）：表示源主机的 IPv6 地址，长度是 128 位。

目的地址（Destination Address）：表示当前目标节点的 IPv6 地址，长度是 128 位。在大多数情况下，目的地址字段的值为最终目的地址。然而，如果存在路由扩展报头，则目的地址字段的值可能为下一个中间目的地址。

5.8.5 IPv4 到 IPv6 过渡的基本方法

由于 IPv6 与 IPv4 相比具有诸多的优越性，因而 IPv6 替代 IPv4 已经成为网络发展的必然趋势。然而，由于 IPv4 协议已有广泛的网络建设及应用基础，IPv4 的全球用户不计其数，从 IPv4 到 IPv6 的过渡将是一个渐进的长期的过程。

为了更好地实现 IPv4 网络向 IPv6 网络的过渡，从 20 世纪 90 年代开始，IETF 就成立了专门的工作组来研究这一过渡问题，并提出了很多种过渡机制，这里主要介绍双栈技术和隧道技术两种过渡机制。

1. 双协议栈

在完全过渡到 IPv6 之前，使一部分主机和路由器装有两个协议，一个 IPv4 协议和一个 IPv6 协议。IPv6 和 IPv4 都属于 TCP/IP 体系结构中的网络层协议，尽管其实现的细节有很多的不同，但两者都基于相同的物理平台和相似的原理，而且在其上的传输层协议 TCP 和 UDP 没有任何区别，主要的区别在于针对不同的数据包所采用的协议栈各不相同。这就是双栈技术的工作机理。双协议栈的结构如图 5-39 所示。

应用层 应用程序	
传输层 TCP/UDP协议	
IPv4协议	IPv6协议
主机-网络层	

图 5-39 双协议栈的结构

双协议栈的主机（或路由器）记为 IPv6/IPv4，表明它具有两种 IP 地址：一个 IPv6 地址和一个 IPv4 地址。双协议栈主机和 IPv6 主机通信时主机的地址是采用 IPv6 地址，而和 IPv4 主机通信时就采用 IPv4 地址。如图 5-40 所示，R1，R2 均为双协议路由器，A 向 B 发送 IPV6，经过的路径是 A→R1→R3→R4→R2→B。中间 R1 到 R2 是 IPV4 网络，在路由器 R1 上完成 IPV6 到 IPV4 的转换；在 R2 上完成 IPV4 到 IPV6 的转换，恢复成 IPV6。

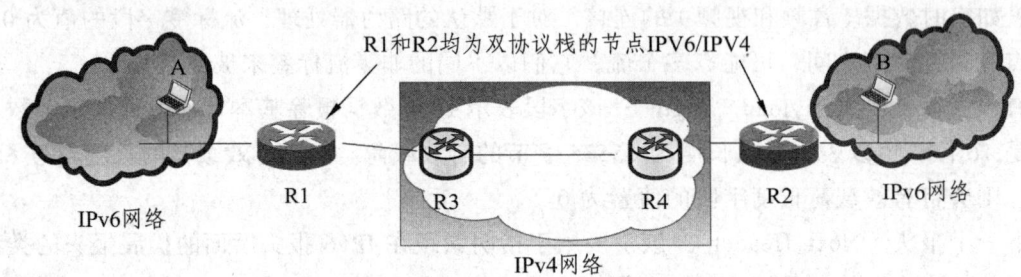

图 5-40 双协议栈传输

双协议栈技术的优点是互通性好、易于理解；缺点是需要给每个运行 IPv6 协议的网络设备和终端分配 IPv4 地址，不能解决 IPv4 地址匮乏的问题。在 IPv6 网络建设初期，由于 IPv4 地址相对充足，这种方案是可行的。当 IPv6 网络发展到一定阶段，为每个节点分配两个全局地址 IPv4 将很难实现。

2. 隧道技术

隧道技术是指一个节点或网络通过报文封装的形式，连接被其他类型的网络分隔但属于同一类型的节点或网络的技术。隧道技术是在 IPv4 区域中打通了一个 IPv6 隧道来传输 IPv6 数据分组。隧道的入口和出口是隧道的两个端点，它们可以是路由器，也可以是主机，但必须都是双协议栈的节点。

如图 5-41 所示表示了两个单独的 IPv6 网络如何通过隧道技术穿越 IPv4 网络进行相互通信。其隧道技术的工作原理是：隧道入口节点把 IPv6 数据包封装在 IPv4 数据包中，IPv4 数据包的源地址和目的地址分别为两端节点的 IPv4 地址，封装后的数据包经 IPv4 网络传输到达隧道出口节点后解封还原为 IPv6 包，并送往目的地。这里隧道是指隧道入口和隧道出口之间的逻辑关系。数据报在整个过程没有发生转换，只是进行了封装和解封。

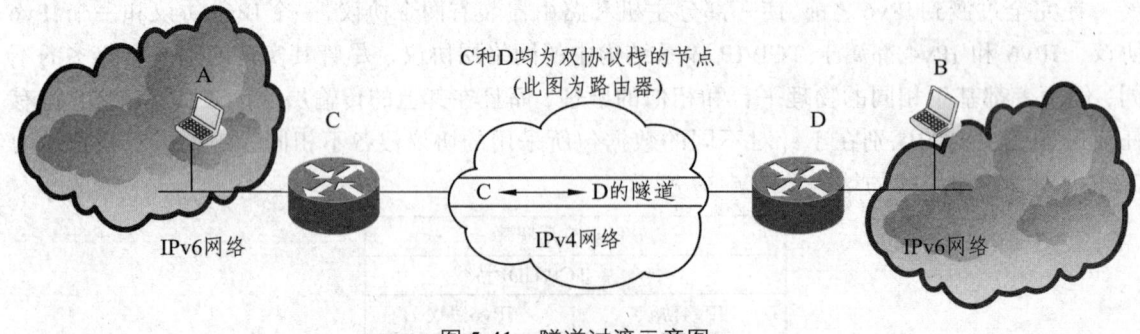

图 5-41 隧道过渡示意图

隧道技术的机制实际上是一种封装与解封装的过程。要使双协议栈的主机知道 IPv4 数据报里面封装的数据是一个 IPv6 数据报，就必须把 IPv4 首部的协议字段的值设置为 41（41 表示数据报的数据部分是 IPv6 数据报）。

隧道技术中封装与解封装的机制如图 5-41 所示。入口处的端点 C 将 IPv6 报文当作 IPv4 的负载数据封装在 IPv4 报文中，并将该 IPv4 报文的协议字段设置为 41，以说明该 IPv4 封装报文的负载是一个 IPv6 封装报文，然后在 IPv4 网络上传送该封装报文。封装报文到达隧道出口点 D 时，D 端点解开封装报文的 IPv4 报头，解封还原为 IPv6 包，并送往目的地 B。

5.9 小结

（1）本章首先介绍了网络层的主要功能，网络层的主要功能是解决网络互联的问题。网络层的典型的协议，目前为 IP 协议。IP 协议是 TCP/IP 协议簇中的主要协议，其用以标识主机的 IP 地址是 IP 协议的灵魂。与 IP 地址相关的技术有标准分类、子网划分、无分类域间路由、构造超网和 NAT 地址转换，这些都是重要的网络层技术，建议读者重点掌握。

（2）网络层另一重要的技术是路由选择，本章介绍了重要的几个路由协议：RIP、OSPF 和 BGP。理解与掌握此三种路由协议的基本原理，并能比较分析他们的特点是十分有必要的。

（3）IP 协议提供尽力而为的服务，对 IP 分组的传输未能提供可靠的保障措施。网络层中的 ICMP 协议作为网络层中的重要辅助协议，为 IP 分组的传输提供一定的监控机制。以此协议开发的程序 ping 和 tracert 是十分有用的网络管理工具，读者可以在实验中掌握使用。

（4）下一代 IP 协议，IPv6 正处于逐渐推广过程中，其提供了巨大的地址空间，并能更有效地进行数据传输。本书对 IPv6 作了简单的介绍，感兴趣的读者可以通过 IETF 的官网查询更多的资料。

5.10 实验

1. 实验名称

子网划分实验

2. 实验内容

某公司有三个部门，每个部门的计算机数量不超过 30 个，给定一个网络 192.168.1.0/24 划分子网，以使每个部门的计算机分别划归在同一个子网。

3. 实验目的

熟悉子网的划分方法，掌握网络管理的基础知识与基本技能。

习题

一、选择题

1. IP 地址 205.140.46.88 的哪一部分表示主机号？（　　）

   A. 215　　　　　　B. 215.140　　　　　　C. 88　　　　　　D. 46.88

2. 如果一台主机的 IP 地址为 213.23.34.162，子网掩码为 255.255.255.192，那么它所处的网络（包括子网）为（　　）。

A. 213.23.34.128　　　　　　　　　　B. 213.23.34.192
　　　C. 213.23.34.224　　　　　　　　　　D. 213.23.34.240
3. IP 地址块 68.191.33.120/29 的子网掩码可写为（　　）。
　　　A. 255.255.255.192　　　　　　　　　B. 255.255.255.224
　　　C. 255.255.255.240　　　　　　　　　D. 255.255.255.248
4. IP 地址块 202.113.79.0/27、202.113.79.32/27 和 202.113.79.64/27 经过聚合后可用的地址数为（　　）。
　　　A. 64　　　　　B. 92　　　　　C. 94　　　　　D. 126
5. 若某大学分配给计算机系的 IP 地址块为 202.113.16.128/26，分配给自动化系的 IP 地址块为 202.113.16.192/26，那么这两个地址块经过聚合后的地址为（　　）。
　　　A. 202.113.16.0/24　　　　　　　　　B. 202.113.16.0/25
　　　C. 202.113.16.128/25　　　　　　　　D. 202.113.16.128/24
6. 某个 IP 地址的子网掩码为 255.255.255.192，该掩码又可以写为（　　）。
　　　A. /22　　　　　B. /24　　　　　C. /26　　　　　D. /28
7. 下列对 IPv6 地址 FE80:0:0:0801:FE:0:0:04A1 的简化表示中，错误的是（　　）。
　　　A. FE8::801:FE:0:0:04A1
　　　B. FE80::801:FE:0:0:04A1
　　　C. FE80:0:0:801:FE::04A1
　　　D. FE80:0:0:801:FE::4A1
8. 将专用 IP 地址转换为公用 IP 地址的技术是（　　）。
　　　A. ARP　　　　　B. DHCP　　　　　C. UTM　　　　　D. NAT
9. 下列关于路由信息协议 RIP 的描述中，错误的是（　　）。
　　　A. 路由刷新报文主要内容是由若干（V，D）组成的表
　　　B. 矢量 V 标识该路由器可以到达的目的网络或目的主机的跳数
　　　C. 路由器在接收到（V，D）报文后按照最短路径原则更新路由表
　　　D. 要求路由器周期性地向外发送路由刷新报文
10. 下列关于 OSPF 协议的描述中，错误的是（　　）。
　　　A. OSPF 使用分布式链路状态协议
　　　B. 链路状态协议"度量"主要是指费用、距离、延时、带宽等
　　　C. 当链路状态发生变化时用洪泛法向所有路由器发送信息
　　　D. 链路状态数据库中保存一个完整的路由表
11. 在不同 AS 之间使用的路由协议是（　　）。
　　　A. RIP　　　　　B. OSPF　　　　　C. BGP-4　　　　　D. ISIS
12. 在发送 IP 数据报时，如果用户想记录该 IP 数据报穿过互联网的路径，那么可以使用的 IP 数据报选项为（　　）。
　　　A. 源路由选项　　　B. 记录路由选项　　　C. 源抑制选项　　　D. 重定向选项
13. 在一个大型互联网中，动态刷新路由器的路由表可以使用的协议为（　　）。
　　　A. TELNET　　　　　B. OSPF　　　　　C. SIP　　　　　D. IGMP

14. 下列关于 BGP 协议的描述中，错误的是（　　）。
    A. 当路由信息发生变化时，BGP 发言人使用 notification 分组通知相邻自治系统
    B. 一个 BGP 发言人通过建立 TCP 连接与其他自治系统中 BGP 发言人交换路由信息
    C. 两个属于不同自治系统的边界路由器初始协商时要首先发送 open 分组
    D. 两个 BGP 发言人需要周期性地交换 keepalive 分组来确认双方的相邻关系

15. 下列关于路由选择协议相关技术的描述中，错误的是（　　）。
    A. 最短路径优先协议使用分布式链路状态协议
    B. 路由信息协议是一种基于距离向量的路由选择协议
    C. 链路状态度量主要包括带宽、距离、收敛时间等
    D. 边界网关协议可以在两个自治系统之间传递路由选择信息

16. R1,R2 是一个自治系统中采用 RIP 路由协议的两个相邻路由器,R1 的路由表如图 5-42（a）所示，当 R1 收到 R2 发送的如图 5-42（b）所示的（V，D）报文后，R1 更新的五个路由表项中距离值从上到下依次为（　　）。

目的网络	距离	路由
10.0.0.0	0	直接
20.0.0.0	5	R2
30.0.0.0	4	R3
40.0.0.0	3	R4
50.0.0.0	2	R5

（a）

目的网络	距离
10.0.0.0	2
20.0.0.0	3
30.0.0.0	4
40.0.0.0	4
50.0.0.0	1

（b）

图 5-42　示例

    A. 0、3、4、3、1　　　　　　B. 0、4、4、3、2
    C. 0、5、4、3、1　　　　　　D. 0、5、4、3、2

17. 下列关于 OSPF 协议的描述中，错误的是（　　）。
    A. 对于规模很大的网络，OSPF 通过划分区域来提高路由更新收敛速度
    B. 每一个区域 OSPF 拥有一个 30 位的区域标示符
    C. 在一个 OSPF 区域内部的路由器可以知道其他区域的网络拓扑
    D. 在一个区域内的路由器数一般不超过 200 个

18. 下列关于外部网关协议 BGP 的描述中，错误的是（　　）。
    A. BGP 是不同自治系统的路由器之间交换路由信息的协议
    B. 一个 BGP 发言人使用 UDP 与其他自治系统中的 BGP 发言人交换路由信息
    C. BGP 协议交换路由信息的节点数是以自治系统数为单位的
    D. BGP-4 采用路由向量协议

19. 在一台主机上用浏览器无法访问到域名为 www.pku.edu.cn 的网站，并且在这台主机上执行 ping 命令时有如下信息
    C:\>ping www.pku.edu.cn
    pinging www.pku.edu.cn [162.105.131.113] with 32 bytes of data：

Request timed out.
Request timed out.
Request timed out.
Request timed out.
ping statistics for 162.105.131.113
Packets: Sent=4, Received=0, Lost=4 (100% loss)
分析以上信息，可以排除的故障原因是（　　）。

　　A. 网络链路出现故障
　　B. 该计算机的浏览器工作不正常
　　C. 服务器 www.pku.edu.cn 工作不正常
　　D. 该计算机设置的 DNS 服务器工作不正常

20. 如图 5-43 所示是网络地址转换 NAT 的一个实例，根据其中信息，标号为④的方格中的内容应为（　　）。

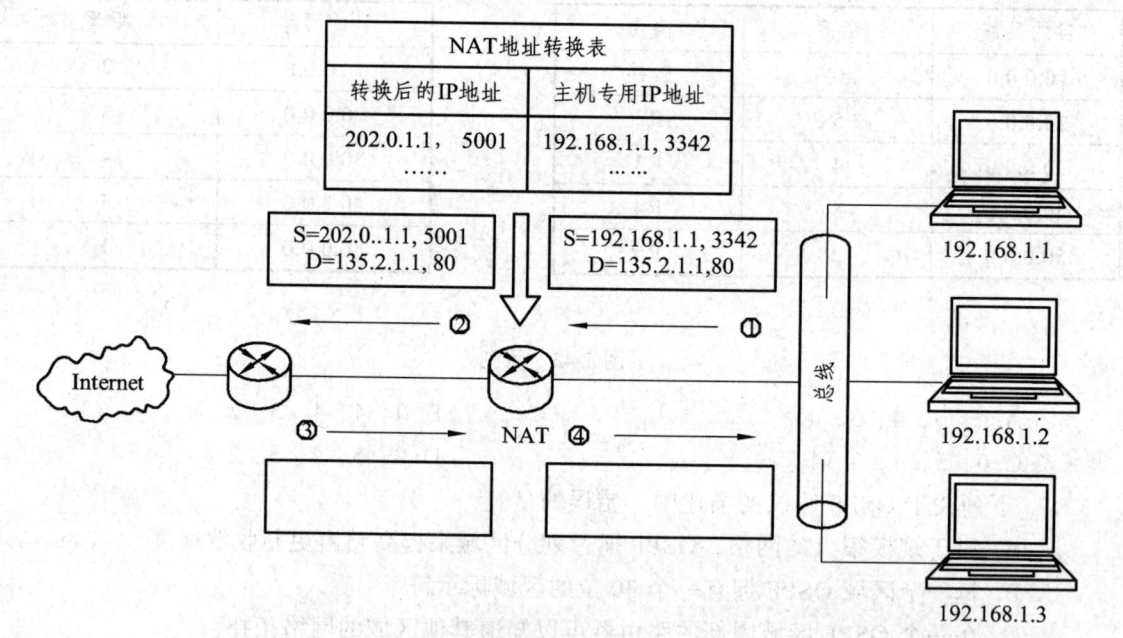

图 5-43　示例图

　　A. S=135.2.1.1, 80　D=202.0.1.1, 5001
　　B. S=135.2.1.1, 80　D=192.168.1.1, 3342
　　C. S=135.2.1.1, 5001　D=135.2.1.1, 80
　　D. S=135.2.1.1, 80　D=192.168.1.1, 3342

21. 在一台主机上用浏览器无法访问到域名 www.ylu.edu.cn 的网站，并且在这台主机上执行 tracert 命令时有如图 5-44 所示信息：

```
C:\Users\Luxman>tracert www.ylu.edu.cn
通过最多 30 个跃点跟踪
到 www.ylu.edu.cn [210.36.247.125] 的路由:

  1    <1 毫秒   <1 毫秒   <1 毫秒  192.168.1.1
  2     1 ms     1 ms     1 ms    192.168.41.161
  3     2 ms     2 ms     2 ms    10.10.1.2
  4     1 ms     1 ms     1 ms    192.168.255.2
  5      *        *        1 ms   218.21.97.118
  6     1 ms     1 ms     1 ms    210.36.247.125

跟踪完成。

C:\Users\Luxman>tracert www.ylu.edu.cn
无法解析目标系统名称 www.ylu.edu.cn。
```

图 5-44 示例图

分析以上信息，会造成这种现象的原因是（　　）。

  A. 该计算机网关设置有误

  B. 该计算机设置的 DNS 服务器工作不正常

  C. 该计算机 IP 地址与掩码设置有误

  D. 网站 www.ylu.edu.cn 工作不正常

22. 关于高速缓存区中的 ARP 表，以下哪一种说法是错误的？（　　）。

  A. 是由人工建立的

  B. 是由主机自动建立的

  C. 是动态的

  D. 保存了主机 IP 地址与物理地址的映射关系

23. 下列哪种情况需要启动 ARP 请求？（　　）。

  A. 主机需要接收信息，但 ARP 表中没有源 IP 地址与 MAC 地址的映射关系

  B. 主机需要接收信息，但 ARP 表中已经具有了源 IP 地址与 MAC 地址的映射关系

  C. 主机需要发送信息，但 ARP 表中没有目的 IP 地址与 MAC 地址的映射关系

  D. 主机需要发送信息，但 ARP 表中已经具有了目的 IP 地址与 MAC 地址的映射关系

24. 对 IP 数据报分片的重组通常发生什么设备上？（　　）。

  A. 源主机　　　　　　　　　　　　B. IP 数据报经过的路由器

  C. 目的主机　　　　　　　　　　　D. 源主机或路由器

25. R1、R2 是一个自治系统中采用 RIP 路由协议的两个相邻路由器，R1 的路由表如图 5-45（a）所示，当 R1 收到 R2 发送的如图 5-45（b）所示的（V，D）报文后，R1 更新的 4 个路由表项中距离值从上到下依次为 0、2、3、2 那么，①②③④不可能的取值序列为（　　）。

  A. 0、1、2、2　　　　　　　　　　B. 1、1、3、1

  C. 2、2、1、2　　　　　　　　　　D. 3、1、2、1

目的网络	距离	路由
10.0.0.0	0	直接
20.0.0.0	3	R2
30.0.0.0	3	R3
40.0.0.0	2	R4

（a）

目的网络	距离
10.0.0.0	①
20.0.0.0	②
30.0.0.0	③
40.0.0.0	④

（b）

图 5-45 示例图

26. 一路由器的路由表如表 5-1 所示，如果该路由器接收到源地址为 10.2.56.79，目的 IP 地址为 10.1.1.28 的 IP 数据报，那么它将把该数据报投递到（　　）。

表 5-1 示例路由表

子网掩码	要到达的网络	下一路由器
255.255.0.0	10.2.0.0	直接投递
255.255.0.0	10.3.0.0	直接投递
255.255.0.0	10.1.0.0	10.2.0.5
255.255.0.0	10.4.0.0	10.3.0.7

A. 10.3.1.28　　　　　　　　　　　B. 10.2.56.79
C. 10.3.0.7　　　　　　　　　　　　D. 10.2.0.5

27. IPv6 地址的长度为（　　）。

A. 32 位　　　　B. 48 位　　　　C. 64 位　　　　D. 128 位

28. 边界网关协议 BGP 的报文（1）（　　）传送。一个外部路由器通过发送（2）（　　）报文与另一个外部路由器建立邻居关系，如果得到应答，才能周期性的交换路由信息。

（1）A. 通过 TCP 连接　　　　　　　B. 封装在 UDP 数据包中
　　　C. 通过局域网　　　　　　　　D. 封装在 ICMP 包中

（2）A. UpDate　　B. KeepAlive　　C. Open　　　　D. 通告

29. 在 IPv6 的单播地址中有两种特殊地址，其中地址 0:0:0:0:0:0:0:0 表示（1）（　　），地址 0:0:0:0:0:0:0:1 表示（2）（　　）。

（1）A. 不确定地址，不能分配给任何节点
　　　B. 回环地址，节点用这种地址向自身发送 IPv6 分组
　　　C. 不确定地址，可以分配给任何地址
　　　D. 回环地址，用于测试远程节点的连通性

（2）A. 不确定地址，不能分配给任何节点
　　　B. 回环地址，节点用这种地址向自身发送 IPv6 分组
　　　C. 不确定地址，可以分配给任何地址
　　　D. 回环地址，用于测试远程节点的连通性

30. 下列 IP 地址中，属于专用地址的是（　　）。

  A. 100.1.32.7　　　　　　　　　　B. 192.178.32.2
  C. 172.17.32.15　　　　　　　　　D. 172.35.32.244

31. 网络 200.105.140.0/20 中可分配的主机地址数是（　　）。
  A. 1 022　　　　B. 2 046　　　　C. 4 094　　　　D. 8 192

32. ICMP 协议属于英特网中的（1）（　　）协议，ICMP 协议数据单元封装在（2）（　　）中。
  （1）A. 数据链路层　　B. 网络层　　　C. 传输层　　　D. 会话层
  （2）A. 以太帧　　　　B. TCP 段　　　C. UDP 段　　　D. IP 数据报

33. TCP/IP 网络中最早使用的动态路由协议是（1）（　　）协议，这种协议基于（2）（　　）算法来计算路由。
  （1）A. RIP　　　　　B. OSPF　　　　C. PPP　　　　D. IS-IS
  （2）A. 路由信息　　　B. 链路状态　　C. 距离矢量　　D. 最短通路

34. 下面的地址中属于单播地址的是（　　）。
  A. 125.221.191.255/18　　　B. 192.168.24.123/30
  C. 200.114.207.94/27　　　　D. 224.0.0.23/16

二．计算题

1. 使用 192.168.1.192/26 划分 3 个子网，其中第一个子网能容纳 25 台主机，另外两个子网分别能容纳 10 台主机，请写出子网掩码、各子网网络地址及可用的 IP 地址段。

2. 计算并填写下表（见表 5-2）。

表 5-2　示例表

IP 地址	121.175.21.9
子网掩码	255.192.0.0
地址类别	【1】
网络地址	【2】
直接广播地址	【3】
主机号	【4】
子网内的最后一个可用 IP 地址	【5】

3. 请根据图 5-46 所示网络结构回答下列问题。
填写路由器 R_G 的路由表项①至⑤，如表 5-3 所示。

表 5-3　示例路由表

目的网络	输出端口
59.67.63.240/30	S0（直接连接）
①	S1（直接连接）
②	S0
③	S1
④	S0
⑤	S1

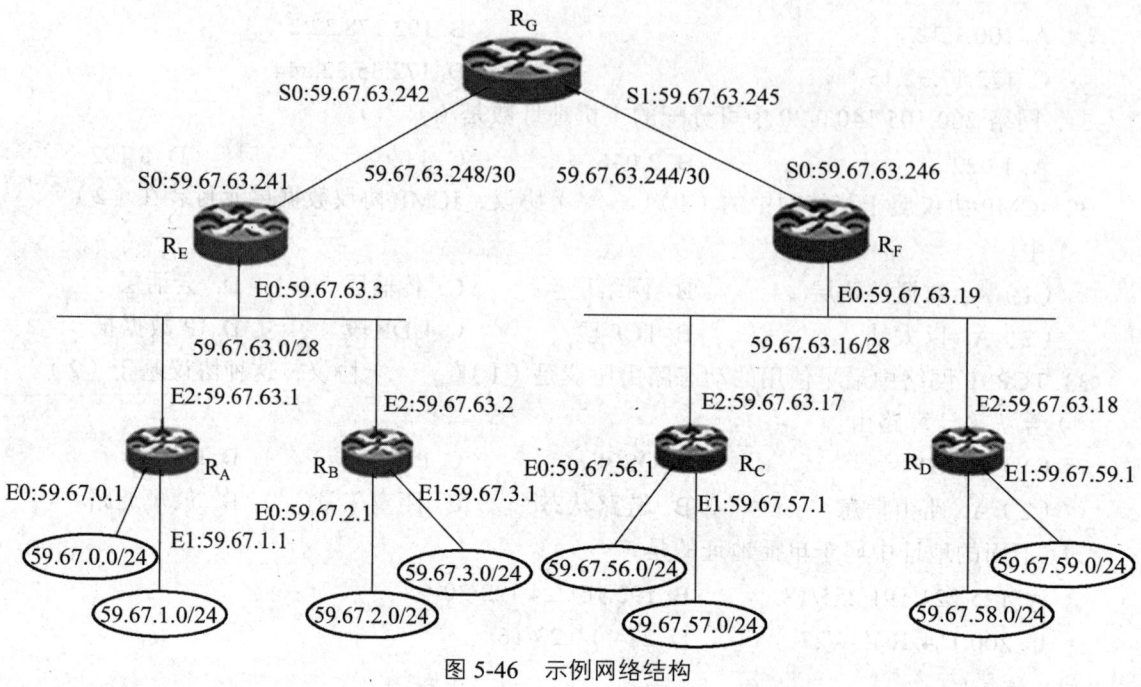

图 5-46 示例网络结构

4. 网络 202.112.24.0/25 被划分为 4 个子网，由小到大分别命名为 C0、C1、C2 和 C3，则主机地址 202.112.24.25 应该属于哪个子网？主机地址 202.115.24.100 应该属于哪个子网？请回答并写出过程。

三．问答题

1. IP 地址分为几类？各类范围是多少？IP 地址的主要特点是什么？
2. 路由选择和转发的区别是什么？
3. 试简单说明下列协议的作用：IP、ARP、IGMP 和 ICMP。
4. 请描述一下 RIP 协议的工作过程。
5. 请描述一下 OSPF 协议的工作原理。
6. 请描述一下 BGP 的工作过程。
7. 路由器的结构是什么？
8. 如何区分多播和多个单播？
9. IGMP 协议的要点是什么？隧道技术在多播中是怎样使用的？
10. 请简单叙述 IPV4 向 IPV6 过渡技术双栈技术和隧道技术两种过渡机制。

第 6 章 传输层

传输层是整个网络体系结构中的核心层次之一，在网络体系结构中起到承上启下的作用，在不可靠的网络层上提供可靠的服务。它的任务是为运行在不同主机上的应用进程提供逻辑通信功能，实现端到端的可靠性传输。

本章从传输层进程通信基本概念开始，讲解传输层的基本概念。然后讨论 TCP 体系中传输层最重要的两种协议：UDP 和 TCP。UDP 协议较为简单，重点放在 TCP 协议上，必须弄清 TCP 的各种机制（如面向连接的可靠服务、流量控制、拥塞控制等），以及 TCP 连接管理。

【本章重点】

传输层的多路复用与多路分解、传输层协议类型、UDP 和 TCP 协议的特点、TCP 和 UDP 报文的格式、流量控制与拥塞控制。

【本章难点】

进程间的通信、套接字的概念、TCP 连接的建立与释放机制、可靠性传输的实现、TCP 滑动窗口、流量控制和拥塞控制机制。

【本章关键词】

端到端；套接字；UDP；TCP；拥塞。

6.1 传输层基本概念

传输层是网络体系结构的关键层之一，提供端到端的可靠性传输。它介于用户功能与通信功能之间，属于面向通信部分的最高层，也是用户功能的最低层。它下面的三层（网络层、数据链路层、物理层）实现了网络中主机之间的数据通信。我们知道分布式网络中的主机中运行着多个应用程序，提供着多个网络服务或需求多个网络服务。而主机之间的通信不是网络通信的终点，应用程序进程之间的通信才是网络通信的实质，也就是说端到端的通信是应用进程之间的通信。

传输层屏蔽了传输网络实现技术的差异。传输层协议为运行在不同主机上的应用进程提供逻辑通信功能，使得从应用程序的角度来看运行不同进程的主机好像是直接相连的。应用进程使用传输层提供的逻辑通信功能相互发送消息，而无需考虑承载这些消息的物理网络的细节。由上可见，传输层主要功能是实现进程之间的端到端通信。

6.1.1 传输协议数据单元的基本概念

在传输层上提供传输服务的硬件或软件称为"传输实体（Transport Entity）"，传输实体可能在操作系统内核中，或在一个单独的用户进程内，也可能包含在网络应用的程序库中，或是位于网络接口卡上。传输层之间传输的报文称为"传输协议数据单元(Transport Protocol Data

Unit，TPDU）"。网络层、传输层和应用之间的逻辑关系如图6-1所示。

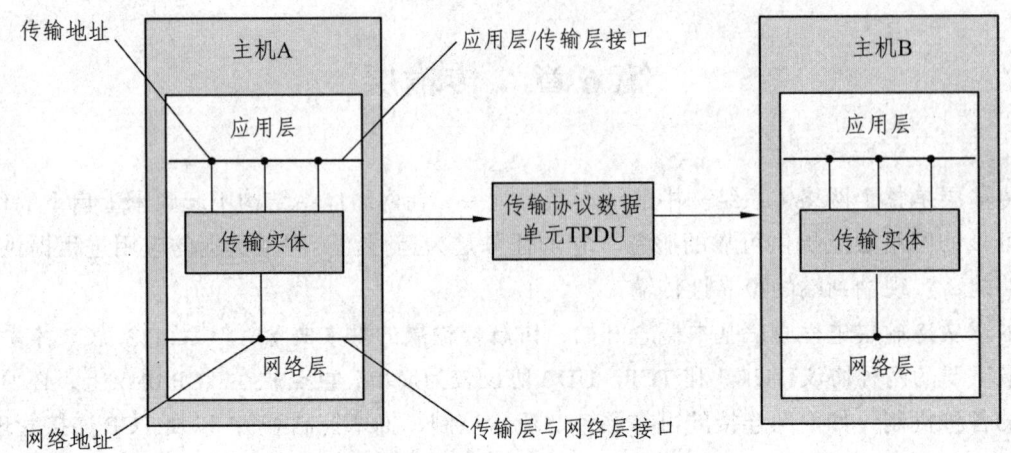

图6-1 网络层、传输层和应用之间的逻辑关系

传输服务是通过在两个传输实体间执行传输协议来实现的。TPDU有效荷载是应用层的数据，传输层在TPDU有效荷载之前加上TPDU头部，就形成了TPDU传输协议数据单元。TPDU传送到网络层后，加上IP层分组头形成IP分组，然后向下传送到数据链路层后，加上帧头、帧尾形成帧。当帧通过物理层到达目的机后，数据链路层对帧头进行处理，然后把帧的有效荷载中的内容传递给网络实体。网络实体对分组头进行处理，然后把分组的有效荷载向上传递给传输实体。如图6-2所示给出传输层与下面几层数据的关系。

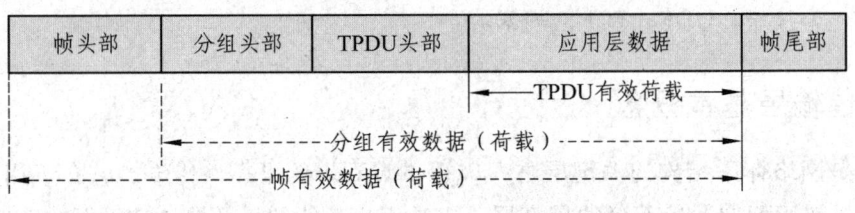

图6-2 传输与下面几层数据的关系

6.1.2 应用进程、传输层接口与套接字

传输层接口与套接字是传输层一个重要的概念。应用程序与传输层的TCP或UDP都是在主机操作系统控制下工作的。应用程序的开发者只能根据需求，在传输层选择TCP或UDP，设置相应的最大缓存、最大报文长度等参数。一旦传输层协议的类型与参数被设定后，实现传输层协议的软件就在本地主机操作系统的控制之下，为应用程序提供进程通信服务。

1．进程通信、传输层端口与网络IP地址的关系

从IP层来说，通信的两端是两个主机。IP数据报的首部明确地标识了这两个主机的地址。但"两个主机之间的通信"这种说法还不够清楚。这是因为，真正进行通信的实体是主机中的进程，是这个主机中的一个进程和另一个主机中的一个进程在交换数据（即通信）。因此严格地讲，两个主机进行通信就是两个主机中的应用进程互相通信。IP协议虽然能把分组送到目的主机，但是这个分组还停留在主机的网络层而没有交付给主机中的应用进程。从传输层的角度看，通信的真正端点并不是主机而是主机中的进程。在网络通信过程中常常遇到一个主机中经常有多个应用进程同时分别和另一个主机中的多个应用进程通信。我们可以用 IP 地址来标识实现主机之间的通信，那么同一主机上多个网络应用进程如何区分呢？这就要为每个网络应用进程设计一个区分其他应用进程的标识来区分同一主机（即同一 IP）不同的应用程序。这个进程标识就是端口。

2. 套接字的概念

在网络环境中，标识一个网络进程必须使用 IP 地址与端口号。根据 RFC 793 的定义：套接字（Socket）是由端口号拼接到 IP 地址即构成了套接字。因此套接字的表示方法是在点分十进制的 IP 地址后面写上端口号，中间用冒号或逗号隔开，即 "IP 地址：端口号"。例如，若 IP 地址是 192.123.14.5，而端口号是 8080，那么得到的套接字就是 192.123.14.5：8080。

套接字是同一主机应用层与传输层之间的接口。值得注意的是，socket 这个名词有时容易使人把一些概念弄混淆，同一个名词以 socket 却可表示多种不同的意思。例如在 API 应用编程中，socket 是一个函数的名称。

6.1.3 网络环境中分布式进程标识方法

实现网络环境中的分布式进程通信需要解决进程标识与多重协议识别这两个问题。

1. 进程标识的基本方法

前面已经讲过采用端口来标识进程，在 TCP/IP 传输层使用两个主要协议的端口号来区分不同的网络应用程序。这两个协议为用户数据报协议 UDP（User Datagram Protocol）和传输控制协议 TCP（Transmission Control Protocol）。如图 6-3 所示给出两种协议在协议栈中的位置。

图 6-3 TCP/IP 体系中的传输层协议

TCP/IP 的传输层用一个 16 位端口号来标志一个端口。16 位的端口号可允许有 65 535 个不同的端口号，这个数目对一个计算机来说是足够用的。但请注意，端口号只具有本地意义，它只是为了标识本计算机应用层中的各个进程在和运输层交互时的层间接口。在因特网不同计算机中，相同的端口号是没有关联的。传输层的寻址主要是通过 TCP 与 UDP 的端口号来实现的。TCP 与 UDP 规定用不同的端口来表示不同的应用程序。网络中的两台主机要实现进程通信，必须事先约定好传输协议类型（要么是 UDP，要么是 TCP）才能保证两个进程正常通信。

2. 端口的分配方法

1）服务器端使用的端口号

这里又分为两类，最重要的一类叫做熟知端口号（well-know port number）或系统端口号，数值为 0~1 023。这些数值可在网址 www.iana.org 查到。

IANA 把这些端口号指派给了 TCP/IP 最重要的一些应用程序，让所有的用户都知道。当一种新的应用程序出现后，IANA 必须为它指派一个熟知端口，否则因特网上的其他应用进程就无法和它进行通信。下面给出一些常用的熟知端口号，如表 6-1 所示。

表 6-1 TCP 与 UDP 常用端口号

端口类型	端口号	相关应用层协议（协议描述）
TCP	20	FTP（文件传输协议-数据连接）
TCP	21	FTP（文件传输协议-控制连接）
TCP	23	TElNET（远程登录协议）
TCP	25	SMTP（简单邮件传输协议）
TCP/UDP	53	DNS（域名服务器）
TCP	80	HTTP（超文本传输协议）
TCP	110	POP3（邮局协议）
TCP	119	NNTP（新闻传输协议）
UDP	67/68	DHCP（动态主机配置协议）
UDP	69	TFTP（简单文件传输协议）
UDP	161/162	SNMP（简单网络管理协议）
UDP	520	RIP（路由信息协议）

另一类叫做注册端口号，数值为 1 024~49 151。这类端口号是为没有熟知端口号的应用程序使用的。使用这类端口号必须在 IANA 按照规定的手续登记，以防止重复。当用户开发了一种新的网络应用程序后，可以在 IANA 登记注册一个端口号。

2）客户端使用的端口号

端口号数值为 49 152~265 535。由于这类端口号仅在客户进程运行时才动态选择，因此又叫做短暂端口号，这类端口号是留给客户进程选择暂时使用。临时端口号只对一次进程通信有效，由运行在客户上的 TCP/UDP 软件随机选取的。当服务器进程收到客户进程的报文时，就知道了客户进程所使用的端口号，因而可以把数据发送给客户进程。通信结束后，刚才已使用过的客户端口号就不复存在。这个端口号就可以供其他客户进程以后使用。

6.1.4 传输层的多路复用与多路分解

TCP/IP 协议允许多个不同的应用程序的数据，同时使用一个 IP 地址和物理连接来发送和接收数据。发送端应用层所有的应用进程都可以通过同一个传输层再传送到 IP 层，这就是复用。接收端传输层从 IP 层收到数据后按照指明的端口号交付给特定应用进程。这就是分解（分用）。例如客户机和服务器同时都运行着多个应用程序，如图 6-4 所示给出了传输层多路复用和多路分解示意图。

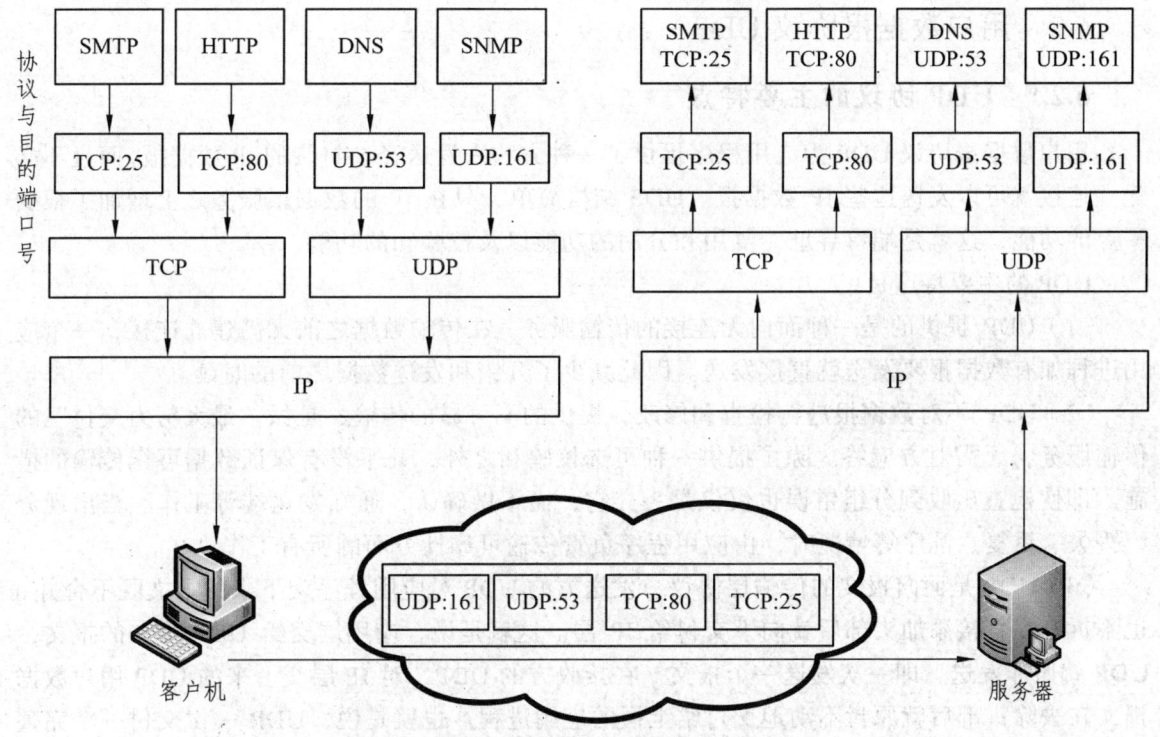

图 6-4 给出了传输层多路复用和多路分解

6.1.5 TCP、UDP 协议与应用层协议的关系

应用层协议与传输层协议关系有三类，一类是应用层协议依赖于 TCP 协议，一类是依赖于 UDP 协议，另一类则是既依赖于 UDP 又依赖于 TCP 协议。常见传输层协议与应用层协议的关系如图 6-5 所示。

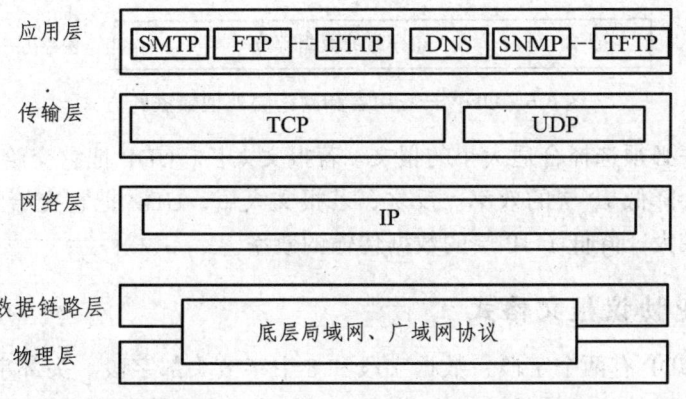

图 6-5 TCP 协议 UDP 协议与其他层协议的关系

依赖于 TCP 协议的主要是需要大量传输交互式报文的应用层协议，例如 TELNET、SMTP、FTP 等，SNMP 依赖于 UDP。DNS 既可以使用 UDP 又可以使用 TCP。但 TCP 报文与 UDP 报文都使用 IP 协议。

6.2 用户数据报协议 UDP

6.2.1 UDP 协议的主要特点

用户数据报协议 UDP 为应用程序提供了一种方法来发送经过封装的 IP 数据报，而且不必建立连接就可以发送这些 IP 数据报。UDP 结构简单，只在 IP 的数据报服务之上增加了很少一点的功能，这就是端口寻址，复用和分用的功能以及校验和的功能。

UDP 的主要特点是：

（1）UDP 提供的是一种面向无连接的传输服务。在传输数据之前无需建立连接，一个应用进程如有数据报要发送就直接发送。因此减少了开销和发送数据之前的时延。

（2）UDP 不对数据报进行检查和修改，提供的不可靠的传输，是做"最大努力交付"的传输服务，无需对方应答。除了提供一种可选校验和之外，几乎没有保证数据可靠传输的措施。即使检查出收到分组错误也仅仅是丢弃它，而不做确认，通知发送端等工作。当出现分组丢失、重复、乱序等情况时，由应用程序负责传输可靠性方面的所有工作。

（3）UDP 是面向报文的传输层协议。发送方的 UDP 对应用程序交下来的报文既不合并，也不拆分，直接添加头部后就向下交付给 IP 层。这就是说，应用层交给 UDP 多长的报文，UDP 就照样发送，即一次发送一个报文。在接收方的 UDP，对 IP 层交上来的 UDP 用户数据报，在去除头部后就原封不动地交付给上层的应用进程。也就是说，UDP 一次交付一个完整的报文。如图 6-6 所示。

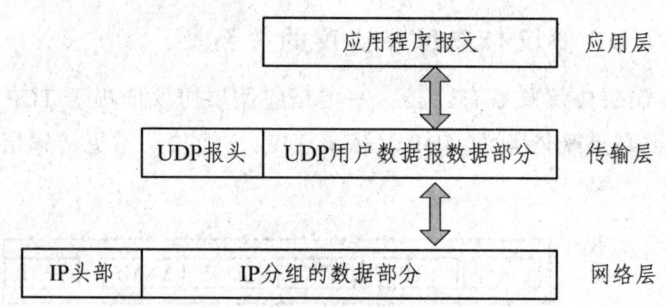

图 6-6 UDP 与应用层和网络层处理数据的方式

因而应用程序必须选择合适大小的报文。若报文太长，UDP 把它交给 IP 层后，IP 层可能要进行分片，这会降低 IP 层的效率。反之，若报文太短，UDP 把它交给 IP 层后，IP 数据报的头部所占比例较大，降低了 IP 层的数据传输的效率。

6.2.2 UDP 协议报文格式

用户数据报 UDP 有两个字段：数据字段和 8 个字节头部字段。头部字段很简单，由四个字段组成，每个字段的长度都是两个字节。UDP 的格式如图 6-7 所示。

各字段意义如下：

（1）源端口：16 bit，标明发送端地址，当目标端必须将一个应答送回给源端的时候，源端口是必需的，不需要时可用全 0。

（2）目的端口：16 bit，标明发接收端地址。这在终点交付报文时必须要使用到。

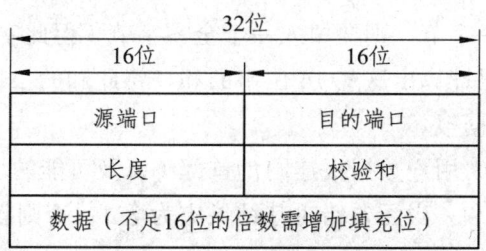

图 6-7 UDP 报文的格式

（3）长度 UDP：16 bit，指明包括 UDP 的头在内的用户数据报的长度，其最小值是 8（仅有首部）。

（4）校验和：16 bit，检测 UDP 用户数据报在传输中是否有错，有错就丢弃。如果不计算的话，则置为全 0。如果真正的计算结果是 0 的话，则置为全 1。

6.2.3 UDP 校验和的基本概念与计算示例

1. 伪报头

在计算检验和时，要在 UDP 用户数据报之前增加 12 个字节的伪头部。这种伪头部并不是 UDP 据报真正的头部，而是临时添加在 UDP 用户数据报前面，伪头部既不向下传送也不向上递交，仅仅用来计算检验和。

2. 伪报头的结构

UDP 校验和要计算三个部分，即伪报头、UDP 报头和数据。其中伪报头由 IP 分组头的源 IP 地址（32 bit），目的 IP 地址（32 bit），协议字段（8 bit）和 UDP 长度（16 bit）组成。具体结构如图 6-8 所示。

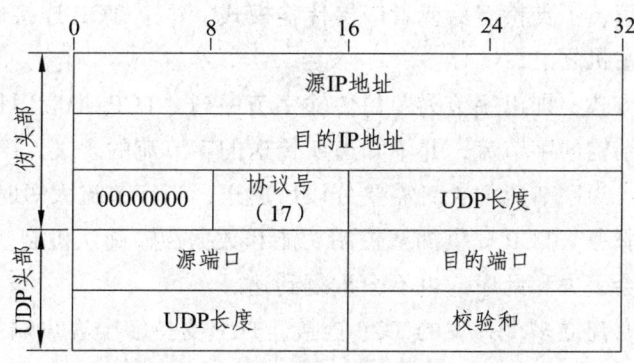

图 6-8 UDP 报文校验和的伪报头与报头结构

3. UDP 校验和的计算方法

UDP 计算检验和的方法和计算 IP 数据报首部检验和的方法相似。但不同的是：IP 数据报只检验 IP 数据报的首部，但 UDP 的检验和是把首部和数据部分一起检验。

在发送方计算校验和步骤：

（1）先把校验和字段置为 0。

（2）再把伪首部以及 UDP 用户数据报看成是由许多 16 位的字串接起来。若 UDP 用户数据报的数据部分不是偶数个字节，则要填入一个全零字节（但此字节不发送）。

（3）然后按二进制反码计算出这些16位字的和。将此和的二进制反码写入检验和字段。就发送这样的UDP用户数据报。

在接收方把收到的UDP用户数据报连同伪首部（以及可能的填充全零字节）一起，按二进制反码求这些16位字的和。当无差错时其结果应为全1，否则就表明有差错出现。

6.2.4 UDP协议适用的范围

UDP提供的服务是不可靠的、无连接的服务，UDP适用于无须应答并且通常一次只传送少量数据的情况。它支持一对一、一对多与多对多的通信，无拥塞控制，UDP具有较好的实时性，效率高。在有些情况下，包括IP电话，视频电话会议系统在内的网络应用使用UDP协议。总之，UDP协议是一种适合用于语音和视频传输的传输层协议。

6.3 传输控制协议TCP

6.3.1 TCP协议的主要特点

TCP传输控制协议是面向连接的传输层协议，用于在不可靠的互联网上提供可靠、端到端的字节流通信。TCP所提供的服务具有以下主要特征。

（1）TCP是一种面向连接的传输服务。传输数据之前需要先建立连接，数据传输完毕要释放连接。

（2）所有的TCP连接都是全双工的。所谓全双工，意味着同时可在两个方向上传输数据，TCP允许任何一方的应用程序在任意时刻发送数据。

（3）端到端的通信，不支持多播或者广播传输模式。每个TCP连接恰好有两个端点，分别位于源主机和目的主机之上。

（4）采用字节流方式，即以字节为单位传输字节序列。TCP把应用程序交下来的数据看成仅仅是一连串的无结构的字节流，并不知道所传送的字节流的含义。字节流沿着TCP连接的管道传送到接收方。当字节流太长时需要分段后放送；当字节流太短时需要合并后发送。

（5）提供可靠性服务。TCP提供拥塞控制功能和数据传输确认机制。通过TCP连接传送的数据，无差错，不会丢失和乱序，也不会重复到达。

（6）TCP支持同时建立多个并发的TCP连接。TCP支持多个客户端与一个服务器端建立多个TCP连接，也支持多个服务器端与一个客户端连接。

6.3.2 TCP协议报文格式

TCP报文也称为报文段，由报文头和数据段组成。TCP报文头的前20个字节是固定的。TCP报头主要格式如下图6-9所示。

固定部分各字段的意义如下：

（1）源端口和目的端口各占2个字节（16位），分别写入源进程端口号和目的进程端口号。

（2）序列号占4字节（32位）。序号范围在0～（$2^{32}-1$），TCP是面向字节流的。在一

TCP 连接中传送的字节流中的每一个字节都按顺序编号。假设每个数据段包含 1 500 个数据字节，第一个字节编号为 X，则对于字节流中各段的第一个字节序列号分别是：X，X+1 500，X+3 000 等。

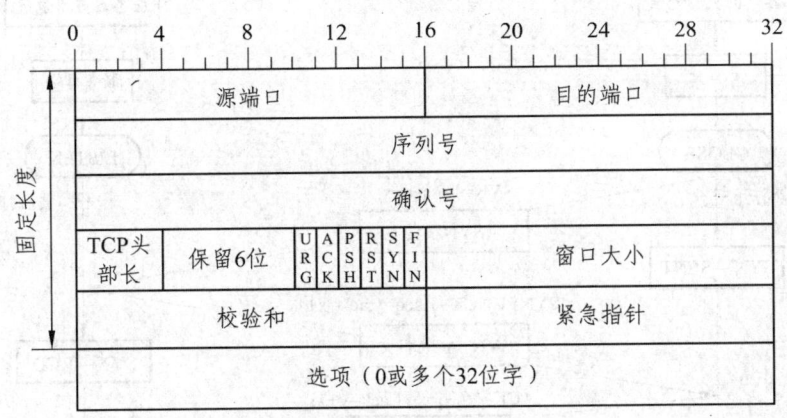

图 6-9 TCP 报头格式

（3）确认号也占 4 字节（32 位）。为准备接收的字节序列号，即意味着该字节序列号前的字节都已经正确接收，就是希望收到对方下一个报文段的第一个数据字节的序号。假如，B 正确收到了 A 发送过来的一个报文段，其序号字段值是 401，而数据长度是 200 字节（序号 401 ~ 600），这表明 B 正确收到了 A 发送的到序号 600 为止的数据。因此，B 期望收到 A 的下一个数据序号是 601，于是 B 在发送给 A 的确认报文段中把确认号置为 601。请注意，现在的确认号不是 401，也不是 600，而是 601。

（4）报头长占 4 位，以 4 个字节为单位，指明了在 TCP 头部包含多少个 32 位的字。长度随选项改变而变，最大长度为 60 字节。接收方可根据该数据确定 TCP 数据的起始位置。

（5）保留占 6 位，保留为今后使用，但目前应置为 0。

6.3.3 TCP 连接建立与释放

TCP 是一种面向连接的传输层协议。面向连接的传输协议在源端和目的端之间建立一条虚路径。然后，属于一个报文的所有段都沿着这条虚路径发送。整个报文使用单一的虚路径有利于确认处理以及对损坏或丢失帧的重发。读者可能想知道 TCP 如何使用 IP 服务，一个无连接协议如何能面向连接的过程。关键就在于 TCP 的连接是虚连接，不是物理连接。TCP 在一个较高层次上操作，TCP 使用 IP 服务向接收方传递独立的段，但它控制连接本身。如果一个段丢失了或损坏了，则重新发送它。与 TCP 不同，IP 不知道这个重新发送过程，如果一个段失序到达，则 TCP 保存它直到缺少的段到达。

TCP 连接就有三个阶段，即：连接建立、数据传输和连接释放。

1. TCP 连接建立

如图 6-10 所示 TCP 连接建立要经过三次握手（three-way handshake）。

现在来看看 TCP 连接是怎样建立的。假设运行在某台主机上的一个进程想与另一台主机上的一个进程建立一条连接。TCP 连接的建立采用客户服务器方式，发起连接的这个进程称为客户机进程,而另一个进程称为服务器进程。服务器进程始终运行着(处于"LISTEN(收听)"状态)等待着客户进程发起请求。具体建立过程如下。

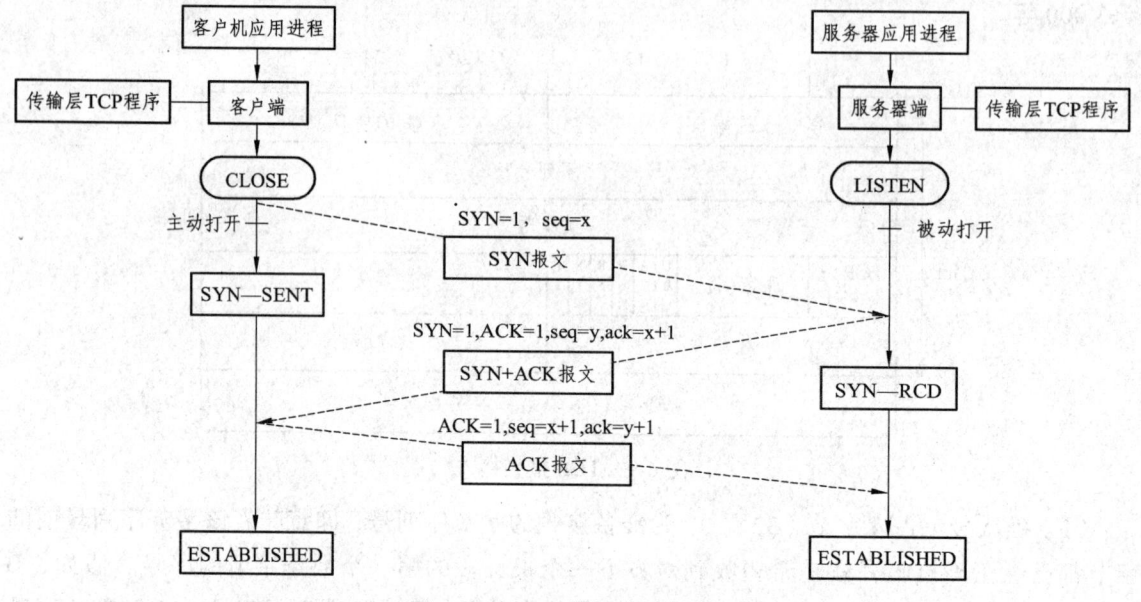

图 6-10 TCP 连接建立过程图

(1)客户机应用进程首先要通知客户机传输层,它想与服务器上的一个进程建立一条连接,在这里我们统一称客户机应用进程所对应的 TCP 程序为客户端,服务器进程对应的 TCP 程序称为服务器端,客户端初处于"CLOSED(关闭)"状态。当客户端要放送数据给服务器端时,客户端发出请求进行主动打开,然后向服务器进程发出连接建立请求报文段。这个连接建立请求报文段的首部的控制位 SYN 置 1,同时选择一个初始序号 seq=x,但是不包含确认号。注意:x 是随机产生的,但不能为 0(主要是避免 TCP 非正常断开而可能引起的混乱)。SYN 段不携带数据,但它占用一个序号,因为它需要确认。这时,客户端进入 SYN-SENT(同步已发送)状态。

(2)服务器端收到"连接请求报文段"后,如同意建立连接,则向客户端发送连接确认报文。在连接确认报文中将控制位 SYN 置 1 和 ACK 置 1,确认号是 ack=x+1(表示对第一个连接建立报文的 seq=x 的确认),同时也为自己选择一个初始序号 seq=y。SYN+ACK 段不携带数据,但它占用一个序号。这时服务器端进入"SYN-RCVD(同步收到)"状态。

(3)客户端在收到"连接建立请求确认报文"之后,客户端将发送对其的确认报文,在这个报文中,将控制位 ACK 置 1,确认号 ack=y+1,但序号 seq=x+1。这是由于 TCP 标准规定 ACK 段,如果不携带数据,则它不占用序号。这时客户端进入 ESTABLISHED(已建立连接)状态。当服务器端收到确认报文后,也进入 ESTABLISHED 状态。

2. 数据传输

当客户进程与服务器进程之间的 TCP 传输连接建立之后,客户端的应用进程与服务器端的应用进程就可以使用这个连接,进行全双工的字节流传输了。

3. TCP 连接释放

建立一个连接需要三次握手，而终止一个连接要经过四次握手。这由 TCP 的半关闭（Half-close）造成的。所谓的半关闭是指在 TCP 中，一端停止发送数据后，还可以接续接收数据。既然一个 TCP 连接是全双工（即数据在两个方向上能同时传递），因此每个方向必须单独地进行关闭。

数据传输结束后，通信的双方都可释放连接，都处于 ESTABLISHED 状态。我们以客户端应用进程先向其 TCP 发出连接释放报文段为例讲解。

（1）当客户进程准备结束一次数据传输，主动提出释放 TCP 连接时，客户端向服务端发送一个"连接释放请求报文"，提出连接释放请求，停止发送数据。在这个请求报文的头部将控制位 FIN 置 1，序号 seq=u，u 是前面已传送过的数据的最后一个字节的序号加 1。请注意，TCP 规定，FIN 报文段即使不携带数据，它也消耗掉一个序号。进入"FIN-WAIT-1（释放等待 1）"状态。

（2）服务器端收到"连接释放报文段"后即发出确认，确认号是 ack=u+1，而这个"连接释放报文段"确认报文段自己的序号是 V，等于服务器端前面已传送过的数据的最后一个字节的序号加 1。然后服务器端就进入 CLOSE-WAIT（关闭等待）状态。TCP 服务器进程这时应通知高层应用进程，因而从客户端到服务器端这个方向的连接就释放了，这时的 TCP 连接处于半关闭（half-close）状态，即客户端已经没有数据要发送了，但服务器端若发送数据，客户端仍要接收。也就是说，从服务器端到客户端这个方向的连接并未关闭。这个状态可能会持续一些时间。

（3）客户端收到来自服务器端的确认后，就进入"FIN-WAITT-2（释放等待-2）"状态，等待服务器发出的连接释放报文段。当服务器端所在的高层应用进程没有要向客户端发送的数据时，它会通知传输层的 TCP 服务端可以释放从它到客户端的连接，这时，服务器端向客户端发送"连接释放请求报文"（单方向从服务器端到客户端的连接），将头部中控制位 FIN 置 1，ACK 置 1，ack=u+1（必须重复上次已发送过的确认号），序号为 w，w 取决于服务器端在半关闭状态是否又发送了一些数据。服务器端就进入 LAST-ACK（最后确认）状态。

（4）收到服务器端的连接释放报文段后，客户端的 TCP 发送最后一段，即 ACK 段，来证实它接收到来自服务器的 FIN 段。这个段包含确认号，它是来自服务器的 FIN 段的序号加 1。这个段不携带数据也不占用序号。在确认报文头部，置 ACK=1，seq=u+1，ack=w+1，然后进入到 TIME-WAIT（时间等待）状态。请注意，现在 TCP 连接还没有释放掉。客户端必须经过时间等待计时器（TIME-WAIT timer）设置的时间 2MSL[MSL 叫做最长报文段寿命（Maximum Segment Lifetime）]后，A 才进入到 CLOSED 状态。服务器端只要收到了客户端发出的确认，就进入 CLOSED 状态。

6.3.4 TCP 协议滑动窗口与确认、重传机制

1. TCP 的差错控制

TCP 协议将高层应用进程交下来的数据以字节流的形式发送，但不会限制所交下来的数据的长度，TCP 会根据需求将数据分段。发送端利用建立好的 TCP 连接"管道"，按顺序地将

整个数据流传递给另一端的应用程序并且是按序的、无差错的、没有任何一部分丢失或重复。

因而，TCP 是一个可靠的传输层协议。实际上，传输层的传输依靠下层 IP 协议传输，而 IP 层只是提供尽最大努力的服务，出错是不可避免的。TCP 必须提供差错控制。TCP 协议通过滑动窗口机制来控制字节流的发送，从而实现差错控制、确认与重传功能，保证接收字节流的正确。

2. 滑动窗口的概念

（1）TCP 协议使用滑动窗口协议来控制字节流的发送、接收、确认与重传过程。TCP 的滑动窗口是以字节为单位的。滑动窗口其实是一种可变大小的缓冲区。

由于发送和接收进程可能以不同的速度写入和读出数据，所以 TCP 需要用于存储的缓冲区。每一个方向都存在一个缓冲：发送缓冲区和接收缓冲区。

TCP 在传输数据时，在 TCP 的发送端设置有一个缓存，这个缓存用来存放应用进程准备要发送的数据，发送端对这个缓存设置了一个发送窗口。发送窗口大小体现发送能力的大小，只要这个窗口不为零就可以发送报文段。

同样 TCP 的接收端也有一个缓存，用来存放收到的字节流，等待高层应用进程的读取。接收端设置一个接收窗口，窗口值等于接收缓存可以继续接收字节流的大小。

（2）TCP 的传输是面向字节流，但不可能每次只发送一个字节的数据，因为光是 TCP 的头部固定就有 20 个字节，这样的话发送效率也太低了。实际上，TCP 协议将字节流分段，一段的多个字节打包成一个 TCP 报文一起传输，一起确认。为了确保连通性，对要发送的每一个字节都进行编号。序号告诉目的端，在这个序列中哪一个字节是该段的第一个字节。在连接建立时，每一方都使用随机数生成器产生一个初始序号。用确认号来标识哪些字节已经被正确地接收了。

（3）接收端通过 TCP 的报头通知发送端已经正确接收的字节号以及发送端还能连续发送的字节数。接收端的大小由其接收缓存区所剩余的空间大小以及应用进程读取的速度决定。发送方窗口的大小则必须取决于接收窗口的大小。

3. 字节流传输状态分类

为了对正确传输的字节流进行确认，就必须对字节流的传输状态进行跟踪记录。将发送的字节分为四类。第一类：已发送，并收到确认的字节；第二类：已发送，但未收到确认的字节；第三类：尚未发送，但接收端已经准备好的字节；第四类：尚未发送，接收端也未做好准备的字节。如图 6-11 所示。

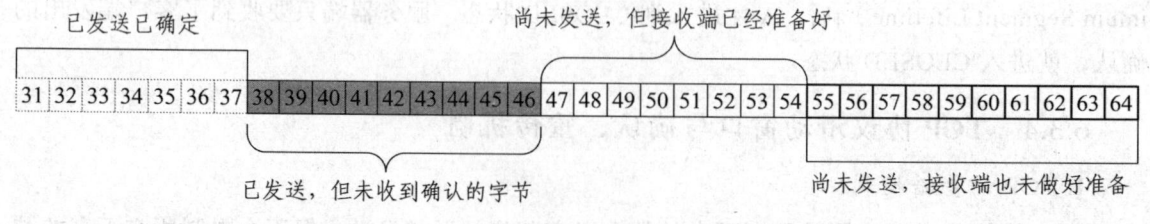

图 6-11 字节流传输状态分类

图中序号 31~37 为第一类；序号 38~46 为第二类；序号 47~54 为第三类；序号 55~64 为第四类。

4. 发送窗口与可用窗口

发送端在每一次的发送过程中能够连续发送的字节数取决于发送窗口的大小。图 6-12 描述了发送窗口与可用窗口。

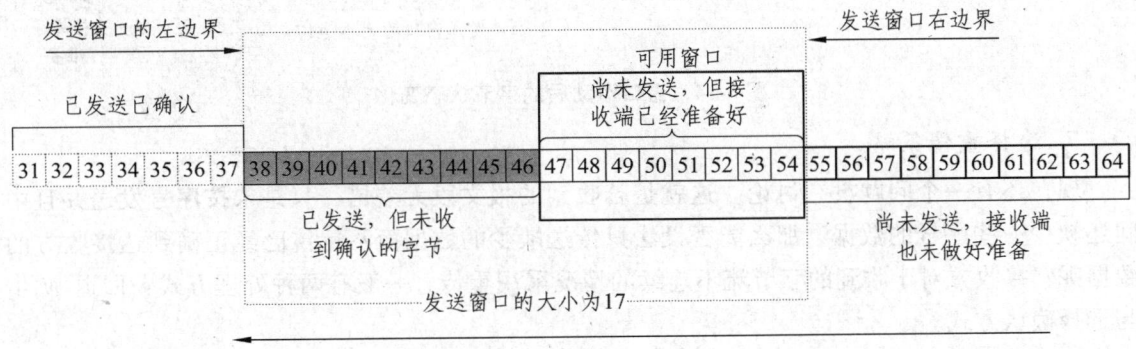

图 6-12　发送窗口与可用窗口

图中，发送窗口大小为第二类（已发送，但未收到确认的字节）和第三类（尚未发送，但接收端已经准备好的字节）的字节数之和，即 9+8=17。可用窗口的大小等于第三类的字节数，即 8。

5. 发送可用窗口之后字节流分类与窗口的变化

如上所述，接下来发送端立即发送可用窗口中的 8 个字节。那么，第三类就变成第二类状态，等待确认的字节了。这时候可用窗口为 0，如图 6-13 所示。序号 31~37 为第一类；序号 38~54 为第二类；第三类可以随时发送的字节数为 0；序号 55~64 为第四类。

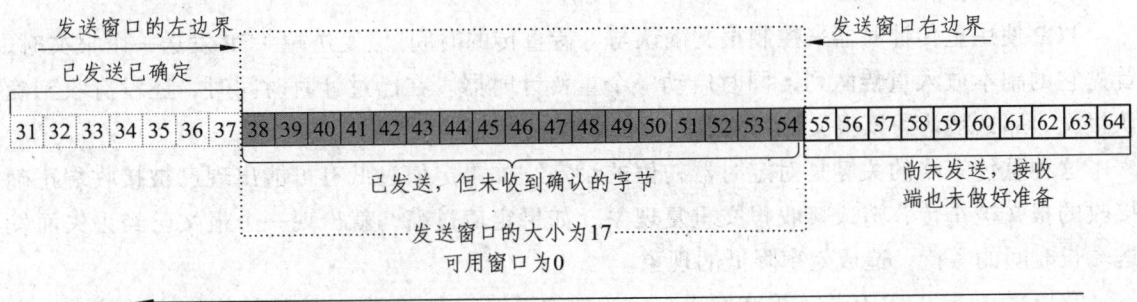

图 6-13　窗口发送与字节类型变化

6. 处理确认并滑动发送窗口

经过一段时间，接收端向发送端发送一个确认报文，确认号为 38~45，窗口值依然是原来的值 17，发送窗口将向右滑动，如图 6-14 所示。序号 31~45 为第一类；序号 46~54 为第二类；序号 55~62 为第三类；第四类 63~64。

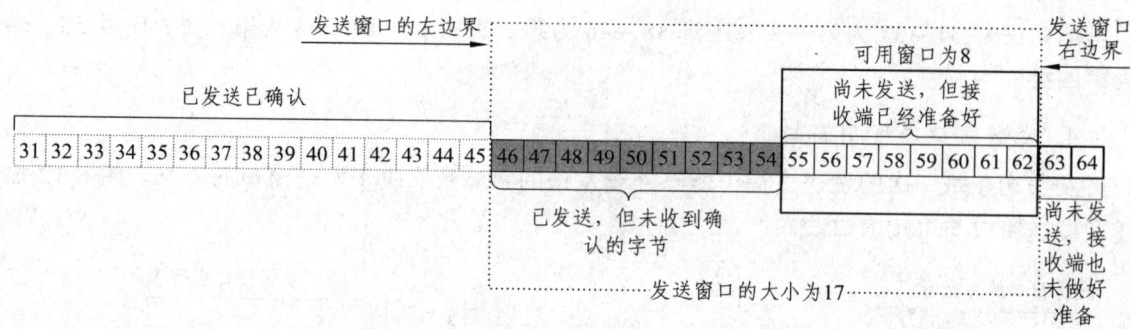

图 6-14 窗口滑动后的字节状态变化

7. 选择重传策略

现在还有一个问题没有讨论。这就是若收到的报文段无差错,只是未按序号发送并且中间还缺少一些序号的数据,那么能否设法只传送缺少的数据而不重传已经正确到达接收方的数据呢?接收方对于收到的字节流不连续的情况采用重传,一般有两种处理方式:回退 N 步与选择确认方式。

1)回退 N 步

使用这种方式效率很低。例如,如果发送端发送了前 6 个分组,而中间的第 2 个分组丢失了。这时接收方只能对第 1 个分组发出确认。发送方无法知道后面五个分组的下落,而只好把后面的五个分组都再重传一次。

2)选择确认方式选择确认(Selective ACK,SACK)

接收方收到了和前面的字节流不连续的字节块。如果这些字节的序号都在接收窗口之内,那么接收方就先收下这些数据,但要把这些信息准确地告诉发送方,使发送方不要再重复发送这些已收到的数据。

8. 重传计时器

TCP 使用重传计时器来控制报文确认与等待重传的时间。但发送端 TCP 发送一个报文时,首先它的副本放入重传队列,同时启动一个重传计时器。在已过计时时间时,还没有收到确认报文,那么就认为该报文传送失败,重传该报文。

这种重传策略的关键是对定时器初值的设定。如果定值过低有可能出现已被接收端正确接收的报文被重传,造成接收报文重复现象。如果定值过高,就出现一个报文已经丢失而发送端长时间的等待,造成效率降低的现象。

TCP 的值与 RTT 有关(报文发送与确认的往返时间),但在互联网中为 TCP 连接确定合适的重传定时器数值很困难。TCP 必须采用动态的自适应的方法,根据端到端的报文往返时间连续测量,不断调整和设定重传定时器的超时重传。

9. 超时重传时间的选择

TCP 采用了一种自适应算法,它记录一个报文段发出的时间,以及收到相应的确认的时间。这两个时间之差就是报文段的往返时间 RTT。TCP 保留了 RTT 的一个加权平均往返时间 RTTs(这又称为平滑的往返时间,S 表示 Smoothed。因为进行的是加权平均,因此得出的结果更加平滑）。每当第一次测量到 RTT 样本时，RTTs 值就取为所测量到的 RTT 样本值。但以后每测量到一个新的 RTT 样本，就按下式重新计算一次 RTTs：

$$新的 RTTs = (1-\alpha) \times (旧的 RTTs) + \alpha \times (新的 RTT 样本) \quad （式6-1）$$

在上式中，$0 \leq \alpha < 1$。若 α 很接近于零，表示新的 RTTs 值和旧的 RTTs 值相比变化不大，而新的 RTT 样本影响不大（RTT 值更新较慢）。若选择 α 接近于 1，则表示新的 RTTs 值受新的 RTT 样本的影响较大（RTT 值更新较快）。RFC 2988 推荐的 α 值为 0.125。用这种方法得出的加权平均往返时间 RTTs 就比测量出的 RTT 值更加平滑。

显然，超时计时器设置的超时重传时间 RTO（Restransmission Time-Out）应略大于上面得出的加权平均时间 RTTs。RFC 2988 建议使用下式计算 RTO：

$$RTO = RTTs + 4 \times RTT_D \quad （式6-2）$$

而 RTT_D 是 RTT 偏差的加权平均值，它与 RTT_S 和新的 RTT 样本之差有关。RFC 2988 建议这样计算 RTT_D：当第一次测量时，RTT_D 值取为测量到的 RTT 样本值的一半。在以后的测量中，则使用下式计算加权平均的 RTT_D：

$$新的 RTT_D = (1-\beta) \times (旧的 RTT_D) + \beta \times |RTT_S - 新的 RTT 样本| \quad （式6-3）$$

这里 β 是个小于 1 的系数，推荐值为 0.25。

10. 接收端字节流的分类情况与接收窗口

图 6-15 中给出了接收端字节流的分类和接收窗口情况。在接收方，字节流也分为四类：已接收，已被进程读走的字节（31~37）；已接收且确定，未被进程读走的字节（38~44）；可从发送方接收的字节（45~53）；还不能被接收的字节（54~……）。

接收窗的大小总是小于或等于缓冲区大小。接收窗口大小决定了接收窗口在被淹没（流量控制）之前可以从发送方接收的字节数量。换言之，接收窗口，通常称为 rwnd，它的大小为缓存区减去等待被进程读取的字节。

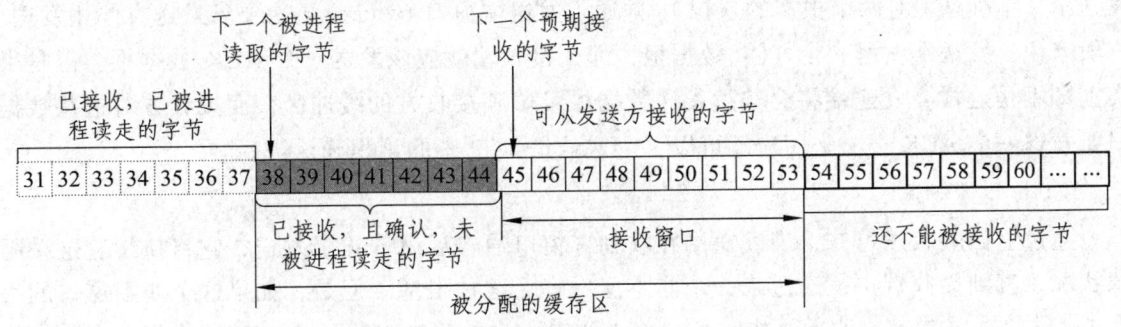

图 6-15 接收端字节流的分类和接收窗口

6.3.5 TCP 协议滑动窗口与流量控制、拥塞控制

1. TCP 窗口与流量控制

1）流量控制

流量控制为了平衡发送方发送的速率与接收方接收的速率，防止出现接收方的接收速率

小于发送方的速率而导致的报文丢失的现象。TCP 中使用滑动窗口协议来进行流量控制，它主要利用 TCP 报文头的窗口字段来实现流量控制。

在流量控制过程中，接收窗口又叫做通知窗口。TCP 的窗口单位是字节，不是报文段。接收端根据接收能力选择一个合适的接受窗口值，将它写入 TCP 的报头中，将当前接收状态告诉发送方。发送方的发送窗口不能超过接收方给出的接收窗口的数值。

2）流量控制过程

如图 6-16 所示给出 TCP 协议流量控制的过程。整个过程如下：

（1）接收端通知发送端 rwnd=2 048，表示接收方已经做好接收 2 048 个字节的准备。

（2）发送端接收到 rwnd=2 048 的通知后，应用进程写入 1 024 个字节数据，TCP 将其分装成一个报文发送给接收端，序号为 0（在实际中序号是个随机数且不能为 0，这里为了计算方便）。

（3）接收方收到后，立即发送确认信息，放入输出队列中，等待应用进程读取。此时，接收方缓存区已经占有了 1 024（0～1 023）个字节，对其发送确认 ACK=1 024（1 023+1），并发窗口为 rwnd=1 024 的非零窗口通告。

（4）发送方收到对序号 0～1 023 的确认，rwnd=1 024，发送方再次发送 1 024 个字节数据，seq=1 024。

（5）接收方收到后，放入输出队列中，等待应用进程读取。此时，接收方缓存区已经被占满了。接收方发送一个对序号 1 024～2 047 的确认，ACK=2 048 并通告窗口 rwnd=0。

（6）发送方收到确认后，根据 rwnd=0 的通告，将发送窗口也置 0，停止发送，直到接收到接收端重新发送的一个"非零窗口"通知为止。

（7）发送方一直处于发送阻塞状态，直到接收方应用进程读取了 1 024 个字节后，并发送一个 rwnd=1024 的非零通告给发送方后，发送方才开始组织数据发送。

（8）发送方连续发送了两个较小的报文段（512）后，接收端缓存又处于占满状态。这时发送了一个确认（对两个报文的累积），并通告发送端窗口 rwnd=0 再次要求发送方停止发送。一般来说，发送端发送一个 TCP 数据报，那么接收端就应该发送一个 ACK 数据报。但是事实上却不是这样，发送端将会连续发送数据尽量填满接收方的缓冲区，而接收方对这些数据只要发送一个 ACK 报文来回应就可以了。这就是 TCP 中的累积确认机制。

3）持续计时器

通过上面的叙述可知，当发送端在收到零窗口通告后就停止了发送，它将持续着这种阻塞状况，直到接收端再发送过来一个非零窗口解除这种阻塞。但是，如果这个非零窗口的丢失了，那么发送端将一直等下去，就会陷入死锁。为了解决这个问题，TCP 为每一个连接设有一个持续计时器（persistence timer）。

只要 TCP 连接的一方收到对方的零窗口通知，就启动持续计时器。若持续计时器设置的时间到期，就发送一个零窗口探测报文段（仅携带 1 字节的数据），而对方就在确认这个探测报文段时给出了现在的窗口值。如果窗口仍然是零，那么收到这个报文段的一方就重新设置持续计时器。如果窗口不是零，那么死锁的僵局就可以打破了。

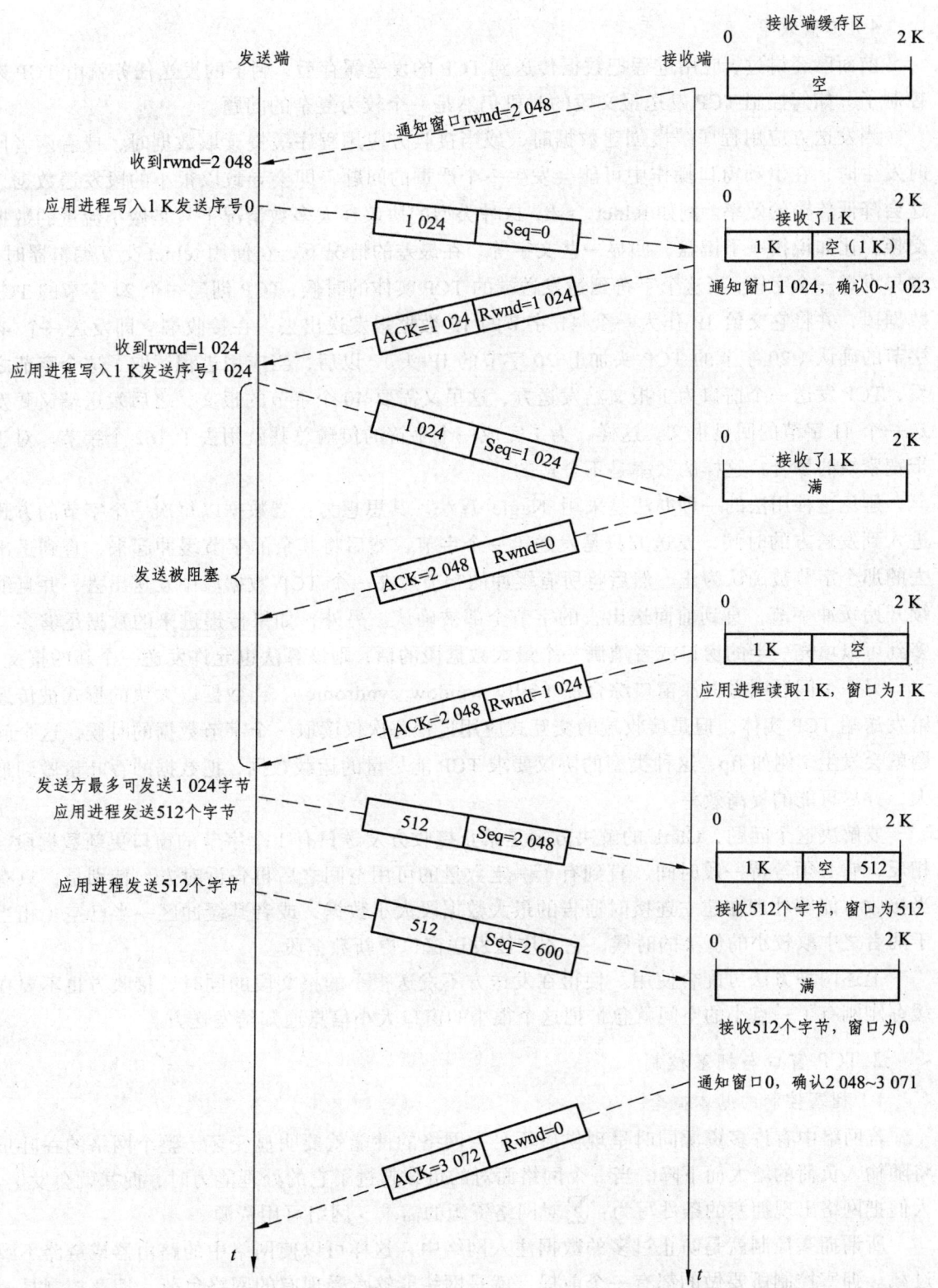

图 6-16 TCP 协议流量控制的过程

4）传输效率

前面已经讲过，应用进程把数据传送到 TCP 的发送缓存后，剩下的发送任务就由 TCP 来控制了。如何控制 TCP 发送报文段的时机仍然是一个较为复杂的问题。

当发送方应用程序缓慢创建数据时，或当接收方应用程序缓慢读取数据时，或者两者同时发生时，在滑动窗口操作中可能会发生一个严重的问题，即会导致以很小的段发送数据，这会降低传输的效率。例如 telnet, ssh，这种类型的协议在大多数情况下只是做小流量的数据交换，比如说按一下键盘，回显一些文字等。在最差的情况下，在使用 telnet 交互编辑器时，如果发送一个字符，当这个字符到达发送端的 TCP 实体的时候，TCP 创建一个 21 字节的 TCP 数据段，并将它交给 IP 作为一个 41 字节的 IP 数据报发送出去，在接收端立即发送一个 40 字节的确认（20 字节的 TCP 头加上 20 字节的 IP 头）。以后，当应用进程读取了这个字节之后，TCP 发送一个窗口为 1 报文给发送方，这里又需要 40 个字节的报文，之后发送端又要发送一个 41 字节的回显报文。这样，为了完成一个字符的传输总共就用去了 162 个字节。对于带宽紧缺的场合，这样的效率是不合适的。

避免这种用法的一种办法是采用 Nagle 算法。其思想为：当数据以每次一个字节的方式进入到发送方的时候，发送方只是发送第一个字节，然后将其余的字节缓冲起来，直到送出去的那个字节被确认为止。然后将所有缓冲的字节放在一个 TCP 数据段中发送出去，并且继续开始缓冲字节，直到前面送出去的字节全部被确认。另外，如果传递进来的数据足够多，多到可以填充一半的窗口或者填满一个最大数据段的话，则该算法也允许发送一个新的报文。

另一个问题叫做糊涂窗口综合征（silly window syndrome）。当数据以大块的形式被传递给发送端 TCP 实体，但是接收端的交互式应用进程每次仅读取一个字节数据的时候，这个问题就会发生。例如 ftp，这种类型的协议要求 TCP 能尽量的运载数据，把数据的吞吐量做到最大，并尽可能的提高效率。

要解决这个问题，Clark 的解决方案是禁止接收方发送只有 1 个字节的窗口更新数据段。相反，它必须等待一段时间，直到有了一定数量的可用空间之后再告诉对方。特别是，只有当接收方能够处理在建立连接时通告的最大数据段大小数据，或者其缓冲区一半已空（相当于两者之中取较小的值）的时候，它才应该发送窗口更新数据段。

上述两种方法可配合使用。使得在发送方不发送很小的报文段的同时，接收方也不要在缓存刚刚有了一点小的空间就急忙把这个很小的窗口大小信息通知给发送方。

2. TCP 窗口与拥塞控制

1）拥塞控制的基本概念

若网络中有许多资源同时呈现供应不足，网络的性能就要明显变坏，整个网络的吞吐量将随输入负荷的增大而下降。当一个网络面对的负载超过了它的处理能力时，拥塞就会发生。人们把网络出现拥塞的条件写为：$\sum$对网络资源的需求 > 网络可用资源。

所谓拥塞控制就是防止过多的数据注入网络中，这样可以使网络中的路由器或链路不致过载。拥塞控制所要做的都有一个前提，就是网络能够承受现有的网络负荷。拥塞控制是一个全局性的过程，涉及所有的主机、所有的路由器，以及与降低网络传输性能有关的所有因素。

拥塞控制与流量控制的区别在于：流量控制的重点在于放在端到端链路上的通信控制，

而拥塞控制要放在全局上的网络报文总量。拥塞控制和流量控制之所以常常被弄混，是因为某些拥塞控制算法是向发送端发送控制报文，并告诉发送端，网络已出现麻烦，必须放慢发送速率。这点又和流量控制是很相似的。

当网络发生了拥塞现象，流量控制可以解决发送端与接收端之间的端到端报文发送和处理速度的平衡，但它无法控制进入网络的总体流量。即使每个 TCP 连接之间的流量都是合适，但对网络整体来说，随着网络需求的不断增加，也会使网络负载过重，由此引发传输延迟，报文丢失。而报文的差错控制和重传又会进一步加剧网络的拥塞。

如图 6-17 所示为拥塞控制示意图。图中纵坐标为网络吞吐量，表示单位时间内网络的输出；横坐标表示网络负载，为单位时间进入网络的负载量。理想拥塞控制在网络负载达到饱和点之前，网络吞吐量随着负载的增加而成线性增长，到达饱和点之后网络吞吐量维持不变。

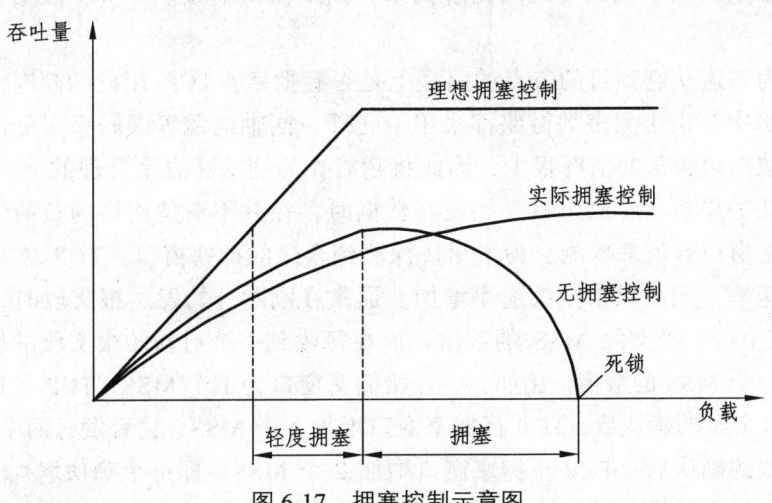

图 6-17　拥塞控制示意图

无拥塞控制时，随着提供的负载的增大，网络吞吐量的增长速率逐渐减小。当网络的吞吐量明显地小于理想的吞吐量时，网络就进入了轻度拥塞的状态。也就是说，在网络吞吐量还未达到饱和时，就已经有一部分的输入分组被丢弃了。当提供的负载达到某一数值时，网络的吞吐量反而随提供的负载的增大而下降，这时网络就进入了拥塞状态。当提供的负载继续增大到某一数值时，网络吞吐量下降，直到网络的吞吐量为零，出现了死锁，网络已无法工作。

实际的拥塞控制在初期网络负载增加，网络吞吐量也在增加，但是增长速率比无拥塞控制的要慢。到了后期其优点就显示了出来，随着负载量的增加，它通过限制进入网络的报文或丢弃报文的方法，使得吞吐量逐渐增长平滑，而不会出现下降和死锁。

1999 年公布的因特网建议标准 RFC 2581 定义了进行拥塞控制的四种算法，即慢开始（slow-start）、拥塞避免（congestion avoidance）、快重传（fast retransmit）和快恢复（fast recovery）。RFC 2582 和 RFC 3390 又对这些算法进行了一些改进。

2）拥塞窗口的概念

TCP 协议不能忽略网络中的拥塞问题。它不能过分激进地向网络中发送报文段，也不能过于保守，每个时间间隔只发送少量的报文段，这会降低网络可用带宽利用率。TCP 需要定义当没有拥塞时的加速数据传输策略以及当检测到拥塞时的减速策略。

TCP 使用称为拥塞窗口（Congestion Window，cwnd）的变量来控制报文段的发送数量。这个变量的值由网络中的拥塞情况所控制，并且动态地在变化。发送端在真正确定发送窗口时，应取"通知窗口"与"拥塞窗口"中的较小值。在没有发生拥塞的稳定工作状态下，接收端的通知窗口与拥塞窗口应该一致。发送端在确定拥塞窗口大小时，可以采用慢开始与拥塞避免算法。为了讨论方便，假设报文是单方向传送，且接收方总是有足够大的缓存空间，发送窗口的大小由网络的拥塞程度来决定。

3. 慢开始和拥塞避免

发送方控制拥塞窗口的原则是：只要网络没有出现拥塞，拥塞窗口就再增大一些，以便把更多的报文发送出去。但只要网络出现拥塞，拥塞窗口就减小一些，以减少注入网络中的报文数。

发送方如何知道从它到目的节点的路径上是否有拥塞？TCP 用段的超时来检测拥塞。在目前的固定网络中，由于大多数链路都采用了光纤、同轴电缆等误码率很低的传输介质，因传输错误造成数据包丢失的情况很少，因此将超时作为拥塞标志是合理的。

慢开始算法的思想为：当主机开始发送数据时，在并不清楚网络的负荷情况下，由小到大逐渐增大拥塞窗口数值来探测。为了尽快探测到合适的拥塞窗口，TCP 在初始阶段不是线性地增加发送速率，而是以指数的速率增加。通常在刚刚开始发送报文段时，先把拥塞窗口 cwnd 设置为一个最大报文段 MSS 的数值。而在每收到一个对新的报文段的确认后，把拥塞窗口增加至多一个 MSS 的数值。比如，一开始拥塞窗口为 1 个 MSS，TCP 发送一个最大长度的段；当收到这个段的确认后，TCP 将拥塞窗口增加 1 个 MSS，然后发送两个最大长度的段；当收到这两个段的确认后，TCP 将拥塞窗口增加 2 个 MSS（即每个确认增加 1 个 MSS），然后发送四个段；依次类推，最终结果是拥塞窗口成倍增加。如图 6-18 所示。

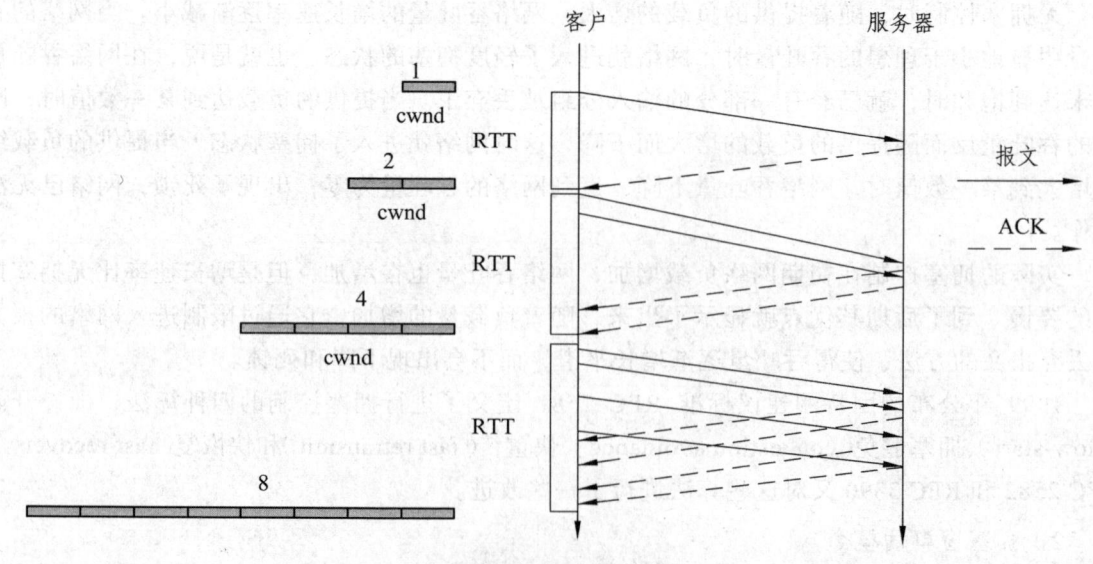

图 6-18　慢启动发送过程

慢开始的"慢"并不是指 cwnd 的增长速率慢，而是指在 TCP 开始发送报文段时先设置

cwnd=1，使得发送方在开始时只发送一个报文段（目的是试探一下网络的拥塞情况），然后再逐渐增大 cwnd。这当然比按照大的 cwnd 值一下子把许多报文段突然注入网络中要"慢得多"。

如果我们继续慢启动算法，那么拥塞窗门大小按指数规律增大。为了防止拥塞窗口 cwnd 增长过大引起网络拥塞，还需要设置一个慢开始门阀 ssthresh 状态变量。在达到阀值后，必须降低指数增长的速度，这时 TCP 要使用另一个算法拥塞避免。慢开始门阀 ssthresh 的用法如下：

当 cwnd<ssthresh 时，使用上述的慢开始算法。

当 cwnd>ssthresh 时，停止使用慢开始算法而改用拥塞避免算法。

当 cwnd=ssthresh 时，既可使用慢开始算法，也可使用拥塞避免算法。

拥塞避免算法是采取在每增加一个往返就将拥塞窗口值增加 1 的方法，来改变每增加一个往返拥塞窗口值加倍的方法。

慢启动在两种情况下使用，第一种情况是在连接刚建立的时候，第二种情况是在超时后重新启动数据传输的时候。如图 6-19 所示给出了 TCP 协议慢开始、拥塞控制的过程。

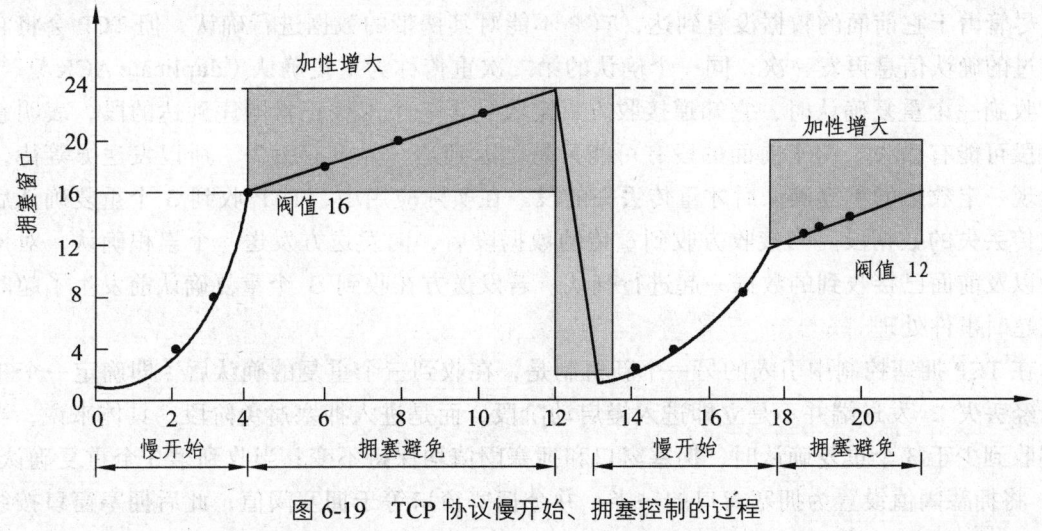

图 6-19 TCP 协议慢开始、拥塞控制的过程

（1）当 TCP 连接进行初始化时，使拥塞窗 cwnd=1。为了便于理解，图中的窗口单位不使用字节而使用报文段的个数。慢开始门阀的初始值设置为 16 个报文段，即 ssthresh=16。

（2）在执行慢开始算法时，拥塞窗口 cwnd 的初始值为 1。以后发送方每收到一个对新报文段的确认 ACK，就把拥塞窗口值加 1，然后开始下一个往返的传输（请注意，图 6-19 的横坐标是传输往返），因此拥塞窗口 cwnd 随着传输轮次按指数规律增长。当拥塞窗口 cwnd 增长到慢开始门限值 ssthresh 时（即当 cwnd=16 时），就改为执行拥塞避免算法，拥塞窗口按线性规律增长。

（3）假定拥塞窗口的数值增长到 24 时，网络出现超时（这很可能就是网络发生拥塞了）。更新后的 ssthresh 值变为 12（即变为出现超时时的拥塞窗口数值 24 的一半），拥塞窗口再重新设置为 1，并执行慢开始算法。当 cwnd=ssthresh=12 时改为执行拥塞避免算法，拥塞窗口按线性规律增长，每经过一个往返时间增加一个 MSS 的大小。

在 TCP 拥塞控制的文献中经常可看见"乘法减小"（Multiplicative Decrease）和"加法增大"（Additive Increase）这样的提法。"乘法减小"是指不论在慢开始阶段还是拥塞避免阶段，只要出现超时（即很可能出现了网络拥塞），就把慢开始门限值 ssthresh 减半，即设置为当前的拥塞窗口的一半（与此同时，执行慢开始算法）。当网络频繁出现拥塞时，ssthresh 值就下降得很快，以大大减少注入网络中的分组数。而"加法增大"是指执行拥塞避免算法后，使拥塞窗口缓慢增大，以防止网络过早出现拥塞。上面两种算法合起来常称为 AIMD。

4. 快重传与快恢复

到目前为止，我们描述的机制只是最初的 TCP 拥塞控制方案的一部分。人们很快发现，超时触发重传存在的问题是超时周期往往很长，当一个报文段丢失后，发送方要等待很长时间才重发丢失的段，增加了端到端延迟。为此，一种称为快速重传的机制被引入到 TCP 中。快速重传是一种启发式的机制，有时它触发对丢失分组的重传比常规超时机制更快。但是快速重传机制不能代替常规超时机制，它只是增强功能。

快速重传的思想很简单，就是接收方对于每个到达的 TCP 段都要给予响应。当 TCP 段没有按正常顺序到达时，只要这个段经差错检测是正确的，接收方都会将它接收下来并缓存起来。尽管由于它前面的数据没有到达，TCP 不能对其携带的数据进行确认，但 TCP 会将它上次发过的确认信息再发一次，同一个确认的第二次重传称为重复确认（duplicate ACK）。当发送方收到一个重复确认时，它知道接收方肯定收到了一个未按正常顺序到达的段，表明它前面的段可能有丢失。由于前面的段有可能只是延迟到达，并没有丢失，所以发送方等待，直至发现一定数量的重复确认后才重传丢失的段。在实际应用中，TCP 收到 3 个重复确认后开始重传丢失的数据段。当接收方收到重传的数据段后，向发送方发送一个累积确认，对该数据段以及前面已接收到的数据一起进行确认。若发送方在收到 3 个重复确认前发生了超时，则按超时事件处理。

在 TCP 拥塞控制中引入的另一个新机制是，在收到三个重复的确认后（即确定一个 TCP 段已经丢失），发送端并不是立即进入慢启动阶段，而是进入拥塞避免阶段。具体来说，当发送端收到少于 3 个重复确认时，拥塞窗口和拥塞阈值均保持不变；当收到第 3 个重复确认时，TCP 将拥塞阈值设置为拥塞窗口的一半，并令拥塞窗口等于拥塞阈值，此后拥塞窗口按线性增长。新机制在收到 3 个重复确认后取消慢启动阶段的理由是，即使某个数据段丢失了，但 3 个重复确认的到来表明仍有某些报文段正确到达了接收端，也就是说网络至少有能力交付一些报文段，这与发生超时事件时的情况不同。这种在收到 3 个重复确认后取消慢启动阶段的机制称为快速恢复。

目前，大多数的 TCP 版本都实现了快速重传和快速恢复机制。

6.4 小结

（1）传输层是网络体系结构的关键层之一，提供端到端的可靠性传输。而主机之间的通信不是网络通信的终点，应用程序进程之间的通信才是网络通信的实质，也就是说端到端的通信是应用进程之间的通信。

（2）TCP/IP 的传输层采用端口来标识进程，用一个 16 位端口号来标志一个端口。分为熟知端口号、注册端口号和客户端口号三种类型的端口号。

（3）UDP 提供的服务是不可靠的、无连接的服务，UDP 适用于无须应答并且通常一次只传送少量数据的情况，UDP 协议是一种适合用于语音和视频传输的传输层协议。

（4）TCP 是一种面向连接的传输服务。传输数据之前需要先建立连接，数据传输完毕要释放连接。支持全双工模式，不支持多播或者广播传输模式，采用字节流方式，即以字节为单位传输字节序列，提供可靠性服务。TCP 提供拥塞控制功能和数据传输确认机制。

6.5 实验

实验名称：传输层协议报文分析实验。

实验内容：

（1）利用 PING、IPCONFIG 等命令分析网络；

（2）网络分析软件 Wireshark 抓包并分析 TCP、UDP 协议数据报格式。

实验目的：

（1）理解 TCP 报文首部格式和字段的作用。

（2）理解 UDP 报文首部格式和字段的作用。

（3）理解 TCP 连接的建立和释放过程。

（4）熟悉协议分析工具软件使用，掌握传输层协议工作的基本原理。

习 题

一、选择题

1. 在 OSI 模型中，提供端到端传输功能的层次是（　　）。
   A. 物理层　　　　　B. 数据链路层　　　　C. 传输层　　　　D. 应用层
2. TCP 的主要功能是（　　）。
   A. 进行数据分组　　　　　　　　　　　B. 保证可靠传输
   C. 确定数据传输路径　　　　　　　　　D. 提高传输速度
3. 应用层的各种进程通过（　　）实现与传输实体的交互。
   A. 程序　　　　　　B. 端口　　　　　　C. 进程　　　　　D. 调用
4. 传输层与应用层的接口上所设置的端口是一个多少位的地址？（　　）。
   A. 8 位　　　　　　B. 16 位　　　　　　C. 32 位　　　　　D. 64 位
5. TCP 和 UDP 哪个效率高？（　　）。
   A. TCP　　　　　　B. UDP　　　　　　C. 两个一样　　　D. 不能比较
6. 传输层为（　　）之间提供逻辑通信。
   A. 主机　　　　　　B. 进程　　　　　　C. 路由器　　　　D. 操作系统
7. 网络上唯一标识一个进程需要用一个（　　）。
   A. 一元组（服务器端口号）
   B. 二元组（主机 IP 地址，服务端口号）
   C. 三元组（主机 IP 地址，服务端口号，协议）
   D. 五元组（本机 IP 地址，本地服务端口号，协议，远程主机 IP 地址，远程服务端口号）
8. 在 TCP/IP 网络模型中，传输层的主要作用是在互联网络的源主机和目的主机对等实体之间建立用于会话的（　　）。
   A. 点到点连接　　　B. 操作连接　　　C. 端到端连接　　　D. 控制连接
9. 在互联网上传输语音和影像，传输层一般采用（　　）。
   A. HTTP　　　B. TCP　　　C. UDP　　　D. FTP
10. 下列关于 UDP 校验的描述，（　　）是错误的。
    A. UDP 校验和段的使用是可选的，如果主机不想计算校验和，该校验和应全为 0
    B. 在计算校验和的过程中，需要生成一个伪头，源主机需要把该伪头发送给目的主机
    C. 如果数据报在传输过程中被破坏，那么就把它丢弃
    D. UDP 数据报的伪头包含了 IP 地址信息和端口信息
11. 下列关于因特网中的主机和路由器的说法，错误的是（　　）。
    A. 主机通常需要实现 IP 协议　　　B. 路由器必须实现 TCP 协议
    C. 主机通常需要实现 TCP 协议　　　D. 路由器必须实现 IP 协议
12. 一条 TCP 连接的建立过程和释放过程，分别包括了（　　）个步骤。
    A. 2，3　　　B. 3，3　　　C. 3，4　　　D. 4，3
13. TCP 采用（　　）技术实现流量控制的。
    A. 许可证法　　　B. 丢弃分组法　　　C. 预约缓冲区法　　　D. 滑动窗口技术
14. 为保证数据传输的可靠性，TCP 协议采用了对（　　）确认的机制。
    A. 报文段　　　B. 分组　　　C. 字节　　　D. 比特
15. 下列哪一项控制端到端传送的信息量并保证 TCP 的可靠性？（　　）。
    A. 广播　　　B. 窗口　　　C. 错误恢复　　　D. 流量控制
16. TCP 协议中发送窗口的大小应该是（　　）。
    A. 接收窗口的大小
    B. 接收窗口和拥塞窗口的较大一个
    C. 拥塞窗口的大小
    D. 接收窗口和拥塞窗口的较小一个
17. TCP 的拥塞控制方法如下：拥塞窗口从 1 开始（　　），到达门限值时（　　）；如果出现超时，门限值减小，拥塞窗口降为 1。
    A. 按线性规律增长　　　B. 按对数规律增长　　　C. 按指数规律增长　　　D. 保持不变
18. 在 TCP 的重传机制中，当发生报文重传时，重传时间将会（　　）。
    A. 保持不变　　　　　　　　　　　B. 根据正常报文的时间重新计算
    C. 根据重传报文的时间重新计算　　D. 直接将重传时间扩大一倍
19. 在 TCP/IP 通信过程中，当 TCP 报文中 SYN=1 而 ACK=1 时，表明这是（　　）。
    A. 连接请求报文　　　　　　　　　B. 连接释放报文
    C. 连接应答报文　　　　　　　　　D. 连接拒绝报文
20. 一个 TCP 连接总是以 1 KB 的最大段发送 TCP 段，发送方有足够多的数据要发送。当拥塞窗口为 16 KB 时发生了超时，如果接下来的 4 个 RTT（往返时间）时间内的 TCP 段的传输都是成功的，那么当第 4 个 RTT 时间内发送的所有 TCP 段都得到肯定应答时，拥塞窗口大小是（　　）

A. 7 KB　　　　　B. 8 KB　　　　　C. 9 KB　　　　　D. 16 KB

二、问答题与计算

1. 端口的作用是什么？分为几种，每一种的范围是什么？

2. 如何理解 UDP 是面向报文的，而 TCP 是面向字节流的？

3. 在 TCP 的拥塞控制中，什么是慢开启和拥塞避免？起什么作用？

4. UDP 用户数据报的首部十六进制表示是：06 32 00 45 00 1C E2 17。试求源端口、目的端口、用户数据报的总长度、数据部分长度。这个用户数据报是从客户发送给服务器再发送给客户？使用 UDP 的这个服务器程序是什么？

5. 已知第一次测得 TCP 的往返时延的当前值是 30 ms。现在收到了三个接连的确认报文段，它们比相应的数据报文段的发送时间分别滞后的时间是：26 ms, 32 ms 和 24 ms。设 $\alpha=0.9$。试计算每一次的新的加权平均往返时间值 RTTs。

6. 设 TCP 使用的最大窗口为 65 535 字节，而传输信道不产生差错，带宽也不受限制。若报文段的平均往返时延为 20 ms，问所能得到的最大吞吐量是多少？

7. 设 TCP 门限窗口初始值为 8 个报文段。当拥塞窗口上升到 10 时网络发生了超时，TCP 采用慢启动、加速递减和拥塞避免，求出第 1~10 次传输的各拥塞窗口大小。

8. 主机 A 向主机 B 连续发送了两个 TCP 报文段，其序号分别为 70 和 100。试问：

（1）第一个报文段携带了多少个字节的数据？

（2）主机 B 收到第一个报文段后发回的确认中的确认号应当是多少？

（3）如果主机 B 收到第二个报文段后发回的确认中的确认号是 180，试问 A 发送的第二个报文段中的数据有多少字节？

（4）如果 A 发送的第一个报文段丢失了，但第二个报文段到达了 B，B 在第二个报文段到达后向 A 发送确认。试问这个确认号应为多少？

9. 通信信道带宽为 1 Gb/s，端到端时延为 10 ms，TCP 的发送窗口为 65 535 字节。试问：可能达到的最大吞吐量是多少？信道的利用率是多少？

10. 在 TCP 的拥塞控制中，什么是慢开始、拥塞避免、快重传和快恢复算法？这里每一种算法各起什么作用？"乘法减小"和"加法增大"各用在什么情况下？

第 7 章 应 用 层

应用层（Application layer）是 OSI 模型的最高层：第七层。应用层直接为操作系统或网络应用程序提供访问网络服务的接口，同时也向表示层发出服务请求。

应用层的作用是在实现多个系统应用进程相互通信的同时，完成一系列业务处理所需的服务。其服务元素分为两类：公共应用服务元素（CASE）和特定应用服务元素（SASE）。

CASE 提供最基本的服务，它成为应用层中任何用户和任何服务元素的用户，主要为应用进程通信，分布系统实现提供基本的控制机制；特定服务 SASE 则要满足一些特定服务，如文卷传送、访问管理、作业传送、银行事务、订单输入等。这些将涉及虚拟终端、作业传送与操作、文件传送及访问管理、远程数据库访问、图形核心系统、开放系统互联管理等。

应用层的主要功能特点：应用层主要是提供网络任意端上应用程序之间的接口。其实现的功能有：运输访问管理、电子邮件、虚拟终端等。其主要的协议有：DNS、HTTP、FTP 等。

【本章重点】

DNS 协议、HTTP 协议、WEB 服务、电子邮件服务。

【本章难点】

DNS 协议原理、HTTP 协议的工作过程。

【本章关键词】

客户机/服务器；网络应用协议；协议原理与工作过程。

7.1 Internet 应用与应用层协议的分类

Internet 应用就是以 Internet 为基础的 Internet 的接入、浏览和搜索信息、收发电子邮件、网页的制作、电子商务、网络安全和网络管理等。

应用层协议是通过把报文发送到套接字中来使网络进程间相互通信。如何构造这些报文？在这些报文中的各个字段的含义是什么？这些问题属于应用层的范围。应用层协议（application layer protocol）定义了运行在不同端系统上的应用程序进程如何相互传递报文。应用层协议的定义包括如下内容：

（1）交换的报文类型，如请求报文和响应报文；

（2）各种报文类型的语法，如报文中的各个字段公共详细描述；

（3）字段的语义，即包含在字段中信息的含义；

（4）进程何时、如何发送报文及对报文进行响应。

有些应用层协议是由 RFC 文档定义的，因此它们位于公共领域。例如，Web 的应用层的协议 HTTP（超文本传输协议，RFC 2616）就作为一个 RFC 供大家使用。如果浏览器开发者遵从 HTTP RFC 规则，所开发出的浏览器就能访问任何遵从该文档标准的 Web 服务器并获取相应的 Web 页面。还有很多别的应用层协议是专用的，不能随意应用于公共领域。例如，很多现有的 P2P 文件共享系统使用的是专用应用层协议。应用层协议主要有以下几种：

（1）域名系统（Domain Name System，DNS）：用于实现网络主机域名到 IP 地址映射的网络服务。

（2）文件传输协议（File Transfer Protocol，FTP）：用于实现交互式文件传输功能。

（3）简单邮件传送协议（Simple Mail Transfer Protocol，SMTP）：用于实现电子邮件传送功能。

（4）超文本传输协议（HyperText Transfer Protocol，HTTP）：用于实现 WWW 服务。

（5）简单网络管理协议（simple Network Management Protocol，SNMP）：用于管理与监视网络设备。

（6）远程登录协议（Telnet）：用于实现远程登录功能。

7.1.1 Internet 应用技术发展的三个阶段

Internet 应用技术发展的第一阶段，提供基本的网络服务。如 TELNET、E-MAIL、FTP、BBS、Usenet。

Internet 应用技术发展的第二阶段，提供基于 Web 的网络服务。如 Web、电子商务、电子政务、远程教育、远程医疗。

Internet 应用技术发展的第三阶段，提供新的网络服务。如 VoIP、IPTV、网络视频、搜索引擎、博客 Blog、播客 Podcast、即时通信 IM、网络游戏、网络广告、网络出版。

7.1.2 C/S 模式与 P2P 模式的比较

C/S（Client/Server）结构，即客户机和服务器结构。它是软件系统结构，通过它可以充分利用两端硬件环境的优势，将任务合理分配到 Client 端和 Server 端来实现。目前大多数应用软件系统都是 Client/Server 形式结构。C/S 是一种一对多的模式，有预定义客户端、服务器节点，服务器是信息资源和信息处理中心。信息一般先集中上传至服务器保存，用户访问网络时，需要首先访问服务器，才能浏览信息、下载信息。客户机只能从服务器上读取信息，客户机之间不具备有交互能力。

P2P 是 "Peer to Peer" 的缩写，指的是不通过中枢服务器而在个人电脑之间实现文件交换和共享的一种技术。P2P 模式下，没有提供信息的服务器与接收信息的客户机之分，每台电脑都可以既是信息提供者又是索取者。对等点之间通过直接互联实现信息、处理器、存储器甚至高速缓存等资源的全面共享，而无需依赖集中式服务器支持。

C/S 和 P2P 技术在网络资源信息交流与共享中的差异：

（1）C/S 结构是一种客户端/服务器结构，客户端与服务器端之间是主从关系，信息和数据保存在服务器上，用户浏览和下载信息，必须访问服务器，而且客户机之间没有交互的能力。相反，P2P 模式不分提供信息服务器和索取信息的客户端，每一台电脑都是信息的发布者和索取者，对等点之间的交互无需使用服务器。

（2）C/S 模式中信息的存储和管理比较集中、稳定，服务器只公布用户想公布的信息，并且会在服务器中稳定的保存一段时间，该服务器通常也不间断的运行在网络间。而 P2P 缺乏安全机制，P2P 是给用户带来方便，但也会带来大量的垃圾信息，而且各个对等点可以随便进入或者退出网络，会造成网络的不稳定。

（3）从安全的角度来说，因为系统难免会出现漏洞，C/S 模式采用集中管理模式，客户端只能被动地从服务器端获取信息，即使客户端系统出现问题，并不会影响整个系统。

（4）C/S 模式的管理软件更新的较快，加之工作人员要维护服务器和数据库，都需要耗费大量资金和精力。相反 P2P 不需要服务器，也就不必要耗费大量的资金和维护时间，而且每个对等点都可以在网络上发布和分享信息，这使得闲散的资源得以充分利用。

7.2 域名系统 DNS

域名系统（Domain Name System 缩写 DNS，Domain Name 被译为域名）是因特网的一项核心服务，它作为可以将域名和 IP 地址相互映射的一个分布式数据库，能够使人更方便地访问互联网，而不用去记住毫无记忆规律的 IP 地址。

当我们把众多的计算机连接到一起，一个显而易见的问题就是如何标识网络中的每一台主机。Internet 中使用称作网际协议地址（IP 地址）的 32 位 2 进制数标识机器，它为发送报文分组给规定的主机标识地址提供了一种方便而简洁的表达方式，但却很难记忆，当一台主机要访问另外一台主机时，必须首先获知其 IP 地址，为了减少这种麻烦便引出了 DNS(Domain Name System)。

DNS 是目前 Internet 所使用的域名系统，对其简单的理解就是一个分布的数据库系统，这个分布式数据库的特点是：允许局部对部分数据的控制；所有的局部数据通过客户/服务器（client/server）方式提供给全网使用。在 DNS 的客户/服务器模型中，服务器端由一个叫做名字服务器（name server）的程序构成，客户端称为解析器（resolvers），它通常是一组库程序。

7.2.1 DNS 研究的背景

DNS 最早于 1983 年由保罗·莫卡派乔斯（Paul Mockapetris）发明，原始的技术规范在 882 号因特网标准草案（RFC 882）中发布。1987 年发布的第 1034 和 1035 号草案修正了 DNS 技术规范，并废除了之前的第 882 和 883 号草案。在此之后对因特网标准草案的修改基本上没有涉及 DNS 技术规范部分的改动。早期的域名必须以英文句号"."结尾，这样 DNS 才能够进行域名解析。如今 DNS 服务器已经可以自动补上结尾的句号。

当前，对于域名长度的限制是 63 个字符，其中不包括 www.和.com 或者其他的扩展名。域名同时也仅限于 ASCII 字符的一个子集，这使得很多其他语言无法正确表示他们的名字和单词。基于 Punycode 码的 IDNA 系统，可以将 Unicode 字符串映射为有效的 DNS 字符集，这已经通过了验证并被一些注册机构作为一种变通的方法所采纳。

7.2.2 DNS 域名空间

DNS 域名空间是一种树状结构，它指定了一个用于组织名称的结构化的阶层式域空间。目前由 InterNIC 管理全世界的 IP 地址，在 InterNIC 之下的 DNS 结构分为多个域。根域下的 7 个顶级域都归 InterNIC 管理，顶级域可以再细分为二级域，如"Microsoft"为公司名称，而二级域又可以分成多级的子域，如 example、www，在最下面一层被称为 hostname（主机名称），如 host-a，一般用户使用完整的名称来表示，如 host-a.example.microsoft.com。

DNS 利用完整的名称方式来记录和说明 DNS 域名，就像用户在命令行显示一个文件或目录的路径，如 C：\Winnt\System32\Drivers\Etc\Services.txt。同样在一个完整的 DNS 域名中包含着多级域名，如 host-a.example.microsoft.com.。其中，"host-a" 是最基本的信息（一台计算机的主机名称）；"example" 表示主机名称为 host-a 的计算机在这个子域中注册和使用它的主机名称；"microsoft" 是 "example" 的父域或相对的根域（即 second-level domain），"com" 是用于表示商业机构的 Top-level domain，最后的句点表示域名空间的根（root）。

区域是一个用于存储单个 DNS 域名的数据库，它是域名称空间树状结构的一部分，DNS 服务器是以区域为单位来管理域名空间的，区域中的数据保存在管理它的 DNS 服务器中。当在现有的域中添加子域时，该子域既可以包含在现有的区域中，也可以为它创建一个新区域或包含在其他的区域中。一个 DNS 服务器可以管理一个或多个区域，同时一个区域可以由多个 DNS 服务器来管理。用户可以将一个域划分成多个区域，分别进行管理以减轻网络管理的负荷。

如图 7-1 所示，DNS 域命名空间基于命名域树的概念。树的每个等级都可代表树的一个分支或叶。分支是多个名称被用于标识一组命名资源的等级。叶代表在该等级中仅使用一次来指明特定资源的单个名称。

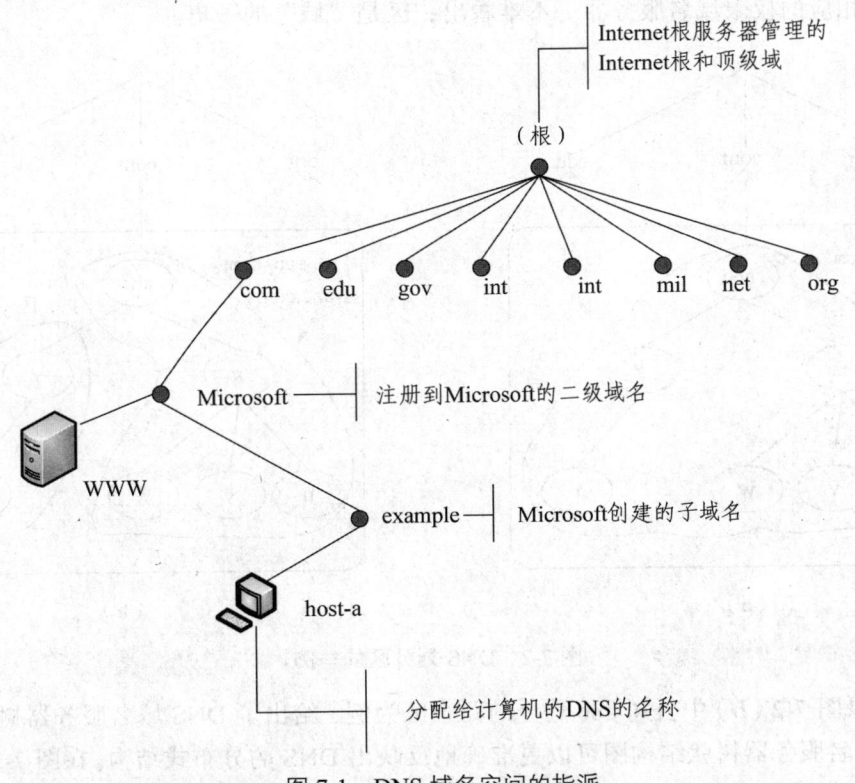

图 7-1 DNS 域名空间的指派

图 7-1 显示了如何通过 Internet 根服务器将 Microsoft 指派为 Internet 上的 DNS 域命名空间树中的授权机构。DNS 客户端和服务器使用查询作为将树中的名称解析为特定资源信息类

型的基本方法。DNS 服务器在对 DNS 客户端的查询响应中提供该信息，DNS 客户端随后提取该信息并将其传输至请求程序以解析查询名称。

7.2.3 域名服务器

实现域名系统则是使用分布在各地的域名服务器。从理论上讲，可以让每一级的域名都有一个相对应的域名服务器，使所有的域名服务器构成和图 7-1 相对应的"域名服务器树"的结构。但这样做会使域名服务器的数量太多，使域名系统的运行效率降低。因此，DNS 就采用划分区的办法来解决这个问题。

一个服务器所负责管辖的（或有权限的）范围叫做区（zone）。各单位根据具体情况来划分自己管辖范围的区。但在一个区中的所有节点必须是能够连通的。每一个区设置相应的权限域名服务器（authoritative name server），用来保存该区中所有主机的域名到 IP 地址的映射。总之，DNS 服务器的管辖范围不是以"域"为单位，而是以"区"为单位。区是 DNS 服务器实际管辖的范围。区可能等于或小于域，但一定不可能大于域。

如图 7-2 所示是区的不同划分方法的举例。假定 abc 公司有下属部门 x 和 y，部门 x 下面又分三个分部门 u、v 和 w，而 y 下面还有下属部门 t。图 7-2（a）表示 abc 公司只设一个区 abc.com。这时，区 abc.com 和域 abc.com 指的是同一件事。但图 7-2（b）表示公司划分了两个区（大的公司可能要划分多个区）：abc.com 和 y.abc.com。这两个区都隶属于域 abc.com，都各设置了相应的权限域名服务器。不难看出，区是"域"的子集。

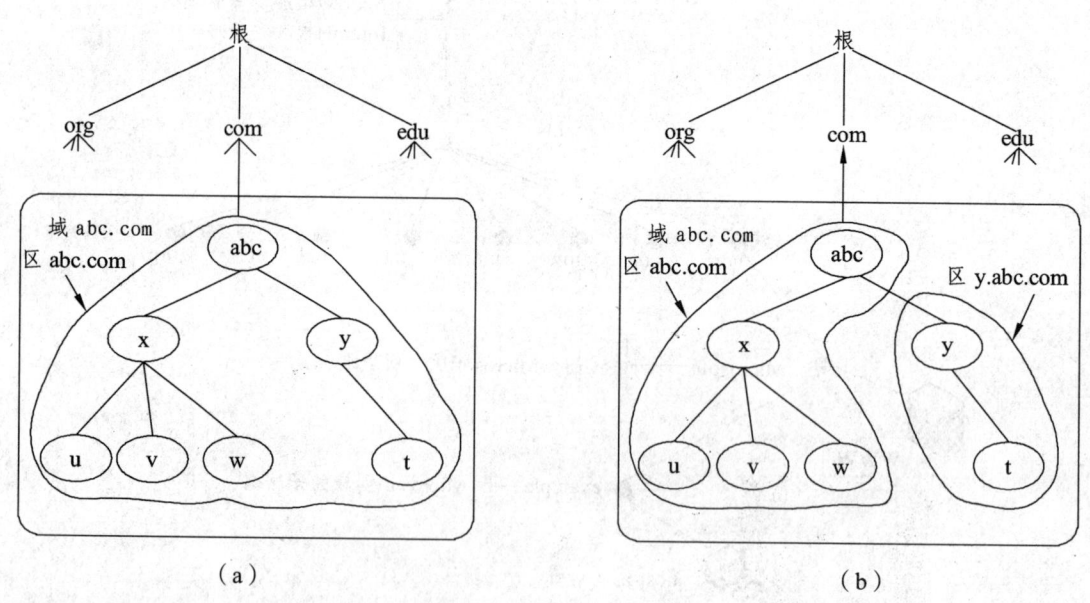

图 7-2 DNS 划分区的举例

图 7-3 以图 7-2（b）中公司 abc 划分的两个区为例，给出了 DNS 域名服务器树状结构图。这种 DNS 域名服务器树状结构图可以更准确地反映出 DNS 的分布式结构。在图 7-3 中的每一个域名服务器都能够进行部分域名到 IP 地址的解析。当某个 DNS 服务器不能进行域名解析时，就会寻找因特网上其他 DNS 服务器进行解析。

从图 7-3 可看出，因特网上的 DNS 域名服务器也是按照层次安排的。每一个域名服务器都只对域名体系中的一部分进行管辖。根据域名服务器所起的作用，可以把域名服务器划分为以下四种不同的类型：

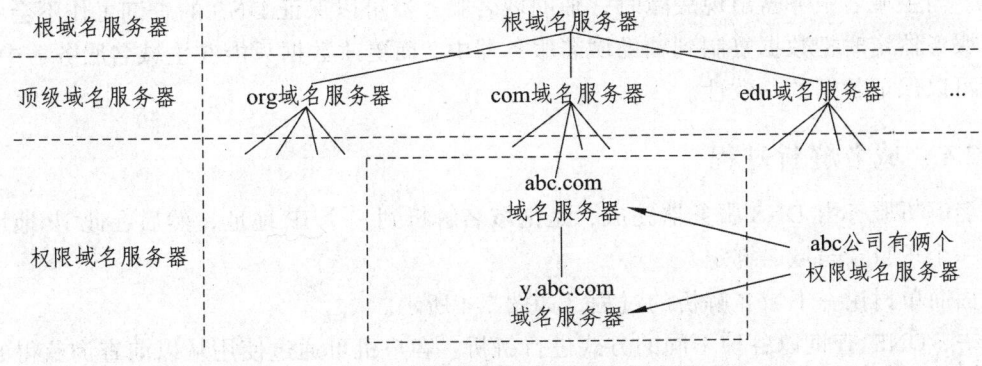

图 7-3　树状结构的 DNS 域名服务器

（1）根域名服务器（Root Name Server）：根域名服务器是最高层次的域名服务器，也是最重要的域名服务器。所有根域名服务器都知道所有的顶级域名服务器的域名和 IP 地址。

全球共有 13 台根逻辑域名服务器。这 13 台逻辑根域名服务器中名字分别为"A"至"M"，真实的根服务器在 2014 年 1 月 25 日的数量为 386 台（包括镜像服务器），分布于全球各大洲。

在根域名服务器中虽然没有每个域名的具体信息，但储存了负责每个域（如 COM、NET、ORG 等）的顶级域名服务器的地址信息，如同用户通过北京电信查不到广州市某单位的电话号码，但是北京电信服务商可以告诉用户拨打广州电信服务商的电话（020114）去查询。世界上所有互联网访问者的浏览器都将域名转化为 IP 地址的请求（浏览器必须知道数字化的 IP 地址才能访问网站）理论上都要经过根服务器的指引最后去该域名的权限域名服务器查询，当然现实中提供接入服务的 ISP 的缓存域名服务器上可能已经有了这个对应关系（域名到 IP 地址）的缓存。

（2）顶级域名服务器（Top Level Domain Server）：这些域名服务器负责管理在该顶级域名服务器注册的所有二级域名。当收到 DNS 查询请求时，就给出相应的回答（可能是最后的结果，也可能是下一步应当查询的权限域名服务器的 IP）。

（3）权限域名服务器（Authoritative Name Server）：这就是前面已经讲过的负责一个区的域名服务器。当一个权限域名服务器还不能给出最后的查询答案时，就会告诉发出查询请求的 DNS 客户，下一步应当找哪一个权限域名服务器。例如在图 7-3 中，区 abc.com 和区 y.abc.com 各设有一个权限域名服务器。

（4）本地域名服务器（Local Name Server）：本地域名服务器并不属于图 7-3 所示的域名服务器层次结构，但它对域名系统非常重要。当一个主机发出 DNS 查询请求时，这个查询请求报文需要先发送给本地域名服务器，先由本地域名服务器进行解析，由此可看出本地域名服务器的重要性。每一个因特网服务提供者 ISP，或者一个大学，甚至一个大学里的系，都可以拥有一个本地域名服务器，这种域名服务器有时也称为默认域名服务器。本地域名服务器离用户较近，一般不超过几个路由器的距离。当所要查询的主机也属于同一个本地 ISP 时，该本地域名服务器立即就能将所查的主机名转换为它的 IP 地址，而不需要再去其他的域名服务器。

为了提高域名服务器的可靠性，DNS 域名服务器都把数据复制到几个域名服务器来保存，其中的一个是主域名服务器（master name server），其他的是辅助域名服务器（secondary name server）。当主域名服务器出现故障时，辅助域名服务器可以保证 DNS 的查询工作不会中断。主域名服务器定时把数据复制到辅助域名服务器中，而更改数据只能在主域名服务器中进行，这样就可以保证数据的一致性。

7.2.4 域名解析过程

域名解析服务由 DNS 服务器完成，是把域名解析到一个 IP 地址，然后在此 IP 地址的主机上将一个子目录与域名绑定。

下面简单讨论一下域名解析的过程，如图 7-4 所示。

第一，DNS 查询以各种不同的方式进行解析。客户机可通过使用从以前查询获得的缓存信息就地应答查询；DNS 服务器可使用其自身的资源记录信息缓存来应答查询，也可代表请求客户机来查询或联系其他 DNS 服务器，以完全解析该名称，并随后将应答返回至客户机，这个过程称为递归查询。

第二，客户机自己也可尝试联系其他的 DNS 服务器来解析名称。如果客户机这么做，它会使用基于服务器应答的独立查询，该过程称作迭代，DNS 服务器之间的交互查询就是迭代查询。

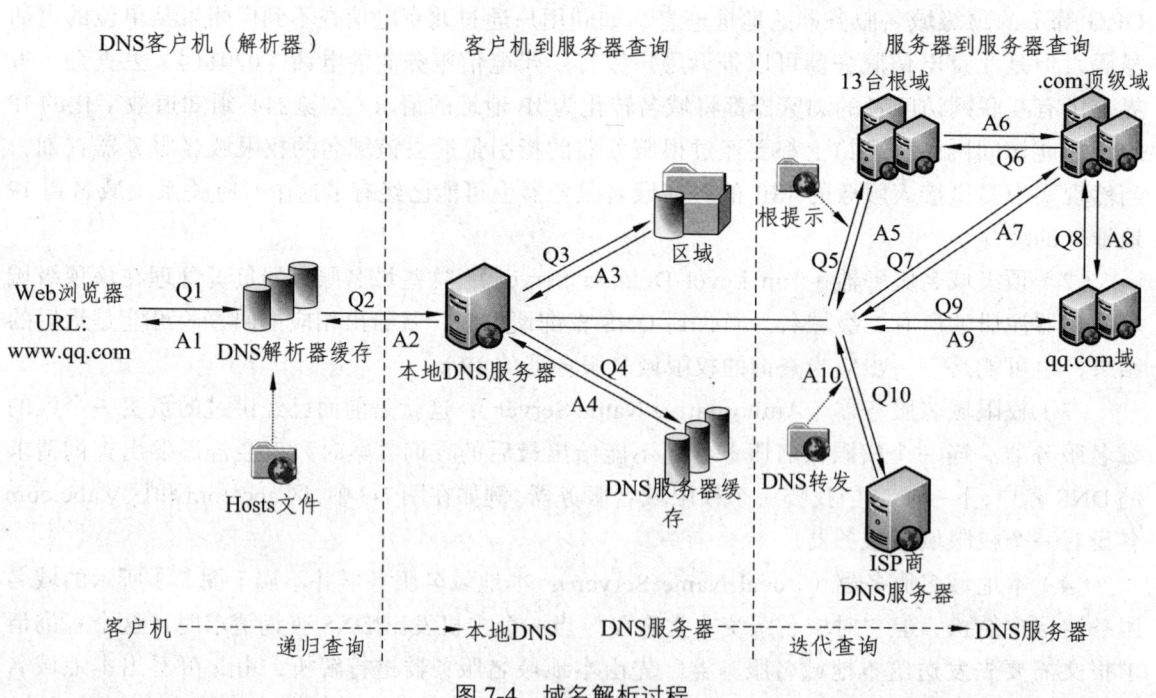

图 7-4 域名解析过程

（1）在浏览器中输入 www.qq.com 域名，操作系统会先检查自己本地的 hosts 文件是否有这个网址映射关系；如果有，就先调用这个 IP 地址映射，完成域名解析。

（2）如果 hosts 里没有这个域名的映射，则查找本地 DNS 解析器缓存，是否有这个网址映射关系，如果有，直接返回，完成域名解析。

（3）如果 hosts 与本地 DNS 解析器缓存都没有相应的网址映射关系，首先会找 TCP/IP 参数中设置的首选 DNS 服务器，在此我们叫它本地 DNS 服务器，此服务器收到查询时，如果要查询的域名包含在本地配置区域资源中，则返回解析结果给客户机，完成域名解析，此解析具有权威性。

（4）如果要查询的域名不由本地 DNS 服务器区域解析，但该服务器已缓存了此网址映射关系，则调用这个 IP 地址映射，完成域名解析，此解析不具有权威性。

（5）如果本地 DNS 服务器本地区域文件与缓存解析都失效，则根据本地 DNS 服务器的设置（是否设置转发器）进行查询，如果未用转发模式，本地 DNS 就把请求发至 13 台根 DNS，根 DNS 服务器收到请求后会判断这个域名（.com）是谁来授权管理，并会返回一个负责该顶级域名服务器的一个 IP。本地 DNS 服务器收到 IP 信息后，将会联系负责.com 域的顶级域名服务器。这台负责.com 域的服务器收到请求后，如果自己无法解析，它就会找一个管理.com 域的下一级 DNS 服务器地址（qq.com）给本地 DNS 服务器。当本地 DNS 服务器收到这个地址后，就会找 qq.com 域服务器，重复上面的动作，进行查询，直至找到 www.qq.com 主机。

（6）如果本地 DNS 服务器的设置是转发模式，此 DNS 服务器就会把请求转发至上一级 DNS 服务器，由上一级服务器进行解析，上一级服务器如果不能解析，则找根 DNS 或把请求转至上上级，以此循环。不管是本地 DNS 服务器设置转发，还是直接找根域名服务器，最后都是把结果返回给本地 DNS 服务器，由此 DNS 服务器再返回给客户机。

7.2.5 域名系统性能优化

随着网络的普及，网络所包含的信息越来越全面，与此同时，网站的数目也以指数级的速度进行增长，这在一定程度上影响了网站的响应速度。响应速度主要取决于以下三个方面的因素：用户所使用的计算机的性能，域名解析的速度及被访问服务器的性能。对于用户计算机和被访问服务器而言，可以通过购买高性能的设备和配件来提高其性能，而对于域名解析，只有通过优化域名系统的性能来缩短其域名解析时间。

域名系统性能优化是针对当前域名系统，通过分析其工作过程和域名解析的原理，指出其性能优化的方向。改进域名数据库的组织结构可以优化本地查询，采用缓存技术和多副本技术可以优化远程查询，通过对远程查询和本地查询的优化，从而缩短域名解析时间，提高域名系统的工作效率。

7.3 远程登录服务与 TELNET 协议

远程登录是指用户使用 Telnet 命令，使自己的计算机暂时成为远程主机的一个仿真终端的过程。仿真终端等效于一个非智能的机器，它只负责把用户输入的每个字符传递给主机，再将主机输出的每个信息回显在屏幕上。

Telnet 协议是 TCP/IP 协议族中的一员，是 Internet 远程登录服务的标准协议和主要方式，它为用户提供了在本地计算机上完成远程主机工作的能力。在终端使用者的计算机上使用 Telnet 客户端程序，用它连接到服务器。终端使用者可以在 Telnet 程序中输入命令，这些命令会在服务器上运行，就像直接在服务器的控制台上输入一样，可以在本地控制服务器。

Telnet 用于 Internet 的远程登录。它可以使用户坐在已上网的计算机键盘前通过网络进入到另一台已上网的计算机，使它们互相连通。这种连通可以发生在同一房间里面的计算机或是在世界各范围内已上网的计算机。习惯上来说，被连通计算机，并且为网络上所有用户提供服务的计算机称之为服务器（Server），而自己在使用的机器称之为客户机（Client）。一旦连通后，客户机可以享有服务器所提供的一切服务。用户可以运行通常的交互过程（注册进入，执行命令），也可以进入很多的特殊的服务器如寻找图书索引。

Telnet 是一个通过创建虚拟终端提供连接到远程主机终端仿真协议。这一协议需要通过用户名和口令进行认证。Telnet 提供了 3 种基本服务：

（1）Telnet 定义一个网络虚拟终端为远程系统提供一个标准接口。客户机程序不必详细了解远程系统，他们只需构造使用标准接口的程序；

（2）Telnet 包括一个允许客户机和服务器协商选项的机制，而且它还提供一组标准选项；

（3）Telnet 对称处理连接的两端，即 Telnet 不强迫客户机从键盘输入，也不强迫客户机在屏幕上显示输出。

7.3.1　TELNET 协议产生的背景

Telnet 最初是由 ARPANET 开发的，起初只是让用户的本地计算机与远程计算机连接，从而成为远程主机的一个终端。它的一些较新的版本在本地执行更多的处理，于是可以提供更好的响应，并且减少了通过链路发送到远程主机的信息数量。

7.3.2　TELNET 协议基本工作原理

使用 Telnet 协议进行远程登录时需要满足以下条件：在本地计算机上必须装有包含 Telnet 协议的客户程序；必须知道远程主机的 IP 地址或域名；必须知道登录用户与口令。

Telnet 远程登录服务分为以下 4 个过程：

（1）本地与远程主机建立连接。该过程实际上是建立一个 TCP 连接，用户必须知道远程主机的 IP 地址或域名；

（2）将本地终端上输入的用户名和口令及以后输入的任何命令或字符以 NVT（Net Virtual Terminal）格式传送到远程主机。该过程实际上是从本地主机向远程主机发送一个 IP 数据包；

（3）将远程主机输出的 NVT 格式的数据转化为本地所接受的格式送回本地终端，包括输入命令回显和命令执行结果；

（4）最后，本地终端对远程主机进行撤销连接，该过程是撤销一个 TCP 连接。

当用户用 Telnet 登录进入远程计算机系统时，事实上启动了两个程序，一个叫 Telnet 客户程序，它运行在本地机上，另一个叫 Telnet 服务器程序，它运行在要登录的远程计算机上，本地机上的客户程序要完成如下功能：

（1）建立与服务器的 TCP 连接。

（2）从键盘上接收输入的字符。

（3）把输入的字符串变成标准格式并送给远程服务器。

（4）从远程服务器接收输出的信息。

（5）把该信息显示在屏幕上。

远程计算机的"服务"程序通常被称为"精灵",平时在远程计算机上处于静默状态,侦听到请求之后才会激活,完成如下功能:
(1)通知本地计算机,远程计算机已经准备好了。
(2)等候用户输入命令。
(3)对命令做出反应(如显示目录内容,或执行某个程序等)。
(4)把执行命令的结果送回给本地计算机。
(5)重新等候新的命令。

7.4 电子邮件服务与 SMTP 协议

7.4.1 电子邮件服务的基本概念

电子邮件服务(Email 服务)是目前最常见、应用最广泛的一种互联网服务。通过电子邮件,可以与 Internet 上的任何人交换信息。电子邮件的快速、高效、方便以及价廉,越来越得到了广泛的应用,目前全球平均每天约有几千万份电子邮件在网上传输。

电子邮件与传统邮件比有发送速度快、内容和形式多样、使用方便、费用低、安全性好等特点。具体表现在:

发送速度快:电子邮件通常在数秒钟内即可送达至全球任意位置的收件人信箱中,其速度比传统邮件更为高效快捷。如果接收者在收到电子邮件后的短时间内做出回复,往往发送者仍在计算机旁工作的时候就可以收到回复的电子邮件,接收双方交换一系列简短的电子邮件就像进行一次次简短的会话。

信息多样化:电子邮件发送的信件内容除普通文字内容外,还可以是软件、数据,甚至是录音、图像、视频或各类多媒体信息。

收发方便:与电话通信或邮政信件发送不同,E-mail 采取的是异步工作方式,它在高速传输的同时允许收信人自由决定在什么时候、什么地点接收和回复,发送电子邮件时不会因"占线"或接收方不在而耽误时间,收件人无需固定守候在线路另一端,可以在用户方便的任意时间、任意地点,甚至是在旅途中收取 E-mail,从而跨越了时间和空间的限制。

成本低廉:E-mail 最大的优点还在于其低廉的通信价格,用户花费极少的费用即可将重要的信息发送到远在地球另一端的用户手中。

广泛的交流对象:同一个信件可以通过网络极快地发送给网上指定的一个或多个成员,甚至在邮件中直接回复进行互相讨论,这些成员可以分布在世界各地,但发送速度与地域无关。

安全:E-mail 软件是高效可靠的,如果目的地的计算机正好关机或暂时从 Internet 断开,E-mail 软件会每隔一段时间自动重发;如果电子邮件在一段时间之内无法递交,电子邮件会自动通知发信人。作为一种高质量的服务,电子邮件是安全可靠的高速信件递送机制。

7.4.2 电子邮件服务的工作过程

电子邮件的基本原理,是在通信网上设立"电子信箱系统",它实际上是一个计算机系统。系统的硬件是一个高性能、大容量的计算机。硬盘作为信箱的存储介质,在硬盘上为用户划分一定的存储空间作为用户的"信箱",每位用户都有属于自己的一个电子信箱。并确定一个用户名和用户可以随意修改的口令。存储空间包含存放所收信件、编辑信件以及信件存档三部分空间,用户使用口令开启自己的信箱,并进行发信、读信、编辑、转发、存档等各种操作。系统功能主要由软件实现。

电子邮件的通信是在信箱之间进行的。用户首先开启自己的信箱,然后通过键入命令的方式将需要发送的邮件发到对方的信箱中。邮件在信箱之间进行传递和交换,也可以与另一个邮件系统进行传递和交换。收方在取信时,使用特定账号从信箱提取。

电子邮件的工作过程遵循客户-服务器模式。每份电子邮件的发送都要涉及发送方与接收方,发送方式构成客户端,而接收方构成服务器,服务器含有众多用户的电子信箱。发送方通过邮件客户程序,将编辑好的电子邮件向发送方邮件服务器发送。发送方邮件服务器识别接收者的地址,并向管理该地址的接收方邮件服务器发送消息。接收方邮件服务器识别后将消息存放在接收者的电子信箱内,并告知接收者有新邮件到来。接收者通过邮件客户程序连接到服务器后,就会看到服务器的通知,进而打开自己的电子信箱来查收邮件。

7.4.3 电子邮件发送机制与 SMTP 协议

SMTP(Simple Mail Transfer Protocol)即简单邮件传输协议,是一种提供可靠且有效的电子邮件传输协议。SMTP 是建立在 FTP 文件传输服务上的一种邮件服务,主要用于传输系统之间的邮件信息并提供与来信有关的通知。

在 20 世纪 80 年代早期 SMTP 开始被广泛地使用。当时它只是作为 UUCP 的补充,UUCP 更适合于处理在间歇连接的机器间传送邮件。相反 SMTP 在发送和接收的机器始终都联网的情况下工作得最好。

SMTP 独立于特定的传输子系统,且只需要可靠有序的数据流信道支持。SMTP 重要特性之一是其能跨越网络传输邮件,即"SMTP 邮件中继"。通常,一个网络可以由公用因特网上 TCP 可相互访问的主机,防火墙分隔的 TCP/IP 网络上 TCP 可相互访问的主机,以及其他 LAN/WAN 中的主机利用非 TCP 传输层协议组成。使用 SMTP,可实现相同网络上处理机之间的邮件传输,也可通过中继器或是网关实现某处理机与其他网络之间的邮件传输。

在 SMTP 这种方式下,邮件的发送可能经过从发送端到接收端路径上的大量中间中继器或网关主机。域名服务系统(DNS)的邮件交换服务器可以用来识别出传输邮件的下一跳 IP 地址。

Sendmail 是最早实现 SMTP 的邮件传输代理之一。一些其他的流行的 SMTP 服务器包括 Philip Hazel 的 exim,IBM 的 Postfix,D.J.Bernstein 的 Qmail,以及 Microsoft Exchange Server。

由于这个协议开始是基于纯 ASCII 文本的,在二进制文件上处理得并不好。后来开发了用来编码二进制文件的标准,如 MIME,以使其通过 SMTP 来传输。今天,大多数 SMTP 服务器都支持 8 位 MIME 扩展,它使二进制文件的传输变得几乎和纯文本一样简单。

注意:SMTP 是一个"推"的协议,它不允许从远程服务器上"拉"消息。要做到这点,邮件客户端必须使用 POP3 或 IMAP。另一个 SMTP 服务器可以使用 ETRN(Extended Turn,扩展回车)命令在 SMTP 上触发一个发送。

一个电子邮件系统应具有如图 7-5 所示的三个主要构件,这就是用户代理、邮件服务以及邮件发送协议(如 SMTP)和邮件读取协议(如 POP3)。POP3 是邮局协议(Post Office Protocol)的第三个版本。

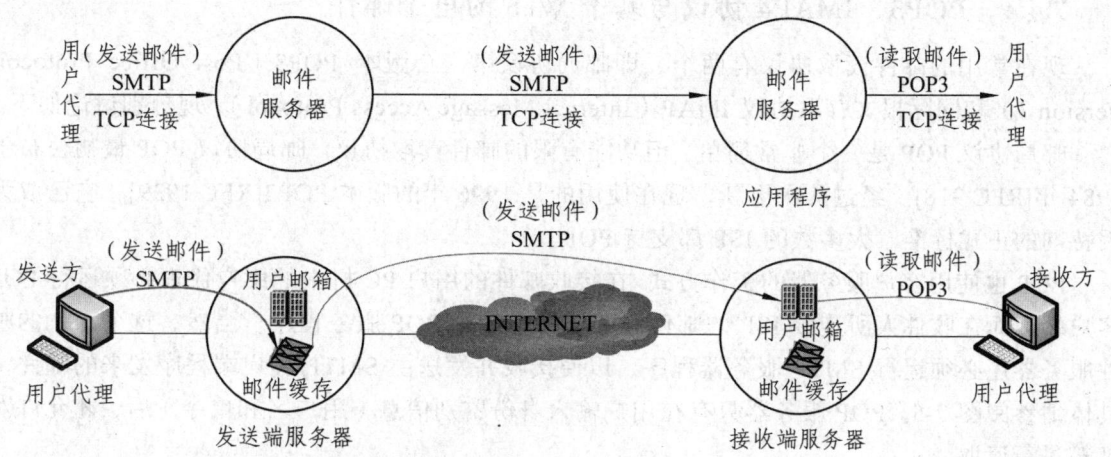

图 7-5 电子邮件最主要的组件构成

用户代理 UA(User Agent)是用户与电子邮件系统的交互接口,一般来说它就是我们 PC 机上的一个邮件客户端程序。Windows 上常见的用户代理是 Foxmail 和 Outlook Express。

用户代理提供一个好的用户界面,它提取用户在其界面填写的各项信息,生成一封符合 SMTP 等邮件标准的邮件,然后采用 SMTP 协议将邮件发送到发送端邮件服务器。

用户代理至少应当具有以下四个功能:

(1)撰写邮件。给用户提供编辑信件的环境。

(2)显示邮件。能方便地在计算机屏幕上显示出来信(包括来信附上的声音和图像)。

(3)处理邮件。处理包括发送邮件和接收邮件。收件人应能根据情况按不同方式对来信进行处理。例如,阅读后删除、存盘、打印、转发等,以及自建目录对来信进行分类保存。有时还可在读取信件之前先查看一下邮件的发件人和长度等,对于不愿收的信件直接在邮箱中删除。

(4)发送与接收邮件。发信人在撰写完邮件后,要利用邮件发送协议发送到用户所使用的邮件服务器。收件人在接收邮件时,要使用邮件读取协议从本地邮件服务器接收邮件。

SMTP 是工作在两种情况下:一是电子邮件从客户机传输到服务器;二是从某一个邮件服务器传输到另一个邮件服务器。SMTP 也是个请求/响应协议,命令和响应都是基于 ASCⅡ 文本,并以 CR 和 LF 符结束,响应包括一个表示返回状态的三位数字代码。SMTP 在 TCP 协议 25 号端口监听连续请求。

SMTP 连接和发送过程:

(1)建立 TCP 连接。

(2)客户端发送 HELO 命令以标识发件人自己的身份,然后客户端发送 MAIL 命令;服务器端以 OK 作为响应,表明准备接收。

(3)客户端发送 RCPT 命令,以标识该电子邮件的计划接收人,可以有多个 RCPT 行;服务器端则表示是否愿意为收件人接收邮件。

（4）协商结束，发送邮件，用命令 DATA 发送。
（5）以"."号表示结束输入内容一起发送出去，结束此次发送，用 QUIT 命令退出。

7.4.4 POP3、IMAP4 协议与基于 Web 的电子邮件

现在常用的邮件读取协议有两个，即邮局协议第三个版本 POP3（Post Office Protocol-Version 3）和网际报文存取协议 IMAP（Internet Message Access Protocol）。现分别讨论如下。

邮局协议 POP 是一个非常简单、但功能有限的邮件读取协议。邮局协议 POP 最初公布于 1984 年[RFC 918]。经过几次更新，现在使用的是 1996 年的版本 POP3[RFC 1939]，它已成为因特网的正式标准。大多数的 ISP 都支持 POP。

POP 也使用客户服务器的工作方式。在接收邮件的用户 PC 机中的用户代理必须运行 POP 客户端，而在收件人所连接 ISP 的邮件服务器中则运行 POP 服务程序。当然，这个 ISP 的邮件服务器还必须运行 SMTP 服务器程序，以便接收并发送由 SMTP 客户端程序发来的邮件，具体请参阅图 7-5。POP 服务器只有在用户输入身份鉴别信息（用户名和口令）后，才允许对邮箱进行读取。

POP3 协议的一个特点就是只要用户从 POP 服务器读取了邮件，POP 服务器就把该邮件删除。在某些情况下就不够方便，例如用户在办公室的台式计算机上接收了一些邮件，还来不及写回信，就马上携带笔记本电脑出差。当他打开笔记本电脑写回信时，却无法再看到原来在办公室收到的邮件（除非他事先将这些邮件复制到笔记本电脑中）。为了解决这一问题，POP3 进行了一些功能的扩充，其中包括让用户能够事先设置邮件读取后仍然在 POP 服务器中存放一段时间[RFC 2449]。目前 RFC 2449 还只是互联网建议标准，但依然被大部分 POP3 服务器遵循，邮件被接收之后并不在服务器删除。

另一个读取邮件的协议是网际报文存取协议 IMAP，它比 POP3 复杂得多。IMAP 和 POP3 都按客户服务器方式工作，但他们有很大的差别。

在使用 IMAP 时，在用户的 PC 机上运行 IMAP 客户端程序，然后与接收方的邮件服务器上的 IMAP 服务器建立 TCP 连接。用户在自己的 PC 机上就可以操纵邮件服务器的邮箱，就像在本地操纵一样，因此 IMAP 是一个联机的协议。当用户 PC 及上的 IMAP 客户程序打开 IMAP 服务器邮箱时，用户就可看到邮箱首部。若用户需要打开某个邮件，该邮件才传到用户的计算机上。用户可以根据需要为自己的邮箱创建便于分类管理的层次式的邮箱文件夹，并且能够存放的邮件从一个文件夹中移动到另一个文件夹中。用户也可按某种条件对邮件进行查找。在用户未发出删除邮件命令之前，IMAP 服务器邮箱中的邮件一直保存着。

IMAP 最大的好处就是用户可以在不同的地方使用不同的计算机（例如，使用办公室的计算机，或是家中的计算机，或是在外地使用笔记本电脑）随时上网阅读和处理自己的邮件。IMAP 还允许收件人只读取邮件中的某一部分。例如，收到一个带有视频附件（此文件可能很大）的邮件，而用户使用的是无线上网，信道的传输率很低。为了节省时间，可以先下载邮件的正文部分，待以后有时间再读取或下载这个很大的附件。

IMAP 的缺点是如果用户没有将邮件复制到自己的 PC 机上，则邮件是一直存放在 IMAP 服务器上。因此，用户需要经常与 IMAP 服务器建立连接。

邮件读取协议 POP 或 IMAP 与邮件传送协议 SMTP 的用途大相径庭，发件人的用户代理

向发送方邮件服务器发送邮件，以及发送方邮件服务器向接收方邮件服务器发送邮件，都是使用 SMTP 协议。而 POP 或 IMAP 则是用户代理从接收方邮件服务器上读取邮件所使用的协议。

基于 Web 的电子邮件，在 20 世纪 90 年代中期，Hotmail 引入了基于万维网的电子邮件。今天，几乎所有的著名网站以及大学或公司，都提供了基于万维网的电子邮件。现在已经有越来越多的用户使用基于万维网的电子邮件，也就是说，不管住在什么地方，只要能够上网，打开 Web 浏览器后，就可以收发电子邮件。这时，邮件系统中的用户代理就是普通的万维网浏览器（例如，微软公司的 IE 浏览器）。

假定用户 A 向网易网站申请了一个电子邮件地址 aaa@163.com。当用户 A 需要发送或接收电子邮件时，他首先从浏览器访问网易的电子邮件服务 Web 页面（mail.163.com），在键入自己的用户名和密码登录后，就可以根据屏幕上的提示，撰写、发送或读取自己的电子邮件了。但是请注意，电子邮件从 A 的浏览器发送到网易的邮件服务器时，不是使用 SMTP 协议，而是使用 HTTP 协议。假定 A 发送的邮件的收件人是 B，B 使用新浪网站的邮箱，其邮件地址是 bbb@sina.com.cn。于是 A 发送的邮件先从网易的邮件服务器（这时仍然是使用 SMTP 协议，而不是 HTTP 协议）发送到新浪邮件服务器（mail.sina.com.cn）。B 用浏览器从新浪邮件服务器收取 A 发过来的邮件时，是使用 HTTP 协议，而不是使用 POP3 或 IMAP 协议。以上特点如图 7-6 所示。

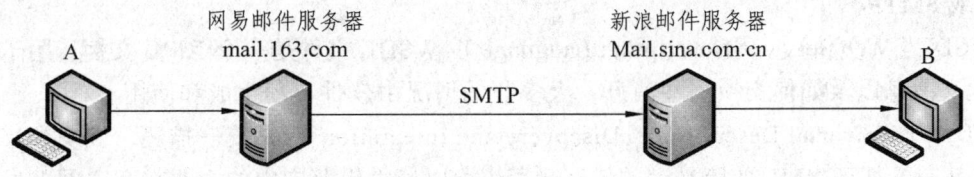

图 7-6　基于万维网的电子邮件的工作过程

7.5　Web 与基于 Web 的网络应用

万维网（亦作"Web""WWW""W3"，英文全称为"World Wide Web"），是一个由许多互相链接的超文本组成的系统，通过互联网访问。在这个系统中，每个有用的事物，称为一种"资源"，并且由一个全局"统一资源标识符"（URI）标识；这些资源通过超文本传输协议（Hypertext Transfer Protocol）传送给用户，而后者通过点击链接来获得资源。万维网并不等同互联网，万维网只是互联网所能提供的服务其中之一，是依靠互联网运行的一项服务。

Web 所包含的三个基本内容：（1）超文本（hypertext）：一种全局性的信息结构，它将文档中的不同部分通过关键字建立链接，使信息得以用交互方式搜索，它是超级文本的简称。（2）超媒体（hypermedia）：超媒体是超文本（hypertext）和多媒体在信息浏览环境下的结合，它是超级媒体的简称。用户不仅能从一个文本跳到另一个文本，而且可以激活一段声音，显示一个图形，甚至可以播放一段动画。Internet 采用超文本和超媒体的信息组织方式，将信息的链接扩展到整个 Internet 上。Web 就是一种超文本信息系统，Web 的一个主要的概念就是超文本链接，它使得文本不再像一本书一样是固定的线性的，而是可以从一个位置跳到另外的位置去获取更多的信息。（3）超文本传输协议（HTTP）：超文本在互联网上的传输协议。

现在 Web 应用程序已经和我们的生活息息相关，小到博客空间，大到大型社交网站如

Facebook、Twitter 等。更复杂的如电子商务中的 C2C、B2B 等网站。常见的计数器、留言板、聊天室和论坛 BBS 等，都是 Web 应用程序，不过这些应用相对比较简单，而 Web 应用程序的真正核心主要是对数据库进行处理，管理信息系统（Management Information System，简称 MIS）就是这种架构最典型的应用。MIS 可以应用于局域网，也可以应用于广域网。目前基于 Internet 的 MIS 系统以其成本低廉、维护简便、覆盖范围广、功能易实现等诸多特性，得到越来越多的应用。

7.5.1 Web 服务的基本概念

Web 服务（即 Web Service）也称作 XML Web Service，是一种轻量级的可以接收从 Internet 或 Intranet 上的其他系统中传递过来的请求的独立通信技术。Web 服务利用 UDDI 注册的 WSDL 文件进行说明，然后通过 SOAP 在 Web 上提供软件服务。

XML（Extensible Markup Language）：可扩展型标记语言。面向短期的临时数据处理和万维网络，是 SOAP 的基础。

SOAP（Simple Object Access Protocol）：简单对象存取协议，是 XML Web Service 的通信协议。当用户通过 UDDI 找到你的 WSDL 描述文档后，可以通过 SOAP 调用建立的 WEB 服务中的一个或多个操作。SOAP 是 XML 文档的调用方法规范，它支持不同的底层接口，例如 HTTP 或 SMTP。

WSDL（Web Services Description Language）：WSDL 文件是一个 XML 文档，用于说明一组 SOAP 消息以及如何交换这些消息，大多数的情况由软件自动生成和使用。

UDDI（Universal Description，Discovery and Integration）：是统一描述、发现和集成的缩写。它是一个基于 XML 的跨平台的描述规范，可以使世界范围内的企业在互联网上发布自己所提供的服务，企业间也可以互相发现并且定义业务之间的交互。UDDI 是核心的 Web 服务标准之一，它通过 SOAP 进行消息传输，用 WSDL 描述 Web 服务及其接口使用。

Web Service 的主要目标是跨平台的可互操作性。为实现这一目标，Web Service 完全基于 XML（可扩展标记语言）、XSD（XML Schema）等独立于平台、独立于软件供应商的标准，是创建可互操作的、分布式应用程序的新平台。

因此使用 Web Service 有许多优点：

跨防火墙的通信：如果应用程序有成千上万的用户，而且分布在世界各地，那么客户端和服务器之间的通信将是一个棘手的问题。因为客户端和服务器之间通常会有防火墙或者代理服务器。传统的做法是，选择浏览器作为客户端，用 ASP 代码编写页面，把应用程序的中间层暴露给最终用户。这样做的结果是开发难度大，程序很难维护。如果客户端代码不再如此依赖于 HTML 表单，客户端的编程就简单多了。把中间层组件换成 Web Service 的话，就可以从用户界面直接调用中间层组件，这样就不用建立 ASP 页面。要调用 Web Service，可以直接使用 Microsoft SOAP Toolkit 或.net 类似的 SOAP 客户端，也可以使用自己开发的 SOAP 客户端，然后把它和应用程序连接起来。不仅缩短了开发周期，还减少了代码复杂度，并且能够增强应用程序的可维护性。同时，应用程序也不再需要在每次调用中间层组件时，都跳转到相应的"结果页"。

应用程序集成：企业里经常都要把用不同语言编写的、在不同平台上运行的各种程序集成起来，而这种集成将花费很大的开发力量。应用程序经常需要从运行的一台主机上的程序中获取数据；或者把数据发送到主机或其他平台应用程序中去。即使在同一个平台上，不同软件厂商生产的各种软件也常常需要集成起来。通过 Web Service，应用程序可以用标准的方法把功能和数据"暴露"出来，供其他应用程序使用。XML Web Services 提供了在松耦合环境中使用标准协议（HTTP、XML、SOAP 和 WSDL）交换消息的能力。消息可以是结构化的、带类型的，也可以是松散定义的。

B2B 的集成：B2B 指的是商家（泛指企业）对商家（Business to Business）的电子商务，即企业与企业之间通过互联网进行产品、服务及信息的交换。通俗的说法是指进行电子商务交易的供需双方都是商家（或企业、公司），他们使用 Internet 的技术或各种商务网络平台，完成商务交易的过程。通过 Web Service，公司只需把关键的商务应用"暴露"给指定的供应商和客户。Web Service 运行在 Internet 上，在世界任何地方都可轻易实现，其运行成本就相对较低。用 Web Service 来实现 B2B 集成的最大好处在于可以轻易实现互操作性。只要把商务逻辑"暴露"出来，成为 Web Service，就可以让任何指定的合作伙伴调用这些商务逻辑，而不管他们的系统在什么平台上运行，使用什么开发语言，这样就大大减少了花在 B2B 集成上的时间和成本。

软件和数据重用：Web Service 在允许重用代码的同时，也可以重用代码背后的数据。使用 Web Service，再也不必像以前那样，需要先从第三方购买、安装软件组件，再从应用程序中调用这些组件，现在只需要直接调用远端的 Web Service 就可以了。另一种软件重用的情况是，把几个应用程序的功能集成起来，通过 Web Service "暴露"出来，就可以把所有这些功能都集成到门户站点中，为用户提供一个统一的、友好的界面。可以在应用程序中使用第三方的 Web Service 提供的功能，也可以把自己的应用程序功能通过 Web Service 提供给别人。两种情况下，都可以重用代码和代码背后的数据。

Web Service 也有一些缺点：

单机应用程序：目前，企业和个人还使用着很多桌面应用程序，其中一些只需要与本机上的其他程序通信。在这种情况下，最好就不要用 Web Service，只要用本地的 API 就可以了。COM 非常适合于在这种情况下工作，因为它既小又快。运行在同一台服务器上的服务器软件也是这样。当然 Web Service 也能用在这些场合，但那样不仅消耗太大，而且不会带来任何好处。

局域网的一些应用程序：在许多应用中，所有的程序都是在 Windows 平台下使用 COM，都运行在同一个局域网上。在这些程序里，使用 DCOM 会比 SOAP/HTTP 有效得多。与此相类似，如果一个.net 程序要连接到局域网上的另一个.net 程序，应该使用.net Remoting。其实在.net Remoting 中，也可以指定使用 SOAP / HTTP 来进行 Web Service 调用。不过最好还是直接通过 TCP 进行 RPC 调用，那样会有效得多。

XML Web Service 通常可以方便地并入应用程序的信息来源，如股票价格、天气预报、体育成绩等。

以 XML Web Service 方式提供现有应用程序的服务，可以构建新的、更强大的应用程序。例如，用户可以开发一个采购应用程序，以自动获取来自不同供应商的价格信息，从而使用户可以选择供应商，提交订单，然后跟踪货物的运输，直至收到货物。而供应商的应用程序除了在 Web 上提供服务外，还可以使用 XML Web Service 检查客户的信用、收取货款情况，并与货运公司办理货运手续。

7.5.2 超文本传输协议 HTTP

HTTP 是 Hypertext Transfer Protocol（超文本传输协议）的缩写。它的发展是万维网协会（World Wide Web Consortium）和 Internet 工作小组 IETF（Internet Engineering Task Force）合作的结果，（他们）最终发布了一系列的 RFC，其中 RFC 1945 定义了 HTTP 1.0 版本。

HTTP 协议（Hypertext Transfer Protocol，超文本传输协议）是用于从 WWW 服务器传输超文本数据到本地浏览器的传送协议。它可以使浏览器更加高效，使网络传输减少。它不仅保证计算机正确快速地传输超文本文档，还确定传输文档中的哪一部分，以及哪部分内容首先显示（如文本先于图形）等。

HTTP 是一个应用层协议，由请求和响应构成，是一个标准的客户端服务器模型。同时 HTTP 也是一个无状态的协议。

7.5.3 超文本标记语言 HTML

"超文本"就是指页面内可以包含图片、链接，甚至音乐、程序等非文字元素。超文本标记语言的结构包括"头"部分（Head）和"主体"部分（Body），其中"头"部提供关于网页的信息，"主体"部分提供网页的具体内容。

万维网上的一个超媒体文档称之为一个页面，作为一个组织或者个人在万维网上放置开始点的页面称为主页或首页，主页中通常包括有指向其他相关页面或其他节点的超级链接，所谓超级链接，就是一种统一资源定位器 URL（Uniform Resource Locator）指针，通过激活（点击）它，可使浏览器方便地获取新的网页，这也是 HTML 获得广泛应用的最重要的原因之一。在逻辑上将视为一个整体的一系列页面的有机集合称为网站（Website 或 Site）。超级文本标记语言（HTML）是为"网页创建和其他可在网页浏览器中看到的信息"设计的一种标记语言。

网页的本质就是超级文本标记语言，通过结合使用其他的 Web 技术（如：脚本语言、公共网关接口、组件等），可以创造出功能强大的网页。因而，超级文本标记语言是万维网编程的基础，也就是说万维网是建立在超文本基础之上的。

超级文本标记语言是标准通用标记语言下的一个应用，也是一种规范，一种标准，它通过标记符号来标记要显示的网页中的各个部分。网页文件本身是一种文本文件，通过在文本文件中添加标记符，可以告诉浏览器如何显示其中的内容（如：文字如何处理，画面如何安排，图片如何显示等）。浏览器按顺序阅读网页文件，然后根据标记符解释和显示其标记的内容，对书写出错的标记将不指出其错误，且不停止其解释执行过程，编制者只能通过显示效果来分析出错原因和出错部位。但需要注意的是，对于不同的浏览器，对同一标记符可能会有不完全相同的解释，因而可能会有不同的显示效果。

超级文本标记语言文档制作不是很复杂，但功能强大，支持不同数据格式的文件镶入，这也是万维网（WWW）盛行的原因之一，其主要特点如下：

简易性：超级文本标记语言版本升级采用超集方式，从而更加灵活方便。

可扩展性：超级文本标记语言采取子类元素的方式，为系统扩展带来保证。

平台无关性：超级文本标记语言可以使用在广泛的平台上，这也是万维网（WWW）盛行的另一个原因。

通用性：HTML 是网络上一种简单、通用的标记语言。它允许网页制作人建立文本与图片相结合的复杂页面，这些页面可以被网上任何其他人浏览到，无论使用的是什么类型的电脑或浏览器。

7.5.4 Web 浏览器

浏览器是个显示网页服务器或档案系统内的 HTML 文件，并让用户与这些文件互动的一种软件。个人计算机上常见的网页浏览器包括微软的 Internet Explorer、Google 的 Chrome、Mozilla 的 Firefox、Opera 和 Safari。

浏览器是最经常使用到的客户端程序。网页浏览器主要通过 HTTP 协议链接网页服务器获取网页，同样 HTTP 也允许网页浏览器推送信息到网页服务器并且获取结果。

网页的位置以 URL（统一资源定位符）指示，即网页的地址；以"http"开头的便是通过 HTTP 协议登录。很多浏览器同时支援其他类型的 URL 及协议，例如"ftp"是以网页方式浏览 FTP 服务器目录（档案传送协议），"https"是以 SSL 加密的方式访问 Web 页面。

网页通常使用超文本标记语言文件格式，并在 HTTP 协议内以 MIME 内容形式来定义。大部分浏览器均支持许多 HTML 以外的文件格式，例如 JPEG、PNG 和 GIF 图像格式，还可以利用外挂程式来支持更多文件类型。在 HTTP 内容类型和 URL 协议结合下，网页设计者可以把图像、动画、视频、声音和流媒体包含在网页中，让人们通过访问网页获取到。

早期的网页浏览器只支持简易版本的 HTML。专属软件的浏览器的迅速发展导致非标准的 HTML 代码的产生，这导致了浏览器的兼容性问题。现代的浏览器（Chrome、IE11、Firefox、Opera 和 Safari）支持标准的 HTML 和 XHTML（从 HTML 4.01 版本开始）。现在许多网站都是使用所见即所得的 HTML 编辑软件来建构的，这些软件包括 Macromedia Dreamweaver 和 Microsoft Frontpage 等。他们通常预设产生非标准 HTML，这阻碍了 W3C 制定统一标准，尤其是 XHTML 和 CSS（层叠样式表，设计网页时用）。

有一些浏览器还载入了一些附加组件来使用 Usenet 新闻组、IRC（互联网中继聊天）和电子邮件。支援的协议包括 NNTP（网络新闻传输协议）、SMTP（简单邮件传输协议）、IMAP（交互邮件访问协议）和 POP（邮局协议）。

7.5.5 搜索引擎

搜索引擎是指根据一定的策略、运用特定的计算机程序从互联网上搜集信息，在对信息进行组织和处理后，为用户提供检索服务，并将检索结果展示出来的系统。搜索引擎包括全文索引、目录索引、元搜索引擎、垂直搜索引擎、集合式搜索引擎、门户搜索引擎与免费链接列表等。

全文索引：全文搜索引擎从网站提取信息建立网页数据库。

目录索引：目录索引也称为分类检索，是因特网上最早提供 WWW 资源查询的服务，主要通过搜集和整理因特网的资源，根据搜索到网页的内容，将其网址分配到相关分类主题目录的不同层次的类目之下，形成像图书馆目录一样的分类树形结构索引。目录索引无需输入任何文字，只要根据网站提供的主题分类目录，层层点击进入，便可查到所需的网络信息资源。

虽然有搜索功能，但严格意义上不能称为真正的搜索引擎，只是按目录分类的网站链接列表而已。用户完全可以按照分类目录找到所需要的信息，不依靠关键词（Keywords）进行查询。

搜索引擎与目录索引有相互融合渗透的趋势。一些纯粹的全文搜索引擎也提供目录搜索，如 Google 就借用 Open Directory 目录提供分类查询。而像 Yahoo 这些老牌目录索引则通过与 Google 等搜索引擎合作扩大搜索范围。这种相互融合渗透的优势是搜索的准确率比较高。

元搜索：元搜索引擎（META Search Engine）接受用户查询请求后，同时在多个搜索引擎上搜索，并将结果返回给用户。

垂直搜索：垂直搜索引擎为 2006 年后逐步兴起的一类搜索引擎。不同于通用的网页搜索引擎，垂直搜索专注于特定的搜索领域和搜索需求（例如：机票搜索、旅游搜索、生活搜索、小说搜索、视频搜索、购物搜索等），在其特定的搜索领域有更好的用户体验。相比通用搜索动辄数千台检索服务器，垂直搜索需要的硬件成本低、用户需求特定、查询的方式多样。

集合式搜索：该搜索引擎类似元搜索引擎，区别在于它并非同时调用多个搜索引擎进行搜索，而是由用户从提供的若干搜索引擎中选择，如 HotBot 在 2002 年底推出的搜索引擎。

门户搜索：门户搜索引擎：AOLSearch、MSNSearch 等虽然提供搜索服务，但自身既没有分类目录也没有网页数据库，其搜索结果完全来自其他搜索引擎。

免费链接：免费链接列表（Free For All Links 简称 FFA）：一般只简单地滚动链接条目，少部分有简单的分类目录，不过规模要比 Yahoo 等目录索引小很多。

搜索引擎的自动信息搜集功能分两种。一种是定期搜索，即每隔一段时间（比如 Google 一般是 28 天），搜索引擎主动派出"蜘蛛"程序，对一定 IP 地址范围内的互联网网站进行检索，一旦发现新的网站，它会自动提取网站的信息和网址加入自己的数据库。另一种是提交网站搜索，即网站拥有者主动向搜索引擎提交网址，它在一定时间内（2 天到数月不等）定向向你的网站派出"蜘蛛"程序，扫描你的网站并将有关信息存入数据库，以备用户查询。随着搜索引擎索引规则发生很大变化，主动提交网址并不保证你的网站能进入搜索引擎数据库，最好的办法是多获得一些外部链接，让搜索引擎有更多机会找到你并自动将你的网站收录。

当用户以关键词查找信息时，搜索引擎会在数据库中进行搜寻，如果找到与用户要求内容相符的网站，便采用特殊的算法——通常根据网页中关键词的匹配程度、出现的位置、频次、链接质量——计算出各网页的相关度及排名等级，然后根据关联度高低，按顺序将这些网页链接返回给用户。

搜索引擎的基本搜索步骤：

第一步：爬行。

搜索引擎是通过一种特定规律的软件跟踪网页的链接，从一个链接爬到另外一个链接，像蜘蛛在蜘蛛网上爬行一样，所以被称为"蜘蛛"也被称为"机器人"。搜索引擎蜘蛛的爬行是被输入了一定的规则的，它需要遵从一些命令或文件的内容。

第二步：抓取存储。

搜索引擎是通过蜘蛛跟踪链接爬行到网页，并将爬行的数据存入原始页面数据库。其中的页面数据与用户浏览器得到的 HTML 是完全一样的。搜索引擎蜘蛛在抓取页面时，也做一定的重复内容检测，一旦遇到权重很低的网站上有大量抄袭、采集或者复制的内容，很可能就不再爬行。

第三步：预处理。

搜索引擎将蜘蛛抓取回来的页面，进行各种步骤的预处理。

（1）提取文字；

（2）中文分词；

（3）去停止词；

（4）消除噪音（搜索引擎需要识别并消除这些噪声，比如版权声明文字、导航条、广告等……）；

（5）正向索引；

（6）倒排索引；

（7）链接关系计算；

（8）特殊文件处理。

除了 HTML 文件外，搜索引擎通常还能抓取和索引以文字为基础的多种文件类型，如 PDF、Word、WPS、XLS、PPT、TXT 文件等。我们在搜索结果中也经常会看到这些文件类型。但搜索引擎还不能处理图片、视频、Flash 这类非文字内容，也不能执行脚本和程序。

第四步：排名。

用户在搜索框输入关键词后，排名程序调用索引库数据，计算排名显示给用户，排名过程与用户直接互动的。但是，由于搜索引擎的数据量庞大，虽然能达到每日都有小的更新，但是一般情况搜索引擎的排名规则都是根据日、周、月阶段性不同幅度的更新。

搜索引擎一般由搜索器、索引器、检索器和用户接口四个部分组成。

搜索器：其功能是在互联网中漫游，发现和搜集信息；

索引器：其功能是理解搜索器所搜索到的信息，从中抽取出索引项，用于表示文档以及生成文档库的索引表；

检索器：其功能是根据用户的查询在索引库中快速检索文档，进行相关度评价，对将要输出的结果排序，并能按用户的查询需求合理反馈信息；

用户接口：其作用是接纳用户查询、显示查询结果、提供个性化查询项。

7.6 主机配置与动态主机配置协议 DHCP

DHCP（Dynamic Host Configuration Protocol，动态主机配置协议）为局域网上主机提供地址和配置参数。DHCP 是基于 Client/Server 工作模式，DHCP 服务器为需要为主机分配 IP 地址和提供主机配置参数。DHCP 具有以下功能：

（1）保证任何 IP 地址在同一时刻只能由一台 DHCP 客户机所使用。

（2）DHCP 应当可以给用户分配永久固定的 IP 地址。

（3）DHCP 应当可以同用其他方法获得 IP 地址的主机共存（如手工配置 IP 地址的主机）。

（4）DHCP 服务器应当向现有的 BOOTP 客户端提供服务。

DHCP 有三种机制分配 IP 地址：

（1）自动分配（Automatic Allocation），DHCP给客户端分配永久性的IP地址。

（2）动态分配（Dynamic Allocation），DHCP给客户端分配过一段时间会过期的IP地址（或者客户端可以主动释放该地址）。

（3）手工配置（Manual Allocation），网络管理员可以通过DHCP将指定的IP地址分配给客户端。

三种地址分配方式中，只有动态分配可以重复使用客户端不再需要的地址。

DHCP消息的格式是基于BOOTP（Bootstrap Protocol）消息格式的，这就要求设备具有BOOTP中继代理的功能，并能够与BOOTP客户端和DHCP服务器实现交互。BOOTP中继代理的功能，使得没有必要在每个物理网络都部署一个DHCP服务器。RFC 951和RFC 1542对BOOTP协议进行了详细描述。

7.6.1 动态主机配置的基本概念

DHCP（Dynamic Host Configuration Protocol，动态主机配置协议）是一个局域网的网络协议，使用UDP协议工作，主要有两个用途：给内部网络或网络服务供应商自动分配IP地址；用户或者内部网络管理员使用该协议作为对所有计算机进行中央管理的手段。DHCP有3个端口，其中UDP 67和UDP 68分别作为DHCP Server和DHCP Client的服务端口；UDP 546号端口用于DHCPv6 Client，是为DHCP failover服务，这是需要特别开启的服务，可以用来做"双机热备"。

DHCP客户端：DHCP客户端可以让设备自动地从DHCP服务器获得IP地址以及其他配置参数。DHCP客户端可以带来如下好处：

（1）降低了配置和部署设备时间。（2）降低了发生配置错误的可能性。（3）可以集中化管理设备的IP地址分配。

DHCP服务器：DHCP服务器指的是利用相应软件可以管理IP地址信息分配的服务器，客户端向服务器发送获取IP地址请求时就可以由此服务器应答可以用来分配的IP地址和其他配置信息。

DHCP中继代理：DHCP Relay（DHCPR）DHCP中继也叫做DHCP中继代理。DHCP中继代理，就是在DHCP服务器和客户端之间转发DHCP数据包。当DHCP客户端与服务器不在同一个子网上，就必须有DHCP中继代理来转发DHCP请求和应答消息。DHCP中继代理的数据转发，与通常路由转发是不同的，通常的路由转发相对来说是透明传输的，设备一般不会修改IP包内容。而DHCP中继代理接收到DHCP消息后，重新生成一个DHCP消息，然后转发出去。在DHCP客户端看来，DHCP中继代理就像DHCP服务器；在DHCP服务器看来，DHCP中继代理就像DHCP客户端。

7.6.2 DHCP的基本内容

1. DHCP工作原理

DHCP请求IP地址的过程如下：

（1）主机发送DHCPDISCOVER广播包在网络上寻找DHCP服务器；

（2）DHCP服务器向主机发送DHCPOFFER单播数据包，包含IP地址、MAC地址、域名信息以及地址租期；

（3）主机发送 DHCPREQUEST 广播包，正式向服务器请求分配已提供的 IP 地址；

（4）DHCP 服务器向主机发送 DHCPACK 单播包，确认主机的请求。

需要说明的是：DHCP 客户端可以接收到多个 DHCP 服务器的 DHCPOFFER 数据包，然后可能接受任何一个 DHCPOFFER 数据包，通常只接受收到的第一个 DHCPOFFER 数据包。另外，DHCP 服务器 DHCPOFFER 中指定的地址不一定为最终分配的地址，通常情况下，DHCP 服务器会保留该地址直到客户端发出正式请求。

正式请求 DHCP 服务器分配地址 DHCPREQUEST 采用广播包，是为了让其他所有发送 DHCPOFFER 数据包的 DHCP 服务器也能够接收到该数据包，然后释放已经 OFFER（预分配）给客户端的 IP 地址。

如果发送给 DHCP 客户端的地址已经被其他 DHCP 客户端使用，客户端会向服务器发送 DHCPDECLINE 信息包拒绝接受已经分配的地址信息。

在协商过程中，如果 DHCP 客户端发送的 REQUEST 消息中的地址信息不正确，如客户端已经迁移到新的子网或者租约已经过期，DHCP 服务器会发送 DHCPNAK 消息给 DHCP 客户端，让客户端重新发起地址请求过程。

2. DHCP 工作过程

假设多部计算机在同一个局域网中，也就是说，DHCP Server 与 Clients 都在同一个网段内，可以通过软件广播的方式来达到相互沟通的状态。那么 Client 由 DHCP Server 得到 IP 的过程为：

（1）DHCPClient 请求：若 Client 端设定使用 DHCP 协议以取得网络参数时，则 Client 端计算机在开机的时候，或者是重新启动网络卡的时候，会自动的发出 DHCPClient 的请求给局域网内的所有计算机。这个时候，由于发出的信息希望每部计算机都可以接受，所以该信息除了网络卡的硬件地址（MAC）外，还需要将该信息的来源 IP 地址设定为 0.0.0.0，而目的地址则为 255.255.255.255。局域网内其他没有提供 DHCP 服务的计算机，收到这个封包之后会自动的将该封包丢弃而不回应。

（2）DHCP 服务器响应信息：如果是 DHCP 服务器收到这个 Client 的 DHCP 需求时，那么 DHCP 主机首先会针对该次需求的信息所携带的 MAC 与 DHCP 服务器本身的设定值去比对，如果 DHCP 服务器的记录中针对该 MAC 有静态 IP（每次都给予一个固定的 IP）提供时，则提供 Client 端相应的固定 IP 与相关的网络参数；如果该信息的 MAC 并不在 DHCP 服务器的记录内时，则 DHCP 服务器会选取目前局域网内没有使用的 IP（这个 IP 与设定值有关）来发放给 Client 端使用。此外，在 DHCP 服务器发放给 Client 端的信息当中，会附带一个"租约期限"的信息，用来告诉 Client 端，此次分配的 IP 可以使用的期限有多长。

（3）Client 端接受来自 DHCP 服务器的网络参数，并设定 Client 自己的网络环境：当 Client 端接受响应的信息之后，首先会以 ARP 封包在网域内发出信息，以确定来自 DHCP 服务器发放的 IP 是否被占用。如果该 IP 已经被占用了，那么 Client 对于这次的 DHCP 信息不予接收，而将再次向局域网内发出 DHCP 的需求广播封包；若该 IP 没有被占用，则 Client 可以接受 DHCP 服务器所分配的网络参数，这些参数将会被使用于 Client 端的网络设定中，同时，Client

端也会对 DHCP 服务器发出确认封包，告知需求已经确认，同时服务器也会将该信息记录下来。

（4）当 Client 开始使用这个 DHCP 发放的 IP 之后，有几个情况下他可能会失去这个 IP 的使用权：

Client 端离线：不论是关闭网络接口、重新开机、关机等行为，皆算是离线状态，这个时候 Server 端就会将该 IP 回收，并放到 DHCP 地址池中，等待未来的使用；

Client 端租约到期：DHCP server 端发放的 IP 有使用的期限，Client 使用这个 IP 到达期限规定的时间，就需要将 IP 释放，这时 Client 会断线，同时 Client 也会向 DHCP 服务器要求续租或者再次分配 IP。

DHCP 详细的工作过程见图 7-7 所示。

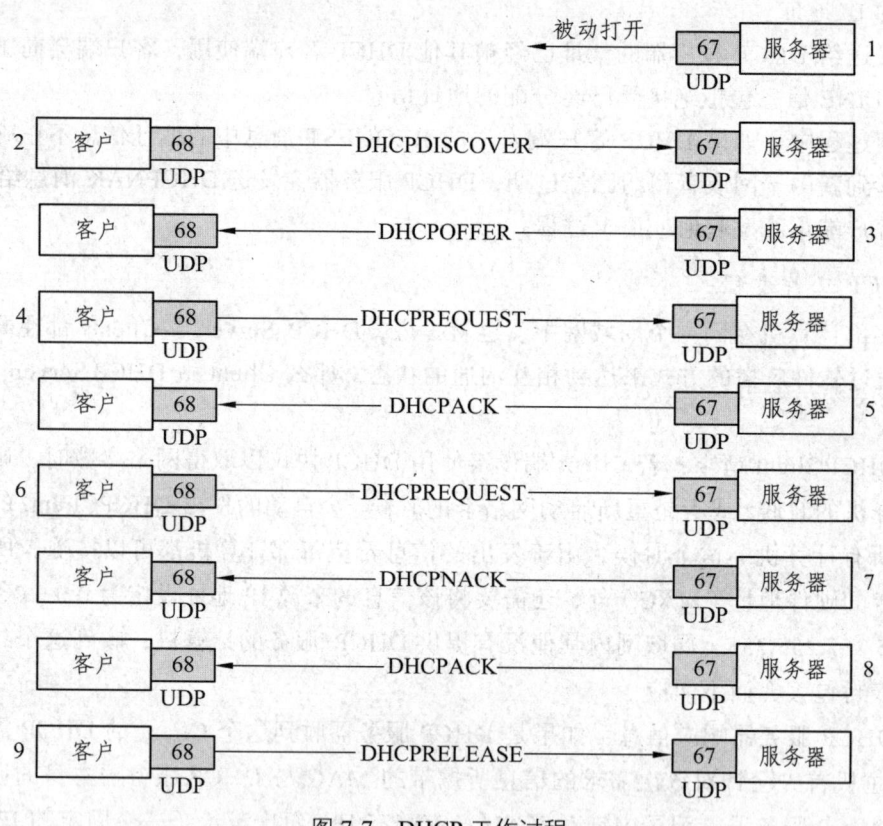

图 7-7 DHCP 工作过程

（1）DHCP 服务器被动打开 UDP 端口 67，等待客户端发来报文。

（2）发现阶段，即 DHCP 客户机从 UDP 端口 68 发送 DHCP 报文寻找 DHCP 服务器的阶段。DHCP 客户机以广播方式发送 DHCPDISCOVER 发现信息来寻找 DHCP 服务器，即向地址 255.255.255.255 发送特定的广播信息。网络上每一台安装了 TCP/IP 协议的主机都会接收到这种广播信息，但只有 DHCP 服务器才会做出响应（见图 7-7 中 2 所示）。

（3）提供阶段，即 DHCP 服务器提供 IP 地址的阶段。在网络中接收到 DHCPDISCOVER 发现信息的 DHCP 服务器都会做出响应，它从尚未出租的 IP 地址中挑选一个分配给 DHCP 客户机，向 DHCP 客户机发送一个包含出租的 IP 地址和其他设置的 DHCPOFFER 预分配信息（见

图 7-7 中 3 所示）。

（4）选择阶段，即 DHCP 客户机选择某台 DHCP 服务器提供的 IP 地址的阶段。假如有多台 DHCP 服务器向 DHCP 客户机发来的 DHCPOFFER 预分配信息，则 DHCP 客户机只接受第一个收到的信息，然后就以广播方式回答一个 DHCPREQUEST 请求信息，该信息中包含向它所选定的 DHCP 服务器请求 IP 地址的内容。之所以要以广播方式回答，是为了通知所有的 DHCP 服务器，它将选择某台 DHCP 服务器所提供的 IP 地址（见图 7-7 中 4 所示）。

（5）确认阶段，即 DHCP 服务器确认所提供的 IP 地址的阶段。当 DHCP 服务器收到 DHCP 客户机回答的 DHCPREQUEST 请求信息之后，它便向 DHCP 客户机发送一个包含它所提供的 IP 地址和其他设置的 DHCPACK 确认信息，告诉 DHCP 客户机可以使用它所提供的 IP 地址。然后 DHCP 客户机便将其 TCP/IP 协议设置与网卡绑定，另外，除 DHCP 客户机选中的服务器外，其他的 DHCP 服务器都将收回曾提供的 IP 地址（见图 7-7 中 5 所示）。

（6）重新登录。以后 DHCP 客户机每次重新登录网络时，就不需要再发送 DHCPDISCOVER 发现信息了，而是直接发送包含前一次所分配的 IP 地址的 DHCPREQUEST 请求信息（如图 7-7 中 6 所示）。

（7）假如此 IP 地址已无法再分配给原来的 DHCP 客户机使用时（比如此 IP 地址已分配给其他 DHCP 客户机使用），则 DHCP 服务器给 DHCP 客户机回答一个 DHCPNACK 否认信息（见图 7-7 中 7 所示）。当原来的 DHCP 客户机收到此 DHCPNACK 否认信息后，它就必须重新发送 DHCPDISCOVER 发现信息来请求新的 IP 地址。

（8）当 DHCP 服务器收到客户端重新登录的信息后，它会尝试让 DHCP 客户机继续使用原来的 IP 地址，如果原来的 IP 地址可用，会回答一个 DHCPACK 确认信息（见图 7-7 中 8 所示）。

（9）更新租约。DHCP 服务器向 DHCP 客户机出租的 IP 地址一般都有一个租借期限，期满后 DHCP 服务器便会收回出租的 IP 地址。假如 DHCP 客户机要延长其 IP 租约，则必须更新其 IP 租约。DHCP 客户机启动时和 IP 租约期限过一半时，DHCP 客户机都会自动向 DHCP 服务器发送更新其 IP 租约的信息。

（10）释放 IP。DHCP 客户端的租约时间到期如果无法续租此 IP，或者想提前离开网络，将会发送 DHCPRELEASE 封包释放此 IP，此时服务器记录释放的 IP 是否可以放回地址池，并不需要对释放封包做出响应（见图 7-7 中 9 所示）。

7.7 网络管理与简单网管协议 SNMP 协议

网络管理包括对硬件、软件和人力的使用、综合与协调，以便对网络资源进行监视、测试、配置、分析、评价和控制，这样就能以合理的价格满足网络的一些需求，如实时运行性能、服务质量等。网络管理常简称为网管。

简单网络管理协议（SNMP）是最早提出的网络管理协议之一。SNMP 已成为网络管理领域中事实上的工业标准，并被广泛支持和应用，大多数网络管理系统和平台都是基于 SNMP 的。

SNMP 是基于 TCP/IP 协议族的网络管理标准，它的前身是用来对通信线路进行管理的简单网关监控协议（SGMP）。之后在 SGMP 的基础上进行了修改，特别是加入了符合 Internet

定义的 SMI 和 MIB 体系结构，改进后的协议就是著名的 SNMP。SNMP 的目标是管理 Internet 上众多厂家生产的软硬件平台，因此 SNMP 受 Internet 标准网络管理框架的影响也很大。现在 SNMP 已经出到第三个版本，其功能较以前已经大大地加强和改进了。

7.7.1 网络管理的基本概念

网络管理（Network Management），是指监测、控制和记录网络资源的性能和使用情况，以使网络有效运行，为用户提供一定质量水平的网络服务。网络管理是指网络管理员通过网络管理程序对网络上的资源进行集中化管理的操作，包括配置管理、性能和记账管理、问题管理、操作管理和变化管理等。一台设备所支持的管理程度反映了该设备的可管理性及可操作性。而交换机的管理功能是指交换机如何控制用户访问交换机，以及用户对交换机的可视程度如何。通常，交换机厂商都提供管理软件或满足第三方管理软件远程管理交换机。一般的交换机满足 SNMP MIBI/MIBⅡ统计管理功能。而复杂一些的交换机会增加通过内置 RMON 组（mini-RMON）来支持 RMON 主动监视功能。有的交换机还允许外接 RMON 探监视可选端口的网络状况。常见的网络管理方式有以下几种：

（1）SNMP 管理技术；

（2）RMON 管理技术；

（3）基于 WEB 的网络管理。

SNMP 是"Simple Network Management Protocol"的缩写。SNMP 首先是由 Internet 工程任务组织（IETF）的研究小组为了解决 Internet 上的路由器管理问题而提出的。

SNMP 是目前最常用的环境管理协议。SNMP 被设计成与协议无关，所以它可以在 IP，IPX，AppleTalk、OSI 以及其他用到的传输协议上被使用。SNMP 是一系列协议组和规范，它们提供了一种从网络设备中收集网络管理信息的方法。SNMP 也为设备向网络管理工作站报告问题和错误提供了一种方法。

几乎所有的网络设备生产厂家都实现了对 SNMP 的支持。设备的管理者收集这些信息并记录在管理信息库（MIB）中。这些信息包含设备的特性、数据吞吐量、通信超载和错误等。MIB 有公共的格式，所以来自不同厂商的 SNMP 管理工具都可以收集 MIB 信息，在管理控制台上呈现给网络管理员。

通过将 SNMP 嵌入数据通信设备，如交换机或集线器中，就可以从一个中心站管理这些设备，并以图形方式查看信息。可获取的很多管理应用程序通常可在大多数当前使用的操作系统下运行，如 Windows、不同版本 UNIX 以及 MAC OS。

一个被管理的设备有一个管理代理，它负责接收管理站的请求信息和动作，代理还可以借助于陷阱主动为管理站提供信息，因此，一些关键的网络设备（如集线器、路由器、交换机等）提供这一管理代理，又称 SNMP 代理，以便通过 SNMP 管理站进行管理。

7.7.2 SNMP 协议的基本内容

简单网络管理协议（SNMP），由一组网络管理的标准组成，包含一个应用层协议（Application Layer Protocol）、数据库模型（Database Schema）和一组资源对象。该协议能够支持网络管理系统，用以监测连接到网络上的设备是否有任何引起管理上关注的情况。该协议是互联网工程工作小组（IETF，Internet Engineering Task Force）定义的 Internet 协议簇的一部分。

在典型的 SNMP 用法中，有许多设备被管理，而且是有一或多个系统在管理它们。每一个被管理的设备上又运行一个叫做代理（agent）的软件元件，且通过 SNMP 对管理系统报告信息。

基本上，SNMP 代理者以变量呈现管理信息。管理系统透过 GET、GETNEXT 和 GETBULK 指令取回信息，或是代理者在没有被询问的情况下，使用 TRAP 或 INFORM 传送信息。管理系统也可以传送配置更新或控制的请求，透过 SET 指令达到主动管理设备的目的。配置和控制指令只有当网络基本结构需要改变的时候使用，而监控指令则通常是常态性的工作。

可透过 SNMP 存取的变量以阶层的方式结合。这些分层和其他元数据（例如变量的类型和描述）以管理信息库（MIBs）的方式描述。

MIB（Management Information Base），管理信息库，由网络管理协议访问的管理对象数据库，也包括 SNMP 可以设置的变量。SMI（Structure of Management Information）为管理信息结构，用于定义通过网络管理协议可访问的对象的规则。SMI 定义在 MIB 中使用的数据类型及网络资源在 MIB 中的名称或表示。

使用 SNMP 进行网络管理需要下面几个重要部分：管理基站，管理代理，管理信息库和网络管理协议。

管理基站通常是一个独立的设备，它用作网络管理者进行网络管理的用户接口。基站上必须有网络管理软件、管理员可以使用的用户接口和从 MIB 取得信息的数据库，同时为了进行网络管理它应该具备将管理命令发出基站的能力。

管理代理是一种网络设备，如主机，网桥，路由器和集线器等，这些设备都能够接收管理基站发来的信息，它们的状态也可以由管理基站监视。管理代理响应基站的请求进行相应的操作，也可以在没有请求的情况下向基站发送信息。

MIB 是对象的集合，它代表网络中可以管理的资源和设备。每个对象基本上是一个数据变量，它代表被管理对象的信息。

最后一个是管理协议 SNMP，SNMP 的基本功能是获取、设置和接收代理发送的信息。获取指的是基站发送请求，代理根据请求回送相应的数据；设置是指基站设置管理对象（也就是代理）的值，接收代理发送的信息是指代理可以在基站未请求的状态下向基站报告发生的意外情况。

7.8 典型应用层协议——HTTP 的分析

HTTP 是应用层最重要的协议之一，也是构成万维网不可或缺的协议，本节的目的是从分析 HTTP 数据报文构造的角度深入理解 HTTP。

万维网中 HTTP 协议的工作过程如图 7-8 所示。

客户机使用浏览器程序，主动访问 URL 的超链接，利用基于 TCP 的 HTTP 协议，与位于 Internet 上的 Web 服务器程序建立 TCP 连接，服务器针对客户端的请求返回相应的文档数据，文档传输完毕释放连接，不需要一直通信，后一次的访问与前一次的访问状态无关。

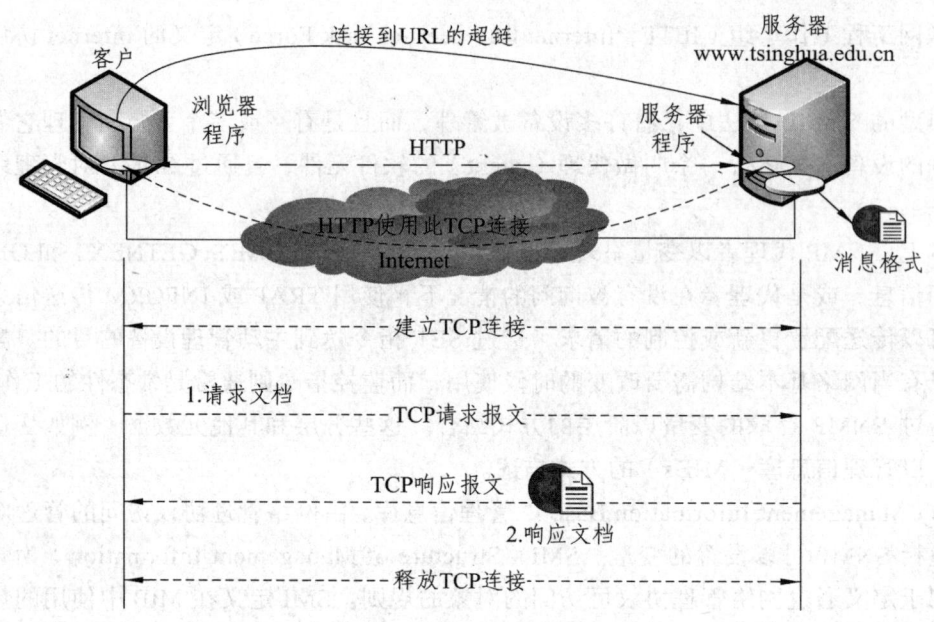

图 7-8　HTTP 协议的工作过程

7.8.1　HTTP 工作原理介绍

HTTP 协议永远都是客户端发起请求，服务器回送响应，如图 7-9 所示。

这样使用 HTTP 协议会有一些限制，无法实现在客户端没有发起请求的时候，服务器将消息推送给客户端。

HTTP 协议是一个无状态的协议，同一个客户端的这次请求和上次请求是没有对应关系的。

一次 HTTP 操作称为一个事务，其工作过程可分为四步：

（1）首先客户机与服务器需要建立连接。开始访问某个超级链接，HTTP 即开始建立 TCP 连接。

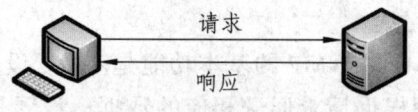

图 7-9　HTTP 协议请求响应模型

（2）建立连接后，客户机发送一个请求给服务器，请求方式的格式为：请求行（包括请求方法、URL 和 HTTP 协议版本）、请求头部（有关客户端请求的信息）、空行（标识请求头结束）和请求数据（只在提交数据时用）。

（3）服务器接到请求后，给予相应的响应信息，其格式为一个状态行（包括信息的协议版本、状态码、状态码描述）、响应头部、空行和响应数据。

（4）客户端接收服务器所返回的信息通过浏览器显示在用户的显示屏上，然后客户机与服务器断开连接。

如果在以上过程中的某一步出现错误，那么产生错误的信息将返回到客户端，在显示屏上输出。对于用户来说，这些过程是由 HTTP 自己完成的，用户只要用鼠标点击，等待信息显示就可以了。

7.8.2 HTTP 报文分析

HTTP 有两类报文：

（1）请求报文——从客户机向服务器发送的请求报文，如图 7-10（a）所示。

（2）响应报文——从服务器到客户机的响应报文，如图 7-10（b）所示。

由于 HTTP 是面向文本的，因此在报文中的每一个字段都是一些 ASCII 码串，因而各个字段的长度都是不确定的。

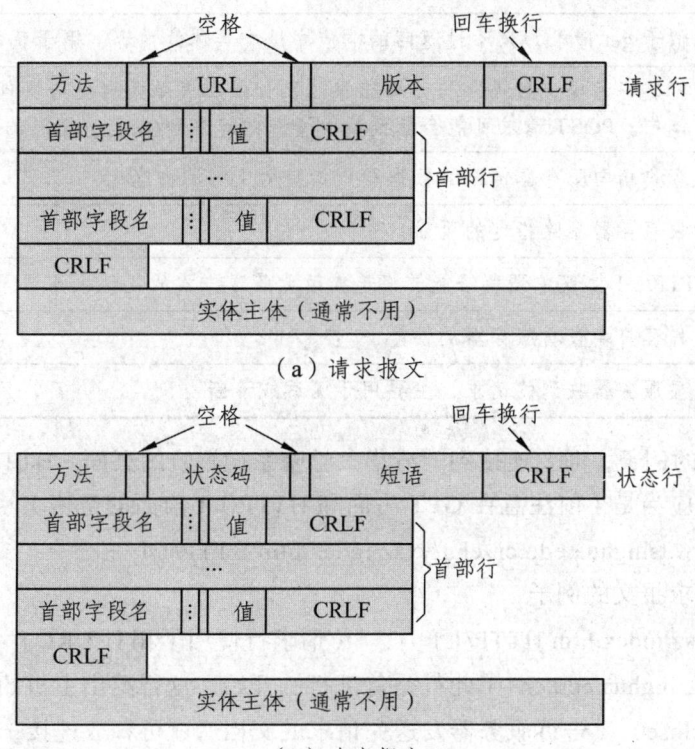

图 7-10 HTTP 的报文结构

HTTP 请求报文和响应报文都是由三个部分组成。可以看出，这两种报文格式的区别就是开始行的不同。

（1）开始行，用于区分是请求报文还是响应报文。在请求报文中的开始行叫做请求行（Request-Line），而在响应报文中的开始行叫做状态行（Status-Line）。在开始行的三个字段之间都以空格分隔开，最后的"CR"和"LF"分别代表"回车"和"换行"。

（2）首部行，用来说明浏览器、服务器或报文主体的一些信息。首部可以有好几行，但也可以不使用。在每一个首部行结束时，还有一空行将首部和后面的实体主体分开。

（3）实体主体（entity body），在请求报文中一般都不用这个字段，而在响应报文中也可能没有这个字段。

下面先介绍 HTTP 请求报文最主要的一些特点。

请求报文的第一行"请求行"只有三个内容，即方法，请求资源的 URL，以及 HTTP 的版本。

请注意：这里的名词"方法"（method）是面向对象技术中使用的专门名词。所谓"方法"就是对所请求的对象进行的操作，这些方法实际上也就是一些命令。因此，请求报文的类型是由它所采集的方法决定的。如表 7-1 所示给出了请求报文中常用的几种方法。

表 7-1　HTTP 请求报文中的几种方法

方法	描述
GET	请求指定的页面信息，并返回实体主体。
HEAD	类似于 get 请求，只不过返回的响应中没有具体的内容，用于获取报头
POST	向指定资源提交数据进行处理请求（例如提交表单或者上传文件）。数据被包含在请求体中。POST 请求可能会导致新的资源的建立和/或已有资源的修改
PUT	从客户端向服务器传送的数据取代指定的文档的内容
DELETE	请求服务器删除指定的页面
CONNECT	HTTP/1.1 协议中预留给能够将连接改为管道方式的代理服务器
OPTIONS	允许客户端查看服务器的性能
TRACE	回显服务器收到的请求，主要用于测试或诊断

对应图 7-8 中的例子，即要连接到"清华大学院系设置"的页面。HTTP 的请求报文，开始行（即请求行）应当是（前注意在 GET 后面和 HTTP/1.1 前面的空格）：

GET http://www.tsinghua.edu.cn/chn/yxsz/index.htm HTTP/1.1

下面是一个请求报文的例子：

GET　/chn/yxsz/index.htm HTTP/1.1　　　（请求行使用了相对 URL）
HOST：www.tsinghua.edu.cn　（此行是首部行的开始，这行给出主机的域名）
Connection：close　　（告诉服务器发送完请求的文档后就可释放连接）
User-Agent：Mozilla/5.0　（表明浏览器兼容 Mozilla 渲染引擎）
Accept-Language：cn　（表示用户希望优先得到中文版本的文档）
（请求报文的最后还有一个空行）

在请求行使用了相对 URL（即省略了主机的域名）是因为下面的首部行（第 2 行）给出了主机的域名。第 3 行是告诉服务器不使用持续连接，表示浏览器希望服务器在传送完所请求的对象后即关闭 TCP 连接。这个请求报文没有实体主体。

再看一下 HTTP 响应报文的主要特点。

响应报文的第一行就是状态行。状态行包括三项内容，即 HTTP 的版本、状态码，以及解释状态码的简单短语。

状态码（Status-Code）都是三位数，分为 5 大类共 33 种。例如：

1xx 表示通知信息的，如请求收到或正在进行处理。
2xx 表示成功，如操作被成功接收并处理。
3xx 表示重定向，如果要完成请求还必须采取进一步的操作。

4xx 表示客户端的错误,如请求中有错误的语法或无法完成。

5xx 表示服务器的错误,如服务器处理请求的过程中发成了错误。

下面三种状态行在响应报文中是经常见到的。

HTTP/1.1 200   OK   (请求成功)

HTTP/1.1 202   Accepted   (接受并处理中)

HTTP/1.1 400   Bad Request   (客户端请求的语法错误}

HTTP/1.1 404   Not Found   (找不到请求的页面)

HTTP/1.1 500   Internal Server Error   (服务器内部错误)

若请求的网页从 http://www.ee.xyz.edu/index.html 转移到了一个新的地址,则响应报文的状态行和一个首部行就是下面的形式:

HTTP/1.1   301   Moved Permanently   (页面永久性的转移了)

Location:http://www.ee.xyz.edu/ee/index.html   (新页面的 URL)

7.8.3 HTTP 实例分析

我们通过使用 Wireshark 抓取 TCP、HTTP 数据包对 HTTP 报文进行分析(见图 7-11):

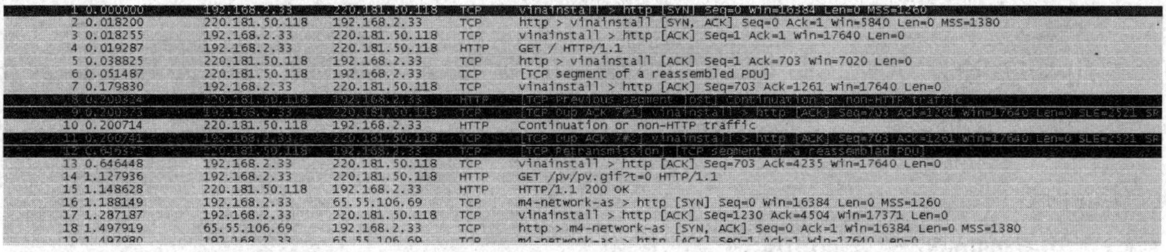

图 7-11 HTTP 报文分析

在图中,可清晰地看到客户端浏览器(ip 为 192.168.2.33)与服务器的交互过程:

(1) No.1:浏览器(192.168.2.33)向服务器(220.181.50.118)发出连接请求。此为 TCP 三次握手第一步,此时从图中可以看出数据包为:SYN,seq:x(x=0)。

(2) No.2:服务器(220.181.50.118)回应了浏览器(192.168.2.33)的请求,并要求确认,数据包为:SYN,ACK,此时 seq:y(y=0),ACK:x+1(为 1)。此为 TCP 三次握手的第二步。

(3) No.3:浏览器(192.168.2.33)回应了服务器(220.181.50.118)的确认,连接成功。数据包为 ACK,此时 seq:x+1(为 1),ACK:y+1(为 1)。此为 TCP 三次握手的第三步。

(4) No.4:浏览器(192.168.2.33)发出一个请求报文:Get / HTTP/1.1。

(5) No.5:服务器(220.181.50.118)返回响应报文。

(6) No.6:服务器(220.181.50.118)继续发送剩余数据。

(7) No.7:客户端浏览器(192.168.2.33)确认报文收到。

(8) No.14:客户端(192.168.2.33)发出一个图片 HTTP 请求。

(9) No.15:服务器(220.181.50.118)发送状态响应码 200 OK。

(10) No.8、9、11、12 说明有数据包丢包和重传。

（11）No.10：Continuation or non-HTTP traffic 代表此数据包是前面 HTTP 数据包的延续，不包含 HTTP 消息头。

7.9 小结

本章学习了 ISO/OSI 网络体系结构下应用层的几个典型的协议。通过学习，我们了解了这些协议的基本原理和实现思想。一些应用层协议除了协议的工作原理外，最重要的是学习协议的设计思想，协议的每一步为何这样设计，是我们需要掌握和领会的重要精髓。

本章学习应用协议并没有覆盖所有的应用层协议内容，但是这些协议具有一定的代表性，它们基本都采用了客户/服务器的模式。DNS 使我们不需要记住服务器的 IP 地址依然可以访问，TELNET 协议使我们远程访问主机变成了现实，电子邮件服务使我们的通信更为便捷，HTTP 协议把互联网信息获取变得更容易，DHCP 协议把网络管理的任务变得更简单。经典应用协议就是互联网的基础，其中最重要的是 DNS 和 HTTP，也是现在的网络应用中用处最广泛的协议，需要大家掌握其工作原理和协议结构。大家在课余时间学习自学教材中介绍的其他协议时，可以参考和借鉴我们在本章介绍的协议的工作原理和设计思想，这样对学习其他协议会很有帮助。

7.10 实验

实验名称：利用 Wireshark 分析 DNS 及 HTTP 协议。

实验内容：

（1）学习 nslookup、ipconfig 命令的使用。

（2）开启 Wireshark 来捕获通过网络接口数据包，以分析 DNS 及 HTTP 协议的数据包。

实验目的：

（1）熟悉 nslookup 和 ipconfig 命令的用法。

（2）分析 DNS 及 HTTP 协议的数据包以熟悉相关协议的工作原理

习题

1. 简述 C/S 模式与 P2P 之间的区别和相应的优势有哪些？
2. 简述 DNS 的作用及 DNS 查询的工作原理？
3. 一个网站域名的 DNS 查询记录可以对应多个 IP 吗？或者多个网站域名可以指向同一个 IP 地址吗？这样做的目的是什么？
4. 域名解析的一般顺序是什么？递归查询和迭代查询有什么区别？
5. A 使用 Web 网页方式访问自己的邮箱撰写邮件发送给 B，B 使用邮件客户端 POP3 模式接收邮件，讨论报文是如何从 A 传送到 B 的，分别使用了什么协议？
6. IMAP 与 POP 协议之间有什么异同之处？
7. 简述搜索引擎的基本搜索步骤？

8. DHCP 客户端为何要使用广播的方式发送发现信息和请求信息？
9. 网络管理系统的几大组成部分有哪些？
10. 请分别列出 HTTP 请求与响应报文的组成部分。

查阅相关资料并思考 HTTP 协议为何设计成无状态协议，这样做有什么优势和劣势？有没有办法弥补这种劣势？

第8章　网络安全

自古以来，人们都非常重视信息安全问题。随着计算机网络的发展，信息安全问题也日趋严重，在网络中存储和传输的大量数据都需要保护，特别是电子商务，电子政务等领域。因而，计算机网络安全也越来越受到关注，形成了一门新的学科。由于计算机网络安全所涉及范围较广，本章只对计算机网络安全问题进行初步的介绍。

本章在计算机网络安全基本概念的基础上，讲解密码学的基本概念。然后对数字签名，防火墙，入侵检测等技术进行介绍。

【本章重点】
对称密钥和非对称密钥。

【本章难点】
密钥体制、数字签名机制和防火墙、入侵检测。

【本章关键词】
DES；RSA；数字签名；防火墙；入侵检测。

8.1　网络安全的基本概念

在计算机网络设计之初，安全问题并没有得到足够的关注，直到电子商务等网络应用逐步发展之后，网络安全也逐渐成为一个巨大的潜在问题。安全性是一个范围很广的话题，同时也涉及大量的违法犯罪活动。网络安全主要研究计算机网络的安全技术和安全机制，以确保网络免受各种威胁和攻击，做到正常而有序地工作。

国际标准化组织 ISO 于 1989 年制定了 ISO 7498-2 国际标准，建立了开放系统互联标准的安全体系结构框架，为网络安全的研究奠定了基础。

8.1.1　计算机网络面临的安全性威胁

计算机网络在通信过程中，信息在网络传输过程中可能受到中断、截获、修改或假冒等形式的安全攻击。

中断（interruption）——破坏网络系统的资源，使之变成无效的或无用的。一般来说攻击者是有意中断他人在网络上的通信。例如：割断通信线路、瘫痪文件系统，破坏计算机硬件等。

截获（interception）——非法访问网络系统的资源，攻击者从网络上窃听他人的通信内容。例如：窃听网络中传递的数据，非法拷贝网络的文件和程序等。

修改（modification）——攻击者故意篡改网络上传送的报文，不但非法访问网络系统的资源，而且修改网络中的资源。例如：修改一个正在网络中传输的报文内容，篡改数据文件中的值等。

假冒（fabrication）——假冒合法用户的身份，将伪造的信息非法插入网络。例如：在网络中非法插入伪造的报文，在网络数据库中非法添加伪造的记录等。

上述四种威胁可划分为两大类，即被动攻击和主动攻击。主动攻击包括中断、修改和假冒，截获属于被动攻击。信息在网络中正常流动和受到攻击的示意图如图 8-1 所示。

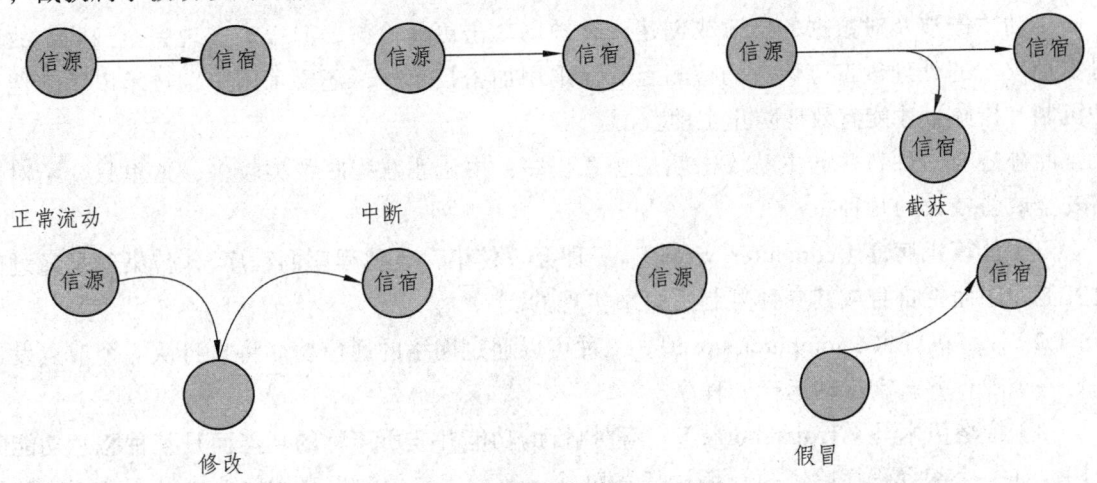

图 8-1 信息流动与攻击示意图

被动攻击是指攻击者只通过监听网络线路上的信息流而获得重要敏感信息的内容，或信息的长度、传输频率等特征，以便进行信息流量分析攻击。被动攻击不干扰信息的正常流动，比如在共享以太网这样的局域网上搭线窃听或非授权地阅读信息是件很容易的事，因为信息本来就在共享信道上进行广播传输，攻击者只要把监听设备连接到以太网上，并将网卡设置成接收所有帧，则网络传输的信息都可以被截取下来。攻击者从这些获得信息分析器协议数据单元内的控制信息和交换数据的性质。

被动攻击的特点是偷听或监视传送，目的是获得正在传送的信息。被动攻击因为不改变数据而很难被检测到，处理被动攻击的重点则是预防。利用加密机制将口令等敏感信息转换成密文传输，即使这些信息被监听，攻击者也不知道这些密文的具体意义。

主动攻击是指攻击者对传输中的信息或存储的信息进行各种非法处理，有选择地更改、插入、延迟、删除或复制这些信息，还可将以前录下的信息插入这个连接（即重放攻击），甚至还可将合成的或伪造的信息送入一个连接。主动攻击常用的方法有：篡改程序及数据、假冒合法用户入侵系统、破坏软件和数据、中断系统正常运行、传播计算机病毒、耗尽系统的服务资源而造成拒绝服务等。主动攻击的破坏力更大，它直接威胁网络系统的可靠性、信息的保密性、完整性和可用性。

从类型上看，主动攻击又可进一步划分为三种，即：

（1）更改报文流，对通过连接的报文的真实性、完整性和有序性的攻击。攻击者故意中断或篡改网络上传送的报文，甚至伪造报文传给接收者。

（2）拒绝服务，指攻击者向因特网上的服务器不停地发送大量分组，使因特网或服务器无法提供正常服务。美国几个著名网站在 2000 年 2 月 7 日至 9 日遭黑客袭击，导致这些网站的服务器一直处于"忙"的状态，而无法向发出请求的客户提供服务。这种攻击被称为拒绝服务 DoS（Denial of Service），若因特网上的成百上千的网站集中攻击一个网站，则称为分布式拒绝服务 DDoS（Distributed Denial of Service），有时也把这种攻击称为网络带宽攻击或连通性攻击。

（3）伪造连接初始化，攻击者重放以前已被记录的合法连接初始化序列，或者伪造身份而企图建立连接。

主动攻击涉及对数据的修改或创建，比被动攻击更易检测，但很难实现完全预防，故而对主动攻击的处理重点应该放到检测上。除采用加密技术外，还要采用鉴别技术以及其他保护机制和措施，才能有效地防止主动攻击。

此外还有一种特殊的主动攻击就是恶意程序，由于恶意程序种类较多，这里只介绍对网络安全威胁较大的几种：

（1）计算机病毒（computer virus），一种会"传染"其他程序的程序，"传染"是通过修改其他程序而把自身或其变种复制进去来实现的。

（2）计算机蠕虫（computer worm），一种可以通过网络的通信功能将自身从一个节点发送到另一个节点并自动启动运行的程序。

（3）特洛伊木马（Trojan horse），一种执行的功能并非所声称的功能而是某种恶意功能的程序。如一个编译程序除了执行编译任务以外，还把用户的源程序偷偷地拷贝下来，则这种编译程序就是一种特洛伊木马。计算机病毒有时也以特洛伊木马的形式出现。

（4）逻辑炸弹（logic bomb），一种当运行环境满足某种特定条件时会转而执行其他特殊功能的程序。如一个编辑程序，平时运行得很好，但当系统时间为 13 日且又为星期五时，它会删去系统中所有的文件，这种程序就是一种逻辑炸弹。

8.1.2 网络提供的安全服务

对于一个安全的网络，ISO 7498-2 提出网络应该为用户提供以下 5 种网络安全服务。

1. 鉴别

鉴别用于保证通信的真实性，正式接收的数据就是来自所要求的源方，包括对等实体鉴别和数据源鉴别。数据源鉴别连同无连接的服务一起操作，而对等实体鉴别通常与面向连接的服务一起操作，一方面可确保双方实体是可信的，另一方面可确保该连接不被第三方干扰，如假冒其中的一方进行非授权的传输或接收。所以鉴别用于防止第三方的主动攻击，在有的书中将鉴别称为身份认证。

2. 访问控制

访问控制的目的是防止对网络资源的非授权访问，保证系统的可控性。访问控制可以用于通信的源或目的，或是通信链路上的某一节点。一般用在应用层，也可在传输层使用。保证网络资源不被未经授权的用户访问和使用（如非法地读、写入、删除、执行文件等）。一般先进行身份认证，然后获得访问控制权，如：在一个用户被授予访问某些资源的权限前，它必须首先通过身份认证。

3. 数据保密性

数据保密性是主要针对信息泄露的防御措施，防止信息被未授权用户获知。加密是最常见且最有力的解决安全问题的方法,用于防止被动攻击。加密数据以防被窃听,服务可根据保护范围的大小分为几个层次,例如可保护一定时间范围内两个用户之间传输的所有数据;也可以实现对单个消息的保护或对一个消息中某个特定字段的保护。

4. 数据完整性

数据完整性用于保证所接受的消息为未经复制、插入、篡改、重排或重放,从而保护合法用户所接收的和所使用的数据的真实性,主要用于防止主动攻击。此外还能对遭受一定程度毁坏的数据进行恢复。数据完整性可用于一个消息流、单个消息或一个消息中所选字段。

5. 不可否认

不可否认用于防止通信参与者事后否认参与通信。通信的两方都要防止,接受者能够证明消息的确是由消息的发送者发出的,而发送者能够证明这一消息的确已被接受者接受了。防止否认是针对对方可能否认参与通信的防范措施,用来证实已经发生过的操作。

8.2 数据加密

8.2.1 密码学基本概念

加密技术是一种防止信息泄露的技术,它的核心是密码学。在网络的安全机制中,数据加密、身份认证、数字签名等都是以密码学为基础的。密码学是以研究数据保密为目的,对存储或者传输的信息采取加密交换以防止第三者对信息的窃取的技术。密码学研究包含密码编码学和密码分析学两部分内容。密码编码学(cryptography)是密码体制的设计学,而密码分析学(cryptanalysis)则是在未知密钥的情况下从密文推演出明文或密钥的技术。

明文,即原始的或未加密的信息,是一段有意义的文字或者数据。加密就是将原信息经过处理转换成与原信息不同的、不易理解的信息的过程。加密算法是指加密所采用信息的变换方法,而密文就是明文加密后的格式,是加密算法的输出信息,是一串杂乱排列的数据,从字面上看没有任何含义。解密是加密的逆过程,加密与解密必须遵循明文与密文的相互变换是唯一的、无误差的可逆变换的规则。解密算法,是指解密所采用的信息变换方法。密钥,是由数字、字母或特殊符号组成的字符串,用它控制数据加密、解密的过程。密钥可以看作是密码算法中的可变参数,从数学的角度来看,改变了密钥实际上也就改变了明文与密文之间等价的数学函数关系。密码算法是相对稳定的,在这种意义上,可以把密码算法视为常量,而密钥则是一个变量。在设计加密系统时,加密算法是可以公开的,真正需要保密的是密钥。因而加密算法是公开的,而密钥则是不公开的。密文不应为无密钥的用户理解,以保证数据的存储以及传输的正确性。

任何一个加密系统都是由明文、密文、算法和密钥组成。发送方通过加密设备或加密算法,用加密密钥将数据加密后发送出去。接收方在收到密文后,用解密密钥将密文解密,恢复为明文。在传输过程中,即使密文被非法分子偷窃获取,得到的也只是无法识别的密文,从而起到数据保密的作用。密码学的加密解密模型如图 8-2 所示。

在传统密码体制中加密和解密采用的是同一密钥,即 $k=k'$,并且 $D_{k'}(E_k(P))=P$,称为对称密钥密码系统(Symmetric Key Cryptography)。现代密码体制中加密和解密采用不同的密钥，称为非对称密钥密码系统（Asymmetric Key Cryptography），每个通信方均需要有 k、k′ 两个密钥，在进行保密通信时通常将加密密钥 k 公开（称为公钥 Public Key），而保留解密密钥 k′（称为私钥 Private Key），所以也称为公开密钥密码系统（Public Key Cryptography）。

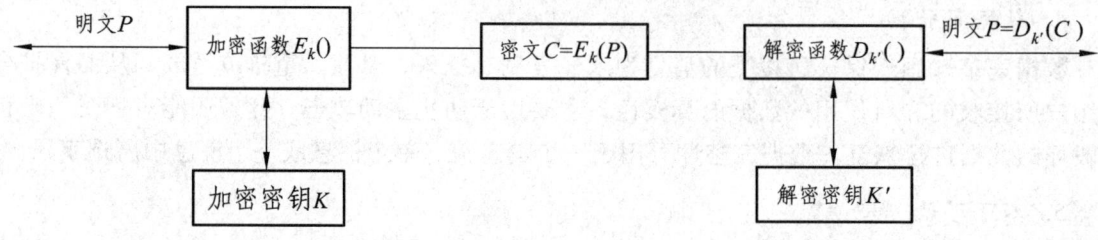

图 8-2　加密解密模型

但从 20 世纪 60 年代起，随着电子技术、计算技术的迅速发展以及结构代数，可计算性和计算复杂性理论等学科的研究，密码学又进入了一个新的发展时期。在 20 世纪 70 年代后期，美国的数据加密标准 DES（Data Encryption Standard）和 RSA 公开密钥加密算法的出现，成为近代密码学发展史上的两个重要里程碑。

8.2.2　常规密钥密码体制

所谓常规密钥密码体制，就是上文中所说的传统密码体制即加密密钥与解密密钥相同的密码体制，又称为对称密钥系统。我们先介绍在常规密钥密码体制中的两种最基本的密码——替代密码和置换密码。

替代密码：将需要传输的数据信息使用另一种固定的数据进行代替。例如凯撒密码中把明文中所有字母都用它右边的第 K 个字母替代，并认为 Z 后边又是 A，K 就是密钥。若明文为"hellokitty"，密钥 K 为 2，则对应的密文为"jgnnqmkvva"（因为对应的字母向左位移了 2 个字母的位置，注意 z 之后是 a，所以 y 移动两个位置后就是 a）。由于英文字母中各字母出现的频度早已有人进行过统计，所以根据字母频度表就可以很容易对这种替代密码进行破译。目前替代密码只是作为复杂的编码过程中的一个中间步骤。

置换密码则是按照某一规则重新排列消息中的比特或字符的顺序。这个密码的特点是密钥为一个组成字母不重复的单词或词组。例如，以 right 这个单词作为密钥。根据英文字母在 26 个字母中的先后顺序，我们可以得出密钥中的每一个字母的相对先后顺序，则示例中 g 为第 1，同理，h 为第 2，i 为第 3，r 为第 4，t 为第 5，于是得出密钥字母的相对先后顺序为 43125。如图 8-3 所示，有明文为"tow hours after attack begins"，按形成密文的规律先读取顺序 1 所在的列，因此第 1 次读取的是"wsrci"，接着读取顺序 2 所在的列"haakn"，以此类推的读下去，然后将它们按顺序组合起来就形成了密文"wsrci haakn oreag tutte oftbs"。这样得到的结果使得破译者很难理解密文的意义，但由于这种密码很容易破译，所以置换密码也是作为加密过程中的中间步骤。

对称密钥密码体制加密方和解密方使用同一种加密算法，双方共享同一个密钥。如果第三方获取密钥就会造成失密。当网络中有 n 个用户相互进行加密通信时，每个用户都需要保存 n-1 个密钥才能保证任意双方收发密文。而要保证第三方无法解密，就需要 n(n-1) 个密钥，但每两人共享一个密钥，因此密钥数是 $n(n-1)/2$，这常称为 n^2 问题。如果 n 是个很大的数，这时所需要的密钥数量就非常大。

```
密钥:    r       i       g       h       t
顺序:    4       3       1       2       5
         t       o       w       h       o
         u       r       s       a       f
         t       e       r       k       t
         t       a       c       n       b
         e       g       i               s
```

图 8-3 置换密码原理

数据加密标准 DES 属于对称密钥密码体制。它由 IBM 公司研制，于 1977 年被美国定为联邦信息标准后，在国际上引起了极大的关注，ISO 曾将 DES 作为数据加密标准。DES 是一种分组密码。在加密前，先对整个的明文进行分组，每一个组为 64 位长的二进制数据。然后对每一个 64 位二进制数据进行加密处理，产生一组 64 位密文数据。最后将各组密文串接起来，即得到整个密文。使用的密钥为 64 位（实际密钥长度为 56 位，有 8 位用于奇偶校验）。

DES 的保密性仅取决于对密钥的保密，而算法是公开的。密钥的传递和分发必须通过安全通道进行。不适用于互不相识的通信者之间的信息传递。若破译的时间超过密文的有效期，则加密就是有效的。目前较为严重的问题是 DES 的密钥长度。56 位长的密钥意味着共有 2^{56} 种可能的密钥，也就是说，共约有 7.2×10^{16} 种密钥。假设一台计算机 1 μs 可执行一次 DES 加密，同时假定平均只需搜索密钥空间的一半即可找到密钥，那么破译 DES 要超过 1 000 年。但现在已经设计出来搜索 DES 密钥的专用芯片，能够在较短时间破解密钥。在 DES 之后出现了国际数据加密算法 IDEA（International Data Encryption Algorithm）。IDEA 使用 128 位密钥，因而更不容易被攻破。计算指出，当密钥长度为 128 位时，若每微秒可搜索一百万次，则破译 IDEA 密码需要花费 5.4×10^{18} 年，这显然是比较安全的。

8.2.3 公钥密码体制

公钥密码体制（又称为公开密钥密码体制）的概念是由 stanford 大学的研究人员 Diffie 与 Hellman 于 1976 年提出的。公钥密码体制使用两个不同的密钥，一个用来加密信息，称为加密密钥（公钥）；一个用来解密，称为解密密钥（私钥）。公钥和私钥是成对出现、数学相关的，却不能互相解出。当网络中 n 个用户之间进行加密通信时，每个用户只需要保存自己的密钥对即可，增加了保密性。

公钥密码体制的产生主要有两个方面的原因，一是由于对称密钥密码体制的密钥分配问题，二是由于对数字签名的需求。

在对称密钥密码体制中，加解密的双方使用的是相同的密钥。但怎样才能做到这一点呢？一种是事先约定，另一种是用信使来传送。在高度自动化的大型计算机网络中，用信使来传送密钥显然是不合适的。而如果事先约定密钥，又会给密钥的管理和更换带来极大的不便。若使用高度安全的密钥分配中心 KDC（Key Distribution Center），也会使得网络成本增加。另外，对数字签名的强烈需要也是产生公钥密码体制的一个原因。在许多应用中，人们需要对纯数字的电子信息进行签名，表明该信息确实是某个特定的人产生的。

公钥密码体制提出不久，人们就找到了三种公钥密码体制。目前最著名的是由美国三位科学家 Rivest、Shamir 和 Adleman 于 1976 年提出并在 1978 年正式发表的 RSA 体制，它是基于数论中的大数分解问题的体制。RSA 体制被认为是目前为止理论上最为成熟的一种公钥密码体制。RSA 体制多用在数字签名、密钥管理和认证等方面。

目前，许多商业产品采用的公钥加密算法还有 Diffie Hellman 密钥交换、数据签名标准 DSS、椭圆曲线密码等。

在公钥密码体制中，加密密钥 PK（public key，公钥）是向公众公开的，加密算法和解密算法也是公开的，而解密密钥 SK（secret key，即私钥或密钥）则是需要保密的。

公钥密码体制的加密和解密过程有如下特点：

（1）密钥对产生器产生出信息接收者 B 的一对密钥；加密密钥 PK_B 和解密密钥 SK_B。信息发送者 A 所用的加密密钥 PK_B 就是接收者 B 的公钥，它向公众公开。而接收者 B 所用的解密密钥 Sk_B 是私钥，对其他人都保密。

（2）发送者 A 用 B 的公钥 PK_B 通过公开的加密算法运算对明文 X 加密，得出密文 Y，发送给 B。

（3）接收者 B 用自己的私钥通过解密运算对密文 Y 进行解密，恢复出明文 X。

此外，虽在计算机上可以容易地产生成对的 PK_B 和 SK_B。但从已知的 PK_B 实际上不可能推导出 SK_B，即从 PK_B 到 SK_B 是"计算上不可能的"。虽然公钥可用来加密，但却不能用来解密，先后对明文进行解密运算和加密运算或进行加密运算和解密运算，结果都是一样的。

请注意，任何加密方法的安全性取决于密钥的长度，以及攻破密文所需的计算量，而不是简单地取决于加密的体制（公钥密码体制或传统加密体制）。我们还要指出，公钥密码体制并没有使传统密码体制成为过时的体制，因为目前公钥加密算法的开销较大，在可见的将来还看不出来要放弃传统的加密方法。

公开密钥方案较对称密钥方案处理速度慢，因此，通常把公开密钥与对称密钥技术结合起来实现最佳性能，即使用对称密钥加密技术对要发送的数据信息进行加密，以保证信息的安全性；使用公开密钥加密算法对对称密钥加密技术中使用的对称密钥进行加密保证对称密钥传递的安全性。结合使用过程具体如图 8-4 所示。

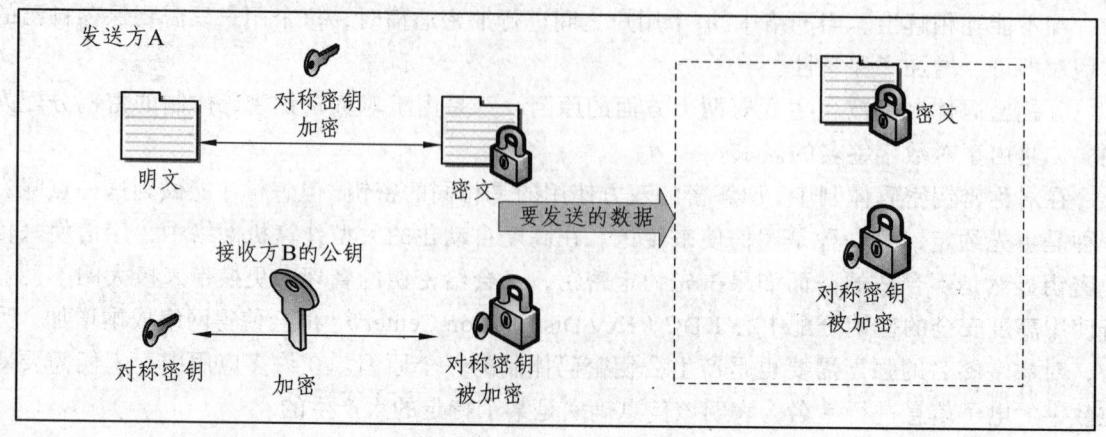

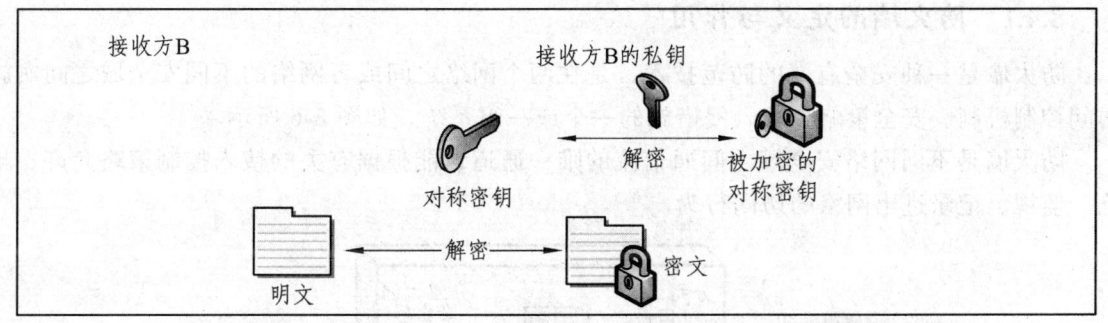

图 8-4 公开密钥与对称密钥结合使用

8.3 数字签名

在社会活动中,为了保证文档的真实性和法律效力,文档上必须具有授权人的手写签名、盖章。在电子化信息的虚拟世界中,也需要找到一种方法对电子化文档进行签名,并保证签名不被伪造。数字签名就是一种类似写在纸上的物理签名,它采用加密领域的技术实现,是一种用于鉴别的数字信息,可保证信息的安全性、真实性、不可抵赖性。

数字签名必须保证以下三点:(1)接收者能够验证发送者对报文的签名;(2)发送者以后不能否认对报文的签名;(3)接收者不能伪造对报文的签名。

ISO 7498-2 标准是这样定义数字签名的:附加在数据单元上的一些数据,或是对数据单元所作的密码变换。这种数据或变换允许数据单元的接收者用以确认数据单元的来源和数据单元的完整性,并保护数据,防止被人(例如接收者)进行伪造。其工作原理如图 8-5 所示。

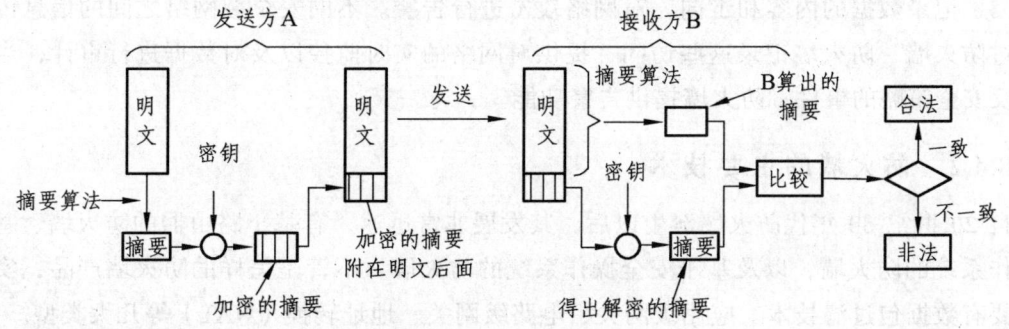

图 8-5 数字签名工作原理

现在有多种实现数字签名的方法,数字签名基于公钥密码体制或私钥密码体制都可以获得,但是公钥密码体制实现数字签名更为容易。数字签名的典型应用有网上银行、电子商务、电子政务、网络通信等。

8.4 防火墙

防火墙原本是指建筑中应用在各单元之间的用于防止火灾蔓延的防火屏障。在网络安全领域,防火墙是一种位于内部网络与外部网络之间的网络安全系统。

8.4.1 防火墙的定义与作用

防火墙是一种安全有效的防范技术，是在两个网络之间或者网络的不同安全域之间实施访问控制机制、安全策略和防入侵措施的一个或一组系统，如图8-6所示。

防火墙是不同网络安全域之间通信流的唯一通道，能根据有关的接入控制策略允许、拒绝、监视、记录进出网络的访问行为。

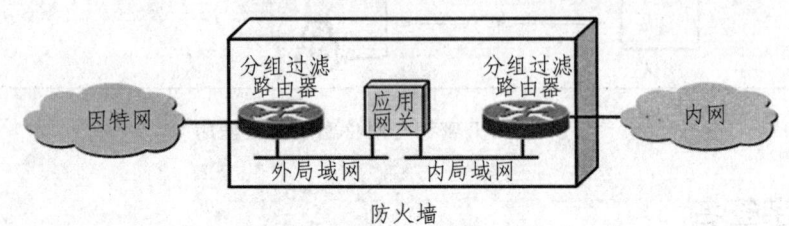

图 8-6 防火墙

一般防火墙主要决定哪些内部网络可以被外部访问；哪些外部主机或用户可以访问内部那些被允许访问的服务；内部主机或用户可以访问外部哪些服务。防火墙的功能有：

（1）过滤通过网络的数据包。防火墙可以在网络协议栈的各个层次上进行网络流量的检查和控制，例如在网络层对数据包进行分析、选择，检查源IP地址、目的IP地址、源端口号、目的端口号和协议类型等信息或它们的组合来确定是否允许该数据包通过。

（2）管理进出网络的访问行为。在过滤网络数据包的基础上，防火墙可以对各种网络访问行为统一管理，提供认证机制，限制未经授权的用户访问网络和信息资源，比如允许从外部访问某些主机，同时禁止访问另外的主机。

（3）记录数据的内容和走向，对网络攻击进行告警。不同安全域网络之间的信息传输必须通过防火墙，防火墙记录这些访问，提供对网络的实时监控以及对数据进行审计，当发现有违反安全策略的事件，防火墙提供告警功能。

8.4.2 防火墙的主要技术

自20世纪80年代防火墙诞生以后，其发展非常迅速，有基于路由器的防火墙、基于通用操作系统的防火墙，以及基于安全操作系统的防火墙。不管是怎样的防火墙产品，实现技术主要有数据包过滤技术、应用级网关、电路级网关、地址转换（NAT）等几大类型。

数据包过滤技术是在网络层根据设置的过滤逻辑——访问控制表对数据包进行选择。通过检查数据流中每个数据包的源IP地址、目的IP地址、源端口号、目的端口号和协议类型等信息，来确定是否允许该数据包通过。

数据包过滤防火墙逻辑简单、费用低廉、安装和使用简易，网络性能和透明性好，它通常安装在路由器上。而路由器是内网与Internet连接必不可少的设备，在原有网络上增加这样的防火墙几乎不需要额外的费用。当然，数据包过滤防火墙工作在网络层，对于传输层，只能识别数据包是TCP还是UDP及所用的端口信息，不能阻止网络层以上的攻击，并且过滤逻辑的设置也比较复杂，不易配置。数据包过滤规则如表8-1所示。

如表8-1所示，规则1、2用于允许出站的SMTP服务；规则3、4用于允许入站的SMTP

服务。SMTP 服务的端口是 25，117.101.5.1 为内网某邮件服务器地址。

表 8-1 包过滤规则示例

规则	方向	源地址	目标地址	协议	源端口	目标端口	ACK 设置	动作
1	出	117.101.5.1	任意	TCP	>1 023	25	任意	允许
2	入	任意	117.101.5.1	TCP	25	>1 023	是	允许
3	入	任意	117.101.5.1	TCP	>1 023	25	任意	允许
4	出	117.101.5.1	任意	TCP	25	>1 023	任意	允许

应用级网关也称应用层代理，是在应用层上对数据内容进行更仔细的检查和过滤。它使用代理软件控制对应用程序的访问，例如可以允许访问万维网的应用通过，而同时阻止 FTP 应用通过。

应用级网关通过网关复制传递数据，禁止在受信任主机与不受信任主机间直接建立联系，外部主机的链路只能到达代理服务器，从而起到了隔离防火墙内外计算机系统的作用。同时代理服务也对通过的数据包进行分析、注册登记，形成报告，当发现被攻击迹象时会发出警报，并保留攻击痕迹。

实际中的应用级网关通常安装在专用工作站系统上，每一种协议需要相应的代理软件，比如 HTTP 代理服务器、POP3 代理服务器、TELNET 代理服务器等，从而导致使用时工作量大，不如数据包过滤防火墙效率高。其工作流程如图 8-7 所示。

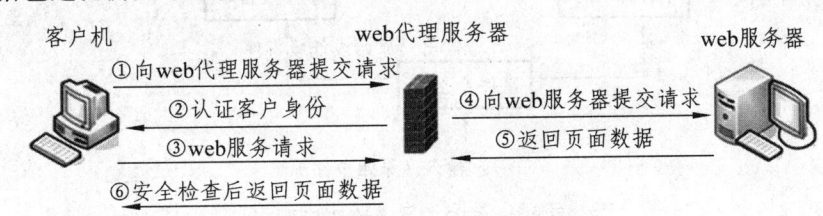

图 8-7 代理防火墙工作流程

8.5 入侵检测

8.5.1 入侵检测概述

入侵检测是指在监视或可能的情况下，阻止入侵或试图控制用户系统或网络资源的那种努力。它通过对计算机网络或计算机系统中若干关键点的信息的收集及分析，从中发现网络或系统中是否有违反安全策略的行为和被攻击的迹象。通常入侵检测的核心是融入了人工智能和数据挖掘的相关技术，通过分析获得数据，得出最终结果提交给系统管理者。

从理论上讲，防火墙是一个被动防御系统，它不能防止来自奸细或用户误操作的威胁。如内部网络用户直接从 ISP 那里购置直接 PPP 连接，则绕过了防火墙系统所提供的安全保护，从而造成一个潜在的后门攻击渠道；另外，防火墙也不能防止外部黑客利用 IP 数据包分片的方法穿透防火墙；再者，防火墙不能防止受病毒感染的软件或事件的传输；同时，防火墙不能防止数据驱动式的攻击。当有些表面看来无害的数据邮寄或拷贝到内部网的主机上并被执行时，可能会发生数据驱动式的攻击。防火墙是一个被动防御系统，不能保证系统收到的数据包来自正确的发送者或数据未被更改过。

若防火墙是锁，入侵检测系统则是监视器。入侵检测系统（IDS，Intrusion Detection Systems）是自动进行入侵检测的监视和分析过程的硬件或软件产品。入侵检测系统处于防火墙之后，对网络系统来说，一个合格的入侵检测系统能大大地简化系统管理员的工作，它作为一种积极主动的安全防护技术，提供了对内部攻击、外部攻击和误操作的实时保护，在网络系统受到危害之前拦截和响应入侵。

具体说来，入侵检测系统的主要功能有：
（1）监测并分析用户和系统的活动；
（2）核查系统配置和漏洞；
（3）评估系统关键资源和数据文件的完整性；
（4）识别已知的攻击行为；
（5）统计分析异常行为；
（6）操作系统日志管理，并识别违反安全策略的用户活动。

美国国防高级研究计划署（DARPA）提出的 Common Intrusion Detection Framework（CIDF）阐述了一个 IDS 的通用模型，如图 8-8 所示。

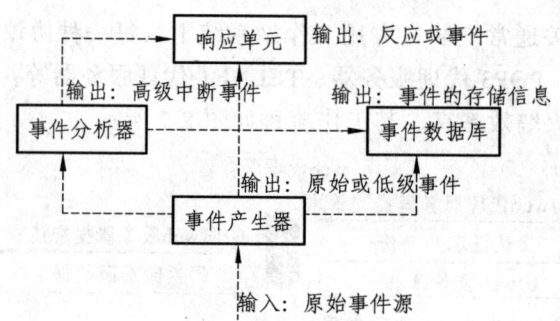

图 8-8　CIDF 入侵检测模型

CIDF 入侵检测模型将一个入侵检测系统分四个组件：
（1）事件产生器；
（2）事件分析器；
（3）响应单元；
（4）事件数据库。

CIDF 将 IDS 需要分析的数据统称为事件，它可以是网络中的数据包，也可以是从系统日志或其他途径得到的信息。以上四个组件只是逻辑实体，一个组件可能是某台计算机上的一个进程甚至线程，也可能是多个计算机上的多个进程，它们以 GIDO（统一入侵检测对象）格式进行数据交换。GIDO 是对事件进行编码的标准通用格式（由 CIDF 描述语言 CISL 定义），GIDO 数据流以如图 8-8 所示的虚线表示，它可以是发生在系统中的审计事件，也可以是对审计事件的分析结果。

事件产生器的任务是从入侵检测系统之外的计算环境中收集事件，并将这些事件转换成 CIDF 的 GIDO 格式并传送给其他组件。事件分析器分析从其他组件收到的 GIDO，并将产生的新 GIDO 再传送给其他组件。分析器可以是一个轮廓描述工具，统计性地检查现在的事件是否可能与以前某个事件来自同一个时间序列;也可以是一个特征检测工具,用于在一个事件序列中检查是否有已知的滥用攻击特征;此外,事件分析器还可以是一个相关器,可以观察事件之间的关系,将有联系的事件放到一起,以利于以后的进一步分析。事件数据库用来存储 GIDO,以备系统需要的时候使用。在这个结构中各个部件相互通信、共同协作,一起完成入侵检测任务。

8.5.2 入侵检测系统分类

入侵检测系统可按不同角度分为不同种类:

1. 从数据来源角度分

(1)基于主机的入侵检测。基于主机的入侵检测产品通常是安装在被重点检测的主机之上,所以也称软件检测系统。主要是对该主机的网络实时连接以及系统审计日志进行智能分析和判断。如果其主体活动十分可疑(有可疑特征或违反统计规律),入侵检测系统就会采取相应措施。

(2)基于网络的入侵检测。基于网络的入侵检测产品,通常也称硬件检测系统,放置在比较重要的网段内,不停地监视网段中的各种数据包,对每一个数据包或可疑的数据包进行特征分析。如果数据包与产品内置的某些规则吻合,入侵检测系统就会发出警报甚至直接切断网络连接,网管可以在 windows 平台进行配置、中央管理。目前,大部分入侵检测产品是基于网络的。

2. 从分析方法角度分

(1)异常检测模型。其基本前提是假定所有的入侵行为都是异常的。异常入侵检测的原理是:首先建立系统或用户的"正常"行为特征轮廓,通过比较当前的系统或用户的行为是否偏离正常的行为特征轮廓来判断是否发生了入侵。而不是依赖于具体行为是否出现来进行检测的,从这个意义上来讲,异常检测是一种间接的入侵检测方法。可以看出,按照这种模型建立的系统需要具有一定的人工智能,由于人工智能领域本身的发展缓慢,基于异常检测模型建立入侵检测系统的工作进展也不是很顺利。

(2)误用检测模型。此模型的特点是收集非正常操作,也就是入侵行为的特征,建立相关的特征库。在后续的检测过程中,将收集到的数据与特征库中的特征代码进行比较,得出是否入侵的结论。

3. 从分布性角度分

(1)集中式检测。系统的各个模块包括数据的收集与分析以及响应模块都集中在一台主机上运行,这种方式适用于网络环境比较简单的情况。

(2)分布式检测。系统的各个模块分布在网络中不同的计算机、设备上,一般来说分布性主要体现在收集模块上,例如有些系统引入的传感器(Sensor)。

8.5.3 分布式入侵检测系统

在早期的网络环境中,由于网络规模小、层次简单、网络通信速度慢,我们一般采取信息的集中式处理方法。信息通过放置在网络上的几个节点即探测器收集并汇总到中央控制台进行分析,如图 8-9 所示。

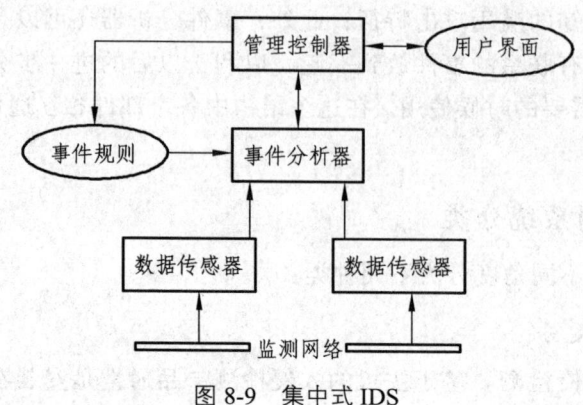

图 8-9 集中式 IDS

集中式入侵检测系统存在诸如不能检测所有数据包、攻击特征库的更新不及时、检测分析方法单一、不能和其他网络安全产品互操作等弊端,在这种情况下,分布式入侵检测系统应运而生。在分布式结构中,如图 8-10 所示,多个监视器分布在网络环境中,直接接受探测器的数据,有效的利用各个主机的资源,消除了集中式检测的运算瓶颈和安全隐患,同时由于大量的数据不需在网络中传输,大大降低了网络带宽的占用,提高了系统的运行效率。在安全领域上,由于各个监测器分布、独立进行探测,任何一个主机遭到攻击都不影响其他部分的正常工作。分布式检测系统在充分利用系统资源的同时,还可以实现对分布式攻击等复杂网络行为的检测。

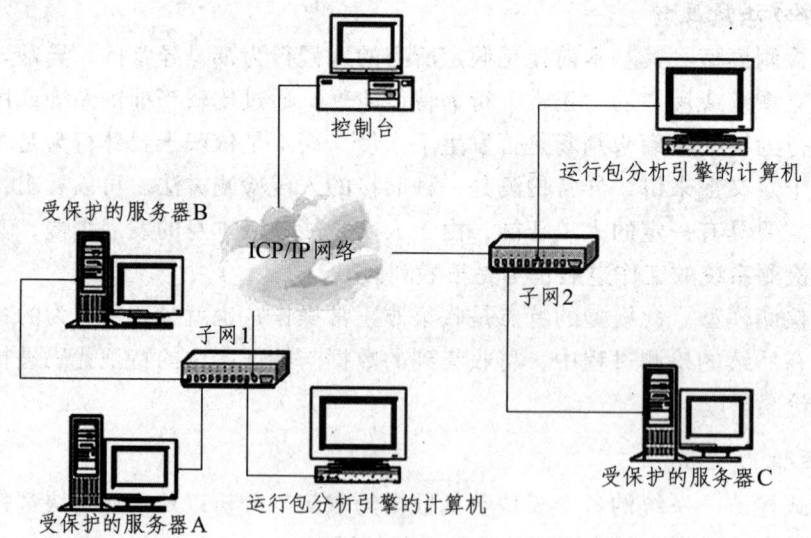

图 8-10 分布式 IDS

8.6 小结

本章讲述了网络安全技术的基本问题,包括:

(1)计算机网络在通信过程中,信息可能受到中断、截获、修改或假冒等形式的安全攻击。攻击分为主动攻击与被动攻击。

（2）网络安全服务应该提供保密性、鉴别、数据完整性、不可否认与访问控制服务；

（3）密码学包括密码编码学与密码分析学，密码体制由两个基本构成要素：加密/解密算法和密钥，加密技术可以分为对称加密与非对称加密。

（4）数字签名是一种鉴别数字信息的方法，它通常定义两种互补的运算，一是用于签名，二是用于验证。

（5）防火墙是在两个网络之间或者网络的不同安全域之间实施访问控制机制、安全策略和防入侵措施的一个或一组系统。根据有关的接入控制策略允许、拒绝、监视、记录进出网络的访问行为。

（6）入侵检测是与防火墙完全不同的一种主动型网络安全技术，通过对计算机网络或计算机系统中的若干关键点的信息的收集及分析，从中发现网络或系统中是否有违反安全策略的行为和被攻击的迹象。

8.7 实验

实验名称：数据加密解密实验

实验内容：

（1）使用 VS2010 设计 RSA 加密解密程序。

（2）使用 VS2010 设计 MD5 程序。

实验目的：

（1）理解数据加密解密原理和过程。

（2）理解消息摘要。

习题

1. 计算机网络面临哪几种威胁？主动攻击和被动攻击的区别是什么？
2. 对称密钥体制与公钥密码体制的特点各如何？各有何优缺点？
3. 尝试使用凯撒密码加密一段英语内容（空格与标点符号除外）。
4. 尝试使用置换密码加密一段英语内容（空格与标点符号除外）。
5. 为什么密钥分配是一个非常重要但又十分复杂的问题？试举出一种密钥分配的方法。
6. 公钥密码体制下的加密和解密过程是怎样的？为什么公钥可以公开？如果不公开是否可以提高安全性？
7. 什么是数字签名？它的工作原理是什么？
8. 简要说明包过滤防火墙的工作原理。
9. 简要说明应用级防火墙的工作原理。
10. 什么是入侵检测？CIDF 阐述的 IDS 通用模型包含哪些组件？
11. 简述基于主机的入侵检测系统的特点。
12. 简述基于网络的入侵检测系统的特点。
13. 简述分布式入侵检测系统的特点。

第 9 章 新型网络技术

网络技术一直处于新老更替、优胜劣汰的发展过程中。以 Internet 为代表的网络技术革命正在深刻改变着传统的网络观念和体系结构。本章以物联网、软件定义网络和云计算作为新型网络技术的代表，介绍三种新型网络技术在概念上及体系结构上与传统网络的区别，以及新型网络的发展方向和发展潜力。

【本章重点】

（1）物联网与互联网的联系。
（2）物联网的关键技术。
（3）软件定义网络与传统网络的区别。
（4）软件定义网络的应用。
（5）云计算的特点。

【本章难点】

（1）物联网各关键技术在物联网中的作用。
（2）软件定义网络的控制原理。
（3）云计算各体系结构的区别。

【本章关键词】

物联网；软件定义网络；云计算。

9.1 物联网技术

随着网络互联技术的不断发展，无处不在的连接成为信息化社会的发展趋势。物联网（Internet of Things，IoT）是一种新型互联网络，利用各种信息传感设备，实时采集任何需要监控、连接、互动的物体信息，将客观物体视为网络的一部分，与互联网结合形成一个巨大网络，其目的是实现物与物、物与人，所有的物品与网络的连接，方便识别、管理和控制。人类可以利用物联网获取物体的位置和状态，甚至控制物体。物联网将数字信息世界和物理世界融合在一起，从根本上影响着人类的生活，如图 9-1 所示。

1. 物联网和互联网

互联网是一个不断发展进化的实体，它从计算机专业网络发展成为世界级服务性网络，例如大家所熟知的万维网（World Wide Web，WWW）。随着网络电子设备的不断发展，以及人类需求的不断增加，互联网逐渐从计算机专业网络发展成为以人作为信息结点的互联网络（见图 9-2），例如 QQ、微信和 Facebook 等现在流行的各类社交网络，社交网络服务正在以指数级速度不断发展。

随着设备的处理能力和存储能力不断提升，电子设备的体积越来越小，这一发展不但改变了人类接入互联网的方式，而且再次为互联网的扩展提供了机会。安装了传感器和执行装置的物体具有感知世界、数据处理、行动和接入互联网等能力。物体与互联网的相结合为人类创造了一种物和物、人和物的互联模式，即物联网。

图 9-1　客观事物与互联网

图 9-2　社交网络时代

在物联网的定义中，难以给"物"作一个具体的定义，它可以是移动电话、平板电脑、数码相机和智能电视等电子设备，也可以是安装了射频识别（Radio Frequency Identification，RFID）标签的任何物体。每一个接入物联网的物体都可以提供数据、信息，甚至是服务，将物联网的边界衍生到人类生活的每个角落。

物联网和互联网有什么关系？如图 9-3 所示，物联网的核心和基础仍然是互联网，是在互联网基础上的延伸和扩展的网络。通过物联网技术，互联网的用户端延伸和扩展到了任何物体与物体之间。从本质来讲，没有互联网，就没有物联网。物联网就是物与物之间通过互联网的通信信道相互协调、控制、分析等，实现信息交换和通信。如：家里的门被恶意开启，那么门磁会给家庭网关一个开启信号，家庭网关会通过互联网发到服务器，服务器通过 3G 网或者短信发到用户的手机。手机获得消息会立刻开启通知用户远程查看，用户只要一点按钮，那么又可从互联网进入到家里的视频监控摄像头，看到家里的实时状况。

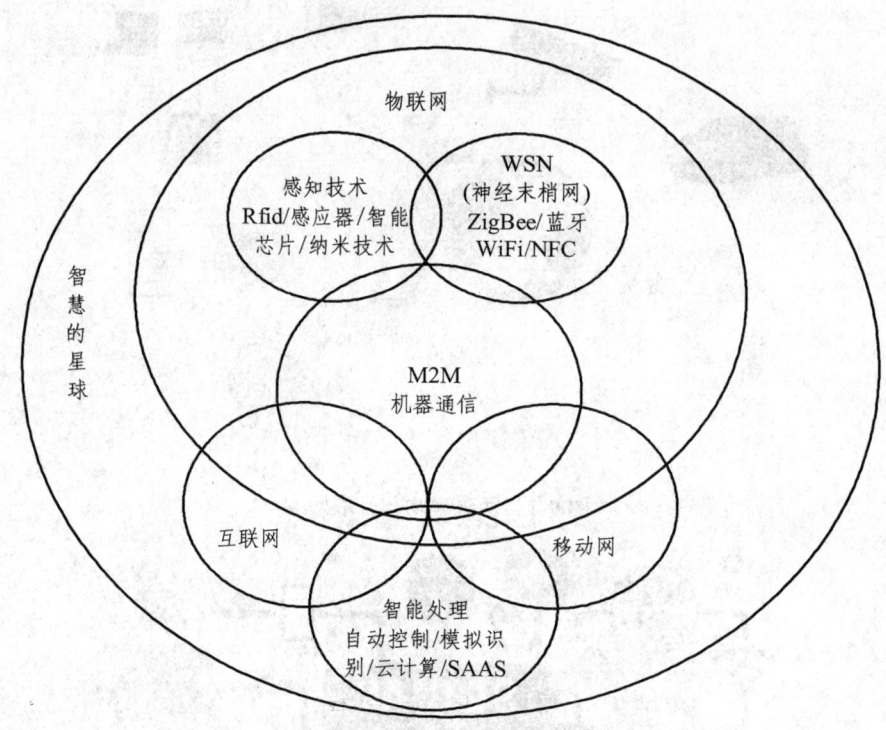

图 9-3　物联网和互联网的关系

2. 物联网的关键技术

国际电信联盟（International Telecommunications Union，ITU）于 2005 年提出"物联网将以感知和智能的方式连接所有事物"的概念。ITU 在结合各类技术发展的基础上，指出物联网的四项关键技术，即识别技术、无线传感器和无线传感器网络、嵌入式系统和纳米技术。

射频识别（Radio Frequency Identification，RFID）技术是物联网的一项关键技术，用于标记物体。该技术不需建立机械或光学接触，而是通过无线电信号识别特定目标并读写相关数据，自动地获取被标记物体的相关信息。20 世纪 40 年代，雷达技术的改进催生出了 RFID 技术，奠定了 RFID 技术的理论基础。经过三十年的不断发展，在 20 世纪 80 年代，RFID 技术及产品进入了商业应用阶段。如今，基于 RFID 技术的各类应用随处可见，例如基于 RFID 的病患监测技术。病患监测设备通常用于测量病患的生命迹象，例如，血压，心率等参数，管理这些重要数据的要求远远超出了简单的库存管理控制范围，需要设备能够提供检查、校准和自检结果，与静态的标签贴纸不同，动态的双接口 RFID 电子标签解决方案能够记录测量参数，以备日后读取，还能把新数据输入系统进行更新处理。随着 RFID 技术的不断发展，人们的生活变得越来越智能化，为"互联网+"的发展奠定了坚实的基础。

RFID 技术将无线电信号调成无线电频率电磁场，从附着在物品上的标签中读取并传出数据，以实现自动辨识与追踪该物品的功能。RFID 技术的另外一个关键部分是标签，可分为有源标签、无源标签和半无源标签。有源标签本身拥有电源，可以主动发出无线电波。无源标签在识别过程中从识别器发出的电磁场中获得能量。半无源标签自带的电源仅用于弥补所处位置的射频磁场不足，不会转换为射频能量。RFID 技术的射频识别过程如图 9-4 所示。

无线传感器（Sensor）具有感知、数据计算、数据存储、数据发送和数据接收的功能，能够感知周围的环境，并将感知的结果转换为数据进行存储、计算和传输。无线传感器网络（Wireless Sensor Network，WSN）将散落的无线传感器按照一定的结构组织成网络，以实现传感器的分布式数据采集、本地信息处理、无线数据传输和协同工作的需求。人类可以通过空投等方式将无线传感器分布在人迹罕至的地方，通过 WSN 将传感器采集到的数据传输到基站节点，再通过互联网向外传输。由于使用传感器的地方大多没有电力设施，因此传感器大多靠电池供电，加上难以更换电池，因此传感器及 WSN 的能耗问题一直是大家关心的问题。常见无线传感器产品如图 9-5 所示。

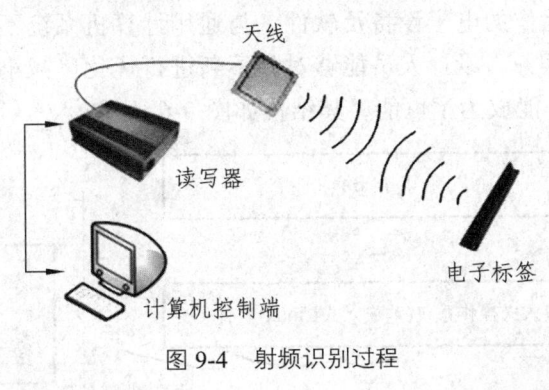

图 9-4　射频识别过程

图 9-5　无线传感器产品

按照无线传感器的硬件工作模式可以分为振动型传感器、应变传感器和扭矩传感器。

振动传感器的最高采样率可设置为 4 KHz，每个通道均设有抗混叠低通滤波器。采集的数据既可以实时无线传输至计算机，也可以存储在节点内置的数据存储器内，保证了采集数据的准确性。其有效室外通信距离可达 300 m，节点功耗仅 30 mA，使用内置的可充电电池，可连续测量 18 小时。如果选择带有 USB 接口的节点，用户既可以通过 USB 接口对节点充电，也可以快速地把存储器内的数据下载到计算机里面。

应变传感器结构紧凑，体积小巧，由电源模块、采集处理模块、无线收发模块组成，封装在 PPS 塑料外壳内。节点的每个通道内置有独立的高精度 120～1 000 Ω 桥路电阻和放大调理电路，可以通过软件方便地自动切换选择 1/4 桥、半桥、全桥测量方式，兼容各种类型的桥路传感器，比如应变、载荷、扭距、位移、加速度、压力、温度等。结点同时支持 2 线和 3 线输入方式，桥路自动配平，也可以存储在节点内置的数据存储器，有效室外通信距离可达 300 m，可连续测量十几个小时。

扭矩传感器封装在树脂外壳内。节点的每个通道内置有高精度 120～1 000 Ω 桥路电阻和放大调理电路，桥路自动配平。节点的空中传输速率可以达到 250 Kb/s，有效实时数据传输率达到 4 Kb/s，有效室内通信距离可达 100 m。结点设计有专门的电源管理软硬件，在实时不间断传输情况下，节点功耗仅 25 mA，使用普通 9 V 电池，可连续测量几十个小时。对于长期监测应用，以 5 min 间隔发送一次扭矩值，数年不需要更换电池，大大提高了系统的免维护性。

嵌入式系统是一种嵌入受控器件内部，为特定应用而设计的专用计算机系统。根据英国电气工程师协会（U.K. Institution of Electrical Engineer，IEE）的定义，嵌入式系统是控制、监视或辅助设备和机器运作的电子设备及软件。与通用计算机系统不同的是，嵌入式系统通常用于完成预先定义的任务，设计人员能够对其不断进行优化以减小尺寸，并降低成本。嵌入式系统使得物体具有智能成为了可能，其结构如图 9-6 所示。

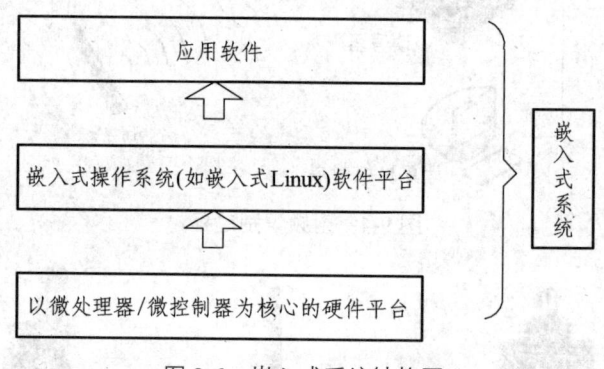

图 9-6　嵌入式系统结构图

嵌入式系统一般包含计算机系统程序和执行装置硬件两个部分，由一个或几个预先编好程序以执行少数几项任务的微处理器或者单片机组成。与通用计算机能够运行用户自由选择的软件不同，嵌入式系统上的软件通常是不变的。

嵌入式系统的执行装置硬件通常包含嵌入式微处理器、存储器、通用设备接口和 I/O 接口。嵌入式微处理器是嵌入式系统的核心，它与通用计算机 CPU 最大的不同在于嵌入式微处理器大多工作在针对特定用户群的专用设计系统中，它将通用 CPU 许多由板卡完成的任务集成在芯片内部，从而有利于嵌入式系统的小型化设计，同时还具有很高的效率和可靠性。嵌入式微处理器有多种体系结构，常用的体系结构有冯·诺依曼体系结构和哈佛体系结构，同一体系中也可包含不同的时钟频率和数据总线宽度，或集成不同的外设和接口。嵌入式微处理器指令系统可以是精简指令系统 RISC（Reduced Instruction Set Computer）或者复杂指令系统 CISC（Complex Instruction Set Computer），其中 RISC 计算机在通道中只包含最有用的指令，确保数据通道快速执行每一条指令，从而提高了执行效率并使微处理器硬件结构设计变得更为简单。

嵌入式系统的存储器用来存放和执行代码，主要包含 Cache、主存和辅助存储器。Cache

是一种容量小、速度快的存储器阵列，它位于主存和嵌入式微处理器内核之间，存放的是最近一段时间微处理器使用最多的程序代码和数据。主存是嵌入式微处理器能直接访问的寄存器，用来存放系统和用户的程序及数据。它可以位于微处理器的内部或外部，其容量为 256 KB ~ 1GB，根据具体的应用而定，一般片内存储器容量小、速度快，片外存储器容量大。辅助存储器用来存放大数据量的程序代码或信息，它的容量大，但读取速度与主存相比就慢的很多，适用于长期保存用户的信息。

嵌入式系统和外界交互需要一定形式的通用设备接口，如 A/D、D/A、I/O 等，外设通过和片外其他设备或传感器的连接来实现微处理器的输入/输出功能。每个外设通常都只有单一的功能，它可以在芯片外也可以在内置芯片中。外设的种类很多，可以是一个简单的串行通信设备，也可以是非常复杂的 802.11 无线设备。

纳米技术是指研究结构尺寸在 0.1 ~ 100 ns 范围内的材料的性质及应用。纳米技术是现代科学和现代技术结合的产物，它使得许多学科得到延伸，例如：纳米物理学、纳米生物学、纳米化学、纳米电子学、纳米加工技术和纳米计量学等。在电子设备的数据处理和存储能力不断提升的进程中，纳米技术能够不断缩小电子设备的体积，扩大嵌入式系统的应用范围，增加物联网设备的数量，不断扩大互联网的覆盖范围。

3. 物联网的应用

物联网具有无限的潜力，能够影响人类的学习、生产和生活。物联网能够精确获取物体的状态、位置和标示等信息，甚至能够让物体实现智能决策和适当的活动。物联网已经在许多领域得到了应用，例如农业生产、物流、运输、物品追踪和智能家居。

通过识别技术可以实现自动安全检测、行为监控和危险物品识别。通过传感器和传感器网络可以实现数据采集，例如温度、空气流动、物质成分的变化等，能够帮助人类远程监控环境或生产过程。而嵌入式系统又使得非接触式的物体控制成为可能，人类可以利用随身携带的移动设备通过互联网控制家中的电视机、洗衣机、电饭锅等家电设备，甚至能够控制具有自动驾驶功能的汽车，这将彻底改变人类的生活。

在农业生产方面，物联网技术给农业带来的一大显著收益在于实现更为高效的水资源管理。作为此类产品中的代表之一，Valley Irrigation 公司打造的 SoilPro 1200 能够深入到地下 1.2 m，并利用多种传感器追踪温度、湿度以及土壤导电性等等，从而帮助农户了解其使用的肥料是否切实给土地带来改善。该设备利用太阳能板与电池的组合作为能量来源，并利用蜂窝连接将数据发送到供应商的云服务当中。

在智能交通方面，GPS 给货运行业带来了一场革命，同时也让我们的驾驶效率得到了极大的提升，然而其中还有更多潜力可挖。美国运输部正在构思未来愿景，希望能够让各车辆之间实现相互通信以避免相撞。他们希望这套系统能够"感知到驾驶员无法感知的车辆"，并通知我们视线范围之外实际存在的危险状况。

在物品追踪方面，在托运物品超出范围时发出提示的蓝牙包裹追踪技术已有应用案例，该设备结合了 GPS 与蜂窝网络机制。CAO Gadget 公司的无线感应标签可以监控物品的运动、摆放角度和温度，并且能够向用户的 iOS 或 Android 手机发出警告，使用户可以不用担心物品丢失，而且寻找物品的过程也会变得简单起来。

在智能家居方面，智能照明系统作为一个成功的案例，可以通过智能手机实现开灯、关灯的操作命令。而智能安防能让外出的用户通过智能手机，实时查看家中的情况，甚至部分带有红外功能的产品，在用户设定的时段内，感应到其他生命体活动时，能向用户发出警报。这些其实都需要物联网的支持。

9.2 软件定义网络

软件定义网络（Software-defined Network，SDN）是由美国斯坦福大学下属研究组织提出的一种新型网络架构。SDN 迅速发展成为搭建服务和网络的关键技术。在传统的网络架构中，控制操作和数据绑定在网络节点上，通信服务和底层基础设施都是基于已有的产品进行设计和部署的，但网络通信服务的需求却在架构的各个层次中不断改变，应用者更希望能够根据需求动态的去改变通信服务和基础设施的配置。SDN 是一种能够高效地对网络服务、网络控制和网络管理等功能进行抽象，允许网络能够利用程序达到和传统网络一样的服务和性能的虚拟网络。和传统网络相比，SDN 能够动态配置网络服务器所需要的资源，能够快速实现和提高网络服务，能够单独控制特定的资源，其结构如图 9-7 所示。

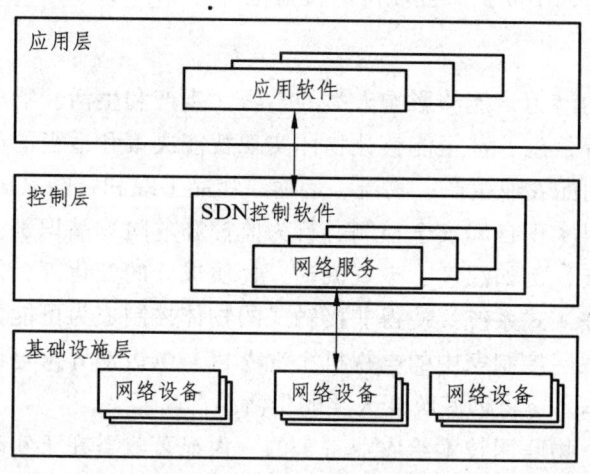

图 9-7 软件定义网络结构

狭义的 SDN 特指基于 OpenFlow 南向接口的网络，广义的 SDN 则是指具备这种理念的所有网络。SDN 与传统网络的最大差别在于网络控制模式，将底层网络分成了控制层与转发层。控制层采用集中式控制器来管控不同的网络设备，如此一来，网络更易于被控制与管理，并且让信息在转发层顺利传输。控制器通过安全通道与 OpenFlow 交换机进行通信，下发流表与控制原则来决定流量的流向，以此达到路由机制、封包分析、网络虚拟化等功能的实现。SDN 可针对不同的使用需求，建立服务层级协议，让使用者在进行存取服务时，获得应有的保障。

1. SDN 的工作原理

SDN 基于 OpenFlow 协议实现程序级虚拟网络结构，它把控制平台和数据平台分离，并抽象网络通道，实现一种通过安全信道与网络设备连接的控制器用以对外宣布网络功能，实现用户对网络功能和路由规则的定义和修改。

OpenFlow 交换技术是在交换设备的缓存中保存一张用以记录通信流信息的流水单（Flow Table）。OpenFlow 是 SDN 结构中控制层和转发层的标准通信接口，可以操作和分离交换机、路由器的信息流，实现多个虚拟网络并存于共享的物理资源中。控制器利用通信流信息能够进行颗粒级的数据审计和分析，根据审计和分析结果初始化控制信息用以控制特定数据流的行为。控制器能够监控缓存信息、决定数据流属性和模式、根据分析结果动态采取措施。

SDN 的基本原则是将控制逻辑从转发逻辑中分离，控制功能从单个网络节点转移到独立中央控器。控制器能够控制各个 SDN 交换机，在控制它们转发策略的同时，基于收集到的信息，为上层应用计算提供服务和形成网络拓扑的抽象模型。

2. SDN 的优势

SDN 改变了传统网络设备（交换机、路由器）硬件及系统被设备制造商控制的局面，从而摆脱了硬件对网络架构的限制。这样企业便可以通过升级，像安装软件一样对网络架构进行修改，满足企业对整个网站架构进行调整、扩容或升级的需求。而底层交换机、路由器等硬件设备无需替换，在节省大量的成本的同时，还可以大大缩短网络架构迭代周期。

3. SDN 的应用

SDN 常常被用于组建基于标准协议的虚拟网络，也可用于已有基础网络的封装或者叠加。在基于 OpenFlow 的网络环境中，SDN 能够为特定的服务提供定制的网络功能或者路由策略，可以解决部署的物理资源无法满足服务需求的改变、资源不足或者浪费等问题。

SDN 技术相当于把用户家里路由器的管理设置系统和路由器剥离开。以前每台路由器都有自己的管理系统，而有了 SDN 之后，一个管理系统可用在所有品牌的路由器上。如果说网络系统是功能机，系统和硬件在出厂时就被捆绑在一起，那么 SDN 就是 Android 系统，可以在很多智能手机上安装、升级，同时还能安装更多更强大的手机 App（SDN 应用层部署）。

SDN 全新的概念将对传统网络造成冲击，现今常用的网络设备并不兼容于 OpenFlow 功能，所以未来将采取渐进的方式部署具有 OpenFlow 功能的设备。

目前 SDN 客户市场主要针对大型 IDC、通信营运商、云端服务中心及跨 IDC 网络，在 SDN 网络架构下，产品可行方向主要分为：

（1）应用层：包含提供资产安全、管理及云端虚拟化等服务，主要功能为提供 SLA、QoE、Security 与 Firewall 等网络服务；

（2）控制层：以远端控制器为主，并搭配 SDN 控制软件以及网络第四层到第七层的解决方法；

（3）基础设备层：交换机、路由器及网络芯片；

（4）网络设备商或芯片商未来将采用具备网络虚拟化及云端运算平台能力的软件，后续 SDN 关键性的软件应用与硬件设备整合的技术，将成为商用化的核心价值。

9.3 云计算

云计算（Cloud Computing）被认为是近三年来利用最广泛的 IT 发明。云计算不需要在客户的系统中安装相应的计算程序，就能够向云用户提供使用或者实现灵活可变的服务。由于各个领域的定义不同，目前为止还没有给云计算下一个严格的定义。换句话说，云计算的定义随着人们对其期望的改变而改变。因此，云使用者能够基于现有的云计算结构设计或者组建自己需要的云计算环境。云计算的应用如图9-8所示。

云计算是分布式计算（Distributed Computing）、并行计算（Parallel Computing）、效用计算（Utility Computing）、网络存储（Network Storage Technologies）、虚拟化（Virtualization）、负载均衡（Load Balance）、热备份冗余（High Available）等传统计算技术和网络技术发展融合的产物，是基于互联网的相关服务的增加、使用和交付模式，通常涉及通过互联网来提供动态易扩展且经常是虚拟化的资源。

云计算可以分为三类服务，包括基础设施级服务，软件级服务和平台级服务。基础设施级服务（Infrastructure-as-a-Service，IaaS）是指消费者通过Internet可以从完善的计算机基础设施中获得的服务。例如：硬件服务器租用。软件级服务（Software-as-a-Service，SaaS）是一种通过Internet提供软件使用的模式，用户无需购买软件，而是向提供商租用基于Web的软件，来管理企业的经营活动。例如：阳光云服务器。平台级服务（Platform-as-a-Service，PaaS）是指将软件研发的平台作为一种服务，以SaaS的模式提交给用户。因此，PaaS也是SaaS模式的一种应用。但是，PaaS的出现可以加快SaaS的发展，尤其是加快SaaS应用的开发速度。例如：软件的个性化定制开发。

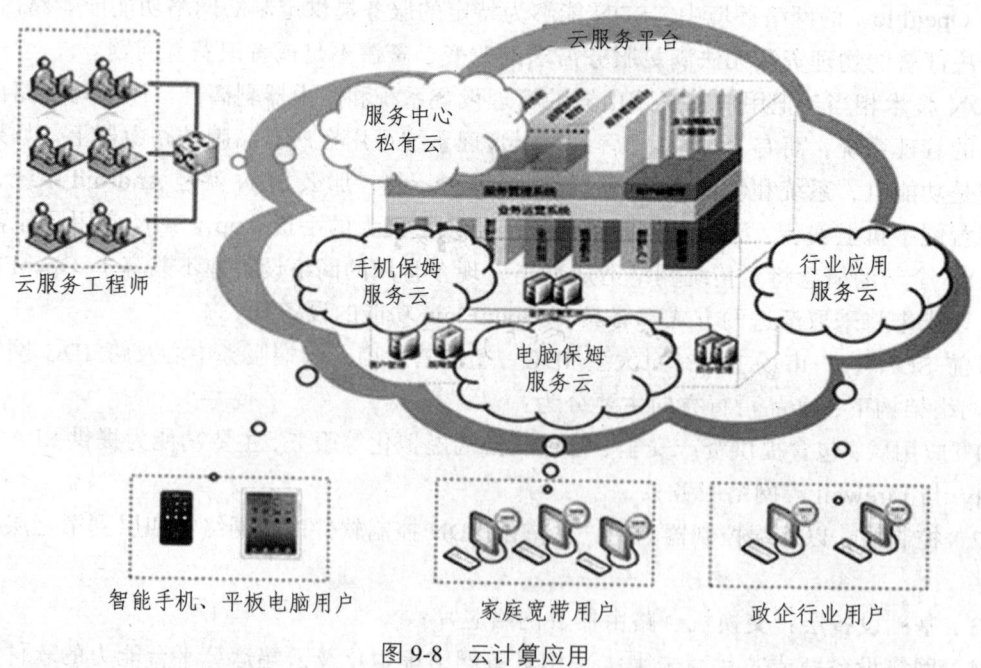

图9-8 云计算应用

1. 云计算结构相关研究

美国国家标准技术研究所（National Institute of Standard and Technology，NIST）和IBM公司为云计算的发展做出了很大的贡献。其中，NIST于2011年9月发布了作为云计算主要组件和活动的基础模型。NIST采用树形结构的分类方法对参与者、角色和活动等云计算组成部分进行分类和定义。由于云计算的使用者有不同的专业背景，NIST提出的云计算结构需要从技术和商业角度对云计算服务管理进行更多的解释和定义。

IBM 作为一家云计算结构的研究机构，提出了一种基于 IBM 云产品和服务的云计算参考结构（Cloud Computing Reference Architecture，CCRA）。CCRA 结构覆盖操作模块、服务管理程序、性能指标等重要方面，支持客户在 IBM 云结构中组建自己的云计算环境，并向客户提供特殊的开发和管理工具来创建和管理自己的云服务。

云安全联盟（Cloud Security Alliance，CSA）提出一个名为可信云计划（Trusted Cloud Initiative，TCI）的参考结构。TCI 结构由四个有名的框架结构组合而成，即 SABSA、ITIL、TOGAF 和 Jericho，主要提供企业级安全性能条款。相较于前文所述的两个云计算结构，TCI 结构将不同的框架结构标准结合在一起，其逻辑相对复杂，不易实现。

2. 云计算特点

云计算将计算节点分布在大量的分布式计算机上，而非本地计算机或远程服务器中，企业数据中心的运行方式与互联网更相似。这使得企业能够将有限的资源切换到有需求的应用上，根据需求访问计算机和存储系统。云计算特点如下：

（1）超大规模：云计算已经拥有 100 多万台服务器，Amazon、IBM、微软等的"云"均拥有几十万台服务器。企业私有云一般拥有数百上千台服务器。

（2）虚拟化：云计算支持用户在任意位置，使用各种终端获取应用服务。所请求的资源来自"云"，而不是固定的有形的实体。应用在"云"中某处运行，但实际上用户无需了解、也不用担心应用运行的具体位置。

（3）高可靠性：云计算使用了数据多副本容错、计算节点同构可互换等措施来保障服务的高可靠性，使用云计算比使用本地计算机可靠。

（4）通用性：云计算不针对特定的应用，可以构造出千变万化的应用，同一个"云"可以同时支撑不同的应用运行。

（5）高可扩展性：云计算的规模可以动态伸缩，满足应用和用户规模增长的需要。

（6）按需服务：云计算是一个庞大的资源池，用户只需按需购买即可。云可以像自来水，电，煤气那样计费。

（7）廉价：由于云计算的特殊容错措施可以采用极其廉价的节点来构成云，云计算自动化集中式管理使大量企业无需负担日益高昂的数据中心管理成本，其通用性使资源的利用率较之传统系统大幅提升，因此用户可以充分享受"云"的低成本优势。

（8）潜在的危险性：政府机构、商业机构在选择云计算服务时应保持足够的警惕。一旦商业用户大规模使用私人机构提供的云计算服务，无论其技术优势有多强，都不可避免地让这些私人机构以"数据（信息）"的重要性挟制整个社会。

3. 云计算应用

云存储是在云计算概念上延伸和发展出来的一个新的概念，是指通过集群应用、网格技术或分布式文件系统等功能，将网络中大量各种不同类型的存储设备通过应用软件集合起来协同工作，共同对外提供数据存储和业务访问功能的一个系统。当云计算系统运算和处理的核心是大量数据的存储和管理时，云计算系统中就需要配置大量的存储设备，那么云计算系统就转变成为一个云存储系统，所以云存储是一个以数据存储和管理为核心的云计算系统。

云游戏是以云计算为基础的游戏方式，在云游戏的运行模式下，所有游戏都在服务器端运行，并将渲染完毕后的游戏画面压缩后通过网络传送给用户。在客户端，用户的游戏设备不需要任何高端处理器和显卡，只需要基本的视频解压能力就可以了。 就现今来说，云游戏还并没有成为家用机和掌机界的联网模式，但在几年后或十几年后，云计算取代这些东西成为其网络发展的新方向可能性非常大。

9.4 小结

本章以物联网、软件定义网络和云计算作为新型网络技术的代表，介绍新型网络与传统网络在概念和技术上的区别，以及新型网络的发展方向。物联网是在识别技术、无线传感器和无线传感器网络、嵌入式系统和纳米技术的基础上扩大传统计算机网络范围，将需要被控制或者参与实际生产生活的物体连入互联网，再一次拉近人类生活与互联网的距离。软件定义网络解决了人类对网络需求受硬件或基础设施限制的问题。软件定义网络将网路的控制层从硬件中分离，利用 OpenFlow 技术进行网络结构和性能的控制，实现按需组合网络、分配网络资源的目的。云计算利用互联网技术实现硬件和服务资源共享。人类能够按照不同的商业服务的需求，依据一定结构组织云端资源，实现对客户透明的各类存储、计算服务，降低成本，实现正真意义上的资源共享。

通过本章的学习，应该掌握新型网络技术与传统网络技术的区别，明确新型发展技术的发展方向，建立在现实工作和生活中运用新型网络技术的意识。

9.5 实验

实验名称：Hadoop 的安装与配置

实验内容：

（1）下载并安装 Hadoop。

（2）配置 Hadoop 运行环境。

实验目的：

（3）了解 hadoop 部署方法。

（4）初步了解云计算。

习题

简答题

1. 物联网有哪些关键技术？
2. 射频识别技术在物联网中起什么作用？
3. 软件定义网络与传统网络的区别是什么？
4. 什么是软件定义网络的关键技术？该技术起什么作用？
5. 生活中云计算的应用例子有哪些？
6. 云计算技术中潜藏着什么危险？

参考文献

[1] ANDREW S, TANENBAUM. Computer Networks (5th Edition). Prentice Hall, Inc. , 2011.
[2] CHAOUCHI H. The Internet of Things. John Wiuley & Sons, Inc. , 2010.
[3] HALL A E. Internet Core Protocols: The Definitive Guide. O'Reilly & Associates Inc. , 2000
[4] MONOLI D. Internet & Intranet Engineering. McGrawHill Inc. , 1997
[5] 谢希仁. 计算机网络. 6 版. 北京：机械工业出版社. 2013.
[6] 吴功宜. 计算机网络. 3 版. 北京：清华大学出版社. 2011.
[7] 徐敬东. 计算机网络. 北京：清华大学出版社. 2002.
[8] 冯登国. 网络安全原理与技术. 北京：科学出版社. 2003.
[9] 刘韵洁，等. 下一代网络. 北京：人民邮电出版社. 2013.
[10] 库罗斯（美）. 陈鸣 译. 计算机网络：自顶向下方法. 6 版. 北京：机械工业出版社. 2013.

附录1 计算机相关词汇中英文对照表

英文名称	简称	中文名称或解释
A		
Asynchronous Balanced Mode	ABM	异步平衡模式
Available Bit Rate	ABR	可用比特率
Ad hoc		无线移动自组网
Asymmetric Digital Subscriber Line	ADSL	非对称数字用户线路
Advanced Mobile Phone System	AMPS	先进型移动电话系统
Advanced Networks and Services	ANS	高级网络与服务
American National Standard Institute	ANSI	美国国家标准协会
ATM PON	APON	ATM 无源光纤网络
Asynchronous Response Mode	ARM	异步响应模式
Address Resolution Protocol	ARP	地址解析协议
Address Resolution Protocol	ARP	地址解析协议
Automatic Repeat Request	ARQ	自动重发请求
Autonomous System	AS	自治系统
Amplitude Shift Keying	ASK	振幅键控
Asynchronous Time Division	ATD	异步时分复用
Asynchronous Transfer Mode	ATM	异步传输模式
B		
Bulletin Board System	BBS	电子公告板
Bit Error Rate	BER	误比特率
Border Gateway Protocol	BGP	边界网关协议
Broadband Integrated Service Digital Network	B-ISDN	宽带综合业务数字网络
Bluetooth		蓝牙(无线网络)
Broadcast		广播
Browser		浏览器
Binary Synchronous Communication	BSC	二进制同步通信协议
C		
Community Antenna Television	CATV	公用天线电视
Constant Bit Rate	CBR	恒定比特率
International Telegraph and Telephone Consultative Committee	CCITT	国际电话电报咨询委员会

英文名称	简称	中文名称或解释
Carrier Detect	CD	载波检测
Code Division Multiple Access	CDMA	码分多址
Cellular Digital Packet Data	CDPD	蜂窝数字分组数据
China Education and Research Network	CERNET	中国教育科研网
Classless InterDomain Routing	CIDR	无类域间路由
Committee of Network Operation and Management	CNOM	网络运营与管理专业委员会
Carriage Return	CR	回车
Cyclic Redundancy Code	CRC	循环冗余编码
Circuit Switched Data Network	CSDN	电路交换数据网
Carrier Sense Multi-Access/Collision Detection	CSMA/CD	带冲突检测的载波侦听多路访问
D		
Digital to Analog Converter	DAC	数字模拟转换器
Digital Circuit-terminating Equipment	DCE	数据电路端接设备
Distributed Denial of Service	DDoS	分布式拒绝服务
Data Encryption Stand	DES	数据加密标准
Distributed Coordination Function	DFC	分布协调功能
Datagram	DG	数据报
Dynamic Host Configuration Protocol	DHCP	动态主机控制协议
Distributed Management Environment	DME	分布式管理环境
Domain Name System	DNS	域名系统
Denial of Service	DoS	拒绝服务
IEEE802.1Q	dot1q	IEEE802.1q 虚拟局域网标准
Dot Per Inch	DPI	每英寸可打印的点数
Distributed Queue Dual Bus	DQDB	分布式队列双总线
Digital Sense Multiple Access	DSMA	数字侦听多重访问
Digital Signal Processing	DSP	数字信号处理器
Data Terminal Equipment	DTE	数据终端设备
Data Terminal Ready	DTR	数据终端就绪
Distance Vector Multicast Routing Protocol	DVMRP	距离向量多目路径协议
Dense Wavelength Division Multiplexing	DWDM	密集波分复用
E		
Exterior Gateway Protocol	EGP	外部网关协议
Electronic Industries Association	EIA	电子工业协会
Ethernet Media Adapter	EMA	以太网卡

英文名称	简称	中文名称或解释
Electronic Mail	E-mail	电子邮件
Ethernet		以太网
Extended Unique Identifier	EUI	扩展的唯一标识符
F		
Frequently Answer Question	FAQ	常见问题解答
Fast Circuit Switching	FCS	快速电路交换
Fiber Distributed Data Interface	FDDI	光纤分布式数据接口
Frequency Division Multiplexing	FDM	频分多路复用
Fast Ethernet	FE	快速以太网
Forward Error Correction	FEC	前向差错纠正
Fast Ethernet Media Adapter	FEMA	快速以太网卡
Firewall		防火墙
FDDI Media Adapter	FMA	FDDI 网卡
Frame		帧
Frequency Shift Keying	FSK	移频键控
File Transfer Protocol	FTP	文件传输协议
Fiber To The Curb	FTTC	光纤到楼群
Fiber To The Home	FTTH	光纤到户
G		
Gateway		网关
Generic Cell Rate Algorithm	GCRA	通用信元速率算法
Gigabit Ethernet	GE	千兆以太网，吉比特以太网
Global Systems for Mobile communications	GSM	移动通信全球系统（全球通）
Gigabyte	GB	千兆字节
Gigabit	Gb	千兆位，吉比特
H		
Header Check Sequence	HCS	头校验序列
High-Level Data Link Control	HDLC	高级数据链路控制（协议）
High Definition TeleVision	HDTV	数字高清晰度电视
Hybrid Fiber Coax	HFC	混合光纤同轴
Hypertext Text Markup Language	HTML	超文本标记语言
HyperText Transfer Protocol	HTTP	超文本传输协议
Hub		集线器
Hyperlink		超链接
Hypertext		超文本

英文名称	简称	中文名称或解释
I		
Internet Architecture Board	IAB	因特网体系结构委员会
Internet Access Provider	IAP	因特网接入提供商
Internet Control and Configuration Board	ICCB	Internet 控制与配置委员会
Internet Control Message Protocol	ICMP	因特网控制信息协议
Internet Content Provider	ICP	因特网内容提供商
Intrusion Detection System	IDS	入侵检测系统
Interface Data Unit	IDU	接口数据单元
Institute of Electrical and Electronics Engineers	IEEE	电子和电气工程师协会
Internet Engineering Task Force	IETF	因特网工程特别任务组
Internet Group Management Protocol	IGMP	Internet 组管理协议
Interior Gateway Protocol	IGP	内部网关协议
Instant Messaging	IM	即时通信
Interactive Mail Access Protocol	IMAP	交互式邮件存取协议
Interface Message Processor	IMP	接口信息处理机
internet		互联网
Internet		国际互联网,因特网
Internet Protocol	IP	因特网协议
IP Next Generation	IPng	下一代 IP 协议
IP Security	IPsec	IP 安全
Infrared Radio	IR	红外线
Internet Research Task Force	IRTF	因特网研究特别任务组
Integrated Services Digital Network	ISDN	综合业务数字网
International Organization for Standardization	ISO	国际标准化组织
Internet Service Provider	ISP	因特网服务提供商
Information Technology	IT	信息技术
International Telecommunications Union	ITU	国际电信联盟
J		
Joint Photographic Experts Group	JPEG	图像专家联合小组
K		
Kilobits	Kb	千位,千比特
Kilobytes	KB	千字节
Kilobits per Second	Kbps	千位每秒

英文名称	简称	中文名称或解释
L		
Local Area Network	LAN	局域网
LAN Emulation	LANE	局域网仿真
Link Access Procedure	LAP	链路访问过程
Link Control Protocol	LCP	链路控制协议
Light Emitting Diode	LED	发光二极管
Line Feed	LF	换行
Logical Link Control	LLC	逻辑链路控制
M		
Mega Bytes	MB	兆字节,百万字节
Mega Bits	Mb	兆位(比特),百万字位(比特)
Media Access Control	MAC	介质访问控制
Metropolitan Area Network	MAN	城域网
Management Information Base	MIB	管理信息库
Modulator and Demodulator	Modem	调制解调器
Motion Picture Experts Group	MPEG	活动图像专家组
Multirate Circuit Switching	MRCS	多速率电路交换
Mobile Switching Center	MSC	移动交换中心
Max Segment Size	MSS	最大报文段长度
Mail Transfer Protocol	MTP	邮件传输协议
Maximum Transfer Unit	MTU	最大传输单元
N		
Network Access Point	NAP	网络接入点
Network Attached Storage	NAS	网络附属存储
Network Address Translation	NAT	网络地址转换
Network Computing Architecture	NCA	网络计算结构
The National Computing and Network Facility of China	NCFC	中国国家计算机网络设施,国内也称中关村网
Network Control Protocol	NCP	网络控制协议
Network File System	NFS	网络文件系统
Network Interface Card	NIC	网卡
Network Information Centre	NIC	网络信息中心
Narrowband Integrated Services Digital Network	NISDN	窄带 ISDN
Normal Respond Mode	NRM	正常响应模式

英文名称	简称	中文名称或解释
Network Service Access Point	NSAP	网络服务接入点
National Science Foundation	NSF	（美国）自然科学基金会
Non-volatile RAM	NVRAM	非易失性随机访问存储器
Network Virtual Terminal	NVT	网络虚拟终端
O		
Open Database Connection	ODBC	开放数据库互联
Open Software Foundation	OSF	开放软件基金会
Open System Interconnection	OSI	开放的系统互联
Open Shortest Path First	OSPF	开放的最短路径优先
P		
Peer to Peer	P2P	对等
Personal Area Network	PAN	个人区域网络
Pulse Code Modulation	PCM	脉冲编码调制
Personal Digital Assistant	PDA	个人数字助理
Public Data Network	PDN	公用数据网
Protocol Data Unit	PDU	协议数据单元
packet error rate	PER	分组差错率
Physical Medium Dependent	PMD	物理媒体相关（子层）
Passive Optical Network	PON	无源光纤网
Post Office Protocol	POP	邮局协议
Point to Point Protocol	PPP	点到点协议
Point to Point Tunneling Protocol	PPTP	点对点隧道协议
Protocol Reference Model	PRM	协议参考模型
Packet Switched Data Network	PSDN	分组交换数据网
Phase Shift Keying	PSK	移相键控
Public Switched Telephone Network	PSTN	公用电话交换网
Permanent Virtual Circuit	PVC	永久虚电路
Permanent Virtual Path	PVP	永久虚路径
Q		
Quality of Service	QoS	服务质量
R		
Reverse Address Resolution Protocol	RARP	逆向地址解析协议
Remote Access Service	RAS	远程访问服务器
Request for Comments	RFC	请求评注

续表

英文名称	简称	中文名称或解释
Routing Information Protocol	RIP	路由信息协议
Router		路由器
Remote Procedure Call	RPC	远程过程调用
S		
Storage Area Network	SAN	存储区域网络
Service Access Point	SAP	业务接入点
Segmentation and Reassembly	SAR	分段和重组（子层）
Synchronous Digital Hierarchy	SDH	同步数字系列
Standard Definition Television	SDTV	标准数字电视
Service Data Unit	SDU	业务数据单元
Serial Line Interface Protocol	SLIP	串行线路接口协议
Single-mode Fiber	SMF	单模光纤
Simple Mail Transfer Protocol	SMTP	简单邮件传输协议
System Network Architecture	SNA	系统网络体系结构
Simple Network Management Protocol	SNMP	简单网络管理协议
Signal Noise Ratio	SNR	信噪比
Start Of Heading	SOH	标题开始
Synchronous Optical Network	SONET	同步光纤网络
Synchronous Transfer Mode	STM	同步传输方式
Shielded Twisted Pair	STP	屏蔽双绞线
Synchronous Transport Signal	STS	同步传输信号
Subnet		子网
Switched Virtual Circuit	SVC	交换虚电路
Switch		交换机
T		
Transmission Control Protocol	TCP	传输控制协议
Time Division Multiplexing	TDM	时分多路复用
TELNET		网络远程登录
Trivial File Transfer protocol	TFTP	单纯文件传输协议
Telecommunication Industries Association	TIA	电信工业协会
Token		令牌
Type Of Service	TOS	服务类型
Twisted Pair	TP	双绞线
Transport Protocol Data Unit	TPDU	传输协议数据单元

英文名称	简称	中文名称或解释
Transport Service Access Point	TSAP	传输层服务访问点
Time To Live	TTL	生存时间
U		
User Datagram Protocol	UDP	用户数据报协议
Universal Resource Locator	URL	统一资源定位
Universal Serial Bus	USB	通用串行总线
Unshielded Twisted Pair	UTP	非屏蔽双绞线
V		
Variable Bit Rate	VBR	可变比特率
Virtual Circuit	VC	虚拟电路
Virtual Channel Connection	VCC	虚信道连接
Vector-Distance	V-D	向量-距离（算法）
Virtual LAN	VLAN	虚拟局域网
Very Large Scale Integration	VLSI	超大规模集成电路
Video on Demand	VOD	点播图像
Virtual Path Connection	VPC	虚路径连接
virtual path identifier	VPI	虚路径标识
Virtual Private Network	VPN	虚拟专用网络
Virtual Tunneling Protocol	VTP	虚拟隧道协议
W		
Wide Area Network	WAN	广域网
Wavelength Division Multiplexing	WDM	波分多路复用
Wavelength Division Multiple Access	WDMA	波分多路访问
Wireless LAN	WLAN	无线局域网
Wireless PAN	WPAN	无线个人区域网
World Wide Web	WWW	万维网

附录2 ASCⅡ码表

ASCⅡ码表——控制字符

二进制	十进制	十六进制	缩写	名称/意义
0000 0000	0	00	NUL	空字符（Null）
0000 0001	1	01	SOH	标题开始
0000 0010	2	02	STX	本文开始
0000 0011	3	03	ETX	本文结束
0000 0100	4	04	EOT	传输结束
0000 0101	5	05	ENQ	请求
0000 0110	6	06	ACK	确认回应
0000 0111	7	07	BEL	响铃
0000 1000	8	08	BS	退格
0000 1001	9	09	HT	水平定位符号
0000 1010	10	0A	LF	换行键
0000 1011	11	0B	VT	垂直定位符号
0000 1100	12	0C	FF	换页键
0000 1101	13	0D	CR	归位键
0000 1110	14	0E	SO	取消变换（Shift Out）
0000 1111	15	0F	SI	启用变换（Shift In）
0001 0000	16	10	DLE	数据链路转义
0001 0001	17	11	DC1	设备控制一
0001 0010	18	12	DC2	设备控制二
0001 0011	19	13	DC3	设备控制三
0001 0100	20	14	DC4	设备控制四
0001 0101	21	15	NAK	确认失败回应
0001 0110	22	16	SYN	同步用暂停
0001 0111	23	17	ETB	区块传输结束
0001 1000	24	18	CAN	取消

续表

二进制	十进制	十六进制	缩写	名称/意义
0001 1001	25	19	EM	连接介质中断
0001 1010	26	1A	SUB	替换
0001 1011	27	1B	ESC	退出
0001 1100	28	1C	FS	文件分割符
0001 1101	29	1D	GS	组群分隔符
0001 1110	30	1E	RS	记录分隔符
0001 1111	31	1F	US	单元分隔符
0111 1111	127	7F	DEL	删除

ASCⅡ码表——可显示字符

二进制	十进制	十六进制	图形	二进制	十进制	十六进制	图形
0010 0000	32	20	（空格）	0101 0000	80	50	P
0010 0001	33	21	!	0101 0001	81	51	Q
0010 0010	34	22	"	0101 0010	82	52	R
0010 0011	35	23	#	0101 0011	83	53	S
0010 0100	36	24	$	0101 0100	84	54	T
0010 0101	37	25	%	0101 0101	85	55	U
0010 0110	38	26	&	0101 0110	86	56	V
0010 0111	39	27	'	0101 0111	87	57	W
0010 1000	40	28	(	0101 1000	88	58	X
0010 1001	41	29	)	0101 1001	89	59	Y
0010 1010	42	2A	*	0101 1010	90	5A	Z
0010 1011	43	2B	+	0101 1011	91	5B	[
0010 1100	44	2C	,	0101 1100	92	5C	\
0010 1101	45	2D	-	0101 1101	93	5D	]
0010 1110	46	2E	.	0101 1110	94	5E	^
0010 1111	47	2F	/	0101 1111	95	5F	_
0011 0000	48	30	0	0110 0000	96	60	`
0011 0001	49	31	1	0110 0001	97	61	a
0011 0010	50	32	2	0110 0010	98	62	b
0011 0011	51	33	3	0110 0011	99	63	c
0011 0100	52	34	4	0110 0100	100	64	d
0011 0101	53	35	5	0110 0101	101	65	e
0011 0110	54	36	6	0110 0110	102	66	f
0011 0111	55	37	7	0110 0111	103	67	g
0011 1000	56	38	8	0110 1000	104	68	h
0011 1001	57	39	9	0110 1001	105	69	i
0011 1010	58	3A	:	0110 1010	106	6A	j
0011 1011	59	3B	;	0110 1011	107	6B	k
0011 1100	60	3C	<	0110 1100	108	6C	l
0011 1101	61	3D	=	0110 1101	109	6D	m
0011 1110	62	3E	>	0110 1110	110	6E	n
0011 1111	63	3F	?	0110 1111	111	6F	o
0100 0000	64	40	@	0111 0000	112	70	p

续表

二进制	十进制	十六进制	图形	二进制	十进制	十六进制	图形
0100 0001	65	41	A	0111 0001	113	71	q
0100 0010	66	42	B	0111 0010	114	72	r
0100 0011	67	43	C	0111 0011	115	73	s
0100 0100	68	44	D	0111 0100	116	74	t
0100 0101	69	45	E	0111 0101	117	75	u
0100 0110	70	46	F	0111 0110	118	76	v
0100 0111	71	47	G	0111 0111	119	77	w
0100 1000	72	48	H	0111 1000	120	78	x
0100 1001	73	49	I	0111 1001	121	79	y
0100 1010	74	4A	J	0111 1010	122	7A	z
0100 1011	75	4B	K	0111 1011	123	7B	{
0100 1100	76	4C	L	0111 1100	124	7C	|
0100 1101	77	4D	M	0111 1101	125	7D	}
0100 1110	78	4E	N	0111 1110	126	7E	~
0100 1111	79	4F	O				